한국 보건의료인 국가시험원 시행 최신판!!

최종 마무리

영양사
모의고사문제

대한민국 국가대표 브랜드 | 국가자격 시험문제 전문출판 | 에듀크라운 국가자격시험문제 전문출판

최고의 적중률!! 최고의 합격률!!
크라운출판사
국가자격시험문제 전문출판
http://www.crownbook.co.kr

이 책을 발행하며

식생활은 인간 생활의 기본이며, 영양은 먹는다는 차원을 뛰어넘어 인간의 육체적·정신적 성장 발달 및 건강과 밀접한 관계가 있습니다. 최근에 이르러 급속한 경제적, 사회적 발전과 더불어 식생활 패턴이 다양하게 변해가고 있습니다. 아침 결식, 편식, 인스턴트식품 섭취 증가로 인한 잘못된 식습관이 일상화되면서 영양 불균형 및 비만, 고콜레스테롤혈증, 당뇨 등 생활 습관과 관련된 질병의 발병률이 급증하여 심각한 사회 문제로 인식됨에 따라 식생활 패턴을 합리적이고 균형 있게 관리하기 위한 전문적이고 체계적인 교육을 이수한 영양사가 점점 필요해지고 있습니다.

영양사는 올바른 식생활에 대해 연구하고 방향을 제시하며 직접적으로 국민건강관리 증진에 기여하는 전문 관리인으로 식단의 작성, 조리 및 식사 관리, 식생활 개선, 영양의 분석 및 평가, 영양급식 종사자에 대한 교육, 식품 위생 감시 및 관리, 질병 예방을 위한 연구 조사, 영양 상담 등의 일을 수행하는 전문 직종입니다.

영양사는 산업체, 병원, 학교, 보건소, 사회복지시설, 보육시설, 특수시설 등의 집단급식소와 보건소, 건강상담분야, 급식산업 등의 비집단급식소에서도 활동할 수 있으며 지역사회의 복지 시설이 확충되면서 사회복지시설과 보건 관련 기관 등을 중심으로 꾸준한 고용 창출이 기대되는 직종입니다.

이 책은 과목별로 엄선한 출제 빈도 높은 문제와 상세한 해설, 실제 시험과 같은 실전모의고사를 실어 수험생들이 시험 직전 총마무리용으로 실전에 대비할 수 있도록 하였습니다.

그동안 산업 현장에서 쌓은 실무 경험과 강의하면서 정리한 문제와 해설을 바탕으로 정성껏 집필한 이 교재가 영양사 자격시험을 준비하는 모든 분들에게 많은 보탬이 될 수 있을 것이라 확신합니다.

끝으로 이 책이 나오기까지 도움을 주신 여러 교수님들과 적극적으로 협조해 주신 크라운 출판사 이상원 회장님을 비롯한 임직원 여러분께 깊은 감사를 드립니다.

저자 일동

PREFACE

1 응시원서 접수

- 응시원서 접수는 인터넷 접수를 원칙으로 하며, 우편 접수는 받지 않습니다.
  - ※ 단, 외국대학 졸업자 중 응시 자격 확인이 필요하거나 의사 면제시험 포기자는 접수기간 내에 국시원 별관 (2층 고객지원센터)에 방문하여 접수하여야 합니다.
- 응시원서 작성, 응시수수료 결제, 응시표 발급 등이 편리한 인터넷 접수를 이용하시기 바랍니다.

인터넷 접수

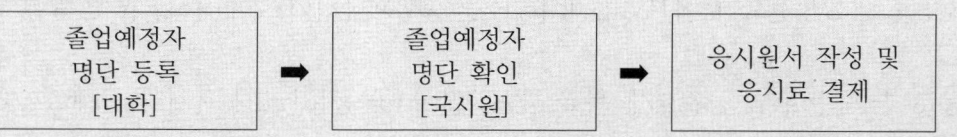

졸업예정자 명단 등록 [대학] ➡ 졸업예정자 명단 확인 [국시원] ➡ 응시원서 작성 및 응시료 결제

- 과거에 응시한 적이 있거나 국내 대학 기졸업자의 경우 별도의 절차 없이 인터넷 접수 가능합니다.
- 하단의 응시원서 접수 버튼을 눌러 응시원서 작성 후 응시 수수료를 결제합니다.

방문접수

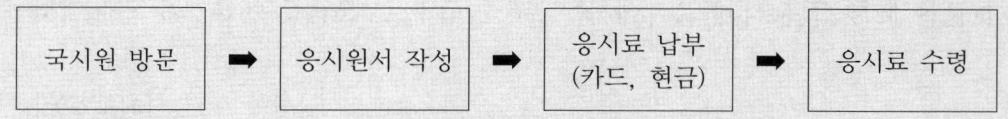

국시원 방문 ➡ 응시원서 작성 ➡ 응시료 납부 (카드, 현금) ➡ 응시료 수령

- 방문 접수 대상자 (※ 이 외의 경우에는 인터넷 접수만 가능합니다.)
  - 보건의료인 국가시험의 경우 외국대학 졸업자 중 응시 자격 확인이 필요한 자
  - 의사 국가시험 면제 포기자
  - 간호조무사 및 요양보호사 자격시험 응시자
  - 보건복지부 장관이 인정하는 외국대학 졸업자 중 국가시험에 처음 응시하는 경우는 응시자격 확인을 위해 방문접수만 가능합니다.
- 방문 접수 장소(서울에서만 가능) : 서울특별시 광진구 자양로 126, 성지하이츠 2층
- 의사 면제 포기자는 반드시 본인이 직접 국시원에 방문하여 접수합니다.

2 응시자격

다음 각 호의 자격이 있는 자가 응시할 수 있습니다.
〈2016년 3월 1일 이후 입학자〉

> **국민영양관리법 제15조**
> ① 영양사가 되고자 하는 사람은 다음 각 호의 어느 하나에 해당하는 사람으로서 영양사 국가시험에 합격한 후 보건복지부장관의 면허를 받아야 한다.
> 1. 「고등교육법」에 따른 대학, 산업대학, 전문대학 또는 방송통신대학에서 식품학 또는 영양학을 전공한 자로서 **교과목 및 학점 이수 등에 관하여 보건복지부령으로 정하는 요건**을 갖춘 사람
>
> **국민영양관리법 시행규칙 제7조**
> ① 법 제15조제1항제1호에서 "보건복지부령으로 정하는 요건을 갖춘 사람"이란 **별표 1에 따른 교과목 및 학점을 이수하고, 별표 1의2에 따른 학과 또는 학부(전공)를 졸업한 사람** 및 제8조에 따른 **영양사 국가시험의 응시일로부터 3개월 이내에 졸업이 예정된 사람**을 말한다. 이 경우 졸업이 예정된 사람은 그 졸업예정시기에 별표 1에 따른 교과목 및 학점을 이수하고, 별표 1의2에 따른 학과 또는 학부(전공)를 졸업하여야 한다.

1. 관련 학과 또는 학부(전공)
   - 가. 학과 : 영양학과, 식품영양학과, 영양식품학과
   - 나. 학부(전공) : 식품학, 영양학, 식품영양학, 영양식품학
   - ※ 학칙에 의거한 '학과명' 또는 '학부의 전공명'이어야 하며, 위와 명칭이 상이한 경우 반드시 담당자 확인 (1544-4244) 필요합니다.

2. 교과목(학점) 이수 : "영양 관련 교과목 이수증명서"로 교과목(학점) 확인 가능합니다.
   (국시원 홈페이지 [시험안내 홈]-[영양사 시험선택]-[서식모음]의 첨부 파일 참조)
   - 가. 영양 관련 교과목 이수증명서에 따른 18과목 52학점을 전공(필수 또는 선택)과목으로 이수해야 함
   - 나. 2016년 3월 1일 이후 영양사 현장실습 교과목 이수 시 80시간 이상(2주 이상), 영양사가 배치된 집단급식소, 의료기관, 보건소 등에서 현장 실습하여야 함
   - 다. 법정 과목과 그에 해당하는 유사 인정 과목은 동일한 과목이므로, 여러 개 이수해도 1개 과목 이수로만 인정됨 (단, 학점은 합산 가능)

다음 각 호에 해당하는 자는 응시할 수 없습니다.

1. 「정신건강증진 및 정신질환자 복지서비스 지원에 관한 법률」 제3조제1호에 따른 정신질환자(단, 전문의가 영양사로서 적합하다고 인정하는 사람은 그러하지 아니 함)
2. 「감염병의 예방 및 관리에 관한 법률」 제2조제13호에 따른 감염병 환자 중 보건복지부령으로 정하는 사람("감염병 환자 중 보건복지부령으로 정하는 사람"은 B형간염 환자를 제외한 감염병 환자를 말함)
3. 마약대마 또는 향정신성 의약품 중독자
4. 영양사 면허의 취소 처분을 받고 그 취소된 날부터 1년이 지나지 아니 한 자

3　시험 방법(2017년 제40회 국가시험부터 적용)

시험 과목수	문제수	배점	총점	문제형식
4	220	1점/1문제	220점	객관식 5지 선다형

4　시험시간표(2017년 제40회 국가시험부터 적용)

교시	시험과목(문제수)	교시별문제수	시험형식	입장시간	시험시간
1교시	1. 영양학 및 생화학(60) 2. 영양교육, 식사요법 및 생리학(60)	120	객관식	~08:30	09:00~10:40(100분)
2교시	1. 식품학 및 조리원리(40) 2. 급식, 위생 및 관계법규(60)	100	객관식	~11:00	11:10~12:35(85분)

※ 식품·영양 관계 법규 : 「식품위생법」, 「학교급식법」, 「국민건강증진법」, 「국민영양관리법」, 「농수산물의 원산지 표시에 관한 법률」, 「식품 등의 표시·광고에 관한 법률」과 그 시행령 및 시행규칙

5　합격기준

가. 합격자 결정
- 전 과목 총점의 60퍼센트 이상, 매 과목 만점의 40퍼센트 이상 득점한 자를 합격자로 합니다.
- 응시자격이 없는 것으로 확인된 경우에는 합격자 발표 이후에도 합격을 취소합니다.

나. 합격자 발표
- 합격자 명단은 다음과 같이 확인할 수 있습니다.
  - 국시원 홈페이지 [합격자 조회] 메뉴
  - 국시원 모바일 홈페이지
- 휴대전화번호가 기입된 경우에 한하여 SMS로 합격 여부를 알려 드립니다(휴대전화번호가 010으로 변경되어, 기존 01* 번호를 연결해 놓은 경우 반드시 변경된 010 번호로 입력(기재)하여야 함).

6　면허·자격 신청

가. 신청방법
- 온라인 신청, 우편, 방문 접수가 모두 가능합니다.
- 우편으로 신청할 때에는 가급적 등기우편을 이용하기 바랍니다(단, 방문하여 접수하여도 즉시 발급은 불가능합니다.)
  - 보내실 곳 : (05043) 서울특별시 광진구 자양로 126, 성지하이츠 2층 시험운영본부 자격관리부 면허교부신청 담당자 앞

나. 면허(자격)증 발급 진행상황
- 국시원 홈페이지 [면허·자격·증명서] – [면허·자격 신청 및 조회] – [면허·자격 발급 진행상황]에서 확인이 가능합니다.

차 례

Part 1 제1교시 **적중총정리문제_7**

1과목 영양학 ·· 8

1과목 생화학 ·· 30

2과목 영양교육 ·· 38

2과목 식사요법 ·· 46

2과목 생리학 ·· 61

＊ 핵심콕콕 해설 ·· 69

Part 2 제2교시 **적중총정리문제_97**

1과목 식품학 및 조리원리 ·························· 98

2과목 단체급식관리 ·································· 123

2과목 식품위생학 ······································ 143

2과목 식품위생관계법규 ···························· 152

＊핵심콕콕 해설 ·· 159

Part 3 **실전대비 모의고사_185**

실전대비 모의고사 ···································· 186

＊정답 및 해설 ·· 205

CONTENTS

Part 1

제 1 교시
적중총정리문제

* 영양학 및 생화학

* 영양교육, 식사요법 및 생리학

* 핵심콕콕 해설

적중총정리문제

1과목 영양학

1. 당질

01 다음의 단순다당류 중 동물성인 것은?

① 덱스트린   ② 펙틴
③ 전분   ④ 셀룰로오스
⑤ 글리코겐

02 유당불내증에 대한 설명으로 옳은 것은?

> 가. 유당분해 효소인 락타아제가 결핍되어 발생한다.
> 나. 유전적인 요인 외에 장기간 유당섭취 중단 시 나타난다.
> 다. 장내에서 가스 형성, 복부경련 및 설사를 유발한다.
> 라. 요구르트, 치즈의 섭취를 제한해야 한다.

① 가, 나, 다   ② 가, 다
③ 나, 라   ④ 라
⑤ 가, 나, 다, 라

03 전분이 소화효소에 의해 분해되어 소장에서 흡수되는 형태는?

① 전분   ② 이당류
③ 덱스트린   ④ 단당류
⑤ 이당류와 단당류

04 다음 중 당질이 아닌 아미노산으로부터 당질이 생성되는 과정은?

① glycolysis   ② glycogenolysis
③ glycogenesis   ④ gluconeogenesis
⑤ glucuronic acid pathway

05 포도당에 대한 설명으로 옳은 것은?

> 가. 맥아당의 구성성분이다.
> 나. 혈당으로 존재한다.
> 다. 뇌, 적혈구의 에너지원이다.
> 라. 글로블린의 합성에 필요하다.

① 가, 나, 다   ② 가, 다
③ 나, 라   ④ 라
⑤ 가, 나, 다, 라

06 산이나 효소에 의해 분해될 때 포도당 이외의 단당류를 생성하는 당분자로 옳은 것은?

① 전분   ② 글리코겐
③ 맥아당   ④ 젖당
⑤ 덱스트린

07 뇌신경계와 적혈구의 유일한 열량원인 것은?

① 유당   ② 포도당
③ 맥아당   ④ 과당
⑤ 전화당

08 전화당에 대한 설명 중 옳지 않은 것은?

① 식물계에 널리 분포되어 있다.
② 서당의 가수분해산물이다.
③ 설탕보다 단맛이 강하다.
④ 당질대사 과정에서 생기는 당이다.
⑤ 서당을 효소 등으로 가수분해하면 포도당과 과당이 생성된다.

09 식이섬유소에 대한 설명 중 모두 옳은 것은?

> 가. 사람의 소화효소로 쉽게 분해된다.
> 나. 포만감을 준다.
> 다. 전분의 가수분해를 늦추고 혈중으로 포도당 흡수를 촉진한다.
> 라. 담즙을 흡착하여 배설하므로 혈중콜레스테롤을 낮춘다.

① 가, 나, 다   ② 가, 다
③ 나, 라   ④ 라
⑤ 가, 나, 다, 라

10 다음 호르몬 중 혈당과 관계없는 것은?

① insulin   ② testosterone
③ glucagon   ④ adrenalin
⑤ glucocorticoid

11 능동수송과 관련된 사항으로 옳은 것은?

① 운반체, ATP, 과당   ② 운반체, 과당
③ ATP, 만노스   ④ 과당, 갈락토스
⑤ 운반체, ATP, 포도당

정답   01 ⑤   02 ①   03 ④   04 ④   05 ①   06 ④   07 ②   08 ④   09 ③   10 ②   11 ⑤   ➡ 해설 p. 69

12 당질이 체내에서 하는 주된 작용은?

① 골격 형성   ② 에너지 발생
③ 체내작용 조절   ④ 근육 형성
⑤ 질병 예방

13 당질의 흡수과정으로 옳은 것은?

> 가. 소장에서 모두 단당류로 분해된 다음 흡수된다.
> 나. 포도당의 흡수 속도가 가장 빠르다.
> 다. 흡수된 당질은 문맥을 통해 간으로 운반된다.
> 라. 간혹 이당류도 흡수되는 경우가 있다.

① 가, 나, 다   ② 가, 다
③ 나, 라   ④ 라
⑤ 가, 나, 다, 라

14 당질대사에 관한 설명 중 옳은 것은?

> 가. 간에 저장된 글리코겐은 혈당을 상승시키는 데 기여한다.
> 나. 과당은 근육 내에서 글리코겐생성의 직접적인 급원으로 이용되지 못한다.
> 다. 당질의 섭취가 아주 부족할 때는 케톤체의 생성을 증가시킨다.
> 라. 근육 내에서 글리코겐은 포도당으로 분해되어 즉시 혈액으로 방출된다.

① 가, 나, 다   ② 가, 다
③ 나, 라   ④ 라
⑤ 가, 나, 다, 라

15 과당의 대사과정에 대한 설명 중 옳은 것은?

① 세포 내로 이동될 때 인슐린 의존적이다.
② 포도당과는 달리 혈당을 높이지 않는다.
③ 소장에서 포도당으로 전환된다.
④ 과잉 섭취 시 젖산 생성을 감소시킨다.
⑤ 아세틸 CoA 전환속도가 증가되어 지방산 합성속도가 증가한다.

16 혈당이 저하된 경우 체내에서 일어나는 대사과정으로 옳은 것은?

> 가. 간에서의 포도당 신생합성 증가
> 나. 근육의 아미노산 유리 증가
> 다. 혈액 내 저장 글리코겐의 분해
> 라. 케톤체 생성 증가

① 가, 나, 다   ② 가, 다
③ 나, 라   ④ 라
⑤ 가, 나, 다, 라

17 고당질 식사의 문제점은?

> 가. 고지혈증 유발   나. 충치 유발
> 다. 당뇨 유발   라. 비만 유발

① 가, 나, 다   ② 가, 다
③ 나, 라   ④ 라
⑤ 가, 나, 다, 라

18 혈당량이 저하되었을 때 혈당을 상승시켜 주는 호르몬으로 옳은 것은?

> 가. 아드레날린   나. 프로게스테론
> 다. 글루카곤   라. 인슐린

① 가, 나, 다   ② 가, 다
③ 나, 라   ④ 라
⑤ 가, 나, 다, 라

19 위산 분비가 저조한 경우 발생되는 상황으로 옳은 것은?

> 가. 음식에 부착된 세균이 사멸되지 않아 설사가 자주 발생한다.
> 나. 내인자 분비가 영향을 받아 비타민 B_{12} 흡수에 문제가 생긴다.
> 다. 십이지장 내의 산도가 맞지 않아 철분 결핍성 빈혈이 생긴다.
> 라. Rennin분비가 되지 않아 유당불내증이 생긴다.

① 가, 나, 다   ② 가, 다
③ 나, 라   ④ 라
⑤ 가, 나, 다, 라

20 당질의 흡수에 관한 설명으로 옳은 것은?

① 갈락토스는 흡수과정에서 포도당과 경쟁한다.
② 과당은 능동수송에 의해 흡수된다.
③ 5탄당이 6탄당보다 빠르게 흡수된다.
④ 흡수된 단당류는 유미관을 통해 문맥으로 이동한다.
⑤ 흡수속도가 가장 빠른 당은 포도당이다.

21 전분과 글리코겐에 대한 설명이다. 옳지 않은 것은?

① 포도당으로 이루어진 단순 다당류이다.
② 글리코겐은 요오드반응에 청색을 나타낸다.
③ 글리코겐은 분지상 구조가 많이 형성되어 있다.
④ 글리코겐은 당질분해 효소에 의해 분해된다.
⑤ 전분은 식물성 다당, 글리코겐은 동물성 다당으로 불린다.

22 당질의 인체 내 평균 소화흡수율은?

① 85% ② 90%
③ 92% ④ 95%
⑤ 98%

23 위에서 흡수될 수 있는 대표적인 물질은?

① 알코올 ② 아미노산
③ 포도당 ④ 염분
⑤ 수분

24 우유식빵을 섭취했다면 체내에 흡수될 수 있는 단당류는?

가. 포도당	나. 과당
다. 갈락토오스	라. 락토오스

① 가, 나, 다 ② 가, 다
③ 나, 라 ④ 라
⑤ 가, 나, 다, 라

25 다음 중 당신생을 통하여 포도당을 생성할 수 있는 화합물로 옳은 것은?

가. 글리세롤	나. 아미노산
다. 피루브산	라. 젖산

① 가, 나, 다 ② 가, 다
③ 나, 라 ④ 라
⑤ 가, 나, 다, 라

26 포도당의 epimer가 되는 단당류로 옳은 것은?

가. 리보오스	나. 갈락토오스
다. 과당	라. 만노오즈

① 가, 나, 다 ② 가, 다
③ 나, 라 ④ 라
⑤ 가, 나, 다, 라

27 소장벽을 통과할 수 있는 당질은?

가. 과당	나. 갈락토오스
다. 포도당	라. 맥아당

① 가, 나, 다 ② 가, 다
③ 나, 라 ④ 라
⑤ 가, 나, 다, 라

28 다당류인 자일란의 구성 성분이 되는 단당류로 옳은 것은?

① triose, glyceraldehyde ② tetriose, erythrose
③ pentose, xylose ④ hexose, fructose
⑤ hexose, glucose

29 1분자의 포도당이 혐기적 해당과정에서 생성할 수 있는 ATP 수는?

① 3개 ② 4개
③ 5개 ④ 6개
⑤ 7개

30 극도로 피로하거나 심한 운동으로 근육에 축적되는 물질은 무엇인가?

① butyric acid ② acetic acid
③ pyruvic acid ④ lactic acid
⑤ acetone

31 위에서의 당질소화가 일어나지 않는 이유로 가장 옳은 것은?

① 당질 분해효소가 존재하지 않으므로
② 위산으로 인해 전분 분해효소가 작용할 수 없으므로
③ 위 내에 전분 분해를 방해하는 물질이 분비되므로
④ 위 내에 머무르는 시간이 짧으므로
⑤ 위에는 소화효소가 없으며, 음식물의 저장고 역할만을 하므로

2. 지 질

32 지방식품을 섭취한 후 혈액 내에 많은 지단백질은?

① HDL ② LDL
③ Chylomicron ④ VLDL
⑤ IDL

33 성장을 돕고 피부병 방지에 필요한 지방산은?

① 아라키돈산 ② 리놀레산
③ 리놀렌산 ④ 올레익산
⑤ 팔미트산

34 다음 중 혈액 내 콜레스테롤을 감소시키고 혈전생성을 억제시키는 오메가3 지방산이 가장 많은 식물성 유지는?

① 올리브유 ② 옥수수유
③ 팜유 ④ 아마인유
⑤ 코코넛유

정답   22 ⑤   23 ①   24 ②   25 ⑤   26 ③   27 ①   28 ③   29 ⑤   30 ④   31 ①   32 ③   33 ②   34 ④   ➡ 해설 p. 69 ~ p. 70

35 오메가 3계열의 지방산으로 옳은 것은?

| 가. 리놀렌산 | 나. EPA |
| 다. DHA | 라. 아라키돈산 |

① 가, 나, 다 ② 가, 다
③ 나, 라 ④ 라
⑤ 가, 나, 다, 라

36 지질의 과잉섭취로 인한 증세가 아닌 것은?

① 변비 ② 동맥경화증
③ 비만증 ④ 케톤혈증
⑤ 지방간

37 다음의 식품 중 100g당 지질 함량이 가장 높은 것은?

① 달걀 ② 버터
③ 베이컨 ④ 콩기름
⑤ 꽁치

38 밀도가 가장 낮고 식이지방을 간으로 운반시키는 지단백질의 형태는?

① VLDL ② Chylomicron
③ IDL ④ LDL
⑤ HDL

39 지단백질의 종류와 특성을 설명한 것으로 옳은 것은?

가. Chylomicron – 소장에서 합성되고 식이 내 중성지질을 간으로 운반한다.
나. HDL – 콜레스테롤을 조직에서 간으로 운반하며 간에서 합성된다.
다. LDL – 콜레스테롤을 간에서 조직으로 운반하며 혈액의 VLDL로부터 생성된다.
라. VLDL – 간에서 합성되는 중성지질을 조직으로 운반하며 콜레스테롤 수치가 가장 높다.

① 가, 나, 다 ② 가, 다
③ 나, 라 ④ 라
⑤ 가, 나, 다, 라

40 콜레스테롤로부터 만들어지는 담즙의 기능으로 옳은 것은?

① 다당류의 소화에 관여한다.
② 지방의 유화에 필수적인 물질이다.
③ 담즙은 침전물로서 작용한다.
④ 지방의 응고를 돕는다.
⑤ 아미노산의 소화에 관여한다.

41 콜레스테롤 함량이 단위식품 100g당 가장 높은 식품으로 옳은 것은?

① 백미
② 녹황색 채소
③ 달걀노른자
④ 식빵
⑤ 닭고기

42 인지질이 세포막의 주요 성분이 될 수 있는 이유로 가장 옳은 것은?

① 이성체가 존재한다.
② 글리세롤을 함유하고 있다.
③ 다양한 지방산을 함유하고 있다.
④ 극성과 비극성부분을 가지고 있다.
⑤ 인산 에스터 결합을 하고 있다.

43 케톤체와 관련된 설명으로 모두 옳은 것은?

가. 심한 운동 후나 치료되지 않은 당뇨병 환자의 경우 생성이 증가된다.
나. 체내 축적 시에 산독증(acidosis)이 발생한다.
다. 장거리 마라톤, 심한 기아상태에서 에너지원으로 쓰일 수 있다.
라. 주로 지방 세포에서 만들어진다.

① 가, 나, 다 ② 가, 다
③ 나, 라 ④ 라
⑤ 가, 나, 다, 라

44 DHA에 대한 설명으로 모두 옳은 것은?

가. prostaglandin의 전구체이다.
나. ω-3 지방산이다.
다. 시각세포에는 그 함량이 낮다.
라. 어유에 다량 함유되어 있다.

① 가, 나, 다 ② 가, 다
③ 나, 라 ④ 라
⑤ 가, 나, 다, 라

45 포화지방산을 많이 함유하고 있는 식품으로 옳은 것은?

| 가. 코코넛유 | 나. 동물성지방 |
| 다. 팜유 | 라. 옥수수유 |

① 가, 나, 다 ② 가, 다
③ 나, 라 ④ 라
⑤ 가, 나, 다, 라

정답 35 ① 36 ① 37 ④ 38 ② 39 ① 40 ② 41 ③ 42 ④ 43 ① 44 ③ 45 ①   해설 p. 70

46 지방에 의해서 흡수가 증진되는 비타민으로 가장 옳은 것은?

> 가. 비타민 A
> 나. 콜린
> 다. 비타민 D
> 라. 엽산

① 가, 나, 다   ② 가, 다
③ 나, 라   ④ 라
⑤ 가, 나, 다, 라

47 소화관 호르몬과 그 작용이 옳은 것은?

> 가. 세크레틴 – 췌장액 분비촉진
> 나. 가스트린 – 위산 분비촉진
> 다. 콜레시스토키닌 – 췌장액 분비촉진
> 라. 글루카곤 – 담즙 분비촉진

① 가, 나, 다   ② 가, 다
③ 나, 라   ④ 라
⑤ 가, 나, 다, 라

48 다불포화지방산에 대한 설명 중 모두 옳은 것은?

> 가. 식물성 유지에 주로 들어 있다.
> 나. 불포화지방산 중에 필수지방산이 있다.
> 다. 산화되기 쉬워 비타민 E 요구량이 증가된다.
> 라. 사람의 체내에서 합성된다.

① 가, 나, 다   ② 가, 다
③ 나, 라   ④ 라
⑤ 가, 나, 다, 라

49 지방의 체내 기능에 대한 설명으로 옳은 것은?

> 가. 외부와 절연체 역할을 한다.
> 나. 농축된 에너지원이다.
> 다. 장기를 보호한다.
> 라. 수용성 비타민의 흡수를 촉진한다.

① 가, 나, 다   ② 가, 다
③ 나, 라   ④ 라
⑤ 가, 나, 다, 라

50 지방분해산물로서 포도당으로 전환될 수 있는 것은?

① 지방산
② 글리세롤
③ 조효소
④ 케톤체
⑤ 펩티드

51 항지방간성 인자(lipotropic factor)가 아닌 것은?

① 페닐알라닌   ② 콜린
③ 메티오닌   ④ 이노시톨
⑤ 레시틴

52 체내에서 성호르몬이나 부신피질 호르몬 등의 생성에 사용되는 물질은 어느 것인가?

① cholesterol   ② bile acid
③ lecithin   ④ lipoprotein
⑤ cerebroside

53 다음 기름 중 필수지방산을 가장 많이 함유하고 있는 것은?

① 버터   ② 쇠기름
③ 돼지기름   ④ 콩기름
⑤ 팜유

54 인(P)을 가지고 있으며 유화작용을 하는 물질은 어느 것인가?

① galactolipid   ② oleic acid
③ glycolipid   ④ lecithin
⑤ casein

55 다음 설명 중 영양상태 증진을 위해 바람직한 것은?

① 다가불포화지방산 섭취 증가 시에 비타민 E의 섭취를 감소시킨다.
② 혈중 콜레스테롤 농도 증가 시에 열량 섭취를 증가시킨다.
③ 혈중 콜레스테롤 농도 증가 시에 다가불포화지방산의 섭취를 감소시킨다.
④ 혈중 콜레스테롤 농도 증가 시에 P/S비율을 높여준다.
⑤ 혈중 콜레스테롤 농도 증가 시에 지방 섭취를 증가시킨다.

56 바람직한 포화지방산 : 단일불포화지방산 : 다가불포화지방산의 섭취비율은?

① 1 : 1 : 2   ② 1 : 1~1.5 : 1
③ 1 : 1.5 : 1.5   ④ 1 : 2 : 1
⑤ 1.5 : 1 : 1

57 트랜스(trans)지방산에 대한 설명으로 옳지 않은 것은?

① 지방산의 골격이 똑바른 구조로 되어 있다.
② 마가린, 쇼트닝에 함유되어 있다.
③ 트랜스지방산은 포화지방산과 유사한 특성을 가지고 있다.
④ 자연계에 존재하는 불포화지방산은 트랜스형이다.
⑤ 과량 섭취 시 심혈관 질환의 위험을 높인다.

58 지방간을 일으키는 요인으로 옳게 조합된 것은?

> 가. 필수지방산 결핍
> 나. 콜린, 메티오닌 결핍
> 다. 비타민 B_6, 베타인 결핍
> 라. 지나친 흡연

① 가, 나, 다   ② 가, 다
③ 나, 라   ④ 라
⑤ 가, 나, 다, 라

59 지방산 합성에 필요한 인자들로 옳은 것은?

① 비오틴 – NAD^+
② FAD – acetyl CoA
③ acetyl CoA – NADPH
④ NAD^+ – 지방산 합성효소
⑤ $NADP^+$ – 티아민

60 간이 나쁜 사람은 지방소화가 잘 안 된다. 그 이유는 무엇인가?

① 간에서 지방합성이 이루어지기 때문이다.
② 간에 항지방간성 인자가 있기 때문이다.
③ 간에서 지방소화를 돕는 효소 리파아제를 배출하기 때문이다.
④ 간에서 호르몬을 분비하기 때문이다.
⑤ 간에서 지방소화를 돕는 담즙이 만들어지기 때문이다.

61 다음 지질에 관한 설명 중 옳은 것은?

> 가. 케톤체는 주로 간에서 만들어지며 체내 축적 시에는 산독증(acidosis)이 발생한다.
> 나. 지방산의 β-산화에 최종 산물은 acetyl CoA이다.
> 다. 혈중콜레스테롤 제거에 필수적인 것은 필수지방산과 HDL-콜레스테롤이다.
> 라. 콜레스테롤은 비타민 A의 전구물질이다.

① 가, 나, 다   ② 가, 다
③ 나, 라   ④ 라
⑤ 가, 나, 다, 라

62 다음의 물질 중 당지질로 옳은 것은?

① 레시틴
② 세레브로사이드
③ 세팔린
④ 이노시톨
⑤ 스핑고미엘린

3. 단백질

63 식품 100g 중에 질소가 6g 함유되어 있다면 이 식품의 단백질량은 얼마인가?

① 62.5g   ② 12.5g
③ 37.5g   ④ 20.5g
⑤ 50.0g

64 단백질이 결핍되어 부종이 되는 직접적인 원인으로 가장 옳은 것은?

① 혈장 알부민 감소   ② 단백질 대사 저하
③ 헤모글로빈 합성 저하   ④ 혈관 저항 감소
⑤ 신장기능 약화

65 질소평형 실험결과 단백질 섭취량이 70g이었으며 소변 및 대변으로 배설되는 질소량이 55g이었다. 이와 같은 상태에 대한 설명으로 옳은 것은?

① 양(+)의 질소평형 – 오랜 기아상태
② 음(–)의 질소평형 – 근육량의 감소
③ 양(+)의 질소평형 – 수술 후 회복기 환자
④ 음(–)의 질소평형 – 임신부
⑤ 양(+)의 질소평형 – 심한 영양결핍

66 단백질의 영양가에 대한 설명 중 옳은 것은?

> 가. 단백질의 영양가는 구성아미노산의 조성에 따라 다르다.
> 나. 밀 단백질은 쌀 단백질보다 영양가가 높다.
> 다. 옥수수 단백질의 영양가는 트립토판과 리신을 첨가하면 높아진다.
> 라. 필수아미노산만 전부 함유하고 있으면 완전 단백질이다.

① 가, 나, 다   ② 가, 다
③ 나, 라   ④ 라
⑤ 가, 나, 다, 라

67 단백질의 질을 평가하는 방법으로 식품의 소화흡수를 고려한 방법은?

① 단백질 효율(PER)   ② 생물가(BV)
③ 아미노산가   ④ 질소평형법
⑤ 진정 단백질 효율(NPU)

68 단백질의 질적 측면에서의 상호 보충 효과가 가장 큰 것은?

① 현미, 옥수수   ② 쌀, 보리
③ 쌀, 두류   ④ 옥수수, 밀
⑤ 쌀, 밀

정답 58 ①   59 ③   60 ⑤   61 ①   62 ②   63 ③   64 ①   65 ③   66 ②   67 ⑤   68 ③   해설 p. 71

69 체내에서의 질소평형이 옳게 설명된 것은?

① 질소 섭취량<질소 배설량
② 질소 섭취량>질소 배설량
③ 질소 섭취량 = 질소 배설량
④ 오랜 기간 동안의 기아상태일 때
⑤ 영아기와 같은 성장기일 때

70 단백질 결핍 중에 kwashiorkor의 주된 증상은?

| 가. 부종 | 나. 탈색소 |
| 다. 지방간 | 라. 심히 마름 |

① 가, 나, 다
② 가, 다
③ 나, 라
④ 라
⑤ 가, 나, 다, 라

71 한국인 19~29세 남자의 단백질 권장 섭취량은?

① 55g
② 70g
③ 45g
④ 75g
⑤ 65g

72 다음 중 단백질의 기능이 아닌 것은?

① 수분 평형
② 체조직의 형성
③ 효소의 성분
④ 에너지원
⑤ 체온 유지

73 단백질의 절약작용을 하는 것은?

① 섬유소
② 당질
③ 비타민
④ 무기질
⑤ 호르몬

74 다음 중 완전단백질에 속하는 것은?

① 젤라틴
② 글리아딘
③ 호르데인
④ 글리시닌
⑤ 제인

75 단백가의 영양가 평가방법 중 질소 출납법으로 구하면서 소화율까지 고려한 것으로 옳게 조합된 것은?

| 가. PER | 나. NDpCal |
| 다. BV | 라. NPU |

① 가, 나, 다
② 가, 다
③ 나, 라
④ 라
⑤ 가, 나, 다, 라

76 arginine의 장내 미생물에 의한 부패결과로서 생성되는 것은?

① cadaverine
② putrescine
③ histamine
④ tyramine
⑤ benzoic acid

77 식품을 통해서 공급하지 않아도 인체 내에서 합성될 수 있는 아미노산은?

① 발린
② 글리신
③ 트립토판
④ 라신
⑤ 페닐알라닌

78 나이아신이 10mg, 트립토판이 180mg이 있다. 나이아신의 총 함량은?

① 130mg
② 13mg
③ 110mg
④ 15mg
⑤ 18mg

79 아미노산의 탈탄산반응으로 형성되는 물질로 혈관을 확장시키는 것은?

① 펩톤
② 히스티딘
③ 티아민
④ 티로신
⑤ 시트르산

80 다음 중 탈탄산반응으로 혈관을 확장시키는 화합물을 생성하는 아미노산은?

① aspartic acid
② histidine
③ proline
④ arginine
⑤ glutamine

81 요소 합성반응에 관계있는 물질들로 모두 옳게 조합된 것은?

| 가. 오르니틴 | 나. 아르기닌 |
| 다. 아스파틴산 | 라. 아세틸 CoA |

① 가, 나, 다
② 가, 다
③ 나, 라
④ 라
⑤ 가, 나, 다, 라

82 단백질 소화효소의 전구물질인 trypsinogen-chymotrypsinogen을 각각 활성화시켜주는 물질로 가장 옳은 것은?

① HCl - enterokinase
② enterokinase - trypsin
③ secretin - HCl
④ gastrin - secretin
⑤ gastrin - trypsin

83 아미노산 대사에 관한 설명으로 틀린 것은?

① 아미노산은 체내에서 아미노기 전이 반응(transamination)을 일으킨다.
② 글루타민(glutamine)을 탈아미노화(deamination)시키는 효소는 간에 많다.
③ 아미노산의 분해 시에 제거된 아미노기는 암모니아를 형성한다.
④ 인간은 아미노산 대사로 생긴 암모니아를 주로 요소의 형태로 소변 중에 배설한다.
⑤ 요소 사이클(urea cycle)은 주로 근육에서 일어난다.

84 단백질 결핍에 관한 설명으로 옳지 않은 것은?

① 영유아기에서는 성장이 지연된다.
② 혈장단백질 중 알부민(albumin)이 우선 증가한다.
③ 혈장단백질 중 글로블린(globulin)이 우선 감소한다.
④ 감마 글로블린이 저하되고 감염에 대한 저항력이 떨어진다.
⑤ 부종과 빈혈이 일어나기 쉽다.

85 과잉으로 섭취한 단백질은 어떻게 되는가?

① 소변으로 배설된다.
② 근육에 저장된다.
③ 에너지원으로 쓰이거나 포도당 혹은 지방 합성에 쓰인다.
④ 비타민으로 전환된다.
⑤ 세포의 크기를 증가시킨다.

86 아미노산의 탄소골격이 CO_2와 H_2O로 최종 분해되기 위하여 거치게 되는 대사 경로는?

① urea cycle
② TCA cycle
③ EMP pathway
④ HMP shunt
⑤ β-oxidation

87 다음 아미노산 중 함황아미노산으로 옳게 조합된 것은?

가. methionine	나. histidine
다. cystine	라. lysine

① 가, 나, 다
② 가, 다
③ 나, 라
④ 라
⑤ 가, 나, 다, 라

88 다음 복합단백질의 종류가 옳게 조합된 것은?

가. 핵단백질 – mucin	나. 색소단백질 – vitellin
다. 당단백질 – collagen	라. 인단백질 – casein

① 가, 나, 다
② 가, 다
③ 나, 라
④ 라
⑤ 가, 나, 다, 라

89 Fumarate로 분해된 후에 TCA cycle로 들어가는 아미노산이 옳게 조합된 것은?

가. leucine	나. tyrosine
다. alanine	라. phenylalanine

① 가, 나, 다
② 가, 다
③ 나, 라
④ 라
⑤ 가, 나, 다, 라

90 위산 분비가 저조한 경우 발생되는 상황으로 옳게 조합된 것은?

가. 내인자 부족으로 비타민 B_{12} 흡수가 저하된다.
나. 음식물에 부착된 세균이 사멸되지 않아 설사를 일으킨다.
다. 십이지장 내 산도가 맞지 않아 Fe 결핍성 빈혈이 생긴다.
라. rennin이 분비되지 않아 유당불내증이 생긴다.

① 가, 나, 다
② 가, 다
③ 나, 라
④ 라
⑤ 가, 나, 다, 라

91 단백질 소화효소로 옳게 조합된 것은?

가. 췌액 amylase	나. 위액 pepsin
다. 췌액 lipase	라. 췌액 trypsin

① 가, 나, 다
② 가, 다
③ 나, 라
④ 라
⑤ 가, 나, 다, 라

92 소장 벽에 존재하며 철분의 흡수를 실제로 조절하는 물질은?

① ceruloplasmin
② apoferritin
③ transferrin
④ fecal calcium
⑤ fibrinogen

93 다음 중 옳게 조합된 것은?

가. chymotrypsin – 단백질 – 췌액
나. gastrin – 당질 – 위액
다. pepsin – 단백질 – 위액
라. trypsin – 지질 – 장액

① 가, 나, 다
② 가, 다
③ 나, 라
④ 라
⑤ 가, 나, 다, 라

94 에렙신은 어느 물질을 가수분해시키는가?

① protein
② peptone
③ proteose
④ 아미노산
⑤ dipeptide

정답

83 ⑤ 84 ② 85 ③ 86 ② 87 ② 88 ④ 89 ③ 90 ① 91 ③ 92 ② 93 ② 94 ②

➲ 해설 p. 71 ～ p. 72

95 옥수수 단백질에 보족효과를 줄 수 있는 아미노산은?

① glycine, phenylalanine
② tryptophan, lysine
③ methionine, glutamic acid
④ threonine, histidine
⑤ lysine, cysteine

96 갑상선 호르몬은 체내에서 어떤 작용을 하는가?

① 기초대사율을 증가시킨다.
② 신경의 자극을 전달한다.
③ 근육의 긴장을 높인다.
④ 삼투압 조절에 관여한다.
⑤ 소화액의 분비를 높인다.

97 부갑상선 호르몬과 반대작용을 하는 호르몬은?

① growth hormone
② oxytocin
③ ACTH
④ thyroxine
⑤ calcitonin

98 밀 글루텐은 제1제한아미노산이 리신으로 107mg, 제2제한아미노산은 트립토판으로 63mg을 함유하고 있다. 표준단백질 아미노산 조성은 리신이 270mg, 트립토판이 90mg이라면 밀 글루텐의 단백가는 얼마인가?

① 30
② 40
③ 47
④ 60
⑤ 70

99 영양소의 흡수기전에 대한 설명으로 옳지 않은 것은?

① 능동수송 시에는 ATP가 필요하다.
② 촉진확산은 능동수송보다 흡수속도가 빠르다.
③ 단순확산 시에는 운반체가 필요없다.
④ 능동수송은 저농도에서 고농도로의 이동이 가능하다.
⑤ 단순확산 시에는 고농도에서 저농도로의 이동만 가능하다.

100 모세혈관을 통해서 간문맥으로 흡수되는 영양소가 올바르게 조합된 것은?

가. 갈락토오스	나. 아미노산
다. 포도당	라. 짧은 사슬 지방산

① 가, 나, 다
② 가, 다
③ 나, 라
④ 라
⑤ 가, 나, 다, 라

101 세로토닌(serotonin)의 전구물질인 아미노산은 어느 것인가?

① tyrosine
② serine
③ valine
④ proline
⑤ tryptophan

102 다음 중 단백질 대사 결과 생성된 암모니아(NH_3)의 처리과정으로 옳은 것은?

가. glutamine 합성	나. urea생성시켜 배설
다. 새로운 아미노산의 합성	라. tyramine 생성

① 가, 나, 다
② 가, 다
③ 나, 라
④ 라
⑤ 가, 나, 다, 라

103 다음 인슐린에 대한 설명으로 옳지 않은 것은?

① 황은 함유하는 펩티드이며 Zn과 Cr이 인슐린 활성에 필요하다.
② 랑게르한스섬의 β-세포에서 분비된다.
③ 지방산과 글리세롤로부터 지방합성을 촉진시킨다.
④ 단백질 합성을 저해하여 당뇨병 환자에게는 요 중 질소배설이 감소한다.
⑤ 포도당을 글리코겐으로 합성하는 작용을 촉진시킨다.

104 다음 호르몬의 분비장소와 기능이 옳지 않은 것은?

① cholecystokinin – 소장 – 담낭수축
② gastrin – 위 – 위산분비증가
③ secretin – 소장 – 췌액분비증가
④ GIP – 소장 – 위운동촉진
⑤ aldosterone – 부신 – 혈압상승

4. 열량대사

105 체중 70kg인 남자의 1일 기초대사량으로 옳은 것은?

① 약 1,340kcal
② 약 1,510kcal
③ 약 1,850kcal
④ 약 1,680kcal
⑤ 약 2,020kcal

106 같은 양의 칼로리를 섭취했을 때 단백질 절약작용이 가장 큰 것은?

① Ca
② P
③ 지질
④ 당질
⑤ 아밀라제

107 기초대사량에 관한 설명 중 옳지 않은 것은?

① 갑상선의 기능 항진 시 기초대사량은 증가한다.
② 기초대사량은 체표면적에 비례한다.
③ 임신 기간 동안 여성의 기초대사율은 증가한다.
④ 열대지방의 주민은 한대지방의 주민들보다 기초대사량이 높다.
⑤ 일생을 통해 생후 2세 전후가 가장 높다.

108 백미 100g 중에는 수분이 14%, 단백질이 6.5%, 지방이 0.4%, 당질이 77.5% 함유되어 있다. 열량은 얼마인가?

① 295kcal
② 310kcal
③ 325kcal
④ 335kcal
⑤ 340kcal

109 다음 성분 중 bomb calorimeter에서 측정된 열량가와 생리적 열량가와의 차이가 가장 큰 것은?

① amylose
② amylopectin
③ glycogen
④ tripalmitin
⑤ casein

110 어떤 식품 100g 중에 질소함량이 4g이면 단백질로부터 얻을 수 있는 열량은?

① 100kcal
② 150kcal
③ 230.5kcal
④ 120kcal
⑤ 400kcal

111 노년기에 기초대사량이 낮아지는 이유는 어느 것인가?

① 작업량 감소
② 대사조직량 감소
③ 체중감소
④ 체내 지방조직 감소
⑤ 식욕부진

112 특이동적 작용에 의한 단백질의 발생열량은 섭취량의 얼마인가?

① 약 10%
② 약 20%
③ 약 30%
④ 약 40%
⑤ 약 50%

113 다음 영양소의 호흡상(RQ)값이 옳은 것으로 조합된 것은?

가. 지질 : 0.7	나. 당질 : 1
다. 단백질 : 0.8	라. 당뇨병의 경우 : 0.85

① 가, 나, 다
② 가, 다
③ 나, 라
④ 라
⑤ 가, 나, 다, 라

114 식품의 특이동적 작용에 의한 에너지 증가량은 얼마인가?

① 10%
② 20%
③ 25%
④ 30%
⑤ 40%

115 성인의 1일 에너지량을 결정하는 요인이 옳게 조합된 것은?

가. 기초대사	나. 특이동적 대사
다. 활동대사	라. 성장대사

① 가, 나, 다
② 가, 다
③ 나, 라
④ 라
⑤ 가, 나, 다, 라

116 Atwater지수가 옳은 것은?

① 단백질 4.1, 지방 9.4, 당질 4.3
② 단백질 4, 지방 4, 당질 4.1
③ 단백질 4, 지방 9, 당질 4
④ 단백질 4.3, 지방 9.4, 당질 4.3
⑤ 단백질 4.2, 지방 9.4, 당질 4.1

117 1일 2,000kcal를 섭취했을 때 바람직한 당질의 섭취량은?

① 200~250g
② 250~300g
③ 275~350g
④ 350~375g
⑤ 350~400g

118 호흡상(RQ)값이 0.95 이상으로 1에 가까울 때 식사패턴은?

① 고단백질
② 고지방식
③ 고당질식
④ 혼합식
⑤ 저지방식

5. 비타민

119 비타민 C를 충분히 섭취함으로써 얻을 수 있는 이점으로 옳게 조합된 것은?

가. 철분흡수 증가	나. 노르에티네프린 합성
다. 면역기능 유지	라. 콜라겐 합성

① 가, 나, 다
② 가, 다
③ 나, 라
④ 라
⑤ 가, 나, 다, 라

정답 107 ④ 108 ⑤ 109 ⑤ 110 ① 111 ② 112 ③ 113 ① 114 ① 115 ① 116 ③ 117 ③ 118 ③ 119 ⑤ ➔ 해설 p. 72 ~ p. 73

120 악성 빈혈증에서 외적요인(extrinsic factor)이란 무엇인가?

① 염산
② 위액
③ 비타민 B_{12}
④ 당을 가진 단백질
⑤ 엽산

121 채식주의자에게 결핍되기 쉬운 비타민은?

① 엽산
② 나이아신
③ 비타민 B_{12}
④ 비타민 A
⑤ 비타민 D

122 수용성 비타민 중 자외선에 노출되었을 때 파괴가 우려되는 비타민은?

① 비타민 B_1
② 비타민 B_2
③ 비타민 C
④ 비타민 A
⑤ 비타민 D

123 비타민 B_1의 결핍으로 생기는 증세가 옳게 조합된 것은?

> 가. 식욕감퇴, 피로감, 불면증
> 나. 다발성 신경염
> 다. 근육 무기력증, 심장병
> 라. 피부염, 신경질환

① 가, 나, 다
② 가, 다
③ 나, 라
④ 라
⑤ 가, 나, 다, 라

124 체내에서 1개의 탄소전이 작용에 관여하는 조효소와 관련된 물질은?

① 피리독신
② 엽산
③ 판토텐산
④ 이노시톨
⑤ 티아민

125 다음 비타민 중 공기, 광선, 열에 파괴되지 않는 것은?

① 비타민 A
② 비타민 C
③ 비타민 E
④ 나이아신
⑤ 비타민 B_1

126 비타민 A의 전구물질 중에 활성도가 가장 큰 것은?

① 라이코펜
② β-카로틴
③ 크립토잔틴
④ α-카로틴
⑤ γ-카로틴

127 시홍(rhodopsin)합성과 관계 있는 비타민은?

① 비타민 A
② 비타민 B_1
③ 비타민 B_2
④ 비타민 C
⑤ 비타민 E

128 비타민 B_{12}의 설명으로 옳지 않은 것은?

① 분자 내에 Co를 가지고 있다.
② 정상적인 대사에 엽산이 필요하다.
③ 내적 요인이 부족하면 B_{12} 흡수는 저해된다.
④ 결핍되면 철 결핍 시와 적혈구 모양이 유사한 빈혈이 생긴다.
⑤ 동물성 식품에 존재한다.

129 비타민 E의 항산화작용을 도와주는 무기질은?

① Ca
② Mg
③ Fe
④ Se
⑤ Zn

130 당질대사와 관계있는 비타민은?

① 비타민 K
② 엽산
③ 비타민 A
④ 비타민 E
⑤ 비타민 B_2

131 Ergosterol에 자외선을 쪼였을 때 생성되는 비타민은?

① A
② B_1
③ C
④ D_2
⑤ D_3

132 빈혈을 방지하기 위해 하루 섭취량이 부족되지 않도록 하는 수용성 비타민으로 옳은 것은?

> 가. 엽산   나. 비타민 B_6
> 다. 비타민 B_{12} 라. 비타민 B_2

① 가, 나, 다
② 가, 다
③ 나, 라
④ 라
⑤ 가, 나, 다, 라

133 Coenzyme A의 구성 성분으로 식품 내에 널리 존재한다는 의미로 명명된 비타민은?

① 비오틴
② 판토텐산
③ 리보플라빈
④ 스테롤
⑤ 엽산

정답
120 ③ 121 ③ 122 ② 123 ① 124 ② 125 ④ 126 ② 127 ① 128 ④ 129 ④ 130 ⑤ 131 ④ 132 ① 133 ② ➔ 해설 p. 73

134 레티놀당량이란?

① 비타민 A의 화학적 이름
② 비타민 E와 비타민 A의 역할 정도
③ 비타민 A의 역할 정도를 레티놀로 나타낸 기준으로써의 단위
④ 피리독신의 종류별 기준 함량
⑤ 카로틴의 종류별 기준 함량

135 다음 연결 중 비타민과 무기질 간에 직접적인 관계가 없는 것은?

① 비타민 E – Se
② 비타민 D – Ca
③ 비타민 C – Fe
④ 비타민 K – K
⑤ 비타민 B_{12} – Co

136 다음의 연결에서 잘못된 것은 무엇인가?

① 나이아신 – NAD
② 비타민 B_6 – PLP
③ 판토텐산 – FMN
④ 비타민 B_2 – FAD
⑤ 비타민 B_1 – TPP

137 다음 영양소 중 비타민 C를 동시에 섭취할 때 그 흡수가 증진되는 것은?

① 철분
② 비타민 D
③ 카로틴
④ 비타민 E
⑤ 당질

138 비타민 D의 기능이 옳게 조합된 것은?

> 가. Ca과 P의 흡수를 돕는다.
> 나. Ca과 P의 이동을 돕는다.
> 다. 뼈의 석회와 유지에 관여한다.
> 라. Ca와 P의 배설을 돕는다.

① 가, 나, 다
② 가, 다
③ 나, 라
④ 라
⑤ 가, 나, 다, 라

139 Co를 가지고 있으며 cobalamin이라고 하는 비타민은?

① 비타민 B_1
② 비타민 B_2
③ 비타민 B_6
④ 비타민 B_{12}
⑤ 비타민 A

140 우리 체내에서 비타민 D로 될 수 있는 식품은?

① 시금치
② 버섯
③ 오렌지
④ 완두콩
⑤ 당근

141 비타민 A의 급원으로 가장 좋은 것은?

① 시금치
② 소간
③ 밀감
④ 우유
⑤ 당근

142 Riboflavin의 기능은 어느 것인가?

① 에너지 대사과정에서 수소를 받아 넘겨주는 일을 한다.
② 지방산 산화 과정에서 항산화작용을 한다.
③ 아미노산 분해과정에서 amine기를 제거하는 일을 한다.
④ 에너지 대사과정에서 발생한 탄산가스를 물과 결합시키는 작용을 한다.
⑤ 지방산 분해과정에서 acetic acid를 제거하는 일을 한다.

143 비오틴(biotin)에 대한 설명이 옳게 조합된 것은?

> 가. 조효소로서 carboxylation작용을 돕는다.
> 나. 일명 항피부염인자 혹은 항난백성 피부장애인자로 알려졌다.
> 다. 장내에서 biotin흡수를 방해하는 것은 당단백의 일종인 avidin이다.
> 라. 이 결핍증은 사람에게 흔히 발생된다.

① 가, 나, 다
② 가, 다
③ 나, 라
④ 라
⑤ 가, 나, 다, 라

144 다음 연결이 옳지 않은 것은?

① 비타민 A – 상피세포 각화 – 녹황색 채소, 쇠간
② 토코페롤 – 발육부진 – 간유, 시금치
③ 비타민 C – 괴혈병 – 신선한 야채, 과일
④ 비타민 B_1 – 각기병 – 쌀겨, 돼지고기
⑤ 비타민 B_2 – 발육저하 – 우유 및 유제품

145 영양소와 그 기능의 연결이 옳지 않은 것은?

① 비타민 K와 Ca – 혈액응고
② 비타민 B_1 – 당질대사
③ pantothenic acid – 핵산대사
④ niacin – 항 pellagra
⑤ Co – 비타민 B_{12}

146 Niacin의 결핍증 중에 4D's에 속하는 것은?

> 가. dermatitis(피부염)
> 나. depression(우울증)
> 다. diarrhea(설사)
> 라. dental(치과의)

① 가, 나, 다
② 가, 다
③ 나, 라
④ 라
⑤ 가, 나, 다, 라

정답 134 ③ 135 ④ 136 ③ 137 ① 138 ① 139 ④ 140 ② 141 ② 142 ① 143 ① 144 ② 145 ③ 146 ① ➡ 해설 p. 73

147 Carotene이 흡수되면 어느 곳에서 비타민 A로 전환되는가?

① 장벽　　　　　　　　② 혈액
③ 근육　　　　　　　　④ 림프
⑤ 간

148 호모시스테인으로부터 메티오닌을 합성하는 반응에서 엽산과 함께 조효소로서 상호 작용하는 비타민은?

① 리보플라빈　　　　　② 비타민 B_6
③ 비타민 B_{12}　　　　④ 비타민 C
⑤ 이노시톨

149 다음 비타민 중 결핍 시 설염을 일으키는 것이 옳게 조합된 것은?

가. 나이아신	나. 리보플라빈
다. 비타민 B_6	라. 비타민 A

① 가, 나, 다　　　　　② 가, 다
③ 나, 라　　　　　　　④ 라
⑤ 가, 나, 다, 라

150 단순당을 많이 섭취하는 사람에게 필요한 비타민은?

① 비타민 A　　　　　② 비타민 B_1
③ 비타민 C　　　　　④ 비타민 K
⑤ 비타민 B_2

6. 무기질

151 발한량이 많은 근육운동 시 필요하며 다량 섭취 시 고혈압을 유발시킬 수 있는 무기질은?

① K　　　　　　　　② Na
③ Cl　　　　　　　　④ S
⑤ Ca

152 칼슘의 흡수율이 좋은 식품은?

① 우유　　　　　　　② 미역
③ 소고기　　　　　　④ 녹색채소
⑤ 옥수수

153 핵단백질의 구성 성분으로서 혈액의 산·염기 평형에 기여하는 것으로 가장 옳은 것은?

① 칼륨　　　　　　　② 칼슘
③ 인　　　　　　　　④ 나트륨
⑤ 염소

154 철분의 흡수를 증가시키는 요인들 중 옳게 조합된 것은?

가. 피틴산, 레닌	나. 위산의 부족
다. 단백질, 섬유소	라. 시트르산, 비타민 C

① 가, 나, 다　　　　　② 가, 다
③ 나, 라　　　　　　　④ 라
⑤ 가, 나, 다, 라

155 빈혈환자에게 철분 제제를 공급하였는데 흡수율을 증진시키기 위해 같이 섭취하면 좋은 식품은?

① 우유　　　　　　　② 과일주스
③ 쌀　　　　　　　　④ 간유
⑤ 꿀물

156 알칼리성 식품은 어느 것인가?

① 달걀　　　　　　　② 고기
③ 당근　　　　　　　④ 쌀
⑤ 생선

157 무기질이 많이 함유된 식품과의 연결이 옳지 않은 것은?

① Ca – 치즈　　　　② I – 해조류
③ Fe – 우유　　　　④ P – 난황
⑤ Mg – 푸른 채소

158 칼슘 조절과 관계가 깊은 호르몬은?

① 인슐린　　　　　　② 갑상선호르몬
③ 에피네프린　　　　④ 부갑상선호르몬
⑤ 글루카곤

159 다음 중 Mg 부족 시 나타나는 증세로 옳게 조합된 것은?

가. 구순 구각염	나. 각기병
다. 구루병	라. 근육경련

① 가, 나, 다　　　　　② 가, 다
③ 나, 라　　　　　　　④ 라
⑤ 가, 나, 다, 라

160 다음 무기질에 대한 설명 중 옳은 것은?

① 철분의 섭취가 부족하면 거대적아구성 빈혈이 나타나기 쉽다.
② 칼슘을 과잉 섭취하면 골연화증의 가능성이 있다.
③ 요오드 과잉 섭취 시 갑상선종의 위험이 있다.
④ 나트륨, 칼륨, 염소는 거의 대부분이 재흡수된다.
⑤ 음료수에 불소를 10ppm 첨가하면 충치예방에 효과적이다.

161 칼슘의 체내 내적 항상성에 영향을 주는 두 가지 물질로 옳은 것은?

① 비타민 A와 갑상선호르몬
② 비타민 D와 부갑상선호르몬
③ 비타민 C와 부신피질 자극호르몬
④ 비타민 C와 칼시토닌
⑤ P와 성장호르몬

162 콜라겐 형성 시 프롤린 수산화효소(proline hydroxylase)의 작용에 필요한 영양소가 옳은 것은?

① 비타민 C – Fe
② 비타민 B_{12} – Cu
③ 비타민 B_6 – Cu
④ 비타민 C – Cu
⑤ 비타민 B_6 – Zn

163 인슐린의 작용을 보조하여 포도당 내성 요인으로서의 역할을 하는 무기질로 옳은 것은?

① Zn
② Cr
③ Fe
④ Ca
⑤ Mo

164 Aldosterone에 의해 촉진되는 것으로 옳게 조합된 것은?

| 가. 나트륨 배설 | 나. 수분함유 |
| 다. 칼륨 재흡수 | 라. 나트륨 재흡수 |

① 가, 나, 다
② 가, 다
③ 나, 라
④ 라
⑤ 가, 나, 다, 라

165 Na과 K의 기능을 설명한 것 중에서 옳지 않은 것은?

① 근육수축과 상피조직에서의 물질분비 및 재흡수를 돕는다.
② 단백질과 당질대사 과정에 관여한다.
③ 산, 염기평형에 기여함으로써 체액의 항상성을 유지한다.
④ Na과잉으로 유발된 고혈압에 K가 보호기능을 갖는다.
⑤ Na은 세포 내액에 주로 존재하며 삼투압을 조절한다.

166 요오드 결핍증세가 옳게 조합된 것은?

| 가. 점액수종 |
| 나. 티록신(thyroxine)분비 감소 |
| 다. cretin병 |
| 라. 당뇨병 유발 |

① 가, 나, 다
② 가, 다
③ 나, 라
④ 라
⑤ 가, 나, 다, 라

167 철분의 저장상태를 판단하기에 가장 적합한 것은?

① 적혈구 수
② Hb 농도
③ 혈청 ferrtin 농도
④ 소변 중의 철 배설량
⑤ 대변 중의 철 배설량

168 시금치에 들어 있는 물질 중에서 칼슘의 흡수를 방해하는 것은?

① 수산(oxalic acid)
② 단백질
③ 유당(lactose)
④ 비타민 D
⑤ 피틴산(phytic acid)

169 임신, 출산을 많이 하고 칼슘 부족인 여성에게서 흔히 볼 수 있는 칼슘 결핍증으로 가장 옳은 것은?

① 신경통
② 근육경직
③ 구루병
④ 골연화증
⑤ 골다공증

170 소장세포에서 아연 및 구리와 결합함으로써 흡수를 조절하는 물질은?

① 세룰로플라스민
② 인슐린
③ 알부민
④ 트란스페린
⑤ 메탈로티오네인

171 아연(Zn)이 풍부한 식품으로 구성된 것은?

① 새우, 소고기
② 보리, 콩
③ 미역, 시금치
④ 땅콩, 귤
⑤ 귤, 사과

172 Mg의 작용으로 옳지 않은 것은?

① 체내에 Mg이 많으면 Ca을 몰아낸다.
② Mg이 많으면 신경과민이 된다.
③ 식물 엽록소의 주요 구성 성분이다.
④ 해당 작용의 여러 효소의 부활제로서의 역할을 한다.
⑤ 신경안정과 근육이완 작용에 관여한다.

173 혈액응고에 작용하는 효소는 어느 것인가?

① amylase
② urinase
③ lipase
④ rennin
⑤ thrombokinase

정답 161 ② 162 ④ 163 ② 164 ④ 165 ⑤ 166 ① 167 ③ 168 ① 169 ④ 170 ⑤ 171 ① 172 ② 173 ⑤   ➔ 해설 p. 74

174 Ca이 혈액응고 과정에서 하는 일은?

① fibrinogen을 활성화시킨다.
② fibrinogen의 형성을 돕는다.
③ prothrombin을 활성화시킨다.
④ prothrombin의 형성을 돕는다.
⑤ thromboplastin을 활성화시킨다.

175 구리(Cu)부족으로 나타나는 빈혈증은?

① 대적혈구성 빈혈
② 정상적혈구성 빈혈
③ 단순소적혈구성 빈혈
④ 출혈성 빈혈
⑤ 저색소성소적혈구성 빈혈

176 다음 설명이 옳지 않은 것은?

① 신경세포 내에는 K이 존재한다.
② 탈아미노화에 의해 생성된 $-NH_2$는 알칼리를 중화한다.
③ 효소는 체액의 산도가 중성에서 활성화한다.
④ 혈액은 탄산염, 인산염 등의 완충제를 함유하고 있다.
⑤ 치즈, 견과류는 음이온을 함유하므로 알칼리성 식품이다.

7. 수분, 체액과 산·염기 평형

177 수분 요구량이 증가하는 경우가 아닌 것은?

① 식사 중 고단백 식사
② 심한 설사
③ 질병으로 인한 발열 시
④ 혈압상승
⑤ 대사율 증가

178 체내에서 수분의 기능이 아닌 것은?

① 체온조절
② 신경자극 전달
③ 영양소와 노폐물의 운반
④ 체조직 구성 성분
⑤ 외부로부터 충격에 대한 보호

179 수분조절과 가장 관계가 깊은 호르몬은?

① TSH　　　　② LH
③ ADH　　　　④ ACTH
⑤ LTH

180 수분에 대한 설명으로 옳게 조합된 것은?

> 가. 영양소와 노폐물의 운반
> 나. 혈액과 체조직의 구성 성분
> 다. 세포 내의 물리적 상태 유지
> 라. 체중의 20% 이상 손실 시 사망할 수 있다.

① 가, 나, 다　　　　② 가, 다
③ 나, 라　　　　④ 라
⑤ 가, 나, 다, 라

181 당뇨나 기아상태, 설사로 인해 산·염기 평형에 이상이 생겨 발생할 수 있는 현상으로 옳은 것은?

① 대사성 산증　　　　② 대사성 알칼리증
③ 호흡성 산증　　　　④ 호흡성 알칼리증
⑤ 케토시스

182 사람 몸에서 수분이 차지하는 비율은 대략 몇 %인가?

① 20%　　　　② 30%
③ 60%　　　　④ 80%
⑤ 95% 이상

183 인체의 수분 소요량에 영향을 주는 것이 아닌 것은?

① 식사의 종류　　　　② 기온
③ 신장의 기능　　　　④ 염분 섭취량
⑤ 활동정도

184 식품이 연소하여 100kcal의 열량을 발생할 때 생기는 수분(대사수)의 양은?

① 3~4g　　　　② 6~7g
③ 9~10g　　　　④ 12~13g
⑤ 15~16g

8. 생애주기 영양학

185 태아는 모체 내에서 다량의 철분을 흡수하여 어디에 저장하는가?

① 신장　　　　② 위
③ 간장　　　　④ 소장
⑤ 비장

186 분만 전 출혈방지를 위해 공급해야 하는 영양소는?

① 비타민 K　　　　② 비타민 A
③ 비타민 B_1　　　　④ 비타민 C
⑤ 비타민 E

정답 174 ③　175 ⑤　176 ⑤　177 ④　178 ②　179 ③　180 ⑤　181 ①　182 ③　183 ③　184 ④　185 ③　186 ①　　해설 p. 74

187 연령에 따른 중추신경계의 발달과정에서 영양상태가 가장 중요하게 작용하는 시기로 가장 옳은 것은?

① 출생~6개월까지
② 출생~1세까지
③ 출생~3세까지
④ 출생~5세까지
⑤ 출생~7세까지

188 태반의 주요기능에 대한 설명으로 옳지 않은 것은?

① 임신지속과 관련된 여러 호르몬을 분비한다.
② 태아에서 나온 배설물을 모체로 운반한다.
③ 약물이 태아에게 운반되지 않도록 저장했다가 배설시킨다.
④ 물질대사 작용을 한다.
⑤ 영양소와 산소를 모체에서 태아로 운반한다.

189 태아 성장을 저해하여 저체중아 출산의 요인이 되는 것으로 옳게 짝지어진 것은?

| 가. 모체의 영양불량 | 나. 산모의 질병 |
| 다. 임신 시 과체중 | 라. 흡연 |

① 가, 나, 다
② 가, 다
③ 나, 라
④ 라
⑤ 가, 나, 다, 라

190 신생아의 체중과 신장에 관한 설명이 옳지 않은 것은?

① 생후 3개월 때에는 출생 시 체중의 2배, 1년이 되면 3배에 이른다.
② 우리나라 영아의 출생 시 평균 체중은 3.3~3.5kg이다.
③ 출생 후 아기의 신장과 체중은 유전, 환경, 영양상태에 따라 좌우된다.
④ 출생 직후에 오는 생리적 체중감소현상은 신생아에게 위험하다.
⑤ 출생 시 평균 신장은 50~52cm가량이며, 생후 1년이 되면 약 1.5배로 증가한다.

191 임신 중 기초대사량이 증가하는 이유에 해당되지 않는 것은?

① 태반의 대사활동 증가
② 갑상선 기능 항진
③ 호르몬 변화
④ 열량 필요량 증가
⑤ 태아의 성장

192 임신중독증의 증세가 아닌 것은?

① 부종
② 고혈압
③ 자간증
④ 구토
⑤ 단백뇨

193 임신기의 철분 권장 섭취량은?

① 15mg
② 16mg
③ 18mg
④ 24mg
⑤ 30mg

194 임신중독증 환자에 대한 치료법 4원칙에 해당되는 것이 옳게 짝지어진 것은?

| 가. 식염 제한 | 나. 이뇨촉진 |
| 다. 혈압의 환원 | 라. 마그네슘 제한 |

① 가, 나, 다
② 가, 다
③ 나, 라
④ 라
⑤ 가, 나, 다, 라

195 결핍 시 임신구토를 더욱 증가시키는 비타민은?

① 비타민 B_1
② 비타민 C
③ 비타민 A
④ 비타민 K
⑤ 비타민 E

196 임신 중 악성 구토증의 원인이 아닌 것은?

① 비타민 B_1 결핍
② 태반 단백질 중독
③ 식사의 부적성
④ 비타민 D 결핍
⑤ 신경기능의 장애

197 과체중 임신중독증 환자의 식사로 옳지 않은 것은?

① 저지방식이
② 고단백식이
③ 저염식이
④ 고지방식이
⑤ 체중조절식이

198 임신부가 영양가는 거의 없고 때로 비위생적인 이물질에 강하게 집착하여 지속적으로 섭취하는 행동을 이르는 것으로 옳은 것은?

① 입덧
② 이식증 또는 이기증
③ 신경성 식욕 부진증
④ 신경성 탐식증
⑤ 과행동증

199 임신기에 철분필요량이 증가하는 이유는?

가. 월경 시 손실을 보충하기 위해
나. 태아 내의 저장을 위해
다. 임신기에 철분의 흡수율이 낮으므로
라. 임신기에는 체중증가로 인해 혈액이 증가하므로

① 가, 나, 다
② 가, 다
③ 나, 라
④ 라
⑤ 가, 나, 다, 라

200 임신부에 있어서 프로게스테론의 작용에 속하지 않는 것은?

① 분만 전까지 젖 분비를 억제한다.
② 수정란의 착상을 돕는다.
③ 젖 분비를 촉진한다.
④ 임신의 지속을 돕는다.
⑤ 유선 세포 성장을 촉진한다.

201 임신기간 중 에스트로겐 호르몬의 작용으로 옳게 조합된 것은?

> 가. 수분보유 유도
> 나. 자궁 내막의 선상피 조직 증식
> 다. 자궁근을 수축하여 분만유도
> 라. 자궁내막에 수정란 착상 용이

① 가, 나, 다   ② 가, 다
③ 나, 라   ④ 라
⑤ 가, 나, 다, 라

202 임신기간 동안 태반에서 분비되는 호르몬이 아닌 것은?

① 에스트로겐   ② 옥시토신
③ 프로게스테론   ④ 태반 락토겐
⑤ 난막 갑상선자극 호르몬

203 인체의 정상적인 임신기간은 대략 얼마로 보는가?

① 28주   ② 32주
③ 35주   ④ 40주
⑤ 43주

204 임신 후반기에 생기기 쉬운 변비와 빈혈을 예방하기 위해 권장할 만한 식품끼리 옳게 조합된 것은?

> 가. 간, 요구르트, 과일
> 나. 쌀밥, 마늘장아찌, 생선
> 다. 미역, 시금치, 굴
> 라. 베이컨, 김치, 빵

① 가, 나, 다   ② 가, 다
③ 나, 라   ④ 라
⑤ 가, 나, 다, 라

205 유즙 분비와 관계가 깊은 호르몬들로 구성된 것은?

① 에스트로겐(estrogen), 프로게스테론(progesterone)
② 프롤락틴(prolactin), 옥시토신(oxytocin)
③ 에스트로겐(estrogen), 프롤락틴(prolactin)
④ 옥시토신(oxytocin), 에스트로겐(estrogen)
⑤ 프로게스테론(progesterone), 옥시토신(oxytocin)

206 모유 영양을 중지시켜야 할 경우가 아닌 것은?

① 어머니가 전염병에 걸렸을 때
② 어머니가 외상이 생겼을 때
③ 어머니가 유선염에 걸렸을 때
④ 어머니가 간질, 기타 정신병인 경우
⑤ 어머니가 만성 소모성 질환(폐결핵, 신장염 등)에 걸렸을 때

207 모유 중 Ca과 P의 비율로 옳은 것은?

① 1 : 1
② 1 : 1.2
③ 2 : 1
④ 1 : 2
⑤ 1.2 : 1

208 수유부가 임신부보다 증가시키지 않아도 되는 것은?

① 비타민 B_2 ② 비타민 C
③ 열량   ④ Fe
⑤ 비타민 A

209 다음 설명 중 옳은 것은?

① 우유는 모유보다 lactalbumin 함량이 많다.
② 모유의 단백질 함량은 우유의 3배이다.
③ 우유와 모유 둘 다 casein 함량보다 lactalbumin 함량이 높다.
④ 모유는 우유에 비해 lactalbumin 함량이 casein 함량보다 높다.
⑤ 우유는 모유보다 casein 함량이 비교적 적다.

210 수유로 인해 추가로 요구되는 열량 및 단백질 권장량으로 가장 옳은 것은?

① 열량 150kcal, 단백질 15g
② 열량 150kcal, 단백질 30g
③ 열량 300kcal, 단백질 30g
④ 열량 350kcal, 단백질 30g
⑤ 열량 340kcal, 단백질 25g

211 모유에 들어 있는 항 감염물질로 직접 세균을 파괴시키는 효소이며 항생물질의 효율성을 간접적으로 증가시키는 것으로 가장 옳은 것은?

① 면역 글로블린
② 락토페린
③ 라이소자임
④ 백혈구
⑤ 비피더스 인자

212 수유부의 유즙분비를 촉진하는 인자는?

> 가. 유방을 완전히 비운다.
> 나. 체중증가
> 다. 스트레스를 없애고 편안한 마음을 가진다.
> 라. 충분한 철분을 섭취한다.

① 가, 나, 다   ② 가, 다
③ 나, 라   ④ 라
⑤ 가, 나, 다, 라

213 다음 설명 중 옳지 않은 것은?

① 임신 중 단백질 결핍에 의한 증상은 빈혈, 영양성 부종, 임신 중독증, 태아성장 부진 등이 있다.
② 임신부의 갑상선 기능 저하는 바세도병을 일으킨다.
③ 임신 중 나이아신이 부족하면 당질, 단백질대사에 지장이 있으며, 펠라그라 원인이 된다.
④ 임신부의 부종의 원인은 고탄수화물식이 때문이다.
⑤ 저단백질을 섭취한 임신부는 영양성빈혈 증상이 발생한다.

214 다음 모유에 들어 있는 항 감염성인자들의 체내기능이 옳지 않은 것은?

① 라이소자임(lysozyme) – 세균성 박테리아 용해
② 대식세포(macrophage) – 식균 작용
③ IgA(immunoglobulin A) – 병균의 장 점막세포 침입 방지
④ 락토페린(lactoferrin) – 철분과 결합하여 세균증식 억제
⑤ 비피더스 인자(bifidus factor) – 비피더스 박테리아의 성장 억제

215 영아에게 보충식이나 이유식을 시작할 때 고려해야 할 사항이 아닌 것은?

① 소량으로부터 시작하여 아기가 익숙해지면 다른 식품을 먹인다.
② 공복 시 이유식을 먼저 준다.
③ 자극성이 없고 부드러운 것을 준다.
④ 그릇은 깨끗하고, 안정된 환경에서 식사를 하도록 한다.
⑤ 좋은 식습관을 기르기 위해 새로운 식품을 하루에 여러 가지로 다양하게 준다.

216 다음 중 영아의 소화 특성으로 옳지 않은 것은?

① 신생아의 위는 가늘고 원통형이다.
② 신생아기에는 구강내의 pH가 산성이다.
③ 분문부 괄약근의 발달 미숙으로 잘 토한다.
④ 위액의 응유효소는 모유의 소화가 잘 되도록 한다.
⑤ 우유의 지방이 모유의 지방에 비해 소화 흡수가 잘된다.

217 모유단백질을 우유단백질과 비교했을 때 옳은 것은?

① 시스틴이 많다.   ② 카세인이 많다.
③ 타우린이 적다.   ④ 락토페린이 적다.
⑤ 비타민 C가 적다.

218 영아의 변 성상에 대한 설명으로 옳은 것은?

① 인공영양아의 것은 녹색을 띤다.
② 출생 직후 배설하는 것은 흑갈녹색이다.
③ 배변 횟수는 인공영양아가 모유영양아에 비해 많다.
④ 모유영양아의 것에는 비피더스균이 적다.
⑤ 모유영양아의 것은 담황색을 띠고 대장균이 많다.

219 영아기에는 단위 체중당 수분 필요량이 크다. 다음 중 옳지 않은 것은?

① 신체 크기에 비해 발한량이 많다.
② 요 농축능력이 부족하여 수분 손실이 많다.
③ 체중 kg당 체표면적이 작기 때문에 수분 손실이 많다.
④ 신체 내 수분비율이 다른 시기에 비해 크다.
⑤ 호흡수가 많아 호흡을 통해 증발되는 수분이 많다.

220 영아기의 생리적인 특성으로 옳은 것은?

① 생후 1년의 체중은 출생 시의 5배 정도이다.
② 출생 시의 머리둘레는 가슴둘레보다 크다.
③ 생후 1년의 신장은 출생 시의 3배 정도이다.
④ 영아기의 지방축적은 성별에 차이가 없다.
⑤ 생후 1년 된 영아의 체중당 총 수분함량은 어른보다 훨씬 높다.

221 영아의 소화, 흡수기능에 대한 설명 중 옳은 것은?

> 가. 신생아의 위 용량은 10~12ml이나, 생후 1년이 되면 200ml로 증가한다.
> 나. 췌장 리파아제(lipase) 함량과 담즙산이 적어 지방의 소화, 흡수가 낮다.
> 다. 생후 3개월까지 점막장벽 기능이 미성숙하여 단백질을 그대로 흡수시키는 경우가 있다.
> 라. 췌장 아밀라아제는 일찍부터 분비되므로 이유식으로 곡류를 1개월 이후에 준다.

① 가, 나, 다   ② 가, 다
③ 나, 라   ④ 라
⑤ 가, 나, 다, 라

222 신생아에게 비타민 K가 부족되기 쉬운 이유는?

> 가. 비타민 K의 소화, 흡수율이 낮다.
> 나. 장내 박테리아에 의한 합성이 없다.
> 다. 체내 보유량이 적다.
> 라. 모유의 비타민 K 함량이 매우 적다.

① 가, 나, 다   ② 가, 다
③ 나, 라   ④ 라
⑤ 가, 나, 다, 라

정답 212 ② 213 ④ 214 ⑤ 215 ⑤ 216 ⑤ 217 ① 218 ② 219 ③ 220 ② 221 ① 222 ③   ➡ 해설 p. 75

223 생후 4, 5개월 된 영유아에게 가장 적합한 이유 보충식은?

① 토마토 간 것, 쌀가루 죽, 알찜
② 요구르트, 치즈(쌀죽에 넣은 것), 간(삶아서 으깬 것)
③ 과일주스, 묽은 미음, 쌀가루 죽, 달걀(노른자를 익혀서 으깬 것)
④ 무당연유, 된장국물, 감자수프
⑤ 사과즙(묽은 것), 두부, 흰살생선

224 영아기 1년간의 정상적인 신체 성장에 관한 설명이 옳게 조합된 것은?

> 가. 두위와 흉위가 비슷해진다.
> 나. 출생 시 신장의 약 1.5배 정도로 자란다.
> 다. 생후 6~7개월이 되면 앞니가 나오기 시작한다.
> 라. 체중은 출생 시의 2배가 된다.

① 가, 나, 다　　　　　② 가, 다
③ 나, 라　　　　　　④ 라
⑤ 가, 나, 다, 라

225 성장기 영유아가 양질의 단백질을 섭취해야 하는 이유가 옳게 조합된 것은?

> 가. 체내에서 단백질을 합성하지 못하기 때문
> 나. 성장 시에는 대사율이 높기 때문
> 다. 단백질의 체내 이용률이 낮기 때문
> 라. 성장을 위한 필수아미노산의 필요량이 높기 때문

① 가, 나, 다　　　　　② 가, 다
③ 나, 라　　　　　　④ 라
⑤ 가, 나, 다, 라

226 이유를 실시하는 방법으로 적합하지 않은 것은?

① 식품재료의 선택을 다양하게 사용하되 하루에 한 종류로 한다.
② 식욕, 소화 능력에 주의하면서 단계적으로 증량한다.
③ 소화기능이 활발한 오후, 수유 직전에 준다.
④ 반유동식, 반고형식, 고형식의 순으로 변경해간다.
⑤ 조미는 엷게 하고 짠맛에 대한 식습관이 생기지 않도록 한다.

227 유아기 식욕부진의 가장 큰 이유는?

① 성장속도에 비해 소화흡수 능력이 떨어지기 때문이다.
② 활동량이 감소되면서 체중당 영양소 요구량이 감소하기 때문이다.
③ 성장률이 감소되면서 체중당 영양소 요구량이 감소하기 때문이다.
④ 유아식으로부터 성인식으로 발전해가는 과정이기 때문이다.
⑤ 자아가 발달하면서 식품에 대한 기호가 뚜렷해지기 때문이다.

228 비만 아동의 식사지도에 관한 사항 중 모두 옳게 조합된 것은?

> 가. 단백질은 충분히 공급하고 아침, 점심, 저녁을 규칙적으로 한꺼번에 많이 먹지 않도록 한다.
> 나. 식사제한을 엄격하게 하고 아침을 굶긴다.
> 다. 총 열량섭취를 줄이며 적절히 운동을 한다.
> 라. 성인이 되는 과정에서 거의 자연적으로 치유되므로 부담을 주지 않는다.

① 가, 나, 다　　　　　② 가, 다
③ 나, 라　　　　　　④ 라
⑤ 가, 나, 다, 라

229 성장에 영향을 주는 호르몬으로 옳게 조합된 것은?

> 가. 성장호르몬
> 나. 인슐린
> 다. 갑상선호르몬
> 라. 글루카곤

① 가, 나, 다　　　　　② 가, 다
③ 나, 라　　　　　　④ 라
⑤ 가, 나, 다, 라

230 학령기(9~11세) 아동의 1일 무기질 권장 섭취량 중 여아와 남아가 같은 것은?

> 가. 칼슘　　　　　　나. 인
> 다. 아연　　　　　　라. 철분

① 가, 나, 다　　　　　② 가, 다
③ 나, 라　　　　　　④ 라
⑤ 가, 나, 다, 라

231 청소년기 여자에게서 특히 발달되는 신체부위는?

① 신장과 체중
② 두위와 체중
③ 흉위와 좌고
④ 흉위와 골반회경
⑤ 신장과 두위

232 충치에 대한 설명으로 옳지 않은 것은?

① 식품의 점착도가 클수록 충치 발생도는 증가한다.
② 단음식은 충치발생을 촉진한다.
③ 단백질이 많은 식품은 산의 발생을 증가시켜 충치 발생을 증가시킨다.
④ 칼슘은 치아의 강도를 높여 충치를 예방한다.
⑤ 섬유소가 많은 식품은 치아표면을 청결하게 하여 충치 유발 가능성을 저하시킨다.

233 다음 설명 중 비만의 원인에 대한 설명으로 옳지 않은 것은?

① 유아기의 비만은 지방조직의 세포수와 크기가 모두 증가하는 특징을 가지고 있으며, 일단 생성된 지방세포수는 비만을 치료한 후에도 줄어들지 않는다.
② 부모가 과식을 하는 경우 아이들도 과식을 하여 성인이 되어도 계속 과식을 하는 경향을 나타내어 비만을 초래한다.
③ 심리적 불안, 긴장, 초조의 연속으로 과식의 경향이 있어 비만이 될 수도 있다.
④ 작업방법의 자동화, 교통기관의 발달에 의한 활동량의 감소가 비만의 원인이 된다.
⑤ 환경적인 요인에 의한 영향보다는 유전에 의한 비만 유발이 훨씬 더 심각하다.

234 소아의 발육상태를 평가하는 방법이 아닌 것은?

① 비체중　　② 브로카 지수
③ 카우프 지수　　④ 체질량 지수
⑤ 퍼센타일

235 사춘기의 성장 특성으로 모두 옳게 조합된 것은?

> 가. 일생 중 제2의 급성장기이다.
> 나. 남녀 모두 근육량이 증가되나 남성이 여성보다 증가율이 크고 지속적이다.
> 다. 사춘기동안 여성은 체지방 비율이 증가하고 남성은 감소한다.
> 라. 남성이 여성에 비하여 사춘기의 시작이 빠르고 성장의 크기도 크다.

① 가, 나, 다　　② 가, 다
③ 나, 라　　④ 라
⑤ 가, 나, 다, 라

236 10대 임신의 문제점에 대한 설명이 옳게 조합된 것은?

> 가. 임신중독증의 위험이 높다.
> 나. 저체중아, 기형아의 출산 비율이 높다.
> 다. 태아 발육불량의 위험이 높다.
> 라. 감염, 폐암의 발병 위험이 높다.

① 가, 나, 다　　② 가, 다
③ 나, 라　　④ 라
⑤ 가, 나, 다, 라

237 청소년기의 신경성 식욕부진에 대한 설명이 바르지 않은 것은?

① 체중감소, 무월경, 피로감, 부정맥, 무기력증, 집중감소 등이 나타난다.
② 치료 시 개인적 심리치료, 가족과의 상담, 영양치료 등을 병행해야 한다.
③ 마른 체형에 대한 지나친 선망에서 비롯되는 섭식장애 현상이다.
④ 탐식증의 증상과는 별도로 나타난다.
⑤ 말랐는데도 살이 쪘다고 느끼며 체중증가에 대한 두려움이 많다.

238 청소년기의 여자가 남자보다 철분요구량이 더 많은 이유로 옳은 것은?

① 곡선의 체형
② 골다공증 예방
③ 월경으로 인한 손실
④ 골반발달 촉진
⑤ 흉위의 발달

239 폐경기 이후 여성에게서 잘 발생하는 증세로 칼슘 섭취와도 관련이 있는 것은?

① 골다공증　　② 골연화증
③ 류마티스　　④ 척추디스크
⑤ 구루병

240 다음 질환 중 폐경으로 인해 발생될 수 있는 것은?

> 가. 빈혈　　나. 간질
> 다. 위산과다　　라. 골다공증

① 가, 나, 다　　② 가, 다
③ 나, 라　　④ 라
⑤ 가, 나, 다, 라

241 성인기에 알코올이 건강에 미치는 영향에 대한 설명으로 옳은 것은?

① 알코올 섭취는 암 발생과 무관하다.
② 여성과 남성의 체내 알코올 분해효소의 양은 같다.
③ 알코올의 과다 섭취는 간장 질환만을 유발시킨다.
④ 하루 한두 잔의 음주는 혈중 LDL을 상승시키므로 심혈관질환을 예방한다.
⑤ 알코올 과량 섭취 시 중성지방을 형성하며 비만, 간질환, 심혈관질환, 암 등을 유발시킨다.

242 여성의 폐경기 증상 중 식생활과 관련이 깊은 증상으로 옳게 조합된 것은?

> 가. 요실증　　나. 골다공증
> 다. 열성홍조　　라. 심혈관질환

① 가, 나, 다　　② 가, 다
③ 나, 라　　④ 라
⑤ 가, 나, 다, 라

243 다음 중 75세 이상 한국 노인의 열량 필요 추정량은 얼마인가?

① 남자 : 2,200kcal, 여자 : 2,000kcal
② 남자 : 2,100kcal, 여자 : 1,900kcal
③ 남자 : 2,000kcal, 여자 : 1,800kcal
④ 남자 : 1,600kcal, 여자 : 1,400kcal
⑤ 남자 : 2,000kcal, 여자 : 1,600kcal

244 다음 중에서 노인 식사로 적당하지 않은 것은?

① 동물성 지방을 피할 것
② 연한 음식을 먹을 것
③ 짭짤한 음식을 먹을 것
④ 많은 양의 음식을 먹지 말 것
⑤ 신선한 채소와 과일을 많이 먹을 것

245 우리나라 노인에게서 결핍되기 쉬운 무기질은?

① Na   ② Cl
③ S   ④ K
⑤ Ca

246 노인의 영양상태를 불량하게 하는 주된 임상적인 장해요인으로 옳지 않은 것은?

① 후각, 미각, 시각의 감퇴
② 심리적인 스트레스
③ 만성적인 변비
④ 치아탈락 및 소화액의 분비감소
⑤ 대사 효율의 감소

247 노인기의 면역기능 장애와 특히 관련이 큰 영양소로 가장 옳은 것은?

① 당질   ② 아연
③ 섬유소   ④ 비타민 K
⑤ 칼슘

248 노인에게 있어서 수분섭취가 중요한 이유로 가장 옳은 것은?

① 배뇨량이 늘어나기 때문이다.
② 입이 마르기 때문이다.
③ 변비가 있기 때문이다.
④ 신장기능이 저하되기 때문이다.
⑤ 갈증을 많이 느끼기 때문이다.

249 노인에게 흔히 결핍되는 비타민이 아닌 것은?

① 비타민 C   ② 엽산
③ 비타민 K   ④ 비타민 B_{12}
⑤ 비타민 B_1

250 노년기의 질환과 관련된 영양소의 연결로 옳지 않은 것은?

① 고혈압 – Na 과잉
② 골다공증 – Ca 결핍
③ 치매 – Al 과잉
④ 당뇨 – Cr 결핍
⑤ 악성빈혈 – Zn 결핍

251 노년기의 빈혈을 일으키는 원인으로 옳지 않은 것은?

① 위궤양
② 위액분비 감소
③ 장내 pH를 저하시키는 약제 복용
④ 위 절제수술
⑤ 섬유소의 과다 섭취

252 노년기의 혈중 변화가 옳은 것은?

① 콜레스테롤의 감소
② LDL의 감소
③ 지질 농도의 감소
④ 헤모글로빈 양의 감소
⑤ 요산의 감소

253 노년기의 생리적 변화에 대한 설명이 옳게 조합된 것은?

> 가. 소화액 분비가 감소하고 소장의 흡수력이 저하된다.
> 나. 근육량 손실로 인하여 기초대사량은 감소한다.
> 다. 항 이뇨호르몬 조절이상에 의해 요농축이 저하된다.
> 라. 동맥의 탄력성 저하로 혈압이 저하된다.

① 가, 나, 다
② 가, 다
③ 나, 라
④ 라
⑤ 가, 나, 다, 라

254 노년기의 뇌와 신경조절기능 변화에 관련된 설명이 옳게 조합된 것은?

> 가. 시력 및 청력약화
> 나. 뉴런의 감소
> 다. 신경 전달물질의 합성 감소
> 라. 짠맛에 대한 감각 감소

① 가, 나, 다
② 가, 다
③ 나, 라
④ 라
⑤ 가, 나, 다, 라

255 운동효율에 미치는 당질과 지질의 효과에 대한 설명이 올바르게 짝지어진 것은?

> 가. 운동종류에 따라 당질과 지질의 비율을 변화시키는 것이 좋다.
> 나. 운동효율을 높이려면 지질의 비율을 크게 해야 한다.
> 다. 당질이 연소하기 쉽고 운동효율이 높다.
> 라. 특히, 단거리 경기에서는 지질의 비율을 높여야 한다.

① 가, 나, 다   ② 가, 다
③ 나, 라   ④ 라
⑤ 가, 나, 다, 라

256 다음 중 정신노동자가 많이 필요로 하는 것은?

① 알코올   ② 비타민 B_{12}
③ 비타민 B_1 ④ C_1
⑤ Na

257 노동자 영양에 관한 설명으로 옳지 않은 것은?

① 열량부족이 되지 않도록 특히 유의한다.
② 산 과다증이 되기 쉬우므로 비타민 B 복합체나 칼슘이 많은 채소, 해조류, 우유 등을 준다.
③ 어두운 곳에서 노동하는 사람은 태양광선이 부족하므로 비타민 B_1과 A를 충분히 준다.
④ 고열작업에 종사하는 노동자는 땀이 많이 나므로 소금을 충분히 주는 것이 좋다.
⑤ 피로예방을 위해 채소나 과일을 충분히 먹는다.

258 운동의 효과로 모두 옳은 것은?

> 가. 체지방 감소   나. 근육 발달
> 다. 골 손실방지   라. LDL 증가

① 가, 나, 다   ② 가, 다
③ 나, 라   ④ 라
⑤ 가, 나, 다, 라

259 화학적인 중독에 침해될 위험이 있는 작업에 종사하는 사람에 대한 영양관리로 옳은 것은?

> 가. 메티오닌의 투여
> 나. 동물성 단백질의 충분한 섭취
> 다. 시스틴의 투여
> 라. 충분한 지방의 섭취

① 가, 나, 다   ② 가, 다
③ 나, 라   ④ 라
⑤ 가, 나, 다, 라

260 지구력 운동(마라톤, 수영, 사이클)이 골격근에 미치는 효과로 모두 옳은 것은?

> 가. 혈액으로부터 지방을 이용하기 위해 lipoprotein lipase 활성을 증가시킨다.
> 나. 혈액에서의 조직의 O_2 이용률이 증가한다.
> 다. 근글리코겐 저장량이 감소한다.
> 라. 운동에 의한 젖산 생성률이 감소한다.

① 가, 나, 다   ② 가, 다
③ 나, 라   ④ 라
⑤ 가, 나, 다, 라

261 스트레스가 많을수록 섭취량을 증가시켜야 할 영양소로 옳은 것은?

> 가. 단백질   나. Na
> 다. 비타민 C   라. 지질

① 가, 나, 다   ② 가, 다
③ 나, 라   ④ 라
⑤ 가, 나, 다, 라

262 운동에 따른 에너지원 공급원으로 옳게 조합된 것은?

> 가. 조깅(4분 이상) – 지방산, 글리코겐
> 나. 높이뛰기(8초 이하) – ATP – CP
> 다. 수영(2~4분) – 포도당, 글리코겐
> 라. 역도 – 지방산

① 가, 나, 다   ② 가, 다
③ 나, 라   ④ 라
⑤ 가, 나, 다, 라

263 운동경기 후의 식사지침으로 옳은 것은?

① 단백질 섭취   ② 당질 섭취
③ 지방 섭취   ④ 무기질 섭취
⑤ 비타민 섭취

264 운동이나 근육노동 시에 증가해야 할 비타민으로 옳은 것은?

① 비타민 B_1과 C   ② 비타민 C와 나이아신
③ 비타민 B_2와 나이아신   ④ 비타민 C와 B_6
⑤ 비타민 B_2와 B_{12}

265 운동 시에 나타나는 생리적 효과에 관한 설명이 옳지 않은 것은?

① 근력증가   ② 심 박출량 증가
③ 최대 산소소비량 증가   ④ 근육의 모세혈관 수 감소
⑤ 글리코겐 저장량 증가

정답   255 ②   256 ③   257 ③   258 ①   259 ①   260 ①   261 ②   262 ①   263 ②   264 ④   265 ④   ➜ 해설 p. 77

1과목 생화학

1. 당질 및 대사

01 Glucose와 galactose는 에피머(epimer) 관계에 있다. 이것은 무엇을 의미하는가?

① 이들은 서로 비대칭성을 갖는다.
② 이들은 서로 이성체이다.
③ 이들은 분자 내에 단 1개의 탄소 배열상태가 서로 다르다.
④ 이들은 분자 내에 단 2개의 탄소 배열상태가 서로 다르다.
⑤ 1개는 aldose이고 1개는 ketose이다.

02 포도당(glucose)의 부제탄소원자수와 광학적 이성체 수는?

① 3, 8
② 4, 16
③ 5, 32
④ 2, 4
⑤ 1, 2

03 다음 중 5탄당에 속하는 것은?

① 리보오스(ribose)
② 만노오스(mannose)
③ 포도당(glucose)
④ 갈락토오스(galactose)
⑤ 과당(fructose)

04 Glycogen의 설명 중 틀린 사항은?

① 체내 축적에는 지방의 경우에 비하여 물이 더 많이 보유된다.
② α-1, 6-glycoside 결합이 곁가지로 있다.
③ 체내 축적량이 적다.
④ Glycogen의 합성과 분해과정은 같다.
⑤ Glycogen은 간에 6%, 근육에 0.7% 정도 함유되어 있다.

05 β-D-glucose가 중합하여 이루어진 고분자 물질은?

① amylose
② amylopectin
③ cellulose
④ pectin
⑤ inullin

06 다음 중 galactose를 포함하는 물질로 구성된 것은?

가. 유당	나. 설탕
다. 라피노오스	라. 스테로이드

① 가, 나, 다
② 가, 다
③ 나, 라
④ 라
⑤ 가, 나, 다, 라

07 단순 다당류에 속하는 것은?

① 펙틴(pectin)
② 헤미셀룰로오스(hemicellulose)
③ 셀룰로오스(cellulose)
④ 스타키오스(stachyose)
⑤ 헤파린(heparin)

08 다음 중 해당과정(glycolysis)을 바르게 설명한 것은?

① glucose에서 CO_2와 H_2O로 분해
② pyruvic acid에서 CO_2와 H_2O로 분해
③ glucose에서 2분자의 젖산을 생성
④ glycogen에서 pyruvic acid까지 분해
⑤ glycogen에서 2분자의 젖산을 생성

09 생체 내에서 glucose가 혐기적 해당과정을 거쳐 최종 생성되는 물질은?

① succinic acid
② acetic acid
③ lactic acid
④ CO_2
⑤ H_2O

10 해당작용(glycolysis)에 관한 설명 중 옳지 않은 것은?

① 산소를 필요로 하지 않는다.
② glucose를 lactic acid으로 전환한다.
③ glucose에서 pyruvic acid까지의 분해를 말한다.
④ glucose를 ethanol 및 CO_2로 전환한다.
⑤ 산소가 있으면 lactic acid가 다량 축척된다.

11 Pentose phosphate pathway의 첫 시발물질은?

① D-glucose-6-phosphate
② α-D-glucose
③ Xylulose-5-phosphate
④ 6-phosphogluconic acid
⑤ α-D-fructose

12 탄수화물의 호기적 산화과정은 어떤 회로를 거치는가?

가. Urea cycle
나. Embden-Meyerhof pathway
다. Pentose phosphate pathway
라. Tricarboxylic acid cycle

① 가, 나, 다
② 가, 다
③ 나, 라
④ 라
⑤ 가, 나, 다, 라

정답 01 ③ 02 ② 03 ① 04 ④ 05 ③ 06 ② 07 ③ 08 ③ 09 ③ 10 ⑤ 11 ① 12 ④ 해설 p. 77 ～ p. 78

13 Acetyl CoA 1분자가 TCA cycle에서 완전 산화될 때 $NADH_2$ 와 $FADH_2$는 각각 몇 분자가 생성되는가($NADH_2$: $FADH_2$)?

① 1 : 2
② 2 : 1
③ 3 : 1
④ 4 : 1
⑤ 3 : 2

14 동물체 내에서 탄수화물의 혐기적 대사과정인 glycolysis(A)와 호기적 대사과정인 TCA cycle(B)에 관여하는 효소들이 존재하는 곳은?

① (A)에 관여하는 효소는 cytosol에, (B)에 관여하는 효소는 mitochondria에 위치한다.
② (A)에 관여하는 효소는 mitochondria에, (B)에 관여하는 효소는 cytosol에 위치한다.
③ (A)에 관여하는 효소와 (B)에 관여하는 효소 둘 다 mitochondria에 위치한다.
④ (A)에 관여하는 효소와 (B)에 관여하는 효소 둘 다 cytosol에 위치한다.
⑤ (A)에 관여하는 효소와 (B)에 관여하는 효소 둘 다 mesosome에 위치한다.

15 Glucose 한 분자가 완전히 산화되었을 때 생성되는 ATP의 수는 몇 개인가?

① 8
② 18
③ 24
④ 32
⑤ 38

16 Pyruvate가 탄산가스를 잃어버리고 acetyl-CoA로 산화되는 반응에 관여하는 pyruvate dehydrogenase complex의 보조효소로 작용하지 않는 물질은?

① FAD
② NAD
③ PALP
④ TPP
⑤ Mg^{++}

17 Citrate synthase의 작용에 의해 acetyl-CoA와 어떤 물질이 작용하여 구연산이 생성되는가?

① malate
② pyruvate
③ oxaloacetate
④ isocitrate
⑤ succinate

18 혐기대사(anaerobic metabolism)의 설명으로 틀린 것은?

① 산소를 최종전자수용체로 사용하지 않는다.
② 호기적 대사보다 ATP를 생성하는 능률이 높다.
③ 유기중간체를 환원하여 산물을 만들고 CO_2로의 완전산화는 하지 않는다.
④ 대표적인 것은 해당 및 각종 발효과정이다.
⑤ 폐기물인 젖산이 생성된다.

19 광합성의 명반응(light reaction)에서 생성되어 암반응(dark reaction)에 이용되는 물질은?

① ATP
② NADH
③ O_2
④ pyruvate
⑤ CO_2

20 아래의 반응식에서 HCO_3^- 의 수송체는?

$$pyruvate + HCO_3^- + ATP \longrightarrow oxalocacetate + ADP + Pi$$

① NAD^+
② biotin
③ H^+
④ rutin
⑤ niacin

2. 단백질 및 대사

21 아미노산에 대한 다음 설명 중 잘못된 것은?

① 아미노산 중에서 -S-S-결합을 형성하는 것은 cystine이다.
② 부제탄소가 없는 아미노산은 alanine이다.
③ 체내에서 nicotinic acid로 이행하는 아미노산은 tryptophan이다.
④ 쌀의 단백질 중에 결핍되는 아미노산은 lysine이다.
⑤ methyl기를 공급해 주는 아미노산은 methionine이다.

22 Peptide 결합을 설명한 것 중 틀린 것은?

① 1개의 아미노산에 있는 amino기와 다른 아미노산에 있는 carboxyl기의 결합이다.
② 두 아미노산의 peptide결합을 dipeptide라 한다.
③ 수많은 amino acid가 결합한 것을 polypeptide라 한다.
④ 같은 아미노산에 있는 α-amino기와 carboxyl기의 결합이다.
⑤ peptide 결합할 때는 물 한 분자가 빠진다.

23 다음 중 중성 아미노산은?

① arginine
② aspartic acid
③ glutamic acid
④ glycine
⑤ lysine

24 glycogenic amino acid가 아닌 것은?

① L-glutamic acid
② L-alanine
③ L-methionine
④ L-leucine
⑤ L-serine

정답 **13** ③ **14** ① **15** ④ **16** ③ **17** ③ **18** ② **19** ① **20** ② **21** ② **22** ④ **23** ④ **24** ④ → 해설 p. 78

25 다음 중 xanthoprotein 반응과 관계가 있는 아미노산은?

① tryptophan   ② cysteine

③ threonine   ④ glutamine

⑤ leucine

26 생체 내에서 단백질의 기능과 관계가 없는 것은?

① 구조 단백질   ② 산소운반

③ 에너지 저장   ④ 면역

⑤ 제어

27 영양원으로 가장 좋은 단백질은?

① 섬유상 단백질   ② 다각형 단백질

③ 부정형 단백질   ④ 구상 단백질

⑤ 결합조직 단백질

28 포유류 동물세포에서 protein 합성이 가장 활발하게 일어나는 곳은?

① mitochondria   ② lysosome

③ ribosome   ④ golgi체

⑤ endoplasmic reticulum

29 다음 중 핵산이 결합된 단백질은?

① protamine   ② glutein

③ albumin   ④ arginine

⑤ globulin

30 염기성 단백질은?

① globulin   ② collagen

③ keratin   ④ histone

⑤ elastin

31 Heme을 구성 성분으로 갖고 있는 단백질은?

가. myoglobin	나. cytochrome
다. hemoglobin	라. albumin

① 가, 나, 다   ② 가, 다

③ 나, 라   ④ 라

⑤ 가, 나, 다, 라

32 우유에 많이 들어 있는 단백질은?

① 젤라틴(gelatin)   ② 글루텐(gluten)

③ 미오겐(myogen)   ④ 카제인(casein)

⑤ 미오신(myosin)

33 단백질의 2차 구조를 이루게 하는 주된 화학결합은?

① 공유결합

② 이온결합

③ 수소결합

④ sulfide결합

⑤ 친수성결합

34 Insulin의 구조를 바르게 나타낸 것은?

① 1차 구조   ② 2차 구조

③ 3차 구조   ④ 4차 구조

⑤ 5차 구조

35 단백질 생합성에서 시작 코돈(initiation codon)은?

① AAU   ② AUG

③ AGU   ④ UGU

⑤ GAU

36 단백질의 구조를 확인하기 위하여 performic acid로 단백질을 산화시키는 이유는?

① peptide결합을 분해시키기 위하여

② -S-S-결합을 끊기 위하여

③ C-말단 및 N-말단을 고정하기 위하여

④ 단백질을 변성시키기 위하여

⑤ 수소결합을 끊기 위하여

37 단백질의 구조를 연구하는 실험에서 fluoro-dinitro benzene (FDNB)이 쓰이는 것은?

① C-말단 결정

② N-말단 결정

③ 1차 구조결정

④ 2차 구조결정

⑤ 3차 구조결정

38 인체 내에서 단백질(질소)대사의 최종산물은?

① creatine   ② urea

③ ammonia   ④ uric acid

⑤ leucine

39 요소회로의 최종 반응에서 arginine을 urea와 ornithine으로 분해하는 효소는?

① arginase   ② kinase

③ catalase   ④ urease

⑤ zymase

3. 지질의 합성과 대사

40 다음 중 고급 지방산과 고급 알코올로 이루어진 물질은?

① 단백지질　　　　　② 왁스
③ 콜레스테롤　　　　④ 당지질
⑤ 인지질

41 Phospholipid가 세포막의 구성성분으로 중요한 이유는?

① 인산 ester 결합을 하고 있다.
② 단백질과 결합되어 있다.
③ 극성과 비극성 부분을 함께 갖고 있다.
④ glycerol이 있다.
⑤ 불포화지방산이 결합되어 있다.

42 인지질인 lecithin은 어떤 물질로 구성되어 있는가?

① glycerol, 지방산, 인산, serine
② glycerol, 지방산, 인산, ethanolamine
③ glycerol, 지방산, 인산, choline
④ glycerol, 지방산, 인산, inositol
⑤ glycerol, 지방산, 인산, galactose

43 다음 중 동물성 sterol은 무엇인가?

> 가. coprosterol　　　　나. sitosterol
> 다. cholesterol　　　　라. ergosterol

① 가, 나, 다　　　　② 가, 다
③ 나, 라　　　　　　④ 라
⑤ 가, 나, 다, 라

44 다음 중 고급 지방산은 어느 것인가?

① CH_3COOH　　　　② $C_{15}H_{31}COOH$
③ $C_5H_{11}COOH$　　　　④ C_3H_7COOH
⑤ $C_9H_{19}COOH$

45 다음 중 acetyl-CoA로 생합성될 수 없는 물질은?

① folic acid　　　　② cholesterol
③ bile acid　　　　　④ fatty acid
⑤ acetone

46 다음 중 지방산이 분해되어 마지막에 생기는 기본단위의 물질은 무엇인가?

① acetyl CoA　　　　② acetoacetic acid
③ lactic acid　　　　④ succinyl CoA
⑤ acetic acid

47 지방산의 β 산화 과정에서 탄소는 몇 분자씩 산화 분해되는가?

① 2　　　　　　② 3
③ 4　　　　　　④ 5
⑤ 6

48 지방산의 β-산화에 관한 설명으로 맞지 않는 것은?

① β-산화를 하면 지방산은 탄소수가 2개 적은 acetyl-CoA가 된다.
② acetyl-CoA를 생성한다.
③ β-산화의 주생성물은 acetoacetic acid이다.
④ mitochondria에서 일어난다.
⑤ 불포화지방산의 β-산화는 cis형이 trans형으로 바뀐 다음에 일어난다.

49 ketosis란 무엇인가?

① 지방대사의 부진　　　② 당질대사의 부진
③ 단백질대사의 부진　　④ 요소대사의 부족
⑤ 핵산대사의 부진

50 다음 중 cholesterol로부터 생성될 수 없는 물질은?

① porphyrine　　　　② aldosterone
③ vitamin D　　　　　④ bile acid
⑤ androgen

51 여러 가지 세포기능을 조절하는 호르몬 유사물인 prostaglandin (PG)의 생합성에 관여하는 지방산은?

① oleic acid　　　　② stearic acid
③ linoleic acid　　　④ arachidonic acid
⑤ myristic acid

52 산패된 지방의 냄새는 무슨 성분에 의한 것인가?

① glycerine　　　　② phenol
③ volatile fatty acid　　④ acrolein
⑤ acetone

53 사람의 간(liver)에서 일어나지 않는 반응은?

> 가. 지방산에서 케톤체(Ketone body) 생성
> 나. 암모니아에서 요소(urea) 생성
> 다. 아미노산에서 글루코오스의 합성
> 라. 지방산에서 글루코오스의 생성

① 가, 나, 다　　　　② 가, 다
③ 나, 라　　　　　　④ 라
⑤ 가, 나, 다, 라

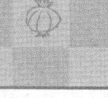
4. 핵산

54 핵 단백질의 가수분해 순서는?

① 핵단백질 → nucleotide → nucleoside → base → 핵산
② 핵단백질 → nucleoside → 핵산 → nucleotide → base
③ 핵단백질 → nucleoside → nucleotide → 핵산
④ 핵단백질 → 핵산 → nucleotide → nucleoside → base
⑤ 핵단백질 → nucleotide → nucleoside → 핵산 → base

55 Pyrimidine이 생합성될 때의 출발물질은 무엇인가?

① ribose-5'-phosphate
② ADP
③ carboxyl phosphate
④ D-deoxyribose
⑤ glutamate

56 DNA에 들어 있지 않은 것은 무엇인가?

① adenosine
② guanine
③ adenine
④ cytosine
⑤ thymine

57 DNA와 RNA에서 nucleotide는 어떤 결합으로 이루어져 있는가?

① glycosidic acid
② hydrophobic bond
③ phosphate ester bond
④ phosphodiester bond
⑤ hydrogen bond

58 핵산을 구성하는 염기 성분이 아닌 것은?

① 아데닌(adenine)
② 티민(thymine)
③ 우라실(uracil)
④ 시토크롬(cytochrome)
⑤ 시토신(cytosine)

59 단백질의 아미노산 배열은 DNA의 뉴클레오타이드(nucleotide) 배열에 의하여 결정된다. 이러한 유전자(DNA)의 암호(code)는 몇 개의 뉴클레오타이드에 의하여 구성되는가?

① 1개
② 2개
③ 3개
④ 4개
⑤ 5개

60 단백질 합성에 있어서 주형(template)이 되는 것은 무엇인가?

① t-RNA
② m-RNA
③ r-RNA
④ DNA
⑤ FAD

61 아미노산 배열순서를 전달 규정하는 것은?

① DNA
② r-RNA
③ m-RNA
④ t-RNA
⑤ sn-RNA

62 핵산의 구성성분인 purine base의 생합성 시작물질은?

① glycine
② phosphoric acid
③ ribose
④ pyrimidine
⑤ glucose

63 t-RNA에 관한 설명 중 맞지 않은 것은?

① Nucleotide 잔기수는 보통 73~93 사이이다.
② 아미노산의 활성에 필요한 요소이다.
③ 아미노산이 결합하는 부위의 염기배열은 C-C-A로 되어 있다.
④ t-RNA의 3차 구조는 클로버 형태이다.
⑤ 활성아미노산을 ribosome의 주형 쪽으로 운반한다.

64 어떤 효모 DNA가 15.1%의 thymine 염기를 함유하고 있다면 guanine 염기는 얼마를 함유하고 있는가?

① 15.1%
② 69.8%
③ 34.9%
④ 30.2%
⑤ 45.3%

65 다음 중 정미성이 있는 물질은 무엇인가?

| 가. 5'- xanthylic acid | 나. 5'- inosinic acid |
| 다. 5'- guanylic acid | 라. 5'- cytidylic acid |

① 가, 나, 다
② 가, 다
③ 나, 라
④ 라
⑤ 가, 나, 다, 라

66 효모생산(RNA)에서 지미 성분을 얻고자 할 때 어떤 효소를 작용시켜야 하는가?

① phosphotransferase
② 2'- phosphodiesterase
③ 3'- phosphodiesterase
④ 5'- phosphodiesterase
⑤ 3'- phosphomonoesterase

정답 54 ④ 55 ③ 56 ① 57 ④ 58 ④ 59 ③ 60 ② 61 ③ 62 ③ 63 ④ 64 ③ 65 ① 66 ④   → 해설 p. 79

5. 효소 및 조효소

67 효소작용에 있어 경쟁적 방해작용에 관한 설명으로 맞는 것은?

① km치는 보통보다 커진다.
② V_{max}는 보통보다 커진다.
③ km치는 변함없다.
④ V_{max}는 보통보다 적다.
⑤ km치는 보통보다 작아진다.

68 다음 (   )에 들어갈 적당한 것은?

> 효소반응에서 반응속도가 최대속도(V_{max})의 1/2에 해당되는 기질의 농도 [S]는 (   )와(과) 같다.

① 1/Km
② −1/Km
③ Km
④ −Km
⑤ 2Km

69 Zymogen에 관한 설명으로 옳은 것은?

① 효소의 촉매
② 효소의 저해제
③ 효소의 전구체
④ 가수분해 효소
⑤ 효소 분비를 촉진하는 호르몬

70 아미노기 전이효소(transferase)의 보조효소는 무엇인가?

① PALP
② TPP
③ FAD
④ NAD
⑤ FMN

71 지질합성과 Malonyl−CoA 합성에 관여하는 효소는?

① Fatty acid synthase
② Acetyl−CoA carboxylase
③ Acyl−CoA synthase
④ Acyl−CoA dehydrogenase
⑤ Acyl−CoA hydratase

72 Hydrolase에 속하지 않는 효소는?

① protease
② amylase
③ lipase
④ cytochrome oxidase
⑤ phosphatase

73 RNA를 가수분해하는 효소는?

① ribonuclease
② polymerase
③ deoxyribonuclease
④ ribonucleotidyl transferase
⑤ carboxylase

74 효소에 있어서 그 활성을 나타내기 위해서는 특별한 이온을 필요로 하는 경우가 있다. 다음 중 효소의 활성화 물질로써 작용하지 않는 것은?

① Cu^{2+}
② Mg^{2+}
③ Pd^{2+}
④ Mn^{2+}
⑤ Co^{++}

75 전분분자의 비환원성 말단으로부터 포도당 단위로 절단하는 효소는?

① α−amylase
② β−amylase
③ glucoisomerase
④ isoamylase
⑤ glucoamylase

76 단백질 가수분해 효소가 아닌 것은?

① 트립신(trypsin)
② 펩신(pepsin)
③ 파파인(papain)
④ 카제인(casein)
⑤ 피신(ficin)

77 다음 효소 중 응유작용이 있는 것은?

① lipase
② pepsin
③ amylopsin
④ amylase
⑤ carboxylase

78 아래에서 설명하는 효소는?

> NADH를 이용하여 젖산을 탈수소하여 피루브산으로 만드는 세포질 효소이다.

① lactase
② succinate dehydrogenase
③ lactose operon
④ lactate dehydrogenase
⑤ alchol dehydrogenase

79 효소에 관한 설명으로 맞지 않는 것은?

① 효소는 생체 내 반응을 촉매한다.
② 한 개의 효소는 몇 가지 기질의 특이성을 갖는다.
③ 단백질 외에 다른 물질이 결합된 것도 있다.
④ Apoenzyme＋coenzyme＝holoenzyme
⑤ 단백질만으로 이루어진 효소도 있다.

80 Feedback inhibition의 설명이다. 관계없는 것은?

① 최종반응 억제
② 최종산물의 생성억제
③ 최초반응 억제
④ Allosteric enzyme
⑤ 경쟁적 저해

정답 67 ① 68 ③ 69 ③ 70 ① 71 ② 72 ④ 73 ① 74 ③ 75 ⑤ 76 ④ 77 ② 78 ④ 79 ② 80 ① ➔ 해설 p. 79 ～ p. 80

81 효소 촉매반응의 속도에 크게 영향을 미치는 인자와 관계없는 것은?

① 온도　　　　　　　　② 습도
③ 효소의 농도　　　　④ 기질의 농도
⑤ pH

6. 호르몬 및 비타민

82 부갑상선이 대사를 조절하는 것은 어느 물질인가?

① 인　　　　　　　　　② 칼슘과 마그네슘
③ 칼슘과 철　　　　　④ 칼슘과 인
⑤ 마그네슘과 철

83 갑상선의 기능 장해와 관계가 있는 것은?

> 가. Myxedema　　　　　나. Goiter
> 다. Creatinism　　　　　라. Addison씨 병

① 가, 나, 다　　　　　② 가, 다
③ 나, 라　　　　　　　④ 라
⑤ 가, 나, 다, 라

84 생식 현상에 관여하지 않는 hormone은?

① FSH　　　　　　　　② Oxytocin
③ TSH　　　　　　　　④ Progesterone
⑤ estrogen

85 Folic acid와 관계있는 결핍증은?

① 펠라그라　　　　　　② 야맹증
③ 괴혈병　　　　　　　④ 거대혈구성 빈혈
⑤ 각기병

86 간장에서 비타민 K_2로 전환될 수 있는 것은?

① 비타민 B　　　　　　② α-tocopherol
③ menadione　　　　　④ 비타민 A
⑤ 비타민 D

87 다음 보기의 설명에 맞는 vitamin은 어느 것인가?

> ① 성분 중에 질소가 들어 있다.
> ② Tryptophan이 생체 내에서 이것으로 전환되어 이용된다.
> ③ 생체에서 조효소로써 수소를 운반하는데 관여한다.

① niacin　　　　　　　② riboflavin
③ vitamin B_6　　　　④ vitamin E
⑤ vitamin K

88 척추동물의 결합조직 내의 콜라겐을 구성하고 있는 proline 잔기에 대한 효소적 수산화 반응의 보조인자로 작용하는 비타민은?

① vitamin B_1　　　　② vitamin C
③ vitamin P　　　　　④ vitamin K
⑤ vitamin A

89 여러 가지 비타민은 조효소(Coenzyme)의 구성 성분이 된다. 다음 항목에서 CoA의 성분이 되는 비타민은?

① 티아민(thiamine)
② 리보플라빈(riboflavin)
③ 니코틴산(nicotinic acid)
④ 피리독신(pyridoxine)
⑤ 판토테인산(panthothenic acid)

90 비타민과 보효소의 관계가 틀린 것은?

① 비타민 B_1 – TPP
② 비타민 B_2 – FAD
③ 비타민 B_6 – THF
④ Niacin – NAD
⑤ panthothenic acid – CoA

91 결핍되면 Ca와 P의 적당한 배합 침착이 저해되어 뼈의 발육, 특히 석회화를 느리게 하는 비타민은?

① 비타민 D　　　　　　② 비타민 K
③ 비타민 B_2　　　　　④ ascorbic acid
⑤ 비타민 A

92 Pantothenic aicd와 관계없는 것은?

① steroid의 합성분해
② 지방산 산화
③ calcification
④ Coenzyme A
⑤ porphrin의 합성분해

7. 생체의 산화환원

93 생체 내 산화 환원반응이 일어나는 곳은?

① 미토콘드리아(Mitochondria)
② 골지체(Golgl apparatus)
③ 세포벽(Cell wall)
④ 핵(Nucleus)
⑤ 리보솜(ribosome)

94 전자전달 과정 중 1.5분자의 ATP를 생성할 수 있는 전자 전달 공여체를 만드는 반응은?

① Malate → Oxaloacetate
② Isocitrate → α-Ketoglutarate
③ α-Ketoglutarate → Succinyl CoA
④ Succinate → Fumarate
⑤ citrate → isocitrate

95 High energy 화합물에 속하지 않는 인산염은 무엇인가?

① acetoacetic acid
② 1,3-diphosphoglycerate
③ adenosine-5'-triphosphate
④ glyceraldehyde-3-phosphate
⑤ acetyl CoA

96 1mol의 NADH가 NAD^+로 산화될 때 몇 몰의 ATP가 생성되는가?

① 1.5   ② 2
③ 2.5   ④ 3
⑤ 3.5

97 ATP + glucose → ADP + glucose − 6 − phosphate에서 촉매적으로 작용하는 효소는?

① aldolase   ② phosphorylase
③ fructokinase   ④ hexokinase
⑤ phosphatase

98 ATP 1mol이 발생하는 열량은 얼마인가?

① 10kcal   ② 9kcal
③ 7kcal   ④ 5kcal
⑤ 3kcal

99 다음 중 고에너지 인산화합물이 아닌 것은?

① GDP   ② ADP
③ CDP   ④ TMP
⑤ ATP

100 가수분해 에너지가 가장 큰 인산화합물은?

① phosphoenol pyruvate
② 1, 3-diphosphoglycerol phosphate
③ phosphocreatine
④ ATP
⑤ glucose-6-phosphate

101 해당과정 중 ATP를 생산하는 단계는 어떤 단계인가?

① Glucose ⟶ glucose-6-phosphate
② 2-Phosphoenol pyruvic acid ⟶ Enolpyruvic acid
③ Fructose-6-phosphate ⟶ Fuctose-1, 6-diphosphate
④ Glucose-6-phosphate ⟶ Fructose-6-phosphate
⑤ Enolpyruvic acid ⟶ Pyruvic acid

102 산화 환원 효소계의 보조인자(조효소)가 아닌 것은?

① NADH + H
② $NADPH + H^+$
③ 판토텐산(Panthothenate)
④ $FADH_2$
⑤ cytochrome

103 Cytochrome의 작용은?

① 탈수소 역할
② 탈수작용
③ 전자 전달체 역할
④ 산소 운반체 역할
⑤ 가수분해 작용

104 Cytochrome의 구조에서 가장 필수원소는?

① Cu   ② Na
③ Mg   ④ Fe
⑤ Ca

105 광합성(Photosynthesis) 중 암반응에서 CO_2를 탄수화물로 환원시키는 데 필요한 것은?

① ATP와 NADP
② NADP와 ADP
③ NADPH와 ATP
④ NADP와 NADPH
⑤ ATP와 FAD

106 TCA cycle에서 acetyl CoA 한 분자가 산화할 때 몇 개의 고에너지 인산결합(high energy phosphate bond)이 만들어지는가?

① 10개
② 12개
③ 14개
④ 16개
⑤ 18개

정답   94 ④   95 ④   96 ③   97 ④   98 ③   99 ④   100 ①   101 ②   102 ③   103 ③   104 ④   105 ③   106 ①   ➡ 해설 p. 80 ~ p. 81

2과목 영양교육

1. 영양교육의 개념

01 영양교육의 목표가 아닌 것은?

① 영양지식의 이해
② 식태도의 변화
③ 식행동의 변화
④ 국민의 건강증진
⑤ 영양문제의 발견

02 영양교육의 목표에 대한 것으로 옳은 것은?

> 가. 영양에 대한 올바른 지식과 이해
> 나. 질병예방과 건강증진을 도모
> 다. 식생활에 대한 개선 의욕과 실천
> 라. 만성질환의 조기진단

① 가, 나, 다 　　② 가, 다
③ 나, 라 　　④ 라
⑤ 가, 나, 다, 라

03 영양교육의 최종목표는?

① 식품취급기술 및 정보보급
② 질병의 조기발견
③ 건강증진
④ 합리적인 식생활의 이해
⑤ 체계적인 영양지식 습득

04 다음 중 영양교육의 효과로 옳은 것은?

> 가. 개인의 체위와 체력향상을 도모하여 활동량이 증가한다.
> 나. 정신적으로 도덕심이 높아진다.
> 다. 국민의 질병예방을 통한 건강이 증진된다.
> 라. 생활향상을 통해 국민 전체의 복지에 기여한다.

① 가, 나, 다 　　② 가, 다
③ 나, 라 　　④ 라
⑤ 가, 나, 다, 라

05 영양교육의 어려운 점이 아닌 것은?

① 조직을 이용하기 어렵다.
② 식량생산과 관련되어 있다.
③ 사람들의 식생활이나 식습관은 쉽게 바꿀 수가 없다.
④ 영양상의 결함은 눈에 보이게 나타나지 않는다.
⑤ 식생활, 식습관, 경제상태, 지식 등에 있어 차이가 심하다.

06 영양개선의 방향으로 옳은 것은?

> 가. 성인병에 대한 영양지도
> 나. 도서벽지에 대한 영양지도
> 다. 저소득층에 대한 영양지도
> 라. 집단급식 지도의 강화

① 가, 나, 다 　　② 가, 다
③ 나, 라 　　④ 라
⑤ 가, 나, 다, 라

2. 영양교육의 배경 및 기초지식

07 고려 때 직제에서 오늘날 영양사에 해당하는 것은 무엇인가?

① 의녀(醫女) 　　② 식의(食醫)
③ 다방(茶房) 　　④ 상식국(尙食局)
⑤ 사선국(司膳局)

08 한국인의 식문화가 가진 특징은?

> 가. 곡식의 문화　　나. 발효식품의 문화
> 다. 채소의 문화　　라. 축산식품의 문화

① 가, 나, 다 　　② 가, 다
③ 나, 라 　　④ 라
⑤ 가, 나, 다, 라

09 농촌 식생활의 문제점은 무엇인가?

> 가. 곡류의 과잉섭취
> 나. 피로, 임신중독증 등의 건강장애
> 다. 동물성 단백질의 부족
> 라. 비타민 섭취 부족

① 가, 나, 다 　　② 가, 다
③ 나, 라 　　④ 라
⑤ 가, 나, 다, 라

10 다음 중 패스트푸드의 문제점으로 옳은 것은?

> 가. 영양상의 불균형　　나. 고가의 로얄티 지급
> 다. 고지방, 고나트륨 함량　　라. 메뉴선택의 다양성

① 가, 나, 다 　　② 가, 다
③ 나, 라 　　④ 라
⑤ 가, 나, 다, 라

11 성인 남녀의 1일 비타민 C의 영양섭취기준으로 옳은 것은?

① 40mg 　　② 60mg
③ 70mg 　　④ 100mg
⑤ 120mg

정답　01 ⑤　02 ①　03 ③　04 ⑤　05 ①　06 ⑤　07 ②　08 ①　09 ①　10 ①　11 ④　➜ 해설 p. 81

12 영양섭취기준에서 권장 섭취량이 설정되어 있는 무기질로 옳은 것은?

① 칼슘, 철, 셀레늄
② 인, 마그네슘, 코발트
③ 칼슘, 구리, 황
④ 요오드, 아연, 브롬
⑤ 망간, 아연, 불소

13 한국인 영양섭취기준에 사용된 1세 미만 영아의 연령구분으로 옳은 것은?

① 0~3개월, 4~6개월, 7~9개월, 10~12개월
② 0~3개월, 4~6개월, 7~9개월
③ 0~4개월, 5~7개월, 8~10개월, 11~12개월
④ 0~5개월, 6~11개월
⑤ 0~3개월, 4~8개월, 9~12개월

14 한국인 영양섭취기준에서 성인의 1일 단백질 권장량은?

① 남 : 65mg, 여 : 60mg
② 남 : 60mg, 여 : 60mg
③ 남 : 60mg, 여 : 50mg
④ 남 : 65mg, 여 : 55mg
⑤ 남 : 50mg, 여 : 45mg

15 한국 어린이의 Ca 1일 권장 섭취량으로 옳은 것은?

① 6~8세 400mg, 9~11세 500mg
② 6~8세 700mg, 9~11세 800mg
③ 6~8세 400mg, 9~11세 500mg
④ 6~8세 500mg, 9~11세 800mg
⑤ 6~8세 600mg, 9~11세 600mg

16 영양섭취기준을 활용하는 분야로 옳은 것은?

> 가. 영양상태 판정의 자료로 활용한다.
> 나. 식량수급정책에 활용한다.
> 다. 영양교육 프로그램 개발
> 라. 식단작성 등의 단체급식에서 활용한다.

① 가, 나, 다
② 가, 다
③ 나, 라
④ 라
⑤ 가, 나, 다, 라

17 영양성분의 표시대상 식품으로 옳은 것은?

> 가. 특수용도 식품
> 나. 영양성분 표시를 하고자 하는 식품
> 다. 식용 유지류
> 라. 유제품

① 가, 나, 다
② 가, 다
③ 나, 라
④ 라
⑤ 가, 나, 다, 라

18 다음 영양표시제도에 대한 설명 중 옳은 것은?

① 식품업자의 경우 영양표시제도로 제품 판매에 불이익을 당하게 되었다.
② 수입 식품 관리에는 적용하지 않는다.
③ 영양표시제도는 건전한 식품생산에는 도움이 되지 않는다.
④ 특수용도 식품은 영양정보를 반드시 표시하도록 되어 있다.
⑤ 국민의 영양불균형 해소에는 큰 도움이 되지 않는다.

3. 영양교육의 방법과 자료

19 영양지도 활동에 대한 5대 요소로 옳지 않은 것은?

① 피교육자의 동원인원은 몇 명인가?
② 어떠한 방법으로 교육하는가?
③ 무엇에 관하여 교육하는가?
④ 어떠한 영향력을 미치고자 하는가?
⑤ 누가 교육을 담당하는가?

20 영양사의 집단지도에서 집단토의의 한 방법으로 일종의 공청회와 같은 토의 형식으로 한 가지 주제에 대해 서로 의견이 다른 몇 사람(2~3명)의 강사가 먼저 발표한 후 청중의 질문을 받는 방법은?

① 강단식 토의법
② 강연식 토의법
③ 배석식 토의법
④ 원탁식 토의법
⑤ 공론식 토의법

21 청중 가운데 4~8명이 특정 문제에 대한 토의를 한 후 질의 응답하는 토의 방법은?

① 강연식 토의법
② 강단식 토의법
③ 원탁식 토의법
④ 공론식 토의법
⑤ 배석식 토의법

22 문제해결 방법으로 가장 민주적인 방법은?

① 사례연구
② 토론회
③ 강의
④ 영화
⑤ 강연회

23 6 · 6식 토의법에 대한 설명으로 옳은 것은?

① 전체 참가자를 6등분하여 한명씩 1분간, 모두 6분간 토의하는 것
② 6명이 한 그룹이 되어 1명이 1분씩 6분간 토의하는 것
③ 6명이 6분간씩 차례로 토의하는 것
④ 6명씩 2그룹이 서로 마주앉아 토의하는 것
⑤ 6명씩 그룹을 나누어 차례로 토의하는 것

24 보건소를 방문하여 이루어지는 영양상담은 다음 중 어디에 속하는가?

① 개인지도　　　　② 집단지도
③ 사례연구　　　　④ 시범교수
⑤ 집회지도

25 10여 명의 조리실 종업원을 대상으로 해당 급식시설에서 현재 실시되고 있는 배선과정의 문제점 개선에 대한 토의방법으로 가장 좋은 것은?

① 공론식 토의법
② 6·6식 토론법
③ 두뇌 충격법
④ 집단토의 결정법
⑤ 배석식 토의법

26 시범교수법(demonstration)에 관한 설명으로 옳은 것은?

> 가. 방법시범교수법은 참가자의 이해여부를 확인하며 단계적으로 실시
> 나. 결과시범교수법은 실제 활동, 경험담 등을 보여주고 설명하며 토의하는 방법
> 다. 참가자 전원이 최대한으로 활용할 수 있는 재료 사용
> 라. 결과시범교수법이 방법시범교수법보다 시간, 노력, 비용이 더 많이 든다.

① 가, 나, 다　　　　② 가, 다
③ 나, 라　　　　　④ 라
⑤ 가, 나, 다, 라

27 공개토론의 한 방법으로 한 가지 주제에 대해 여러 각도로 전문경험이 많은 몇 명의 강사를 두고 참가자와의 사이에 질의 응답하는 토의방법은?

① 배석식 토의법
② 6·6식 토의법
③ 원탁식 토의법
④ 강단식 토의법
⑤ 공론식 토의법

28 좌담회에서 좌장이 회의 진행을 할 때 유념해야 할 점은?

> 가. 처음부터 결론을 유도한다.
> 나. 참가자 전원이 발언할 수 있게 한다.
> 다. 발언순서는 앉은 차례로 한다.
> 라. 즐거운 분위기가 되도록 한다.

① 가, 나, 다　　　　② 가, 다
③ 나, 라　　　　　④ 라
⑤ 가, 나, 다, 라

29 조리종사원에게 영양교육을 효과적으로 수용할 수 있는 방법을 모색하고자 소수 영양사들이 모임을 갖고자 할 때 가장 옳은 방법은?

① 사례연구　　　　② 두뇌충격법
③ 연구집회　　　　④ 배석식 토의
⑤ 심포지엄

30 강연(lecture)의 특징을 잘 설명한 것은?

① 자세하게 강의할 수 있다.
② 시간이 짧아 계통식 지도가 어렵다.
③ 강의 분위기는 주의 집중이 쉽게 된다.
④ 여러 사람을 대상으로 단시간에 지도할 수 있다.
⑤ 각자의 생각을 정리할 수 있고 사기가 높아진다.

31 '당뇨환자의 관리'란 주제를 가지고 교육을 시행하고자 한다. 청중을 대상으로 당뇨병 전문의는 당뇨의 원인과 대사변화에 대해, 영양사는 당뇨병의 식사요법에 대해, 간호사는 인슐린 주사법에 대해, 환자 가족 대표는 가정에서의 환자간호법에 대해 의견을 발표하였다. 어느 방법인가?

① 강의　　　　　② 심포지엄
③ 워크숍　　　　④ 패널
⑤ 분단

32 다음 영양교육자료에 관한 설명으로 옳은 것은?

> 가. 모형은 실물과 같은 크기가 가장 이상적이다.
> 나. 소책자 내용은 과학적 사실로 이해하기 쉽게 쓴다.
> 다. 융판그림(flannel graph)은 30명 이하 소집단에 사용한다.
> 라. 사진과 그림 속의 대상은 친근해야 한다.

① 가, 나, 다　　　　② 가, 다
③ 나, 라　　　　　④ 라
⑤ 가, 나, 다, 라

33 대량매체로써 경제적이며 반복 사용이 가능한 것은?

① 영화　　　　　② 슬라이드
③ TV　　　　　④ 신문
⑤ 라디오

34 초등학교 학생들에게 그들이 섭취하는 학교 급식의 내용을 가지고 영양교육을 실시한다면 섭취식품 종류별 열량 조성비를 설명하기 위한 교재로 가장 적합한 것은?

① 대수도표　　　　② 상관점도표
③ pie도표　　　　④ 도수분포표
⑤ 막대그래프

정답 　24 ①　25 ③　26 ①　27 ④　28 ③　29 ③　30 ④　31 ②　32 ①　33 ②　34 ③　　➡ 해설 p. 82

35 다음 교육매체 중 식생활에 관한 정보를 일시에 많은 대중에게 전달할 수 있으나 교육효과를 확인할 수 없는 것은?

① 벽보   ② 유인물
③ 소책자   ④ 라디오
⑤ 융판그림

36 어린이를 대상으로 직접 보고 들을 수 있는 효과적인 영양교육방법은?

① 슬라이드   ② 동화낭송
③ 라디오   ④ 인형극
⑤ 드라마

37 포스터 제작 시 주의점으로 틀린 것은?

① 목적은 하나로 하고 너무 많은 것을 써 넣지 말 것
② 횡서와 종서를 혼용하여 변화를 줄 것
③ 아이디어가 신선하며 강력한 것일 것
④ 밝은 색을 사용하여 주의를 끌도록 할 것
⑤ 도안이나 글자의 배치를 연구하고 인상에 남도록 할 것

38 시청각 교육에서 가장 효과적인 방법은?

① 전시   ② demonstration
③ 슬라이드   ④ 영화
⑤ 강연

39 라디오 방송을 활용한 영양교육의 특성 중 옳은 것은?

가. 대상자의 교육수준의 영향을 비교적 덜 받는다.
나. 많은 대상자에게 별도의 비용부담 없이 영양정보를 제공할 수 있다.
다. 교육 대상자의 자세가 비교적 수동적이다.
라. 수준 높은 정보를 효과적으로 전달할 수 있다.

① 가, 나, 다   ② 가, 다
③ 나, 라   ④ 라
⑤ 가, 나, 다, 라

40 농촌마을에서 적은 수의 부녀들을 대상으로 영양교육을 하고자 할 때 가장 적합한 교육 보조자료로 사용할 수 있는 것은?

① 소책자   ② 슬라이드
③ 융판그림   ④ 영화
⑤ 라디오

41 당뇨병 환자의 식품교환을 교육할 때 사용하기 좋은 교육매체는?

① 벽보   ② 포스터
③ 융판그림   ④ 식품모형
⑤ 유인물

42 매스미디어 중 정보를 신속하고 철저하게 전달하며, 필요에 따라 수용자가 전달자의 역할을 할 수 있고 동시에 수용자와 전달자 간의 상담이 가능한 것은?

① 인터넷   ② 텔레비전
③ 신문   ④ 라디오
⑤ 영화

43 가정지도에서 주의할 점으로 옳은 것은?

가. 갑자기 방문하지 말 것
나. 반복 지도할 것
다. 친절, 성의있게 지도할 것
라. 계획적인 지도를 할 것

① 가, 나, 다   ② 가, 다
③ 나, 라   ④ 라
⑤ 가, 나, 다, 라

44 영양교육자로서 갖추어야 할 자격으로 옳은 것은?

가. 인내력을 갖고 추진하는 노력이 있어야 한다.
나. 감정의 변화가 너무 심해서는 안 된다.
다. 선천적으로 개성에 맞아야 한다.
라. 남을 칭찬하는 데 인색하지 말고 잘못된 일에는 언제나 비판한다.

① 가, 나, 다   ② 가, 다
③ 나, 라   ④ 라
⑤ 가, 나, 다, 라

45 지역사회의 영양교육 방법을 선택하기 전에 먼저 하여야 할 것은?

① 지역사회 문제를 파악
② 예비검사 실시
③ 호응도를 높이기 위한 홍보활동
④ 지역사회 단체의 협조
⑤ 단체의 지도자들과 영양문제를 토의

46 영양상담 시 유의해야 할 사항으로 옳은 것은?

가. 객관성이 있어야 한다.
나. 상대방 이야기를 경청하여야 한다.
다. 면담시간은 30분 정도가 적당하다.
라. 신뢰감을 갖도록 한다.

① 가, 나, 다   ② 가, 다
③ 나, 라   ④ 라
⑤ 가, 나, 다, 라

정답   35 ④   36 ④   37 ②   38 ②   39 ①   40 ③   41 ④   42 ①   43 ⑤   44 ①   45 ②   46 ⑤   해설 p. 82 ~ p. 83

47 영양상담의 도구가 아닌 것은?

① 식품교환표   ② 영양권장량
③ 영양상담기록표   ④ 컴퓨터
⑤ 설문지

48 영양상담자가 갖추어야 할 태도로 옳은 것은?

> 가. 언제나 주관성이 있어야 한다.
> 나. 주의하여 듣는 집중력이 있어야 한다.
> 다. 상대방을 깊게 파악하여 반드시 충고를 해준다.
> 라. 상대방의 입장을 이해하고 공감대를 갖도록 노력한다.

① 가, 나, 다   ② 가, 다
③ 나, 라   ④ 라
⑤ 가, 나, 다, 라

49 효율적인 개인 영양상담을 위한 의사소통 방법으로 가장 옳은 것은?

① 상대의 의견에 동조하는 태도를 피한다.
② 감정이 상하더라도 필요한 조언은 반드시 한다.
③ 상대방의 시선을 피하여 자유롭게 의사를 표시하도록 한다.
④ 상대방의 이야기를 적절히 요약해 준다.
⑤ 상담내용에 대해 되도록 질문하지 않는다.

4. 영양관계 기관과 법규

50 영양과 관련이 있는 우리나라 행정기구의 역할을 설명한 것으로 옳은 것은?

> 가. 농림수산식품부는 식량수급계획을 제시하고 식생활개선 사업을 담당한다.
> 나. 보건복지부는 국민영양조사를 수행하고 영양관련 각종 정책을 입안한다.
> 다. 농촌개발연구원은 농촌진흥법에 근거하여 식품의 유통 체제 개선, 식생활 개선, 영양성분 분석 등을 관리한다.
> 라. 체육부는 교도소 및 소년원의 급식과 체력관리문제를 관장한다.

① 가, 나, 다   ② 가, 다
③ 나, 라   ④ 라
⑤ 가, 나, 다, 라

51 한국인 영양권장량 설정사업과 가장 밀접한 관계가 있는 국제기구는?

① FAO   ② UNESCO
③ ICNND   ④ UNICEF
⑤ CARE

52 UN기구 중 식품과 영양에 관련성이 많은 사업을 하는 기관은?

> 가. WHO   나. CARE
> 다. FAO   라. WTO

① 가, 나, 다
② 가, 다
③ 나, 라
④ 라
⑤ 가, 나, 다, 라

53 FAO의 사업내용으로 옳지 않은 것은?

① 식량 수급표 발행 및 영양권장량 제정
② 감염병 및 풍토병 퇴치
③ 생활수준 향상
④ 식량의 분배 개선
⑤ 식량의 생산 증가

54 보건소의 업무는?

> 가. 보건사상의 계몽에 관한 사항
> 나. 의료사업의 향상과 증진에 관한 사항
> 다. 모자보건과 가족계획에 관한 사항
> 라. 식품 검사에 관한 사항

① 가, 나, 다
② 가, 다
③ 나, 라
④ 라
⑤ 가, 나, 다, 라

55 우리나라 행정기관 중 식품위생법, 국민건강증진법, 영양사에 관한 규칙 등을 관장하는 기관은?

① 보건복지부
② 농촌진흥청
③ 법무부
④ 내무부
⑤ 농림수산식품부

56 다음 중 응용 영양사업과 관련이 있는 국제기구로 옳은 것은?

> 가. FAO   나. WHO
> 다. UNICEF   라. AID

① 가, 나, 다
② 가, 다
③ 나, 라
④ 라
⑤ 가, 나, 다, 라

정답   47 ⑤   48 ③   49 ④   50 ①   51 ①   52 ②   53 ②   54 ①   55 ①   56 ①   ➡ 해설 p. 83

57 우리나라 응용 영양사업에 대한 내용으로 옳은 것은?

> 가. 1968년에 농촌진흥청에서 처음으로 시작되었다.
> 나. UNICEF, FAO, WHO의 도움으로 시작되었다.
> 다. 영양개선이 필요하다고 생각되는 지역을 우선으로 시작
>   하였다.
> 라. 도시인의 영양과잉과 영양불균형으로 인한 성인병 관리
>   를 위해 시작되었다.

① 가, 나, 다　　　　　② 가, 다
③ 나, 라　　　　　　④ 라
⑤ 가, 나, 다, 라

5. 영양교육의 실시, 효과 및 평가

58 영양교육 실시 후 교육효과를 평가하려면 좋은 측정도구가 있
어야 한다. 측정도구가 갖추어야 할 요건은?

> 가. 타당도　　　　　나. 신뢰도
> 다. 객관도　　　　　라. 실용도

① 가, 나, 다　　　　　② 가, 다
③ 나, 라　　　　　　④ 라
⑤ 가, 나, 다, 라

59 영양교육에 대한 효과판정 수단으로 옳은 것은?

① 경제적 수준에 의한 평가
② 교육수준에 의한 평가
③ 임의 추출에 의한 평가
④ 질문지에 의한 평가
⑤ 매스미디어에 대한 홍보

60 영양교육평가를 하는 데 가장 유력한 수단은?

① 질의 및 토의
② 조사 자료
③ 교재 및 매체
④ 유인물
⑤ 수용자세

61 농촌지역에서 건강조사를 한 결과 구각염, 설염, 구순염 결핍
증세가 나타났다면 어떤 비타민의 부족인가?

> 가. 티아민　　　　　나. 코발아민
> 다. 엽산　　　　　　라. 리보플라빈

① 가, 나, 다　　　　　② 가, 다
③ 나, 라　　　　　　④ 라
⑤ 가, 나, 다, 라

62 개인 식사를 평가하기 위한 식이섭취 조사방법은?

> 가. 식사기록법
> 나. 식품섭취 빈도법
> 다. 식사력
> 라. 식품수급표

① 가, 나, 다　　　　　② 가, 다
③ 나, 라　　　　　　④ 라
⑤ 가, 나, 다, 라

63 다음 인구동태 통계 중 영양불량의 지표로 이용되는 간접적인
영양상태 평가지표는?

① 조사망률
② 합계사망률
③ 영아사망률
④ 치명률
⑤ 보통사망률

64 식이섭취 조사방법 중 회상법에 대한 설명으로 옳은 것은?

> 가. 장기간의 식이섭취형태를 알 수 있다.
> 나. 식품모형, 사진, 계량기구를 사용하는 것이 도움이 된다.
> 다. 정확한 섭취량 파악이 가능하다.
> 라. 개인의 기억에 의존하므로 기억력 차이에 의해 식이섭
>   취량이 달라질 수 있다.

① 가, 나, 다　　　　　② 가, 다
③ 나, 라　　　　　　④ 라
⑤ 가, 나, 다, 라

65 70년대 이후부터 현재까지의 국민 영양조사 결과에 대한 설명
중 옳은 것은?

> 가. 곡류의 섭취 감소로 곡류 에너지비는 감소하고 있다.
> 나. 동물성 식품의 섭취량이 증가하고 있는데, 특히 육류,
>   계란류, 유제품류의 섭취량이 증가되고 있다.
> 다. 보리쌀의 섭취가 감소하고 있다.
> 라. 단백질 섭취량은 전반적으로 증가하고 있는데, 특히 동
>   식물성 단백질이 차지하는 비율이 증가되고 있다.

① 가, 나, 다　　　　　② 가, 다
③ 나, 라　　　　　　④ 라
⑤ 가, 나, 다, 라

66 건강조사 시 신장 측정시간으로 가장 적당한 때는?

① 오전 10시　　　　　② 오전 12시
③ 오후 2시　　　　　④ 오후 5시
⑤ 상관없다.

67 견갑골의 피부 두겹집기를 이용한 신체계측은 어떤 계층의 영양상태를 평가하기 위한 가장 최적의 도구인가?

① 영아기   ② 성인기
③ 학동기   ④ 청소년기
⑤ 미취학아동기

68 체위조사를 통해 청소년들의 영양상태를 조사하려고 할 때 측정해야 하는 항목으로 옳은 것은?

가. 체중	나. 신장
다. 상완위	라. 피하지방두께

① 가, 나, 다   ② 가, 다
③ 나, 라   ④ 라
⑤ 가, 나, 다, 라

69 개인의 일상생활에서 영양을 고려하여 식생활을 하는지 여부를 조사하는 방법으로 가장 적당한 것은?

① 체력검사
② 섭취 영양량 조사
③ 체위조사
④ 건강상태조사
⑤ 영양지식조사

70 영양조사방법으로 적합하지 않은 것은?

① 청취법   ② 추측법
③ 관찰법   ④ 측정법
⑤ 기입법

71 영양조사용 질문지 작성방법으로 잘못된 것은?

① 간접적이고 유도적인 질문은 하지 않는다.
② 회답자의 흥미와 관심을 불러일으키도록 한다.
③ 항수를 간소화한다.
④ 한 가지 질문 항목은 한 가지 문제점에 한한다.
⑤ 지능적 회답을 요하는 것은 앞쪽으로 둔다.

72 식생활 조사를 위한 항목으로 옳은 것은?

가. 가구원의 식사 일반 사항
나. 조사가구의 조리시설과 환경
다. 일정 기간에 사용한 식품의 가격 및 조달방법
라. 일정 기간의 식품섭취 상황

① 가, 나, 다   ② 가, 다
③ 나, 라   ④ 라
⑤ 가, 나, 다, 라

73 국민영양조사의 목적으로 옳은 것은?

가. 국민의 건강상태 파악
나. 국민 각계각층의 식비 비교연구
다. 국민영양 개선을 위한 정책에 필요한 자료 확보
라. 지역별 식생활 상태의 추세 파악

① 가, 나, 다
② 가, 다
③ 나, 라
④ 라
⑤ 가, 나, 다, 라

74 국민영양조사의 건강조사에서 혈압측정 시의 측정조건으로 옳은 것은?

가. 우측 상완
나. 앉은 상태
다. 만 20세 이상인 자
라. 5분 이상 심신을 안정시킨 후

① 가, 나, 다   ② 가, 다
③ 나, 라   ④ 라
⑤ 가, 나, 다, 라

75 행동변화단계 모델에 의하면 행동은 5단계를 거쳐 변화한다고 한다. 변화의 단계를 옳게 나열한 것은?

① 전고려단계-고려단계-준비단계-실천단계-유지단계
② 전고려단계-준비단계-고려단계-실천단계-유지단계
③ 전고려단계-고려단계-실천단계-고려단계-유지단계
④ 전고려단계-고려단계-준비단계-유지단계-실천단계
⑤ 전고려단계-고려단계-계획단계-실천단계-유지단계

6. 대상에 따른 영양교육

76 비만아를 면담하여 영양교육을 실시하는 방법으로 옳지 않은 것은?

① 장기적인 계획과 단기적인 계획을 본인과 함께 세우고 실천에 따르는 어려움을 정도에 맞추어 예시하고 극복함에 필요한 정보를 제공, 격려한다.
② 평소 열량 섭취량이 4,000kcal일 경우에는 1,800kcal의 식이요법을 제시하는 것보다는 습관적으로 섭취하는 고열량 식품의 섭취량을 줄이도록 교육함이 효과적인 순서이다.
③ 보호자와 같이 교육함이 바람직하며, 아동은 보호자의 의견에 따르도록 종용한다.
④ 비만아 자신이 식습관을 검토하여 문제점을 스스로 파악할 수 있도록 유도한다.
⑤ 몸무게를 잴 때에는 타인이 보지 않는 곳을 선택하여 영양사와 둘이서만 잴 수 있도록 배려한다.

정답 67 ② 68 ⑤ 69 ② 70 ② 71 ⑤ 72 ① 73 ② 74 ⑤ 75 ① 76 ③   ➡ 해설 p. 83 ~ p. 84

77 다음의 질병에 대한 영양지도 중 잘못된 것은?
① 신장염 – 저염식을 시킨다.
② 심장병 – 동물성 지방을 증가한다.
③ 지방간 – 술과 고지방식을 피한다.
④ 당뇨병 – 당질의 섭취를 제한한다.
⑤ 간염 – 양질의 단백질, 지질, 무기질, 비타민이 많은 식품을 권장한다.

78 다음 중 성인병과 그에 관련된 영양지도 방침으로 옳은 것은?
① 동맥경화증 – 동물성 지방을 줄이고 식물성 기름을 증가시킨다.
② 통풍 – 달걀, 우유의 섭취를 줄인다.
③ 당뇨병 – 열량을 증가시킨다.
④ 고혈압 – 식염섭취를 증가시킨다.
⑤ 간경변증 – 지방의 섭취를 증가시키고 열량 비타민류, 양질의 단백질 등을 충분히 공급한다.

79 임상적인 영양결핍증상으로 구각염이 나타나는 것은 어느 영양소의 결핍 때문인가?
① 비타민 C ② 비타민 B_2
③ 비타민 B_1 ④ 비타민 B_6
⑤ 비타민 B_{12}

80 식생활 양상 판정방법에서 단백질비에 대한 설명으로 옳은 것은?
① 총 단백질량(g)에 대한 동물성 단백질의 섭취량의 비
② 총 열량(kcal)과 동물성 단백질량(g)과의 비
③ 총 단백질량(g)과 총 열량(kcal)과의 비
④ 동물성 단백질 중의 아미노산 함유량을 비율로 나타낸 것
⑤ 동물성 단백질의 양(g)과 식물성 단백질의 양(g)과의 비율

81 캘리퍼(caliper)란 무엇인가?
① 신장 측정기구 ② 근육두께 측정기구
③ 흉위 측정기구 ④ 두위 측정기구
⑤ 피하지방의 두께측정기구

82 다음 중 골다공증 예방을 위한 영양교육이 가장 필요하고, 또 그 효과가 클 것으로 생각되는 집단은?
① 청소년기 여성 ② 중년기 여성
③ 장년기 남성 ④ 폐경기 여성
⑤ 노년기 여성

83 병원급식에서 영양사의 임무로 틀린 것은?
① 급여기준량 산출 ② 조리 지도
③ 식단 작성 ④ 진단에 따른 식사처방의 발행
⑤ 급식업무기준 작성

84 국고급식에 대한 설명으로 옳은 것은?
① 아동에게 급식을 주고 부모가 일부, 국고가 일부 부담하는 것
② 도서벽지 아동을 위한 식비를 국가에서 대여해 주는 것
③ 초등학교 아동의 급식비를 부모가 부담하는 것
④ 초등학교 아동에게 우유를 주며 국고로 비용을 부담하는 것
⑤ 도서벽지 아동에게 빵을 주고 국고가 모든 비용을 부담하는 것

85 학교급식의 효과에 대한 설명 중 잘못된 것은?
① 조리실습을 통한 기술 향상
② 급식을 통한 영양지식의 보급
③ 가정에서의 일상식사에서 결핍된 영양소 공급
④ 지역사회에서의 식생활 개선에 기여
⑤ 올바른 식습관 형성

86 공장급식의 목적으로 틀린 것은?
① 작업능률의 향상 도모
② 저렴한 급식 실시
③ 일체감 조성
④ 노동력 에너지의 증가
⑤ 종업원의 건강향상

87 병원영양사의 영양교육 내용 중 옳은 것은?
가. 입원환자 병실 순회지도
나. 당뇨환자 영양교육과 상담
다. 외래환자 영양교육과 상담
라. 퇴원환자에 대한 위생교육
① 가, 나, 다 ② 가, 다
③ 나, 라 ④ 라
⑤ 가, 나, 다, 라

88 암 예방을 위한 영양교육을 실시하려 한다. 다음의 식품이나 식습관에 의해 발생할 수 있는 암은?
염장식품, 뜨거운 국이나 식품, 불규칙한 식사, 잦은 음주
① 폐암 ② 위암
③ 대장암 ④ 식도암
⑤ 유방암

89 단위 체중당 영양소 필요량이 가장 많은 시기는?
① 영아기 ② 유아기
③ 학령기 ④ 사춘기
⑤ 노년기

정답 77 ② 78 ① 79 ② 80 ③ 81 ⑤ 82 ② 83 ④ 84 ⑤ 85 ① 86 ② 87 ① 88 ② 89 ① → 해설 p. 84

90 수미는 6세의 여자 어린이로 김치를 먹지 못한다. 수미의 식습관에 가장 영향이 큰 요인은?

① 가정의 경제수준　　　② 대중매체, 광고
③ 어머니의 식습관　　　④ 지역의 시장구조
⑤ 영양교육, 지식수준

91 영양지도 시 우선적으로 고려해야 할 사항은?

> 가. 산업체 – 식습관과 생활습관 개선을 통한 건강증진
> 나. 보건소 – 지역주민의 질병 이환율
> 다. 학교 – 학생의 체위 및 성장발달
> 라. 병원 – 환자의 기호 존중

① 가, 나, 다　　　② 가, 다
③ 나, 라　　　④ 라
⑤ 가, 나, 다, 라

92 노년기의 골다공증 예방을 위해 가장 좋은 식품은?

① 콩　　　② 우유
③ 간　　　④ 버터
⑤ 식빵

93 유아기 부모를 대상으로 간식에 대한 교육을 실시하고자 한다. 간식에 대한 설명으로 옳은 것은?

> 가. 간식은 긴장된 마음과 피로를 회복시킨다.
> 나. 간식은 주로 에너지를 보충하는 것이 좋다.
> 다. 간식은 세끼의 식사에서 부족한 영양소를 보충한다.
> 라. 간식은 1일 필요한 유아 에너지의 20%가 적합하다.

① 가, 나, 다　　　② 가, 다
③ 나, 라　　　④ 라
⑤ 가, 나, 다, 라

94 청소년들의 식사지침으로 옳은 것은?

> 가. 편식하지 말고 골고루 먹는다.
> 나. 간식, 외식으로 인한 동물성 지방섭취를 줄인다.
> 다. 짜게 먹지 않는다.
> 라. 열량섭취를 감소한다.

① 가, 나, 다　　　② 가, 다
③ 나, 라　　　④ 라
⑤ 가, 나, 다, 라

95 노인의 식생활 관리 중 면역능력을 높여 주는 아연 함량을 증가시키기 위한 식사로 적합한 것은?

① 식빵이나 콩류제품
② 신선한 과일과 야채
③ 우유 등 고칼슘식품
④ 식물성 기름
⑤ 생선 등 양질의 동물성 단백질 식품

2과목　식사요법

1. 식사요법의 개요

01 다음은 병인식에 관한 설명이다. 가장 옳은 것은?

① 일반 병인식은 질병의 치료를 주목적으로 한다.
② 레닌 검사식은 암 종양의 가능성을 알아보는 병인식이다.
③ 특별 병인식은 질병의 상태에 따라 열량과 영양소를 조절한다.
④ 검사식은 특별 병인식에 속한다.
⑤ 맑은 유동식은 수분과 지방의 함량이 높다.

02 수술 후 장내 가스가 나오면 사용할 수 있는 맑은 유동성 식품이다. 가장 옳은 것은?

① 두유　　　② 맑은 사과주스
③ 저지방 우유　　　④ 아이스크림
⑤ 미음

03 다음 병인식에서 3부죽에 해당되는 것은?

① 미음 3에 대해 쌀이 7이다.
② 미음 7에 대해 쌀이 3이다.
③ 미음 3에 대해 전죽이 7이다.
④ 미음 7에 대해 전죽이 3이다.
⑤ 3가지 이상 곡류를 혼합한 죽이다.

04 맑은 유동식에 대한 설명으로 옳은 것은?

① 소량의 지방만 허용할 수 있다.
② 1일 3식 외에는 자주 공급할 수 없다.
③ 장기간 공급이 가능하다.
④ 수술 후 1단계 식사로 많이 이용한다.
⑤ 아이스크림, 우유 등 공급이 가능하다.

05 기질적 연식의 식단 작성(예를 들어 소화기능이 저하된 환자 등)에 허용되는 음식으로 옳게 조합된 것은?

> 가. 순두부찜　　　나. 마멀레이드
> 다. 스크램블드에그　　　라. 땅콩

① 가, 나, 다　　　② 가, 다
③ 나, 라　　　④ 라
⑤ 가, 나, 다, 라

정답　90 ③　91 ①　92 ②　93 ②　94 ①　95 ⑤ / 01 ③　02 ②　03 ④　04 ④　05 ②　　➔ 해설 p. 84 ~ p. 85

06 케톤식에 대한 설명이 옳게 조합된 것은?

> 가. 탈수를 예방하기 위해 수분을 충분히 보충한다.
> 나. 중쇄 중성지방(MCT)을 사용하면 더 많은 양의 당질을 섭취할 수 있다.
> 다. 지나친 지방섭취로 설사방지를 위해 식이성 섬유소의 보충이 필요하다.
> 라. 칼로리와 단백질은 필요량을 충족시킨다.

① 가, 나, 다   ② 가, 다
③ 나, 라   ④ 라
⑤ 가, 나, 다, 라

07 완전정맥영양(TPN)이 적용되는 환자는?

> 가. 췌장염 환자   나. 동맥경화 환자
> 다. 소장절제 환자   라. 식도수술 환자

① 가, 나, 다   ② 가, 다
③ 나, 라   ④ 라
⑤ 가, 나, 다, 라

08 관급식(tube feeding)을 할 필요가 없는 환자는?

① 뇌 수술 후   ② 외상 수술 후
③ 폐 수술 후   ④ 식도 수술 후
⑤ 상부 소화관 수술 후

09 관급식(tube feeding)이 사용될 수 있는 상황 중 가장 옳은 것은?

① 장천공이 있을 때
② 삼투압에 의한 설사가 있을 때
③ 심한 혼수상태 및 구강인두의 심한 부상이 있을 때
④ 식도염 및 식도 협착이 있을 때
⑤ 심한 화상이나 수술 후 연동기능을 되찾지 못한 상태의 환자

10 전유동식이에 대한 설명으로 옳은 것은?

① 전유동식이는 모든 영양소가 충분하도록 배합하며, 특히 단백질, 철분, 비타민 B 복합체가 부족되지 않도록 해야 한다.
② 전유동식이는 유동식 이외 다른 음료는 절대로 주어서는 안 된다.
③ 전유동식 환자는 소화기능이 약하므로 하루에 식사를 3회 이상하면 안 된다.
④ 전유동식 환자는 영양부족이 되지 않도록 단백질을 충분히 공급한다.
⑤ 전유동식 환자는 소화기능이 약하므로 고기국물, 채소즙만 먹인다.

11 MCT(Medium Chain Triglycerides)란?

① 지방 흡수 개선제
② 고Fe 영양제
③ 고단백 영양제
④ 고열량 영양제
⑤ 고비타민 영양제

12 만성질환 입원환자의 급식방법에 대해서 옳은 것은?

① 무엇이든지 환자의 식품기호에 따라 급식한다.
② 환자의 기호에 맞지 않더라도 억지로 급식한다.
③ 향신료를 많이 사용해서 식욕을 돋운다.
④ 환자가 먹고 싶을 때는 횟수에 관계 없이 언제든지 급식한다.
⑤ 식단의 중복을 피하며 식사의 시각면과 맛을 특별히 배려한다.

13 연하곤란증이 있는 환자에게 줄 수 있는 음식형태가 옳게 조합된 것은?

> 가. 작은 조각으로 된 음식
> 나. 끈적끈적한 음식
> 다. 맑은 액체음식
> 라. 입안에서 부드러운 덩어리를 형성하는 음식

① 가, 나, 다   ② 가, 다
③ 나, 라   ④ 라
⑤ 가, 나, 다, 라

14 우리 나라 식품교환표에 의한 우유 1컵의 영양가는?

① 당질 6g, 단백질 11g, 지방 7g
② 당질 7g, 단백질 6g, 지방 6g
③ 당질 10g, 단백질 6g, 지방 7g
④ 당질 13g, 단백질 6g, 지방 7g
⑤ 당질 15g, 단백질 7g, 지방 7g

15 식품 교환표 중의 우유 1컵, 토마토 250g 1개, 식빵 35g 1조각을 먹었을 때 얻은 칼로리로 옳은 것은?

① 235kcal   ② 255kca
③ 215kca   ④ 275kcal
⑤ 295kcal

16 곡류 1교환 단위에 해당하는 식품의 무게 및 눈대중이 옳지 않은 것은?

① 식빵 35g, 1쪽
② 국수(삶은 것) 90g, 1/2공기
③ 백미 30g, 3큰술
④ 시루떡 100g, 1쪽
⑤ 감자 130g, 중 1개

17 식빵 2조각(70g)을 감자로 대치했을 때 같은 열량을 내는 감자의 양은?

① 100g   ② 70g
③ 200g   ④ 260g
⑤ 400g

2. 소화기계 질환

18 연하곤란에 대한 설명으로 옳은 것은?

> 가. 실온상태의 부드러운 음식을 공급한다.
> 나. 입천장에 붙는 끈적끈적한 식품을 피하고 되도록 매끈한 음식을 먹는다.
> 다. 식사 시의 자세도 중요하므로 좋은 자세를 취하면 연하가 촉진된다.
> 라. 점성이 강한 음식을 공급하는 것이 좋다.

① 가, 나, 다   ② 가, 다
③ 나, 라   ④ 라
⑤ 가, 나, 다, 라

19 설사 시에 사과를 먹이는 이유는?

① 사과에는 당질이 많기 때문이다.
② 사과에는 비타민이 많기 때문이다.
③ 사과에는 수분이 많이 들어 있기 때문이다.
④ 사과에 함유된 pectin때문이다.
⑤ 사과에 함유된 이사틴 때문이다.

20 만성 설사 시에 제한해야 하는 것으로 옳은 것은?

① 부드러운 채소나물   ② 결합조직이 적은 육류
③ 음료수나 과일주스   ④ 생채소와 생과일
⑤ 조류와 생선류

21 이완성 변비에 꿀을 섭취하는 이유로 옳은 것은?

① 꿀의 유기산은 배변운동을 촉진하므로 변비에 효과가 있다.
② 꿀은 설탕보다 당질이 많아 변비에 효과가 있다.
③ 꿀을 먹으면 변비에 더 걸리므로 금지해야 한다.
④ 꿀을 먹으면 장운동을 억제하므로 금지해야 한다.
⑤ 꿀은 변비에 아무런 효과가 없다.

22 글루텐 장질환의 증상으로 옳지 않은 것은?

① 설사 변을 자주 보게 된다.
② 칼슘 흡수 장애에 의해 골격이 약화될 수 있다.
③ 영양소 중 단백질만 흡수 장애를 일으킨다.
④ 단백질, 지방, 탄수화물, 철, 비타민류 등 영양소 흡수 장애가 생긴다.
⑤ 밀, 보리, 오트밀을 금지해야 한다.

23 비열대성 스프루의 식사요법으로 옳은 것은?

① 우유, 계란, 과일, 고기 등을 제한한다.
② 고지방식이를 한다.
③ 저단백식이를 한다.
④ 밀, 귀리, 보리 등을 충분히 공급한다.
⑤ gluten 제한식이를 한다.

24 sprue의 특징으로 옳지 않은 것은?

① 지방성변
② 단백질 결핍
③ 엽산의 결핍
④ 영양소 흡수장애
⑤ 거대적혈구성 빈혈

25 덤핑증후군(dumping syndrome)은 어느 부위 수술 후 나타나는가?

① 간   ② 담낭
③ 소장   ④ 위
⑤ 췌장

26 덤핑증후군 환자의 식사요법으로 옳지 않은 것은?

① 당분이 많은 식품은 제한한다.
② 고단백식을 준다.
③ 한 끼의 식사량을 줄이고 여러 번 나누어 준다.
④ 탈수를 일으키기 쉬우므로 수분을 수시로 공급한다.
⑤ 전체 열량의 30~40%를 중등도의 지방으로 한다.

27 회장을 절제한 환자들에게 부족하기 쉬운 비타민은?

① 비타민 B_{12} ② 비타민 B_1
③ 비타민 B_2 ④ 비타민 B_6
⑤ niacin

28 저잔사식이(low residue diet)를 주어야 할 환자는?

① 담낭염
② 치질
③ 이완성 변비
④ 비세균성 설사
⑤ 우유 불내증과 세균성 설사

29 경련성 변비의 식사요법은?

① 고지방식이   ② 저섬유식이
③ 고섬유식이   ④ 고잔사식이
⑤ 신선한 과일 식이

30 경련성 변비에 대해서 옳지 않은 것은?

① 식사내용은 무자극적인 동시에 저섬유소식으로 섭취해야 한다.
② 식이가 너무 강한 과일이나 음식은 피한다.
③ 경련성 변비는 대장이 과민한 상태로 수축되어 있으므로 장에 자극을 주면 안 된다.
④ 매운 맛을 내는 향신료는 입맛을 돋우기 위해 사용해도 무방하다.
⑤ 알코올성 음료나 탄산음료는 장을 자극하므로 금한다.

31 이완성 변비 환자에게 적합한 음식으로 옳게 조합된 것은?

> 가. 쌀밥, 감자국, 시금치나물
> 나. 흰죽, 두부찌개, 수란
> 다. 토스트, 크림수프, 달걀프라이
> 라. 오곡밥, 미역국, 도라지나물

① 가, 나, 다
② 가, 다
③ 나, 라
④ 라
⑤ 가, 나, 다, 라

32 이완성 변비의 치료와 관계가 먼 것은?

① 수분섭취를 많이 한다.
② 생채소나 과일을 먹는다.
③ 적당한 지방 섭취가 변비에 도움을 준다.
④ 한천을 섭취하므로 변의 양을 많게 해준다.
⑤ 절대적인 신경안정이 필요하다.

33 위산분비가 저하된 환자의 식사요법 중 가장 옳은 것은?

① 과일주스나 육수로 만든 국물을 준다.
② 우유를 많이 공급하는 것이 좋다.
③ 채소와 과일류를 많이 준다.
④ 지방의 함량을 증가시키는 것이 좋다.
⑤ 전분보다 소화가 잘되는 설탕을 많이 공급하는 것이 좋다.

34 위산감소 경향이 있는 만성 위염의 식사요법으로 옳은 것은?

① 멸치국물, 육엑기스분, 우동, 죽 등을 먹는다.
② 섬유질이 높은 곡류, 과일, 생채소 등을 먹는다.
③ 단백질 식품은 위산분비를 감소시킨다.
④ 지방 식품은 위산 분비를 감소시킨다.
⑤ 구강에서 음식을 빨리 넘겨야 한다.

35 위산과다증 환자에게 줄 수 있는 것은?

① 오이피클
② 팝콘
③ 감자 크림수프
④ 샐러드드레싱
⑤ 장산적

36 Sippy diet에 대한 설명으로 옳지 않은 것은?

① dripping method를 사용한다.
② 주로 우유와 크림으로 구성되어 있다.
③ 급식은 규칙적으로 하여야 한다.
④ 위염의 초기치료법으로 사용된다.
⑤ 위산을 중화시키면서 희석하는 것이 주목적이다.

37 소화성 궤양에 대한 설명으로 옳지 않은 것은?

① 잦은 급식은 위산의 분비를 자극하므로 좋지 않다.
② 소화가 용이한 조리법을 택한다.
③ 손상된 조직의 회복을 위해 적절한 단백질 공급을 한다.
④ 지방은 불포화지방산을 사용한다.
⑤ 우유의 공급은 위산의 중화에 유효하다.

38 위궤양의 식사가 아닌 것은?

① Modified Sippy식이
② Kempner식이
③ Anderson식이
④ Lenhartz식이
⑤ Meulengracht식이

39 소화성 궤양의 식사요법으로 옳은 것은?

① 열량공급을 위해 고지방 식품을 다량 섭취한다.
② 음식의 온도는 체온보다 뜨겁게 한다.
③ 위액의 산도를 증가시키는 식품을 섭취한다.
④ 궤양의 자극을 피하기 위해 단백질 섭취를 제한한다.
⑤ 위산을 중화시키기 위해 식사 횟수를 늘린다.

40 위궤양 발생을 억제하는 것은?

① rennin
② thiamin
③ mucin
④ allin
⑤ HCl

41 위궤양 환자에게 나타나는 증상이 옳지 않은 것은?

① 피부염
② 체중감소
③ 알칼로시스
④ 철 결핍성 빈혈
⑤ 장기적인 단백질 결핍증

42 급성 위염이 심할 경우 식사요법의 식사대용 순서로 맞는 것은?

① 절식 – 맑은 미음 – 3부죽 – 5부죽
② 절식 – 5부죽 – 7부죽 – 일반식
③ 절식 – 미음 – 3부죽 – 일반식
④ 3부죽 – 5부죽 – 미음 – 절식
⑤ 절식 – 5부죽 – 맑은 미음 – 일반식

정답 30 ④ 31 ④ 32 ⑤ 33 ① 34 ① 35 ③ 36 ④ 37 ① 38 ② 39 ⑤ 40 ③ 41 ① 42 ① → 해설 p. 86

43 위 절제 수술 후, 수 주일 간의 대사에 대한 설명으로 옳지 않은 것은?

① 체내에 나트륨의 저류현상이 생긴다.
② 체내 수분의 저류경향이 보인다.
③ 체내 칼륨의 요중 배설량이 증가한다.
④ 질소대사가 항진하고 요중 질소배설량이 감소한다.
⑤ 비타민 B_{12}와 철분의 흡수가 불가능해진다.

44 위 절제수술을 받은 위암 환자에게 알맞은 식사요법은?

① 식사 도중에 수분을 충분히 공급한다.
② 저섬유소 식사를 공급해야 한다.
③ 저당질, 고지방 및 고단백식을 준다.
④ 우유공급을 충분히 한다.
⑤ 식후 20~30분간 앉아 있어야만 한다.

45 급성위염환자에게 적합한 식사요법으로 가장 옳은 것은?

① 고섬유식　　　　　② 저나트륨식
③ 무지방식　　　　　④ 무자극 연식
⑤ 저단백식

46 위암환자 식사의 기본지침이 옳게 조합된 것은?

> 가. 양질의 고단백질 공급
> 나. 충분한 열량공급
> 다. 식욕을 촉진시키는 식단
> 라. 충분한 섬유소 섭취

① 가, 나, 다　　　　　② 가, 다
③ 나, 라　　　　　　④ 라
⑤ 가, 나, 다, 라

3. 간장 및 담낭질환

47 지방간이 생길 수 있는 경우는?

① 단백질 결핍　　　　② 비타민 B_1 부족
③ 비타민 C 부족　　　④ 철분 부족
⑤ Ca 부족

48 간성혼수 시 당질과 지방으로 충분한 열량을 섭취하게 하는 이유로 옳은 것은?

① 체조직의 이화작용을 억제하여 암모니아 발생을 적게 하므로
② 저열량 상태이면 병의 호전에 좋지 않으므로
③ 단백질 합성을 도와주므로
④ 칼로리 부족이 간세포의 장해를 조장하며 그것이 간성혼수의 원인이 되므로
⑤ 단백질이 위에 오래 머물러 부담을 주므로

49 복수가 있는 간경변 환자가 간성혼수를 나타낼 때 식사요법의 원칙으로 옳은 것은?

① 고열량, 저단백, 저지방식
② 고열량, 고단백, 저지방식
③ 고열량, 고단백, 저나트륨식
④ 고열량, 저단백, 고비타민식
⑤ 고열량, 저단백, 저나트륨식

50 급성췌장염 환자의 식사요법에서 영양소의 공급순서로 가장 옳은 것은?

① 지방 – 탄수화물 – 단백질
② 지방 – 단백질 – 탄수화물
③ 탄수화물 – 단백질 – 지방
④ 탄수화물 – 지방 – 단백질
⑤ 단백질 – 탄수화물 – 지방

51 췌장염 식사요법으로 옳지 않은 것은?

① 급성인 경우는 3~5일 절식을 한다.
② 손상된 조직의 신속한 회복을 위해서 고단백식을 준다.
③ 당질을 주식으로 하여 식사계획을 한다.
④ 알코올 음료, 향신료 사용을 일절 금한다.
⑤ 지방질의 소화가 장해받으므로 지방을 제한한다.

52 만성췌장염의 식사로 옳지 않은 것은?

① 당질을 주 열량원으로 사용한다.
② 자극성이 강한 향신료는 제한하지 않아도 된다.
③ 지방은 제한하나 버터나 크림 등은 주어도 된다.
④ 단백질은 부드러운 육류나 흰살 생선을 주도록 한다.
⑤ 소화가 잘되는 식품을 부드럽게 하여 주도록 한다.

53 췌장염 환자에게 가장 적합한 음식은?

① 닭튀김, 보리밥　　　② 비후가스, 현미밥
③ 베이컨, 국수　　　　④ 핫도그, 감자구이
⑤ 생선구이, 쌀밥

54 간경화증 환자에게 나타나는 지방변의 원인으로 옳지 않은 것은?

① 담즙염 방출 감소　　② 항지방간 인자의 과다
③ 췌장의 부전　　　　④ 담즙염 생산 감소
⑤ lymphatic hypertension

55 복수가 심한 간경변증 환자의 식사요법은?

① 고열량, 저단백질, 고비타민 식이
② 고열량, 고단백질 식이
③ 고열량, 고단백질, 고비타민, 저나트륨 식이
④ 저열량, 고단백질, 고비타민, 저나트륨 식이
⑤ 저열량, 저단백질, 고비타민 식이

정답　43 ④　44 ③　45 ④　46 ①　47 ①　48 ①　49 ⑤　50 ③　51 ②　52 ②　53 ⑤　54 ②　55 ③　➡ 해설 p. 86 ~ p. 87

56 간경변증 환자에게 복수가 생길 경우의 대사 변화는?

① 혈청 단백이 상승하며 aldosterone이 Na배설을 촉진시킨다.
② 요배설량이 증가한다.
③ 요와 타액 중의 Na량이 현저히 증가한다.
④ 신장에서 물 재흡수에 작용하는 항이뇨호르몬이 증가한다.
⑤ 신장에서 물 재흡수에 작용하는 항이뇨호르몬이 감소한다.

57 지방간의 생성을 방지하는 영양소로 옳은 것은?

① 포도당　　　　　　　② methionine
③ 수분　　　　　　　　④ Cu
⑤ Zn

58 항지방간성 인자로 옳지 않은 것은?

① 비타민 E　　　　　　② lecithin
③ cholesterol　　　　④ choline
⑤ selenium

59 급성간염 환자의 특징으로 옳지 않은 것은?

① 체중증가　　　　　　② 황달
③ 식욕감퇴　　　　　　④ 우상복부 통증
⑤ 발열 및 두통

60 간질환의 식사요법으로 고당질식이를 하는 이유는?

① 부종을 예방하기 때문이다.
② 간의 기능을 보호하며 단백질 절약작용을 하기 때문이다.
③ 간의 지방축적을 감소시키기 때문이다.
④ 간성혼수를 예방하기 때문이다.
⑤ 체중을 증가시키기 때문이다.

61 만성간염 환자의 식사요법은?

① 정상체중 유지, 고칼로리, 고단백, 고비타민
② 정상체중 유지, 저칼로리, 저단백, 고비타민
③ 정상체중 유지, 고칼로리, 저단백, 고비타민
④ 정상체중 유지, 저칼로리, 고단백, 고비타민
⑤ 정상체중 유지, 고칼로리, 고단백, 저비타민

62 담석의 성분이 아닌 것은?

① 칼슘　　　　　　　　② 인
③ 빌리루빈　　　　　　④ 케톤체
⑤ 콜레스테롤

63 담석증을 위한 식사요법에서 지방 섭취에 대해 옳은 것은?

① 지방음식은 담낭을 이완시키고 담즙분비를 감소시킨다.

② 환자 대변색이 보통으로 회복되면 소화가 잘되는 지방을 소량씩 증가한다.
③ 환자의 대변색이 허옇게 나오면 지방을 많이 준다.
④ 환자의 대변색이 보통이면 지방을 많이 주어야 한다.
⑤ 환자가 황달이 있으면 지방을 증가한다.

64 담낭에 질환이 있는 환자에게 주어도 좋은 음식은?

① 잣　　　　　　　　　② 도넛
③ 민어찜　　　　　　　④ 약과
⑤ 새우튀김

65 황달이 나타나는 이유로 옳은 것은?

> 가. 담즙의 과잉생성
> 나. 적혈구 용혈항진으로 빌리루빈이 과잉생산
> 다. 콜레스테롤의 과잉생산
> 라. 혈중 빌리루빈이 간 내로 유입되지 못한 경우

① 가, 나, 다　　　　　② 가, 다
③ 나, 라　　　　　　　④ 라
⑤ 가, 나, 다, 라

66 알코올성 간경변증 환자의 영양섭취 방법으로 가장 옳은 것은?

① 저열량식으로 간에 부담을 없게 한다.
② 간세포의 보호를 위하여 고지방식으로 충분한 지방을 공급한다.
③ 간성혼수를 막기 위해 저단백질식을 실시한다.
④ 생물가가 높은 단백질식품으로 고단백식을 실시한다.
⑤ 식욕을 증진시키기 위해 소금 섭취량을 늘린다.

67 간경화 환자에게 나타나는 복수의 원인은?

> 가. 담즙생성 결핍
> 나. 간 문맥성 고혈압
> 다. 신장에서의 항이뇨호르몬분비 감소
> 라. 저알부민증에 의한 혈장삼투압 감소

① 가, 나, 다　　　　　② 가, 다
③ 나, 라　　　　　　　④ 라
⑤ 가, 나, 다, 라

4. 비만증과 체중조절

68 비만증의 식이요법으로 옳지 않은 것은?

① 지방 제한　　　　　② 탄수화물 제한
③ 단백질 제한　　　　④ 수분 제한
⑤ 열량 제한

정답　56 ④　57 ②　58 ③　59 ①　60 ②　61 ①　62 ④　63 ②　64 ③　65 ③　66 ④　67 ③　68 ③　　해설 p. 87

69 비만을 예방하기 위한 식사관리 방법으로 옳지 않은 것은?

① 식사량을 일상 활동량에 맞추어 먹는다.
② 하루 한 끼 정도는 결식을 하도록 노력한다.
③ 중년 이상에서는 의식적으로 식사량을 줄인다.
④ 운동으로 인한 열량소모가 클 때에는 그에 따라 많이 먹을 수 있다.
⑤ 지방음식, 설탕제품, 술과 탄산음료는 되도록 제한한다.

70 비만에 대한 설명으로 옳은 것은?

① Broca지수가 120 이상일 때
② 피부 두께가 성인남자 20mm, 여자 23mm 이상일 때
③ 남녀 정상 체중에서 ±15%일 때
④ 비만은 소아기 때는 아무런 영향력이 없다.
⑤ 성인 비만은 지방세포수의 증가에 의한 것이다.

71 절식 시 체조직 단백질이 감소하는데 단백질 감소가 가장 빠른 곳은 어느 것인가?

① 신장
② 간장
③ 피부
④ 뇌
⑤ 근육

72 비만증의 식사요법으로 옳지 않은 것은?

① 간식을 하는 습관을 버린다.
② 당질과 수분의 섭취를 최소로 조절해야 한다.
③ 동일한 열량이라도 하루에 횟수를 늘려서 섭취한다.
④ 단백질을 허용되는 범위 내에서 최대로 섭취한다.
⑤ 야식을 금한다.

73 단식초기의 급격한 체중 감소의 중요한 원인은?

① 체단백 감소에 의한 것
② 체지방 감소에 의한 것
③ 혈당 감소에 의한 것
④ 탈수와 나트륨 배설에 의한 것
⑤ 체내무기질 성분 감소에 의한 것

74 공복으로 고통 받는 비만자의 식습관으로 올바른 것은?

① 지방의 양을 적게 하고 당질 위주의 식사를 한다.
② 해조류를 많이 먹는다.
③ 만복감을 얻기 위해 식사 횟수를 줄이고 식사량을 충분히 한다.
④ 감자, 고구마 등 간식으로 공복감을 해소한다.
⑤ 주식량을 줄이고 간식을 자주 먹는다.

75 굶은 상태에서 체내에서 일어나는 반응으로 모두 옳게 조합된 것은?

> 가. 글리코겐 분해
> 나. 기초대사율 상승
> 다. 체단백 분해
> 라. 혈당 상승

① 가, 나, 다
② 가, 다
③ 나, 라
④ 라
⑤ 가, 나, 다, 라

76 비만판정법 중에서 전체 체중에 대한 체지방의 비율로 비만의 정도를 나타내는 판정으로 옳은 것은?

① 체적
② 영양지수
③ 체지방률
④ 비만도
⑤ 피하지방 두께

77 1일 기초대사량과 특이동적 대사량이 1,500kcal, 800kcal의 활동열량이 필요한 비만인에게 1,500kcal의 식이처방을 2주일 동안 계속할 경우 예상되는 체중감소량과 가장 가까운 것은?

① 약 0.5kg
② 약 1kg
③ 약 1.5kg
④ 약 2g
⑤ 약 2.5kg

78 어린이 비만에 대한 설명 중 옳지 않은 것은?

① 어린이 비만은 성격형성에 영향을 줄 수도 있다.
② 어린이 비만은 성인 비만이 될 가능성이 높다.
③ 어린이 비만의 주요 원인은 지방세포 크기의 증가이다.
④ 어린이 비만은 성인 비만보다 체중감소가 어렵다.
⑤ 어린이 비만 조절 시에는 성장을 위한 배려가 필요하다.

79 키가 160cm, 체중이 60kg인 성인 여성의 체질량지수는 얼마이며, 이 여성이 비만인지 아닌지를 옳게 판정한 것은?
[(BMI = 체중/신장(kg/m²)]

① 21.3으로 저체중에 속한다.
② 23.4으로 과체중에 속한다.
③ 25.3으로 비만에 속한다.
④ 27.3으로 비만에 속한다.
⑤ 29.3으로 비만에 속한다.

80 신경성 식욕부진이 장기화되었을 때 나타나는 생리적 변화가 아닌 것은?

① 무월경
② 빈혈
③ 맥박수의 증가
④ 갑상선 기능 저하
⑤ 골다공증

81 비만을 정의할 때 기준이 되는 피하지방 조직이 축적되는 지방의 종류는?

① 인지질
② 중성지방
③ 콜레스테롤
④ 지방산
⑤ 지단백질

82 비만 환자의 행동수정에 관한 항목으로 옳은 것은?

> 가. 일정한 장소에서 규칙적으로 식사하도록 한다.
> 나. 식품구입 시 인스턴트식품, 조리된 음식을 구입하도록 한다.
> 다. 올바른 영양지식을 익히며 식사일지를 기록하게 한다.
> 라. 먹는 동안에 편안함을 주기 위해 TV나 책을 보도록 한다.

① 가, 나, 다
② 가, 다
③ 나, 라
④ 라
⑤ 가, 나, 다, 라

5. 심장 및 순환기계 질환

83 혈압이 150mmHg/100mmHg, 단백뇨, 부종이 나타나는 환자에게 권장하는 식사요법은?

① 저단백, 저나트륨 식이
② 고단백, 저나트륨 식이
③ 고당질, 고단백 식이
④ 고지방, 저나트륨 식이
⑤ 고단백, 고나트륨 식이

84 고혈압의 위험인자로 옳게 조합된 것은?

> 가. 비만
> 나. 고단백 식사
> 다. 스트레스, 긴장
> 라. 우유불내증

① 가, 나, 다
② 가, 다
③ 나, 라
④ 라
⑤ 가, 나, 다, 라

85 고혈압 치료방법 중 가장 효과가 뚜렷한 것은?

① 혈압 강하제
② 식사
③ 수술
④ 식사요법, 운동요법
⑤ 식사요법, 혈압강하제 사용

86 고혈압 환자의 영양지도로 옳지 않은 것은?

① 소금 섭취를 제한하고 Na 첨가량이 많은 가공식품은 되도록 사용하지 않는다.
② 열량 섭취량은 표준체중 유지를 목표로 한다.
③ 채소, 과일섭취가 적은 식습관을 가진 사람은 비타민, 무기질 섭취에 유의한다.
④ 지방은 총 열량의 20~30%로 하고 동물성 지방과 식물성 유지와의 균형에 유의한다.
⑤ 단백질은 과잉섭취하기 쉬우므로 체중 1kg당 0.5g 정도로 한다.

87 고혈압 예방을 위한 식습관이다. 옳게 조합된 것은?

> 가. 음식의 간을 싱겁게 한다.
> 나. 술, 담배의 양을 줄이고 적당한 운동을 한다.
> 다. 녹황색 채소를 매일 충분히 섭취한다.
> 라. 육류, 달걀 등을 충분히 섭취한다.

① 가, 나, 다
② 가, 다
③ 나, 라
④ 라
⑤ 가, 나, 다, 라

88 본태성 고혈압의 식사요법으로 맞는 것은?

> 가. 염분 제한   나. 열량 제한
> 다. 알코올음료 제한   라. 단백질 제한

① 가, 나, 다
② 가, 다
③ 나, 라
④ 라
⑤ 가, 나, 다, 라

89 동맥경화증 유발요소가 아닌 것은?

① 식이성 섬유
② 흡연
③ 고콜레스테롤 혈증
④ 스트레스
⑤ 고혈압

90 동맥경화증의 식사요법이 옳게 조합된 것은?

> 가. 흰살 생선을 섭취한다.
> 나. 비타민 C를 권장한다.
> 다. 난황의 섭취를 줄인다.
> 라. 동물성 지방의 섭취를 줄인다.

① 가, 나, 다
② 가, 다
③ 나, 라
④ 라
⑤ 가, 나, 다, 라

정답 81 ② 82 ② 83 ② 84 ② 85 ④ 86 ⑤ 87 ① 88 ① 89 ① 90 ⑤   → 해설 p. 88

91 동맥경화증과 혈중지질의 관계에 있어서 옳지 않은 것은?

① 동맥경화증은 β/α-lipoprotein이 상승한다.
② 동맥경화증은 유리지방산이 증가된다.
③ 동맥경화증은 혈중 중성지방이 증가한다.
④ 동맥경화증은 혈중 palmitic acid 및 oleic acid가 상승한다.
⑤ 동맥경화증은 lipoprotein lipase의 양이 증가한다.

92 atheroma(죽상 동맥경화증)에 대한 설명으로 옳지 않은 것은?

① lipoprotein은 이를 예방한다.
② Ca의 침착으로 굳은 것이다.
③ 인지질, cholesterol의 침착이다.
④ 불포화지방산 첨가식이는 이를 예방한다.
⑤ 양질의 단백질은 이를 예방한다.

93 고지혈증에 대한 설명으로 옳지 않은 것은?

① 혈중의 lipoprotein이 정상보다 많은 경우
② 혈중의 cholesterol량이 정상보다 많은 경우
③ 혈중의 유리지방산과 triglyceride량이 정상보다 많은 경우
④ 혈중의 phospholipid와 유리지방산량이 정상보다 많은 경우
⑤ 이상 모두 정상보다 높은 경우

94 고지혈증 예방을 위한 식사요법으로 옳지 않은 것은?

① 당질 섭취량과 질의 배려
② 염분섭취 제한
③ 적절한 총 열량 섭취
④ 식이섬유 섭취의 제한
⑤ 지방섭취량의 조절과 P/S의 적정 비율

95 MCT oil에 대한 설명 중 틀린 것은?

① 지방흡수 개선제이다.
② 탄소수가 8개의 중쇄지방산을 함유하고 있다.
③ 지방의 가수분해와 흡수가 잘된다.
④ 체내에 축적되지 않는 특징이 있다.
⑤ 체내의 이용이 높으므로 비만자에 사용하는 것이 좋다.

96 고콜레스테롤 혈증 환자의 식사요법으로 옳게 조합된 것은?

> 가. 식이섬유소의 섭취증가
> 나. 콜레스테롤의 섭취 제한
> 다. 지방은 가능한 식물성으로 섭취
> 라. 열량은 제한하지 않음

① 가, 나, 다 　　　　　② 가, 다
③ 나, 라 　　　　　　　④ 라
⑤ 가, 나, 다, 라

97 다음 식품 중 콜레스테롤이 가장 많은 식품들은?

① 쌀, 보리 　　　　　② 물오징어, 전복
③ 난황, 쇠골 　　　　④ 닭고기, 염통
⑤ 사과, 배

98 cholesterol이 가장 많은 것은?

① α – lipoprotein 　　　② lecithin
③ β – lipoprotein 　　　④ pre β – lipoprotein
⑤ chylomicrons

99 식사와 cholesterol과의 관계가 옳은 것은?

① 식사에 포화지방산이 많으면 혈중 cholesterol은 감소한다.
② 식사에 다가불포화지방산이 많으면 혈중 cholesterol은 감소한다.
③ 혈중 cholesterol은 식사와 관계가 없다.
④ 코코넛 기름은 식물성 유지이므로 cholesterol 저하에 효과가 있다.
⑤ 해조류에 들어 있는 식이섬유소는 혈중콜레스테롤을 증가시킨다.

100 심장병의 식사로 옳지 않은 것은?

① 충분한 비타민 공급
② 고열량 식이
③ 나트륨 제한 식이
④ 고단백질 식이
⑤ 포화지방산 과잉섭취 억제

101 심장병의 원인으로 옳지 않은 것은?

① 염분 과다 섭취 　　　② 열량 과다 섭취
③ 비타민 과다 섭취 　　④ 스트레스
⑤ 콜레스테롤 다량 섭취

102 심장질환과 관계있는 식사요법은?

① Meulengracht diet 　　② Sippy diet
③ Karrel diet 　　　　　④ Glovannetti diet
⑤ Anderson diet

103 울혈성 심부전 식사요법과 거리가 먼 것은?

① 소화하기 쉬운 것을 주며 열량 제한
② 수분 제한
③ Na 제한
④ 식사량을 줄이며 횟수를 늘린다.
⑤ Ca 제한

정답 91 ⑤ 92 ① 93 ④ 94 ④ 95 ⑤ 96 ① 97 ③ 98 ③ 99 ② 100 ② 101 ③ 102 ③ 103 ⑤ ➡ 해설 p. 88 ~ p. 89

104 엄중 제한 나트륨 식사로 옳지 않은 것은?

① 우유가 들어 있는 과자도 금한다.
② 통조림 식품, 치즈, 햄은 섭취하여도 무방하다.
③ 무염국을 주며 우유가 들어 있는 수프는 안 된다.
④ 1일 1/4C의 목장우유를 섭취한다.
⑤ 사이다, 콜라 등 청량음료는 금한다.

105 무염식에서 사용할 수 있는 것은?

① 가공식품, 치즈
② 토마토케첩, 겨자
③ 버터, 기름
④ 설탕, 식초
⑤ 겨자, 고춧가루

106 다음 중에서 부종이 일어날 수 있는 질병은 어느 것인가?

① 위장병   ② 심장병
③ 당뇨병   ④ 담낭염
⑤ 마라스무스(marasmus)

6. 당뇨병

107 ketosis가 되는 것은?

① acetyl-CoA의 생산 과잉 때문이다.
② acetyl-CoA의 생산 부족 때문이다.
③ glucose의 이용도가 증가되기 때문이다.
④ 체단백이 소모되기 때문이다.
⑤ 지방대사가 저하되기 때문이다.

108 Ketosis, 급성감염병, 소화기 장애나 당내응력 변동이 클 때 사용하는 인슐린은 어느 것인가?

① regular insulin
② ultralente insulin
③ neutral protamine hegadorn
④ globin insulin
⑤ protamine zinc insulin

109 당뇨병 발병요인으로 옳지 않은 것은?

① 당뇨병은 여러 질병 중 유전과의 상관성이 가장 낮다.
② 임신 시 포도당 내성이 저하되기 쉬우므로 당뇨병 발병률이 높아진다.
③ 당뇨병은 전 연령에서 발병한다.
④ 육체활동의 감소와 정신적 스트레스도 당뇨병의 발병요인이 될 수 있다.
⑤ 중년 이후 발병하는 대부분의 당뇨병 환자는 발병 전 체중 과다를 나타낸다.

110 당뇨병 환자가 갈증을 자주 느끼는 이유는 무엇인가?

① 염분이 많이 든 음식의 섭취
② 고열
③ 발한
④ 식습관
⑤ 다뇨에 의한 탈수

111 인슐린 의존성 당뇨병 합병증이 아닌 것은?

① 망막증   ② 당뇨병성 신증
③ 비만   ④ 당뇨병 케톤산 혈증
⑤ 저혈당

112 당뇨병 환자의 치료법으로 옳지 않은 것은?

① 열량 섭취 제한   ② 지방 섭취 증가
③ 운동의 권장   ④ 신선한 과일 섭취
⑤ 농축 당질 제한

113 인슐린 쇼크가 일어났을 때 적절한 응급처치 방법은?

① 탈수방지를 위해 수분을 충분히 공급한다.
② 주스나 우유를 공급한다.
③ 꿀물이나 설탕물을 공급한다.
④ 맑은 육즙이나 홍차를 제공한다.
⑤ insulin주사를 준다.

114 당뇨병 환자의 단백질 대사로 옳지 않은 것은?

① 단백질 과잉현상이 나타나 병에 대한 저항력이 약해진다.
② 근육조직에 아미노산의 이동이 저해되어 단백질 합성이 감소된다.
③ 체단백질이 분해되어 체중이 감소된다.
④ 간에서는 요소합성도 촉진되어 요중 질소 배설량도 증가된다.
⑤ 체단백질 분해가 항진된다.

115 당뇨병 검사사항으로 옳지 않은 것은?

① 당내응력 검사   ② 혈압검사
③ 혈당검사   ④ 소변검사
⑤ 요중 ketone body 검사

116 당뇨병 환자의 초기증세는 어느 것인가?

① 시력 장애가 온다.
② 피부염을 유발한다.
③ 심한 불면증, 식욕감퇴, 신경염을 수반한다.
④ 두통, 요통 등이 수반된다.
⑤ 심한 갈증, 다뇨, 다식 등이 수반된다.

117 당뇨병에 의한 합병증이 아닌 것은?

① 감염성 질환　　② 망막 통증
③ 심장 질환　　④ 동맥경화증
⑤ 위장 질환

118 당뇨병 환자의 열량구성 중 당질에 대한 설명으로 옳은 것은?

① 복합당류는 체내에서 보다 서서히 포도당으로 가수분해 되므로 좋다.
② 당질의 종류와 양은 혈당수준에 미치는 영향이 같다.
③ 될 수 있는 한 단당류, 이당류 형태가 좋다.
④ 설탕을 대신하는 비영양감미료의 사용은 소량이라도 좋지 않다.
⑤ 섬유소는 당뇨병 환자의 혈당조절에 효과가 없다.

119 당뇨성 혼수 시 치료법으로 알맞은 것은?

① 24시간 절식을 시켜야 한다.
② 다량의 수분 공급
③ insulin, 전해질, 수분을 공급한다.
④ 충분한 무기질, 비타민 공급
⑤ 고단백 식이의 공급

120 당뇨병 환자의 지방섭취 방법 중 옳은 것은?

① 산독증 예방을 위해 지방을 제한한다.
② 환자의 열량 소모에 따라 불포화지방산을 공급한다.
③ 불포화지방의 섭취는 제한할 필요없다.
④ 지방량은 제한하나 종류는 상관없다.
⑤ 콜레스테롤은 제한하지 않아도 된다.

121 식전에 운동을 한 당뇨환자가 불안, 어지러움, 식은땀을 흘리고 혈당이 45mg/dl로 나타났다. 우선해야 할 일로 가장 옳은 것은?

① 에너지 공급을 위해 소량의 알코올을 공급한다.
② 수분과 전해질을 정맥주사로 공급한다.
③ 설탕물(15% 용액)을 반 컵 먹는다.
④ 부종을 예방하기 위해 나트륨 섭취를 제한한다.
⑤ 혈당유지를 위해 지속성 인슐린을 투여한다.

122 소아성 당뇨병의 식사요법으로 옳은 것은?

① 운동 시 간단한 당질식품을 간식으로 준비한다.
② 인슐린을 사용하지 않고 열량조절만으로 혈당조절이 가능하다.
③ 인슐린을 주사하므로 식품선택과 양은 자유롭다.
④ 당질을 많이 섭취하고 당질 양에 따라 인슐린 양을 증가시킨다.
⑤ 운동량을 줄이고 지방과 당질을 충분히 섭취한다.

123 당질을 극도로 제한하면 일어날 수 있는 증상은?

① 염기성증　　② 산독증
③ 부종　　④ 고혈압
⑤ 저혈압

124 저혈당에 대한 증세 중 옳은 것은?

① 체내 알칼리가 부족하여 혈액이 산성화된다.
② 얼굴이 붉어지고 구강이 건조하고 구토가 일어난다.
③ 지방대사의 이상으로 혈액 내에 케톤체가 증가하여 호흡시 아세톤 냄새가 난다.
④ 얼굴이 창백해지고 불안, 흥분 등의 증세가 나타난다.
⑤ 인슐린 부족으로 세포는 혈액 중의 포도당을 에너지원으로 사용하지 못한다.

125 Type Ⅱ 당뇨병 환자의 설명으로 옳지 않은 것은?

① 비만인 사람이 많다.
② 인슐린에 대한 감수성이 낮다.
③ 혈당이 높다.
④ 인슐린 수용체의 수가 적다.
⑤ 혈중 인슐린의 양이 매우 낮다.

126 당뇨병 환자의 식사계획 시 주로 이용되는 방법으로 옳은 것은?

> 가. 식품교환표 이용법
> 나. 영양소 성분 분석표 이용법
> 다. 당질 계산법
> 라. 식품 염분 성분표 이용법

① 가, 나, 다　　② 가, 다
③ 나, 라　　④ 라
⑤ 가, 나, 다, 라

127 당뇨병 환자의 지방대사에 있어서 옳지 않은 것은?

① 당뇨병에서 지질은 에너지원으로 이용되지 않는다.
② 당의 이용이 불충분하므로 지질이 체내에서 분해된다.
③ 지방조직에서 지방산이 유리된다.
④ 아세틸-CoA의 처리가 불충분하여 케톤체가 많이 생긴다.
⑤ 혈중 콜레스테롤이 증가하는 수도 있다.

128 정상인의 경우 당 섭취 후에 정상 혈당치로 돌아오는 데 필요한 시간은?

① 30분　　② 1시간
③ 2시간　　④ 4시간
⑤ 6시간

정답　117 ⑤　118 ①　119 ③　120 ②　121 ③　122 ①　123 ②　124 ④　125 ⑤　126 ②　127 ①　128 ③　➔ 해설 p. 89 ~ p. 90

129 당뇨병 환자에게 가장 적당한 식품은?

① 토스트, 딸기잼, 커피
② 콩밥, 아욱된장국, 삼치조림
③ 케이크, 오렌지주스, 콜라
④ 쌀밥, 명란젓, 김치
⑤ 돈가스, 스파게티, 감자튀김

130 당뇨병의 진단에 사용되는 검사법이 옳게 조합된 것은?

가. 당화혈색소 검사	나. 경구당부하검사
다. 공복 시 혈당치 측정	라. 단백뇨 검사

① 가, 나, 다　　　　② 가, 다
③ 나, 라　　　　④ 라
⑤ 가, 나, 다, 라

131 KDA의 당뇨병 식사요법을 위한 표준 식품교환표의 식품군 구성 및 배열이다. 옳은 것은?

① 6군이며 곡류군, 육류군, 채소군, 과일군, 우유군, 지방군의 순이다.
② 6군이며 우유군, 채소군, 과일군, 곡류군, 어육류군, 유지군의 순이다.
③ 5군이며 우유군, 채소군, 과일군, 곡류군, 어육류군의 순이다.
④ 5군이며 육류군, 채소군, 과일군, 곡류군, 우유군의 순이다.
⑤ 6군이며 곡류군, 어육류군, 채소군, 지방군, 우유군, 과일군의 순이다.

132 45세 이하 남성 K씨의 공복 시 혈액검사 결과이다. K씨는 어떤 검사를 받는 것이 좋을까?

포도당 180mg/dl, 총 콜레스테롤 160mg/dl, GOT 10V/L, GPT 15V/L 알부민 4.0g/dl

① 심전도 검사
② 골밀도 검사
③ 간기능검사
④ 포도당 부하검사
⑤ 잠혈검사

🍚 7. 비뇨기계 질환

133 비뇨기질환 중에서 수분 섭취가 필요한 것은?

① 요독증
② 급성 사구체신염
③ 만성 사구체신염
④ 신결석증
⑤ 네프로제

134 신장 질환의 진단에 사용되는 지표가 옳지 않은 것은?

① 요단백　　　　② 혈청크레아틴
③ 혈청요소질소　　　　④ 안지오텐신
⑤ 혈압

135 급성 사구체신염에 대한 설명이 옳은 것은?

가. 편도선염, 인두염, 감기 등을 앓고 난 후 1~3주의 잠복기를 거쳐 유발된다.
나. 세균 독소에 대한 항체로 생긴 항체와 항원 사이의 반응에 의해서 일어난다.
다. 부종, 혈뇨, 혈압 상승과 같은 증세가 나타난다.
라. 40대 중년 이후의 사람들에게 이환율이 높다.

① 가, 나, 다　　　　② 가, 다
③ 나, 라　　　　④ 라
⑤ 가, 나, 다, 라

136 저염과 함께 고단백 식이를 해야 하는 것은?

① 당뇨병　　　　② 만성 사구체신염
③ 급성 사구체신염　　　　④ 간염
⑤ 고혈압

137 칼륨 제한을 해야 하는 만성 신부전 환자가 선택할 수 있는 식품은?

① 근대　　　　② 아욱
③ 당근　　　　④ 물미역
⑤ 늙은 호박

138 요독증 환자에게 저단백식사를 권하는 이유는 무엇인가?

① 요독증 환자의 단백질 필요량은 정상인보다 적기 때문이다.
② 단백질을 많이 섭취하면 다른 합병증을 유발하기 쉽기 때문이다.
③ 단백질을 많이 섭취하면 요소의 합성이 많아지고 이것은 신장에 부담을 주기 때문이다.
④ 대부분의 요독증 환자는 간장에도 질환이 있어 단백질 대사에 지장이 있기 때문이다.
⑤ 단백질을 많이 섭취하면 암모니아 중독에 걸리기 쉽기 때문이다.

139 요독증의 식사요법으로 옳은 것은?

① 당질을 완전히 제거
② 단백질을 완전히 제거
③ 열량을 줄인다
④ 칼슘을 완전히 제거
⑤ 지방질을 완전히 제거

정답 129 ② 130 ① 131 ⑤ 132 ④ 133 ④ 134 ⑤ 135 ① 136 ② 137 ③ 138 ③ 139 ② ➡ 해설 p. 90

140 선천적인 아미노산 대사 장애로 일어나는 것은?

① 수산 결석 ② 시스틴 결석
③ 요산 결석 ④ 칼슘 결석
⑤ 인산 결석

141 Lipomul 처방식이는?

① 고당질, 고지방, 무단백 식이
② 고당질, 저지방, 무단백 식이
③ 저당질, 저지방, 무단백 식이
④ 저당질, 저지방, 고단백 식이
⑤ 저당질, 무지방, 고단백 식이

142 신결석증 환자의 식사요법에서 제한해야 할 것은?

① K ② Mg
③ Na ④ Ca
⑤ Cl

143 비투석 신부전 환자의 특징으로 옳지 않은 것은?

① 비타민과 무기질 결핍
② 나트륨과 수분 불균형
③ 저인산혈증
④ 단백질 고갈 및 질소저류
⑤ 열량 섭취량 불균형으로 인한 저영양상태

144 신장 환자의 요중 배설로 부종을 일으키는 것은?

① 카세인 ② 칼륨
③ 글로불린 ④ 알부민
⑤ 글리아딘

145 신장질환 시 식사요법의 내용이 옳게 조합된 것은?

> 가. 네프로제 증후군 – 단백질 충족
> 나. 요독증 – 단백질 제한
> 다. 급성신장염 – 염분 제한
> 라. 급성신부전 – 칼륨 충족

① 가, 나, 다 ② 가, 다
③ 나, 라 ④ 라
⑤ 가, 나, 다, 라

146 신장질환 중에서 단백질의 공급을 증가시켜야 하는 것은?

① 급성신부전
② 신결석
③ 복막 투석 신부전
④ 만성신부전
⑤ 급성 사구체신염

147 수산칼슘 결석증일 때 제한해야 할 것이 아닌 것은?

① 시금치 ② 달걀
③ 아스파라거스 ④ 초콜릿
⑤ 커피

148 수산칼슘결석 영양관리 중 옳은 것은?

> 가. 수분섭취 제한
> 나. 비타민 C 보충제 섭취 금함
> 다. 녹황색 채소 충분히 섭취
> 라. 우유, 유제품 제한

① 가, 나, 다 ② 가, 다
③ 나, 라 ④ 라
⑤ 가, 나, 다, 라

149 네프로제(nephrosis)의 증세로 옳지 않은 것은?

① 알부민 감소
② 혈청지질의 증가
③ 빈혈
④ 혈뇨
⑤ 부종

150 신증후군(nephrosis)에 의한 부종증상이 있을 때 충분히 공급해야 할 영양소는?

① 나트륨 ② 단백질
③ 칼륨 ④ 수분
⑤ 염소

151 네프론 손상이 심한 고혈압 환자의 식사요법 지도 시 필요한 내용이 아닌 것은?

① 술과 담배량을 줄인다.
② 적정 체중을 유지한다.
③ 섬유소의 섭취를 늘린다.
④ 부식은 싱겁게 섭취하도록 한다.
⑤ 저단백, 고지방식이 권장된다.

152 신 결석의 식사요법으로 옳은 것이 모두 조합된 것은?

> 가. 시스틴 결석에는 산성식을 처방한다.
> 나. 수분은 하루에 3,000ml 이상 섭취한다.
> 다. 요산결석에는 고단백식을 처방한다.
> 라. 수산칼슘결석에는 녹색채소와 유제품을 제한한다.

① 가, 나, 다 ② 가, 다
③ 나, 라 ④ 라
⑤ 가, 나, 다, 라

153 결뇨가 심한 신장질환자의 식사요법으로 옳은 것은?

① 고나트륨식
② 고단백식
③ 저칼슘식
④ 저칼륨식
⑤ 고콜레스테롤식

154 급성신부전 환자의 임상증상에 대해 옳지 않은 것은?

① 단백질의 여과 장애로 인하여 단백뇨 증상이 있다.
② 칼륨 배설이 증가하여 저칼륨혈증을 유발한다.
③ 신장기능 장애로 결뇨현상이 있다.
④ 고혈압, 부종 등이 나타난다.
⑤ 요소의 배설이 감소하여 고요소혈증이 된다.

155 만성신부전에 대한 설명이 옳은 것은?

> 가. 신기능이 정상의 1/5~1/10 이하로 떨어지면 요독증이 온다.
> 나. 사구체 여과율이 30~35ml/min 이하로 될 때 신질환의 최종 단계라고 한다.
> 다. 고잔여질소혈증, 빈혈, 산혈증을 나타낸다.
> 라. 질소화합물의 혈중농도가 감소된다.

① 가, 나, 다   ② 가, 다
③ 나, 라   ④ 라
⑤ 가, 나, 다, 라

156 신장 이식 후 면역 억제제를 사용하는 시기에 특히 섭취량을 증가해야 할 영양소는?

① 지방
② 단백질
③ 탄수화물
④ 무기질
⑤ 비타민

8. 빈혈 및 영양결핍증

157 빈혈에 관한 설명 중 옳은 것은?

> 가. 야채와 과일에 많이 함유된 비타민 A는 철의 흡수를 촉진하므로 많이 섭취하는 것이 좋다.
> 나. 난황에 함유된 황은 철의 흡수를 방해하기 때문에 빈혈 시 계란은 먹지 않는 것이 좋다.
> 다. 임신 시에 많이 나타나는 것은 엽산결핍성 빈혈이다.
> 라. 철의 흡수를 촉진하기 위해서는 단백질과 함께 비타민 C를 섭취하도록 한다.

① 가, 나, 다   ② 가, 다
③ 나, 라   ④ 라
⑤ 가, 나, 다, 라

158 철 결핍성 빈혈 식사의 기본이 옳게 조합된 것은?

> 가. 고단백질식은 빈혈예방을 위해 필요하다.
> 나. 고열량식, 고철분식을 한다.
> 다. 조혈에 관계되는 엽산, 비타민 B_6, 비타민 B_{12}을 충분히 공급한다.
> 라. 식사 후에 홍차, 커피 등을 권장한다.

① 가, 나, 다   ② 가, 다
③ 나, 라   ④ 라
⑤ 가, 나, 다, 라

159 저색소성 빈혈 환자에게 권할 수 있는 식품은?

① 시금치, 미나리, 쑥갓   ② 간, 대두, 귤
③ 사과, 귤, 밤   ④ 감자, 양파
⑤ 배추, 무

160 Sahli 비색법으로 측정하는 것은 무엇인가?

① 혈액응고력   ② 당뇨
③ 요단백   ④ 혈색소
⑤ 적혈구수

161 혈액상태와 증상의 연결이 옳은 것은?

① 적혈구 용적 저하 – 고혈압
② 혈당 상승 – 인슐린 쇼크
③ 헤모글로빈 농도 저하 – 빈혈
④ 혈중 요산 저하 – 통풍
⑤ 혈중 케톤체 저하 – 케톤혈증

162 거대적아구성 빈혈과 관련이 있는 영양소는?

> 가. 엽산   나. 철
> 다. 비타민 B_{12} 라. 단백질

① 가, 나, 다   ② 가, 다
③ 나, 라   ④ 라
⑤ 가, 나, 다, 라

9. 기타질환

163 페닐케톤요증(phenyl-ketoneurea) 환자의 식사에서 보충해야 할 것은?

① 아연, 망간
② 인, 불소
③ 나트륨, 칼륨
④ 마그네슘, 철분
⑤ 셀레늄, 마그네슘

정답 153 ④ 154 ② 155 ② 156 ② 157 ④ 158 ① 159 ② 160 ④ 161 ③ 162 ② 163 ①   ➡ 해설 p. 91

164 단풍당밀요증에 대한 설명으로 옳지 않은 것은?

① 식사는 정제된 아미노산을 사용한다.
② branched chain amino acid가 많이 들어 있는 식품을 공급한다.
③ 출생 후 곧 혈관 팽창과 경련이 일어나 사망한다.
④ 필수아미노산의 선천적 대사 이상 질병이다.
⑤ 가장 뚜렷이 일어나는 증상은 소변의 당밀 냄새이다.

165 식이에서 isoleucine, leucine, valine 등이 함유된 단백질을 제거해야 하는 것은?

① uremia
② gout
③ homocystinuria
④ 고 valine 혈증
⑤ maple syrup urine disease

166 갈락토오스혈증(galactosemia)이 있는 어린이에게 권장할 만한 식품은?

① 우유
② 조제분유
③ 아이스크림
④ 두유
⑤ 요구르트

167 통풍(gout)의 발병율에 대한 설명 중 가장 옳은 것은?

① 어린이에게 많이 나타난다.
② 특히 남성에게 많다.
③ 최근 발병률은 과거보다 매우 낮다.
④ 심한 육체노동을 하는 사람에게 많다.
⑤ 주로 채식 위주의 식사를 하는 사람에게 많다.

168 Wilson's disease의 식사요법으로 옳은 것은?

① 구리의 제한
② 단백질 제한
③ 구리의 첨가
④ 철분 제한
⑤ 지방 제한

169 다음 중 케토제닉 다이어트(ketogenic diet)를 실시해야 하는 것은?

① 간질병
② 위궤양
③ 동맥경화증
④ 고혈압증
⑤ PKU

170 다음 중 장티푸스의 식사요법으로 옳지 않은 것은?

① 무자극식으로 주어야 한다.
② 저섬유소식을 준다.
③ 과즙, 채소 등은 주어도 좋다.
④ 수분 섭취를 제한해야 한다.
⑤ 충분한 수분을 공급한다.

171 다음 중 체온이 1℃ 오를 때 증가하는 기초대사율은?

① 5%
② 10%
③ 13%
④ 15%
⑤ 20%

172 폐결핵 환자에게 나이드라지드(nydrazid)의 약제 복용으로 보충해야 할 비타민은?

① 비타민 B_1
② 비타민 B_2
③ 비타민 B_6
④ 비타민 B_{12}
⑤ 비타민 C

173 다음 중 류머티스열의 식사로 옳지 않은 것은?

① 단백질 권장식이
② 고열량식이
③ Na 제한식이
④ 비타민 C 적극 권장
⑤ 열량 제한식이

174 암 환자에게 일어나는 현상으로 옳지 않은 것은?

① 양(+)의 질소 평형
② 영양 흡수 불량
③ 체중 감소
④ 대사 기능 항진
⑤ 식욕 부진

175 유방암의 발생 원인이다. 옳게 조합된 것은?

> 가. 주식의 과다 섭취
> 나. 에스트로겐의 과다 투여
> 다. 포화지방의 과다 섭취
> 라. 식이섬유소의 과다 섭취

① 가, 나, 다
② 가, 다
③ 나, 라
④ 라
⑤ 가, 나, 다, 라

176 영양소와 암과의 관련성에 대한 설명이 옳게 조합된 것은?

> 가. 고단백질식은 장내 암모니아 생성을 증가시켜 대장암을 유발한다.
> 나. β-카로틴은 항산화제로서 DNA의 산화를 방지한다.
> 다. 다불포화지방산은 담즙산 분비를 증가시켜 발암물질의 생성을 억제한다.
> 라. 셀레늄은 조직의 산화를 촉진하여 대장암, 유방암의 발병률을 높인다.

① 가, 나, 다
② 가, 다
③ 나, 라
④ 라
⑤ 가, 나, 다, 라

177 스트레스가 많을수록 섭취량을 증가시켜야 할 영양소는?

가. 단백질	나. 나트륨
다. 비타민 C	라. 지질

① 가, 나, 다
② 가, 다
③ 나, 라
④ 라
⑤ 가, 나, 다, 라

178 큰 수술 후에 저단백혈증이 일어나는 원인으로 맞지 않는 것은?

① 단백질 보급의 곤란
② 체단백 상실 과다
③ 수술 중의 마취제의 영향
④ 간장해에 따른 albumin 합성의 감소
⑤ 질소대사의 항진

179 화상 후 식이요법의 원칙으로 옳지 않은 것은?

① 열량 필요량은 상처 범위에 따라 결정된다.
② 화상 시 칼륨이 체내에 저류되어 칼륨 제한 식이를 해야 한다.
③ 회복기에는 고단백, 고열량, 고비타민식을 한다.
④ 단백질 필요량은 화상 전의 체중과 상처 범위에 따라 결정한다.
⑤ 열량 필요량은 화상 전의 체중에 의하여 결정된다.

180 회복기 화상 환자의 영양관리로 옳은 것은?

① 저단백, 고당질, 저에너지
② 고단백, 저지방, 저에너지
③ 저단백, 고비타민, 고에너지
④ 고단백, 고비타민, 고에너지
⑤ 고단백, 고당질, 저에너지

181 식사성 알레르기일 때 식품 선택으로 옳은 것은?

① 가공식품을 되도록 이용한다.
② 채소의 향미가 강한 것을 선택하고 생채로 섭취한다.
③ 식품 재료는 신선한 것을 선택한다.
④ 해조류는 가능한 섬유질이 많은 것을 선택한다.
⑤ 여러 번 사용한 기름으로 조리한 음식을 선택한다.

182 관절염 환자의 식사요법으로 옳지 않은 것은?

① 칼슘, 비타민 C, 비타민 B_1을 충분히 섭취한다.
② 동물성 식품이나 식물성 식품에 편중하지 않도록 한다.
③ 비대증, 체중과다이면 저칼로리 식이를 한다.
④ 부종이 있으면 Na 제한 식이를 한다.
⑤ 저단백 식이를 한다.

183 폐경 후 골다공증을 예방하기 위한 방법으로 옳은 것은?

가. 수영 등 무릎관절에 체중이 실리지 않는 운동을 많이 한다.
나. 비타민 D의 부족이 없도록 햇빛을 잘 쪼이도록 한다.
다. 육류 등의 동물성 단백질 섭취를 제한한다.
라. 성장기 때부터 칼슘을 충분히 섭취한다.

① 가, 나, 다
② 가, 다
③ 나, 라
④ 라
⑤ 가, 나, 다, 라

184 골절의 식사요법으로 적당한 것은?

① 고칼슘 식사를 준다.
② 외상이므로 일반식사로 충분하다.
③ 세포간 결합물질을 위해 단백질, 비타민 C가 필수적이다.
④ Collagen 형성을 위해 염산이 꼭 필요하다.
⑤ 저당질 식사를 준다.

185 aspirin 및 steroid제를 사용하는 관절염 환자에게 적당한 식이는?

① 저단백식이
② 저염식이
③ 저잔사식이
④ 고섬유질식이
⑤ 고당질식이

2과목 생리학

1. 세포와 물질이동

01 다음은 세포막을 통한 물질의 이동에 관한 설명이다. 가장 옳은 것은?

① 포도당, 아미노산은 삼투현상에 의해 이동한다.
② 확산은 분자들의 Brown운동에 의해 농도 차에 따라 이동하는 수동적 이동이다.
③ 여과는 운반체를 필요로 하기 때문에 속도가 빠르게 이동되는 능동적 이동이다.
④ 촉진확산은 ATP를 에너지로 사용하여 물질을 빠르게 이동시키므로 능동적 이동이다.
⑤ 삼투압에 의한 이동은 용질의 고농도에서 저농도로 용매가 이동하는 수동적 이동이다.

02 소포체(형질내세망)의 표면에 부착되어 있을 수 있고, 단백질 합성에 중요한 역할을 하는 것은?

> 가. mitochondria
> 나. golgi's apparatus
> 다. lysosome
> 라. ribosome

① 가, 나, 다　　　　　② 가, 다
③ 나, 라　　　　　　　④ 라
⑤ 가, 나, 다, 라

03 미토콘드리아와 가장 관계가 깊은 세포기능은?

① 호흡작용　　　　　② 세포분열
③ 단백질합성　　　　④ 소화작용
⑤ 식균작용

04 다음 중 세포횡단수분에 속하지 않는 체액은 어느 것인가?

① 뇌척수액　　　　　② 조직간질액(ISF)
③ 관절액　　　　　　④ 담즙(bile juice)
⑤ 소화액

05 인체를 구성하는 다음 세포 중에서 핵이 없는 것은?

① 백혈구　　　　　　② 적혈구
③ 생식세포　　　　　④ 신경세포
⑤ 간세포

06 다음 설명 중 능동운반과 관계없는 것은?

① 특이성을 가지고 있다.
② 세포막에서 에너지를 소모한다.
③ 농도가 높은 곳에서 낮은 곳으로 물질운반이 일어난다.
④ 이동기 전에 포화가 일어난다.
⑤ 특이한 운반체에 의해 이동된다.

07 체액의 전해질 조성 중 정상세포 내액에 가장 많은 것은?

① Ca^{++}　　　　　② Na^{+}
③ Mg^{++}　　　　　④ Cl^{-}
⑤ K^{+}

2. 혈액과 혈액순환

08 다음 중 혈장 성분이 아닌 것은?

① 효소　　　　　　　② 혈구
③ 섬유소원　　　　　④ 항체
⑤ 무기염류

09 성인 남자의 혈액에 대한 정상범위를 나타낸 것이다. 다음 중 틀린 것은?

① 혈장 내 총 단백질량(혈장 100㎖ 중) – 7g
② 혈소판수(혈액 1㎖ 중) – 200 ~ 400만
③ hematocrit 값 – 42 ~ 45%
④ hemoglobin 량 – 16%
⑤ 혈당량(혈액 100㎖ 중) – 80 ~ 100mg

10 혈액의 기능이 아닌 것은?

① 기체운반작용
② 영양소 운반작용
③ 항원항체 면역기능
④ 적혈구 생성작용
⑤ 혈액의 pH를 일정하게 유지하는 완충작용

11 다음 중 혈액응고에 관여하는 것으로 옳은 것은?

> 가. 트롬빈　　　　　나. 칼슘
> 다. 섬유소원　　　　라. 헤파린

① 가, 나, 다　　　　　② 가, 다
③ 나, 라　　　　　　　④ 라
⑤ 가, 나, 다, 라

12 적혈구의 수명과 파괴되는 곳으로 맞는 것은?

① 100일, 신장　　　　② 120일, 간
③ 100일, 간　　　　　④ 120일, 비장
⑤ 120일, 골수

13 A, B, O, AB 식 혈액형에서 anti-B serum에만 응집이 일어났다면 이 혈액형은?

① A형　　　　　　　② B형
③ O형　　　　　　　④ AB형
⑤ RH^{+}형

14 Hematocrit(Hct)값에 대한 설명으로 맞는 것은?

① 혈장량 100에 대한 혈구비
② 혈장량 100에 대한 적혈구비
③ 혈구량 100에 대한 적혈구비
④ 혈액량 100에 대한 혈장비
⑤ 혈액량 100에 대한 적혈구비

15 혈우병은 어느 인자가 없어 생기는 질병인가?

① factor Ⅲ　　　　　② factor Ⅳ
③ factor Ⅶ　　　　　④ factor Ⅷ
⑤ factor Ⅹ

정답　02 ④　03 ①　04 ②　05 ②　06 ③　07 ⑤　08 ②　09 ②　10 ④　11 ①　12 ④　13 ②　14 ⑤　15 ④　➡ 해설 p. 92 ~ p. 93

16 백혈구 중 알레르기 질환에 관여하는 것은?

① 호염기성　　　　　② 호산성
③ 호중성　　　　　　④ 단핵구
⑤ 임파구

17 백혈구 중에서 가장 많이 함유되어 있고 식작용도 큰 것은?

① 호산성 백혈구　　　② 호중성 백혈구
③ 단핵구　　　　　　④ 임파구
⑤ 호염기성 백혈구

3. 심 장

18 심장주기(cardiac cycle)의 순서로 맞는 것은?

① 심방수축 – 심실확장 – 심실수축
② 심실수축 – 심방수축 – 심실확장
③ 심실수축 – 심실확장 – 심방수축
④ 심실확장 – 심방수축 – 심실수축
⑤ 심방수축 – 심실수축 – 심실확장

19 심전도(EDG)에서 심실근의 수축을 나타내는 것은 어느 것인가?

① T파(T-wave)
② ST절(ST-segment)
③ QRS 복합(QRS-complex)
④ P파(P-wave)
⑤ PR 간격(PR-interval)

20 심박동이 정상 이상으로 증가하면 나타나는 현상은?

① 1회 박출량 증가
② 아무 변화 없음
③ 1회 박출량 감소
④ 1분 박출량 증가
⑤ 1분 박출량 감소

21 심장의 흥분파가 가장 먼저 시작되는 곳은?

① 방실결절(A-V node)
② 동방결절(S-A node)
③ 심첨(apex)
④ 심실근(cardiac muscle)
⑤ 방실속(A-V bundle, hiss-bundle)

22 뇌순환과 관계없는 것은?

① 뇌저동맥　　　　② Willis circle(윌리스환)
③ 소순환　　　　　④ 경동맥
⑤ 추골동맥

23 다음 중 설명이 잘못된 것은?

① 우심실 수축 시 삼천판 열림
② 우심실 수축 시 삼천판 패쇄
③ 좌심실 수축 시 대동맥 판막 열림
④ 좌심실 수축 시 이천판 패쇄
⑤ 좌심방 수축 시 이천판 열림

24 다음 중 심장에 가장 많은 혈액이 유입되는 시기는?

① 우심실 수축 시　　② 좌심방 이완 시
③ 좌심방 수축 시　　④ 좌심실 이완 시
⑤ 우심방 이완 시

25 동맥경화증이 있을 때 맥압은 어떻게 변화되는가?

① 맥압이 60mmHg보다 낮아진다.
② 정상 맥압 40mmHg보다 낮아진다.
③ 정상 맥압 40mmHg보다 높아진다.
④ 낮아지기도 하고 높아지기도 한다.
⑤ 변화가 없다.

26 심장중추가 있는 곳은?

① 동방 결절　　　　② 척수
③ 연수　　　　　　④ 소뇌
⑤ 시상하부

4. 호 흡

27 호흡운동에 대한 설명으로 맞지 않는 것은?

① 흡식은 능동적 운동이며, 호식은 피동적 운동이다.
② 흡식 시 복근은 이완된다.
③ 횡경막이 수축하면 호식이 된다.
④ surfactant는 세포의 표면장력을 줄여준다.
⑤ 외늑간근이 수축하면 흡식이 된다.

28 호흡에서 흡식운동에 대한 설명으로 맞는 것은?

① 외늑간근의 수축　　② 내늑간근의 수축
③ 외늑간의 이완　　　④ 복벽근의 수축
⑤ 횡경막의 상하운동

29 기능적 잔기용량은 아래 어느 것과 어느 것을 합한 것인가?

가. 잔기용적	나. 호흡용적
다. 호식예비용적	라. 흡식예비용적

① 가, 나, 다　　　　② 가, 다
③ 나, 라　　　　　④ 가, 라
⑤ 가, 나, 다, 라

30 다음 중에서 호흡중추가 흥분하기 쉬운 상태는?

① 혈중 CO_2 농도가 정상보다 높을 때
② 혈중 O_2 농도가 정상보다 높을 때
③ 혈중 CO_2 농도와 O_2 농도가 같을 때
④ 혈중 CO_2 농도와 N_2 농도가 같을 때
⑤ 혈중 O_2 농도가 정상보다 높을 때

31 폐포기에서 가스 교환이 잘 일어나는 이유는?

① 삼투압이 폐보다 혈액이 높다.
② 폐에서의 O_2가 혈액 중의 O_2보다 높다.
③ 폐에서의 CO_2가 혈액 중의 CO_2보다 높다.
④ 폐와 혈액의 CO_2와 O_2분압이 모두 높다.
⑤ 폐와 혈액의 CO_2와 O_2분압이 모두 낮다.

32 호흡조절 중추가 있는 곳은 어디인가?

① 척수　　　　　　② 연수
③ 대뇌　　　　　　④ 소뇌
⑤ 피질

33 호흡기 내 무효공간에 대한 설명으로 옳은 것은?

① 폐포 내에도 해당하는 부분이 있을 수 있다.
② 가스 교환에서 중요한 의의를 갖는다.
③ 호흡기 중 가스교환에 참여하지 못하고 기도에 머무르는 기체량을 뜻한다.
④ 호식운동이 끝난 후 폐에 남아있는 기체량이다.
⑤ 숨을 힘껏 더 들이쉴 수 있는 공기량이다.

34 다음 중 폐활량에 대한 설명으로 맞는 것은?

① 1회 호흡량 + 호기예비량
② 1회 호흡량 + 흡기예비량
③ 잔기량 + 호기예비량
④ 1회 호흡량 + 흡기예비량 + 호기예비량
⑤ 잔기량 + 1회 호흡량 + 흡기예비량 + 호기예비량

35 정상적인 성인의 1회 호흡량(tidal volume, TV)은 얼마인가?

① 100ml　　　　② 300ml
③ 500ml　　　　④ 700ml
⑤ 900ml

36 산소 해리곡선에 영향을 미치는 인자가 아닌 것은?

① 혈액의 양　　　　② 혈액의 pCO_2
③ 혈액의 pO_2　　　④ 체온
⑤ 혈액의 pH

37 구토할 때 나타날 수 있는 호흡증상은?

① 호흡성 알칼리증　　② 호흡성 산증
③ 대사성 알칼리증　　④ 대사성 산증
⑤ 소화성 알칼리증

5. 소 화

38 pepsin이 위 내에서 단백질을 소화시키는 데 알맞은 pH는?

① 2　　　　　　② 4
③ 5　　　　　　④ 6
⑤ 7

39 우유의 카세인을 응고시키는 위액의 분비 효소는 무엇인가?

① 펩신　　　　　② 가스트린
③ 아밀라제　　　④ 레닌
⑤ 뮤신

40 위점막이 단백질 분해효소인 펩신에 의해 소화되지 않는 이유는 어떤 물질 때문인가?

① 담즙　　　　　② 점액소(mucin)
③ 위산　　　　　④ secretin
⑤ gastrin

41 위벽을 이루는 세포 중 주로 pepsinogen를 분비하는 세포는?

① 벽세포　　　　② 주세포
③ 점액성 경세포　④ 상피세포
⑤ 기은성 세포

42 간의 구조와 가장 관계가 깊은 세포는 무엇인가?

① 성상세포(kupffer cell)
② 배상세포(goblet cell)
③ 주세포(chief cell)
④ 벽세포(parietal cell)
⑤ 리벨퀸씨세포(lieberkühn cell)

43 다음 중 간에 대한 설명으로 맞지 않는 것은?

① 간소엽 중앙에는 중심정맥이 통과한다.
② 어른 간의 무게는 약 500g이다.
③ 모세혈관의 벽을 이루는 내피세포에는 성세포가 산재하여 식작용을 한다.
④ 간에는 2가지 길을 통해 혈액이 들어오는데 이는 문맥과 간동맥이다.
⑤ 혈장 albumin을 생산한다.

44 다음 중 담즙분비를 촉진시키는 호르몬은?

① gastrin
② enterogastrin
③ cholecystokinin
④ secretin
⑤ pancreozymine

45 하루 췌액 분비량은 어느 정도인가?

① 약 500㎖   ② 약 1000㎖
③ 약 2000㎖   ④ 약 2500㎖
⑤ 약 3000㎖

46 다음 중 소장의 운동이 아닌 것은?

① 연동운동   ② 분절운동
③ 진자운동   ④ 항연동운동
⑤ 융모운동

47 다음 중 trypsinogen을 활성화시키는 것은?

① secretin   ② pepsin
③ HCl   ④ enterokinase
⑤ amylopsin

48 전자현미경으로 볼 수 있는 미세융모는 어디에서 가장 많이 볼 수 있나?

① 소장   ② 대장
③ 간   ④ 구강
⑤ 십이지장

49 대장에서 주로 흡수하는 것은 무엇인가?

① 비타민   ② 무기질
③ 아미노산   ④ 수분
⑤ 당질

6. 신 장

50 신장에 관한 설명 중 맞지 않는 것은?

① 신장은 혈액의 조성과 그 양을 조절한다.
② 하루의 소변량은 약 1.5ℓ 정도이다.
③ 사구체 여과율은 인슐린(insulin)으로 측정한다.
④ 수입동맥이 수축하면 사구체 여과율은 줄어든다.
⑤ 주기능은 노폐물배설, 전해질, 수분 등의 조절, 산염기 평형 등이다.

51 한 개의 신장에는 몇 개의 네프론(nephron)이 들어 있는가?

① 약 10만개   ② 약 40만개
③ 약 60만개   ④ 약 80만개
⑤ 약 100만개

52 신장을 통과하는 혈류량은 얼마인가?

① 1,000㎖/min   ② 1,200㎖/min
③ 1,400㎖/min   ④ 1,600㎖/min
⑤ 1,800㎖/min

53 사구체 여과에 관한 설명으로 옳지 않은 것은?

① 사구체 여과는 여과압에 의하여 결정된다.
② 사구체 여과율은 정상상태에서 평균 125㎖/min 정도이다.
③ 사구체 여과율은 혈압과 관계된다.
④ 사구체 내의 모세혈관 내압은 체내 다른 모세혈관 내압보다 낮다.
⑤ 사구체 여과 속도 측정에 사용되는 물질은 이눌린(inulin)이다.

54 신혈장유통량(renal plasma flow)을 측정하는 데 쓰이는 물질은?

① inulin
② glucose
③ amino acid
④ p-amino hippuric acid
⑤ creatine

55 정상적인 상태에서 근위세뇨관에서 전량 재흡수되는 물질은?

① 단백질   ② 무기질
③ 포도당   ④ 요소
⑤ 수분

56 다음 중 Na^+ 재흡수와 관계있는 것은?

① aldosterone   ② adrenalin
③ progesterone   ④ ADH
⑤ oxytocin

57 다음 중 연결이 잘못된 것은?

① 요성분 – 수분, 요소, 요산
② 세뇨관의 재흡수 – 포도당, 단백질, 아미노산
③ 성인 평균뇨량 – 1일 약 1.5~1.8ℓ
④ 요량 증가 – 항이뇨호르몬의 증가
⑤ 세뇨관 분비 – K^+, H^+

7. 내분비

58 호르몬에 관한 설명 중 맞는 것은?

① 주성분은 당질이며, 생리작용을 조절한다.
② 생체 내에서 생성되며, 에너지원이 되는 물질이다.
③ 생체 내에서 생성되며, 분비선에는 도관이 없어서 혈액에 의해 운반된다.
④ 생체 내에서 생성되며, 분비선에는 도관이 있다.
⑤ 생체 내에서 생성되지 않으며, 생체의 대사를 조절한다.

59 내분비선에서 분비되는 호르몬 분비에 이상이 생겼을 때의 증상으로 틀린 것은?

① 성장 호르몬 → 거인증
② 갑상선 호르몬 → 크레틴병
③ 부갑상선 호르몬 → 테타니
④ 부신수질 호르몬 → 바세도우씨병
⑤ 췌장 – 당뇨병

60 세포 내 산화를 조절하고 열 발생을 조절하는 갑상선 호르몬과 관계있는 것은?

① 체온조절
② 기초대사량
③ 소화
④ 혈당
⑤ 배설

61 부갑상선 호르몬의 작용에 대한 설명으로 맞지 않는 것은?

① 신장에서 1, 25-dihydroxy-Vit D_3 합성에 영향을 미친다.
② 소화관을 통한 칼슘의 흡수가 감소된다.
③ 뼈에 침착되어 있는 칼슘을 유리시킨다.
④ 인(P)의 세뇨관 재흡수를 감소시키고, 칼슘의 세뇨관 재흡수를 증가시킨다.
⑤ 저칼슘혈증 시에 Ca^{++}치를 정상으로 높이기 위해 유리된다.

62 특히 류마티스에 많이 사용되고 있는 cortisone과 관계 깊은 것은?

① 뇌하수체 후엽
② 부갑상선
③ 부신피질
④ 부신수질
⑤ 갑상선

63 다음 중 뇌하수체 호르몬이 아닌 것은?

① 항이뇨호르몬(ADH)
② 부신피질 자극 호르몬(ACTH)
③ 성장호르몬(GH)
④ 혈압상승호르몬(vasopressin)
⑤ 당질코르티코이드(glucocorticoids)

64 랑게르한스섬의 α-세포에서 분비되는 호르몬은?

① progesterone
② prolactin
③ glucagon
④ adrenaline
⑤ insulin

65 세르톨리(sertoli) 세포와 관계 깊은 것은?

① 난소
② 정소
③ cortisone
④ testosterone
⑤ aldosterone

66 췌장 적출 시 혈중 농도가 증가하는 것은?

① 유리지방산
② 포도당
③ 아미노산
④ 콜레스테롤
⑤ 중성지방

67 parathormone(PTH)과 기능이 반대인 호르몬은?

① insulin
② glucagon
③ cortisone
④ calcitonin
⑤ testosterone

68 혈중 Ca^{++} 대사에 관여하는 내분비기관은?

① 흉선
② 상피소체
③ 갑상선
④ 뇌하수체
⑤ 송과체

8. 체온조절 및 영양대사

69 발한의 주 기능으로 맞는 것은?

① 체내 수분 조절
② 삼투압 조절
③ 체온 조절
④ 체내 요소 배출
⑤ 배설작용

70 열을 방출하는 방법 중 외기온도가 체온에 가까울수록 그 비율이 증가하는 것은?

① 대류
② 복사
③ 전도
④ 증발
⑤ 이상 모두

71 기초대사량에 영향을 미치는 항목으로 맞지 않는 것은?

① 체온이 1℃ 상승할 때마다 기초대사량은 약 13%씩 증가한다.
② 체표면적당 기초대사량이 가장 많은 시기는 생후 2세 때이다.
③ 기초대사량은 여성이 남성에 비하여 적다.
④ 기초대사량은 여름에 많고 겨울에 적다.
⑤ 월경기간 중에는 기초대사량이 최저로 떨어진다.

72 운동 시 일어나는 현상으로 맞지 않는 것은?

① 순환혈액 속의 적혈구 수가 증가한다.
② 산소의 수요를 충족시키기 위해 호흡이 증가한다.
③ 체온이 상승하며 요량이 증가한다.
④ 혈압이 상승하고 심장 박동수가 증가한다.
⑤ 혈액의 pH가 낮아진다.

9. 근육 및 골격

73 심근의 성질이 골격근의 성질과 다른 점은 무엇인가?

① 근운동을 할 때 열이 발생한다.
② 횡문이 있다.
③ 수축할 때 젖산을 생성한다.
④ 자동성이 있다.
⑤ 흥분할 때 동작전류를 발생한다.

74 근육의 수축에 필요한 칼슘이온은 근육세포의 어느 소기관에서 방출되는가?

① 골지체   ② 리보솜
③ 수용체   ④ 근장그물
⑤ 미토콘드리아

75 근섬유 조직에서 근절(sarcomere)이란 무엇인가?

① I band와 I band 사이
② A band와 H zone 사이
③ actin filament와 myosin filament 사이
④ Z line와 Z line 사이
⑤ A band와 I band 사이

76 역치에 대한 설명으로 맞는 것은?

① 자극의 강도와 흥분이 일어나기까지의 시간과의 비
② 흥분을 일으킬 수 있는 최저의 자극강도
③ 자극이 있을 때 흥분을 유지할 수 있는 최대의 자극강도
④ 자극이 왔을 때 흥분이 일어나기까지의 시간
⑤ 활동전위가 전파되어 나가는 것

77 같은 자극을 받고 흥분한 후 회복하기 위하여 물질 구성을 원상으로 복구하는데 다소의 시간이 소요된다. 이 복구시기 중에 다시 자극을 가해도 반응하지 않는데 이 시기를 무엇이라 하는가?

① 수축기   ② 이완기
③ 강축   ④ 절대불응기
⑤ 상대적불응기

78 근전도(electromyogram)로 알 수 있는 현상은 무엇인가?

① 근의 열발생 상태   ② 근의 수축곡선
③ 근의 해당과정   ④ 근의 영양 상태
⑤ 근의 활동전위

79 키모그래프(kymograph)로 알 수 있는 것은 무엇인가?

① 근육의 활동전압
② 근육의 수축곡선
③ 체온변화
④ 기초대사량
⑤ 호흡량 측정

80 뼈를 보호하고 영양을 담당하는 역할을 하는 것은 무엇인가?

① 골단   ② 해면질
③ 골막   ④ 치밀질
⑤ 골수

81 골격의 기능으로 맞지 않는 것은?

① 조혈작용   ② 운동작용
③ 순환작용   ④ 보호작용
⑤ 지지작용

10. 신 경

82 다음 중 자율신경계의 최고 중추부에 속하는 것은?

① 척수   ② 시상
③ 시상하부   ④ 교뇌
⑤ 연수

83 미주신경(제10 뇌신경) 억제 시 나타나는 반응으로 맞지 않는 것은?

① 장운동이 증가한다.
② 맥박이 빨라진다.
③ 혈압이 오른다.
④ 소화운동이 억제된다.
⑤ 타액분비가 억제된다.

84 다음 중 연결이 잘못된 것은?

① 대뇌 – 평형유지의 중추
② 연수 – 순환·소화 작용의 중추
③ 소뇌 – 몸의 평형 유지 중추
④ 중뇌 – 동공수축의 중추
⑤ 간뇌 – 체온조절 중추

정답 72 ③ 73 ④ 74 ④ 75 ④ 76 ② 77 ④ 78 ⑤ 79 ② 80 ③ 81 ③ 82 ③ 83 ① 84 ① ➔ 해설 p. 94 ~ p. 95

85 추체로가 교차되는 곳은 어디인가?

① 대뇌각 ② 소뇌
③ 교뇌 ④ 연수
⑤ 중뇌

86 다음 중 신경전달물질이 아닌 것은?

① acetylcholine
② dopamine
③ norepinephrine
④ histidine
⑤ serotonin

87 부교감 신경섬유의 말단에서 방출되는 신경전달 물질은 무엇인가?

① 카페인 ② 아세틸콜린
③ 에피네프린 ④ 인슐린
⑤ 글루카곤

88 다음 설명 중 맞지 않는 것은?

① 호흡중추는 소뇌에 있다.
② 심장중추는 연수에 있다.
③ 청각중추는 대뇌에 있다.
④ 체온조절중추는 간뇌에 있다.
⑤ 시각중추는 대뇌 후두엽에 있다.

89 자율신경 흥분에 따른 부교감 신경계의 작용으로 맞는 것은?

| 가. 심박수 감소 | 나. 방광 수축 |
| 다. 동공의 수축 | 라. 기관지 확장 |

① 가, 나, 다 ② 가, 다
③ 나, 라 ④ 라
⑤ 가, 나, 다, 라

11. 감 각

90 다음 중 안구와 관계가 없는 것은?

① 홍체 ② 모양체
③ 수정체 ④ 외이관
⑤ 초자체

91 우리 몸의 피부 특징으로 맞지 않는 것은?

① 보호기관 ② 감각기관
③ 배설기관 ④ 체온조절기관
⑤ 흡수기관

92 미각 수용기가 있는 곳은?

① 미립 ② 미뢰
③ 유두 ④ 미체
⑤ 미첨

93 다음은 미각의 역치를 나타낸 것이다. 맞지 않는 것은?

① 신맛 – hydrochloric acid로서 0.0009mol/L
② 짠맛 – sodium chloride로서 0.01mol/L
③ 쓴맛 – strychnine hydrochloride로서 0.0000016mol/L
④ 단맛 – glucose로서 0.0006mol/L
⑤ 단맛 – sucrose로서 0.01mol/L

94 색맹은 다음 중 무엇이 이상이 생겨 발생되는가?

① 간상세포 ② 수평세포
③ 시신경 ④ 추상세포
⑤ 신경절세포

95 중이강의 내와 외계의 기압조절을 하여 고막 보호 역할을 하는 것은?

① round window ② oval window
③ eustachian tube ④ corti's organ
⑤ otholith organ

1. 당 질

01 단순다당류 중 대표적인 식물성 저장 탄수화물은 전분(starch)이고, 동물성 탄수화물은 글리코겐(glycogen)이다.

02 유당불내증(lactose intolerance)
- 유당분해효소인 락타아제(lactase)를 충분히 가지고 있지 않은 사람이 우유를 마실 경우, 유당은 분해되지 못한 채 대장에 머무르게 된다. 이때 대장 내의 박테리아에 의해 유당이 발효되면서 가스가 생기거나 복부경련 혹은 설사를 일으키게 된다. 이런 증상을 유당불내증이라 한다.
- 동양인과 흑인에게 많이 나타난다.
- 우유를 매일 조금씩 늘려 마시거나 발효시킨 요구르트 또는 치즈를 먹으면 대부분 문제가 없다.

03 당질은 소화 효소에 의해 단당류로 분해되어 소장벽에서 흡수된 후 모세관을 통하여 문맥을 지나 간장으로 운반된다.

04 글루코네오제네시스(gluconeogenesis)
- 당생성(glucogenesis)이라고도 하며 세포 속에서 다른 종류의 화합물로부터 포도당과 같은 탄수화물을 만든다.
- 당신생에 이용되는 물질로는 음식물 산화과정의 마지막 단계인 트리카르복실산회로(TCA회로)에 관계하는 화합물, 젖산(lactate)이나 피루브산(pyruvate)과 여러 가지 아미노산이 있다.

05 포도당(glucose)
- 영양적으로 가장 중요한 단당류이며, 전분이나 글리코겐, 이당류인 서당, 맥아당, 유당 등의 가수분해에 의해서 얻어진다.
- 과일이나 벌꿀, 엿 등에도 다량 함유되어 있다.
- 에너지의 급원 : 4kcal
- 혈당유지 : 혈액에 함유된 혈당은 약 0.1% 정도
- 단백질 절약 작용 : 당질이 부족하면 단백질 소모

06 젖당(lactose)은 포도당(glucose)과 갈라토스(galactose)로 구성된 이당류이고 글리코겐, 전분, 맥아당, 덱스트린 등은 모두 포도당으로 이루어져 있다.

07 뇌, 적혈구, 신장수질, 신경세포에 열량원으로 이용되는 것은 포도당이다.

08 전화당
- 자당(서당)은 우선성인데 산이나 효소(invertase)에 의해 가수분해되면, glucose와 fructose의 등량혼합물이 되고 좌선성으로 변한다. 이것은 fructose의 좌선성이 glucose의 우선성([α] D = -92°)보다 크기 때문이며, 이와 같이 선광성이 변하는 것을 전화라 하고, 생성된 당을 전화당이라 한다.
- 전화당의 감미도는 설탕보다 강하다.

09 식이섬유
- 인간의 소화효소로서 분해되지 않는 난소화성 다당류로 주로 식물성 식품(곡류, 채소, 과일, 해조류)에 많이 함유되어 있다.
- 식이섬유는 불용성(70%), 수용성(30%)으로 나뉜다.
- 불용성 식이섬유
  - 포도당이 길게 사슬형태로 결합되어 있고, 서로 겹쳐져 매우 강한 그물망 구조이다.
  - 분변량 증가, 장 통과시간 단축
  - cellulose, hemicellulose, lignin, inulin, chitin, chitoic acid 등
- 수용성 식이섬유
  - 안전성 및 점성을 높여 주고, 대장에서 박테리아에 의해 분해되면서 흡수된다.
  - 음식물의 위장 통과속도 지연, 포만감, 포도당 흡수 지연, 혈중 콜레스테롤 감소
  - 펙틴질, 식물 검(gum), glucomannan, alginic acid, 한천(agar), CMC 등

10 혈당과 관련된 호르몬
- 인슐린(insulin) : 혈당(포도당)저하 작용
- 글루카곤(glucagon) : 혈당상승 작용
- 아드레날린(adrenaline) : 혈당상승 작용
- 당질코르티코이드(glucocorticoid) : 혈당상승 작용
- * 테스토스테론(testosterone) : 성호르몬의 일종

11 영양소의 흡수기전에서 능동수송은 운반체, ATP를 필요로 하며 갈락토스와 포도당이 이 기전에 의해 흡수된다. 과당은 촉진확산을 한다.

12
- 에너지의 급원 : 주된 에너지원(당질 4kcal)
- 혈당유지 : 혈액에 함유된 혈당은 약 0.1% 정도
- 단백질 절약 작용 : 당질이 부족하면 단백질 소모
- 필수영양소의 기능 : 지방의 분해를 결정
- 기타 기능 : 감미료, 핵산이나 효소, 보조효소의 구성성분(ribose, deoxyribose)

13 당질의 흡수
- 탄수화물은 단당류로 완전히 분해되어 소장에서 흡수된다.
- 단당류 중 흡수속도가 가장 빠른 것은 galactose(110)이며 그 다음 glucose(100), fructose(43), mannose(19), xylose(15) 순이다.
- 흡수된 단당류는 문맥을 통해 간으로 운반된다.
- sucrose, lactose 등의 이당류도 모두 단당류로 분해된 후 흡수된다.

14 근육 내에서 glycogen은 분해해서 에너지를 생성한다. 이런 과정은 glycogen이 pyruvic acid로 분해되는 해당작용과 pyruvic acid가 TCA사이클을 거쳐 산화되어 에너지를 생성한다.

15 과당의 대사과정
- 간에서 포도당으로 전환된다.
- 해당과정에서 속도조절단계를 거치지 않고 중간단계인 디히드록시아세톤인산의 형태로 들어가므로 아세틸 CoA 전환속도가 증가되어 지방산 합성속도가 증가한다.

16 혈당이 저하된 경우 체내에서 일어나는 대사
- 간에서의 포도당 신생합성 증가
- 근육의 아미노산 유리 증가
- 혈액 내 저장 글리코겐의 분해
- 케톤체 생성증가
- 체지방의 이동과 사용증가

17 고당질 식사를 지속적으로 유지할 경우 혈중 중성지방 농도 증가, 고지혈증 유발, 혈중 단백질양 감소, 당뇨유발, 비만유발, 고혈압, 충치유발 등의 문제가 발생될 수 있다.

18
- 인슐린(insulin) : 혈당(포도당)저하 작용
- 글루카곤(glucagon) : 혈당상승 작용
- 아드레날린(adrenaline) : 혈당상승 작용
- 프로게스테론(progesterone) : 항체호르몬

19 유당불내증의 원인은 유당분해효소인 락타아제(lactase)가 분비되지 않기 때문이다.

20 당질의 흡수
- 갈락토스와 포도당은 능동수송에 의해 흡수되고, 과당은 촉진확산에 의해 흡수된다.
- 6탄당이 5탄당보다 흡수가 빠르다.
- 흡수된 단당류는 모세혈관을 통해 문맥으로 이동한다.
- 단당류 중 흡수속도가 가장 빠른 것은 갈락토스이다.

21 요오드반응에서 글리코겐은 적갈색을, 전분은 청색을 나타낸다.

22 각 영양분의 소화흡수율은 당질(98%), 지질(95%), 단백질(92%) 순이다.

23 아미노산, 포도당, 수분, 염류 등은 소장에서 흡수된다.

24 우유의 탄수화물은 99%가 lactose이고 소량의 포도당(glucose), 갈락토오스(fructose), 올리고당(oligosacchride)이 함유되어 있다. 식빵의 탄수화물은 전분(starch), 포도당 등이다. 소장에서 바로 흡수될 수 있는 당류는 glucose, fructose, mannose, galactose 등의 단당류이고, lactose는 이당류로 유당분해효소인 락타아제(lactase)에 의해 분해되어 흡수되지만 동양인들은 lactase를 충분히 가지고 있지 않아 흡수되기 어렵다.

25 글루코네오제네시스(gluconeogenesis)
- 당생성(glucogenesis)이라고도 하며 세포 속에서 다른 종류의 화합물로부터 포도당과 같은 탄수화물을 만드는 것이다.
- 당신생에 이용되는 물질로는 음식물 산화과정의 마지막 단계인 트리카르복실산회로(TCA회로)에 관계하는 화합물, 젖산(lactate), 글리세롤, 피루브산(pyruvate)과 여러 가지 아미노산이 있다.

26 에피머(epimer)
- 두 물질 사이에 1개의 부제탄소상 구조만이 다를 때 이들 두 물질을 서로 epimer라 한다.
- 예를 들면, D-glucose와 D-mannose 및 D-glucose와 D-galactose는 각각 epimer 관계에 있다.

27 소장에서 바로 흡수될 수 있는 당류는 glucose, fructose, mannose, galactose, ribose 등의 단당류이다.

28 자일란(xylan)
- 5탄당(pentose)인 D-xylose로 구성되어 있다.
- 볏짚, 옥수수 속대, 나무 껍질, 종자의 껍질 등에 존재한다.

29 1분자의 포도당이 혐기적 해당과정에서 생성할 수 있는 ATP 수

반응	ATP생성 mol수
glucose → glucose-6-phosphoric acid	-1
fructose-6-phosphoric acid → fructose-1, 6-diphosphoric acid	-1
glyceraldehyde-3-phosphoric acid → 1, 3-diphosphoglyceric acid	2.5×2
1, 3-diphosphoglyceric acid → 3-phosphoglyceric acid	1×2
2-phosphoglyceric acid → 2-phosphoenolpyruvic acid	1×2
합계	7

30 심한 운동을 하였을 경우
- 해당반응에 의해 산소가 충분히 공급되지 않으므로 lactate dehydrogenase (LDH)는 NADH에서 수소를 받아 pyruvic acid을 환원하여 L-lactate를 생성한다.
- 이 단계에서 생성된 젖산은 폐기물로 세포 밖으로 확산되어 배출된다.
- 이 폐기 젖산이 심한 운동을 할 때 근육에 축적되어 근육피로나 통증의 원인이 된다.

31 위에서는 주로 단백질 분해효소와 미량의 지방 분해효소가 분비되지만 당질을 소화시킬 수 있는 효소가 분비되지 않아 분해는 일어나지 않고 위의 기계적 작용에 의해 부드러운 덩어리가 된다. Sucrose, inulin과 같이 D-fructose을 함유하는 화합물은 위산에 의해 일부 가수분해된다.

2. 지 질

32 카일로미크론(chylomicron)
- 식품으로 섭취한 중성지방을 주로 운반하는 지단백질(lipoprotein)이다.
- 식사 직후에 혈액 내의 농도가 높아지지만 곧 모세혈관 세포나 지방세포, 근육세포 등에 존재하는 효소에 의해서 깨끗하게 제거된다.

33 필수지방산의 종류
- 체내에서 합성되지 않는 지방산
  - 리놀레산 linoleic acid(18 : 2, ω-6) : 성장촉진 및 항피부염인자
  - 리놀렌산 linolenic acid(18 : 3, ω-3) : 성장촉진인자
- 체내에서 합성되나 그 양이 부족한 지방산
  - 아라키돈산 arachidonic acid(20 : 4, ω-6) : 항피부염인자

34 오메가3 지방산
- 혈액 내 콜레스테롤을 낮추는 작용을 한다.
- 혈전생성을 억제하여 혈액순환을 개선한다.
- 뇌세포기능을 활발하게 하고 기억력을 증가시키는 효과도 있다.
- 식용유 중 오메가-3 지방산이 많은 순서 : 들기름(60%), 아마인유(58%), 옥수수유(1.6%) 순이다.

35
- 리놀레산(linoleic acid 18 : 2, ω-6) : 일반 동·식물성 유지
- 리놀렌산(linolenic acid 18 : 3, ω-3) : 달맞이꽃기름
- 아라키돈산(arachidonic acid 20 : 4, ω-6) : 인지질, 간유
- EPA(eicosapentaenoic acid 20 : 5, ω-3) : 간유, 등푸른 생선
- DHA(docosahexaenoic acid 20 : 6, ω-3) : 간유, 등푸른 생선

36 지질섭취가 과잉일 때
- 지방의 연소에 필요한 당질이 상대적으로 부족한 상태를 일으켜 acetone body가 혈액 중에 많아지는 ketone 혈증이 일어난다.
- 총 열량이 증가하여 여분의 지방을 체내에 축적하게 되므로 비만증과 지방성 간경화증, 동맥경화증 등을 일으킨다.

37 달걀은 11~14%, 버터는 80% 이상, 베이컨은 45%, 콩기름은 100%, 꽁치는 8.4%의 지방을 각각 함유하고 있다.

38 카일로미크론(chylomicron)
- 식품으로 섭취한 중성지방을 주로 운반하는 지단백질(lipoprotein)이다.
- 식사 직후에 혈액 내의 농도가 높아지지만 곧 모세혈관 세포나 지방세포, 근육세포 등에 존재하는 효소에 의해서 깨끗하게 제거된다.
- 지단백질의 밀도는 카일로미크론 1.006, VLDL 1.006~1.019, LDL 1.019~1.063, HDL 1.063~1.21로 카일로미크론이 가장 낮다.

39 지단백질 중 LDL이 콜레스테롤 수치(50%)가 가장 높다.

40 담즙의 기능
- 지방의 유화작용으로 지방소화를 촉진한다.
- 췌장에서 분비되는 리파아제의 활성을 촉진한다.
- 지방산, 콜레스테롤, 비타민 A, D와 카로틴의 흡수를 돕는다.
- 담즙의 분비와 교류를 자극한다.
- 콜레스테롤이 혈관 내에서 침전 없이 녹아 있도록 한다.

41 콜레스테롤 함량(단위식품 100g당)

함량(mg)	식 품
201 이상	소·돼지간, 육류 내장, 햄(통조림), 난황, 전란, 메추리알, 캐비어, 성게 알, 오징어, 생선알류 등
101~200	소염통, 닭똥집, 꽁치, 장어, 뱀장어, 전복, 새우, 굴, 버터, 치즈(cheddar) 등
51~100	대부분 생선류, 생선통조림(참치, 청어), 조개, 베이컨, 햄, 소고기, 양고기, 돼지고기, 아이스크림, 마요네즈, 식빵, 케이크 등
0~50	대구, 도미, 가자미, 굴, 우유, 요구르트, 계란 흰자, 채소, 과일, 식물성 기름, 두부, 콩, 두유, 식물성 식품 등

42 인지질(phospholipid)
- 한쪽 끝은 인산기와 1개의 알코올로 구성되어 있어 극성(친수성기)전하를 띠고, 분자의 다른 한쪽 끝은 지방산으로 구성되어 있어 비극성(소수성기)을 갖고 있다.
- 이러한 양극성을 모두 갖고 있어 막에서 중요한 역할을 한다.
- 세포막은 2중 구조로 형성되어 있는데, 극성을 띤 머리 부분은 물과 접촉하여 바깥쪽을 향하고 비극성인 꼬리부분은 서로 마주하며 안쪽을 향해 있다.
- 막의 이러한 구조적 배열 때문에 이온과 대부분의 극성 분자들은 막을 거의 통과할 수 없다.

43 케톤체는 대부분 간에서 합성된다.

44 프로스타그란딘은 아라키돈산을 전구체로 갖는다. DHA는 시각세포에 그 함량이 많다.

45 포화지방산을 많이 함유하고 있는 식품은 우유지방, 야자유, 동물성지방, 버터, 팜유 등이 있다.

46 지용성 비타민에는 A, D, E, K 등이 있으며 유지 또는 유기용매에 녹는다.

47 글루카곤(glucagon)
- 랑게르한스섬에서 만들어지는 췌장호르몬으로 인슐린과 반대작용을 한다.
- 즉, 글리코겐의 분해를 촉진시켜서 혈당농도를 증가시킨다.

48 다불포화지방산 중에 필수지방산은 체내에서 합성이 되지 않기 때문에 식품을 통해 섭취되어야 한다.

49 지질의 기능
- 효과적인 에너지원
- 필수 지방산의 공급원
- 지용성 비타민의 운반
- 체구성 성분
- 체온 조절
- 중요 장기의 보호
- 향미 성분의 공급

50 포도당 생합성
- 중성지방으로부터 생성된 글리세롤은 glycerol kinase에 의해 L-glycerol-3-phosphate로 전환되고 L-glycerol-3-phosphate dehydrogenase에 의해 dihydroxyacetone phosphate(DHAP)가 된다.
- 이 DHAP는 해당과정 효소인 triose phosphate isomerase에 의해 D-glyceraldehyde-3-phosphate로 전환되어 해당과정으로 들어간다.

51 항지방성 간인자(lipotropic factor)
- 간의 지방 축적속도를 저하시키거나 간장에서의 지방 소실을 촉진시키는 인자들이다.
- 여기에는 카르니틴, 이노시톨, 레시틴, 메티오닌, 베타인, 비타민 E, 콜린, 셀레늄, 칼륨, 피콜린산, 크롬 등이 있다.

52 콜레스테롤(cholesterol)의 특징
- 동물의 뇌, 신경세포, 혈액, 난황에 함유
- 성호르몬, 담즙산, 부신피질 호르몬의 전구체
- 지질대사, 해독, 보호, 조절 작용
- 과잉 시 동맥경화

53 필수지방산
- linoleic acid, linolenic acid, arachidonic acid는 체내에서 합성되지 않아 음식물로 섭취할 필요가 있다.
- 식물성 유지는 특히 linoleic acid의 함량이 높다.
- linoleic acid는 옥수수기름, 콩기름 등에 50% 이상 함유되어 대부분 식사에서는 필수지방산의 최소 필요량보다 몇 배의 양을 섭취한다.

54 lecithin
- 인을 함유한 인지질의 일종으로 동물의 뇌, 신경계, 간장, 심장, 난황 및 두류 등에 많이 함유되어 있다.
- 친수성기와 친유성기를 함께 가지고 있어서 물과 유지의 혼합물을 안정화시켜 주는 유화제로 마가린, 아이스크림 등의 제조에 이용된다.

55 포화지방산(SFA)은 LDL 콜레스테롤의 농도를 높인다. 다가불포화지방산(PUFA)은 HDL 콜레스테롤의 농도를 높여 주고, HDL은 혈액 내의 콜레스테롤을 제거할 수 있도록 도와주는 역할을 한다.
따라서 콜레스테롤 농도를 감소시키기 위해서는 다가불포화지방산의 섭취를 증가시켜 P/S의 비율을 높여 주어야 한다.

56 고지혈증 등을 예방하기 위해서
- 지방섭취량을 총섭취열량의 20% 이내로 낮춘다.
- 포화지방산 대 불포화지방산 대 다가불포화지방산의 비율이 1 : 1~1.5 : 1로 되도록 지방섭취를 조절한다.
- 하루 콜레스테롤 섭취량을 300mg 이하로 낮춘다.

57 불포화지방산은 2중 결합을 갖고 있으므로 cis형과 trans형의 기하이성체가 존재하는데 자연계에는 대부분 불안정한 cis형의 지방산이 존재한다.

58 지방간을 일으키는 대표적인 요인
- 만성적인 음주, 과식에 의한 비만증, 당뇨병, 고지혈증 등
- 필수지방산, 콜린, 메티오닌 결핍
- 비타민 B_6, 베타인 결핍
- 그밖에 독성이 강한 약제를 복용하였을 경우

59 지방산 생합성
- 간과 지방조직의 세포질에서 일어나며 malonyl-CoA를 통해 지방산 사슬이 2개씩 연장되는 과정이다.
- 즉 palmitic acid 1분자를 합성하는데 지방산합성요소(fatty acid syn-thase)에 의하여 이루어지며 acetyl-CoA 1분자, malonyl-CoA 7분자, ATP 7분자, NADPH 14분자가 필요하다.
- 지방산 합성에 필요한 대량의 NADPH는 주로 hexose monophosphate (HMP) 경로로부터 공급된다.

60 담즙산(bile acid)
- lipase의 steapsin을 활성화시켜 지방의 유화 및 그 소화흡수를 돕는다.
- 간에서 담즙이 만들어지기 때문에 간이 나빠지면 지방소화가 잘 안된다.

61 콜레스테롤은 비타민 D의 전구물질이다.
즉 7-dehydrocholesterol은 자외선을 쬐면 비타민 D_3가 된다.

62 레시틴(lecithin), 세팔린(cephalin), 스핑고미엘린(sphingomyelin)은 인지질이고 세레브로사이드(cerebroside)는 당지질이다. 이노시톨(inositol)은 당 알코올이다.

3. 단백질

63 식품의 단백질량
- 질소량×질소계수＝단백질량
- 6g×6.25＝37.5

64 단백질 결핍으로 인해 혈장단백질(혈장알부민) 농도가 감소하게 되면 혈액의 교질 삼투압이 저하되어 조직의 물이 혈관 내로 이동하기 어려워져서 물이 조직 내로 축적되어 부종(edema)이 생긴다.

65 단백질 섭취량(70g)이 배설되는 질소량(55g)보다 많으므로 질소평형이 양(+)의 평형이다. 질소평형이 양의 평형인 경우는 성장기, 회복기, 임신 등이다.

66 밀단백의 생물가는 쌀보다 낮으며 필수아미노산을 모두 함유하고 있다. 이렇게 양적으로도 충분히 함유된 식품을 완전단백질 식품이라 한다.

67 진정 단백질 이용률(net protein utilization, NPU)
- 섭취한 단백질이 몸 안에서 이용된 비율을 나타낸 것이며 질소출납 혹은 체성분의 변화에서 구하는 방법이다.
- NPU = (보유 N/섭취 N)× 100 = 생물가×소화율

68 상호보충효과
- 쌀 등 곡류 단백질에는 lysine이 부족하고, 콩에는 methionine은 적으나 lysine은 많다. 그러므로 곡류나 콩류를 혼합하여 먹으면 영양가가 향상된다.
- 곡류와 우유, 달걀과 토스트, 밥과 육류 등의 배합도 단백질 보충효과라 할 수 있다.

69 질소평형(nitrogen balance)

구분	측정	의의
질소균형	N섭취량 = N배설량	조직의 유지와 보수
음의 질소평형	N섭취량 < N배설량	저단백질식사, 기아, 발열, 외상, 수술 후의 상태
양의 질소평형	N섭취량 > N배설량	성장기, 질환에서 회복기, 임신

70 콰시오커(kwashiorkor) 증상
- 영유아의 경우에 단백질 결핍이 장기간 지속되면 나타나는 증상이다.
- kwashiorkor의 주된 증상
  - 심한 성장저로 머리와 배만 크고 팔다리는 심하게 말라서 걷지 못한다.
  - 지방간, 간세포 사멸로 간기능이 퇴화된다.
  - 머리털의 변색, 피부염이 생긴다.
  - 소화계 장해로 소화흡수가 제대로 되지 않아 설사와 빈혈이 나타난다.
  - 신경계에 이상이 생겨 신경질적이 되고 나중에 무감각해진다.
  - 부종이 현저하다.
  - 혈액 내 알부민 함량이 감소한다.
  * 체지방의 고갈로 마른 증상은 마라스무스 증상이다.

71 한국인 19~29세 남자의 단백질 권장 섭취량(체중 68.9kg)은 65g이고,
19~29세 여자의 단백질 권장 섭취량(체중 55.9kg)은 55g이다[2020년 한국인영양소섭취기준].

72 단백질의 기능
- 체성분 유지와 성장
- 효소, 호르몬, 면역체 성분
- 체액의 조절(삼투압의 조절, 산·염기 조절)
- 에너지원
* 체온유지는 지방의 기능임

73 단백질의 절약작용
- 대부분의 열량을 공급하는 당질을 충분히 섭취하지 못하면 조직세포를 만들거나 보수에 쓰여야 되는 단백질이 그 주된 기능보다는 열량원으로 많이 소모하게 되어 체단백질 합성이 저해된다.
- 당질을 충분히 섭취하면 단백질 절약작용을 할 수 있다.

74 영양학적인 단백질 분류
- 완전단백질 : 우유의 casein, lactalbumin, 달걀의 albumin, 대두의 glycinine 등
- 부분적 불완전단백질 : 밀의 gliadin, 보리의 hordein 등
- 불완전단백질 : gelatin, 옥수수의 zein 등

75 단백질 효율(PER) : 체중의 증가에 대한 섭취 단백질의 비율로 나타낸다.
- NDpCal : 단백질 이용을 칼로리면에서 따진 값으로 열량섭취 상태와 단백질의 질을 동시에 평가하는 방법이다.
- 생물가(BV) : 흡수되어진 질소량과 체내에서 실제로 이용된 질소량의 비율을 백분율로 나타낸 것으로 질소출납에서 구한다. 소화율을 고려하지 않고 구한다.
- 진정 단백질 이용률(NPU) : 섭취한 단백질이 몸 안에서 이용된 비율을 나타낸 것이며 질소출납 혹은 체성분의 변화에서 구하는 방법이다. 소화율을 고려해서 구한다.

76 단백질 부패로 생성되는 유독물질
- 단백질은 장내 미생물에 의해 분해되는데 일부 아미노산은 탈탄산 반응에 의해 유독한 amine을 생성하는데, 총칭하여 ptomines이라 한다.
- 즉, arginine은 putrescine, lysine은 cadaverine, histidine은 hista-mine, tyrosine은 tyramine 등의 유독한 ptomine이 생성된다.

77 필수아미노산과 비필수아미노산
- 필수아미노산 : 체내에서 합성될 수 없어서 반드시 식품으로 공급되어야 하는 아미노산
  - isoleucine, leucine, lysine, methionine, phenylalanine, threonine, tryptophan, valine, arginine(아동), histidine(아동) 등
- 비필수아미노산 : 체내에서 합성될 수 있는 아미노산
  - alanine, asparagine, aspartic acid, cysteine, glutamic acid, glycine, proline, serine, tyrosine 등

78 트립토판(tryptophan)
- 나이아신의 전구체이다.
- 트립토판 60mg은 나이아신 1mg으로 전환이 된다.

79 histidine의 탈탄산 반응으로 histamine이 생성되는데 이 histamine은 혈관 확장과 알러지의 중화(mediation)에 활성이 있다.

80 histidine은 순환계의 모세혈관 투과성을 항진하는 histamine합성의 필수성분이다. histidine의 탈탄산 반응으로 histamine이 생성된다.

81 요소 합성반응(Urea cycle)
- 간세포의 mitochondria 내에서 carbamoyl phosphate synthetase의 작용으로 암모니아와 이산화탄소에서 carbamoyl phosphate를 생성한다.
- 이것이 ornithine과 반응하여 citrulline으로 되며 세포질로 나와서 aspartate와 결합하여 argininosuccinate로 되고 fumarate를 방출하여 자신은 arginine이 된다.
- Arginine이 arginase의 작용으로 가수분해를 받아서 ornithine으로 될 때 요소를 방출한다. Ornithine이 mitochondria로 들어가면 이 회로가 한 바퀴 돌게 되며 이 과정에서 4mol의 ATP가 소비된다.

82 - 췌장에서는 불활성의 trypsinogen 및 chymotrypsinogen이 분비되고 소장에서는 enterokinase가 분비되어 trypsinogen은 trypsin으로 된다.
- 또한 chymotrypsinogen은 trypsin에 의해서 활성화되어 chymotrypsin으로 된다.

83 요소회로(urea cycle)는 간에서 일어나는 경로이며 deamination에 의해서 생긴 NH_3는 혈액에 존재하는 CO_2와 결합해서 요소가 된다.

84 혈액 내 알부민(albumin) 함량이 감소하고 빈혈과 소화기 장애가 온다.

85 단백질을 과잉 섭취하면
- 여분의 단백질이 glycogen이나 지방으로 되어 체내에 축적되므로 체중이 증가한다.
- 또 단백질은 특이동적 작용이 당질이나 지방에 비해 훨씬 강하므로 대사항진, 체중증가, 혈압상승과 함께 피로도 쉽게 온다.

86 아미노산은 아미노기 전이반응이나 탈아미노 반응에 의해 아미노기를 떼어놓고 나머지인 탄소골격 부분은 당질이나 지질대사 경로에 합류해서 TCA cycle로 들어가 산화되어 에너지를 생성하거나 혹은 당질이나 지방으로 전환되기도 한다.

87 함황아미노산
- 메티오닌(methionine), 시스테인(cysteine), 시스틴(cystine) 등이다.
- * 리신(lysine)과 히스티딘(histidine)은 염기성아미노산이다.

88 복합단백질
- 핵단백질 : 핵산과 단백질이 결합한 것으로 핵산에는 RNA와 DNA가 있다. 흉선에 nucleohiston, 어류 정액의 nucleoprotamin 등이 있다.
- 색소단백질 : 색소성분과 결합된 것으로 혈액 중의 hemoglobin이 대표적이고, 그 외 myoglobin, hemocyanin 등이 있다.
- 당단백질 : 당질 또는 그 유도체와 단백질이 결합한 것으로 혈청에 seromucoid, seloglycoid, 소화액에 mucin 등이 있다.
- 인단백질 : 아미노산의 -OH기와 인산이 에스테르 결합한 것으로 우유의 casein, 난황에 ovovitellin 등이 있다.

89
- leucine은 acetyl CoA로 분해된 후에 TCA cycle로 들어가 대사하는 아미노산이다.
- alanine은 pyruvate로 분해된 후에 acetyl CoA로 전환되어 TCA cycle로 들어가 대사하는 아미노산이다.
- tyrosine, phenylalanine은 fumarate로 분해된 후에 TCA cycle로 들어가 대사하는 아미노산이다.

90 레닌은 casein을 para-κ-casein과 glycomacro peptide로 분해시키는 응유효소이다.

91 췌액아밀라제(amylase)은 당질분해효소이고, 췌액리파제(lipase)는 지질분해효소이다.

92 아포페리틴(apoferritin)
- 철분과 결합하지 않은 페리틴을 아포페리틴이라고 한다.
- 체내에서 철을 저장하는 역할을 한다.
- 소장 점막세포에 존재하며 소장 벽에서 철분이 1mg 이상 흡수되지 않도록 억제하는 역할을 한다.

93
- 가스트린(gastrin)은 폴리펩티드로 음식물이 위 속에 들어오면 혈류 속으로 분비되어 혈액 순환을 따라 위벽에 있는 세포로 가서 위액분비를 촉진한다.
- 트립신(trypsin)은 췌장에서 분비되어 단백질을 작은 polypeptide로 분해하거나 큰 polypeptide를 dipeptide로 분해한다.

94 에렙신(erepsin)
- 장액에 함유되어 있는 단백질 분해 효소의 혼합물로 단백질의 중간 분해물인 펩톤(peptone)이나 폴리펩티드(polypeptide)를 다시 아미노산으로 분해하는 효소이다.
- 아미노펩티다제, 프롤리나아제, 프롤리다제 등이 함유되어 있다.

95 옥수수 단백질에 보족효과를 갖는 아미노산
- 옥수수 단백질에는 필수아미노산인 tryptophan과 lysine이 거의 들어 있지 않아 영양에 문제가 생긴다.
- 옥수수의 결점을 보완해 주는 식품으로는 우유가 있다. 우유는 필수아미노산이 골고루 들어 있고 특히 tryptophan과 lysine이 많이 들어 있다.

96 갑상선 호르몬의 작용
- 체세포의 산소 소비를 촉진시켜 대사속도를 조절한다.
- glucose의 산화, 단백질 합성을 촉진시키는 결과 생체의 기초대사를 높인다.
- * 그 밖에도 지질대사, 핵산대사 등 물질대사면에 폭넓게 영향을 미쳐 동물의 성장과 발육에 깊은 연관을 가진다.

97
- 혈청칼슘의 항상성에 관여하는 부갑상선호르몬과 칼시토닌은 서로 반대 역할을 한다.
- 즉, 부갑상선호르몬은 칼슘의 흡수를 촉진하고 칼시토닌은 칼슘의 흡수를 억제한다.

98 단백가
- 밀의 제1제한 아미노산을 표준단백질의 아미노산에 대한 비율로 평가하는 화학적 평가법 중 하나이다.
- 표준단백질보다 부족한 리신, 트립토판 2개의 단백가를 구하면 리신은 $107/270 \times 100 = 39.6$, 트립토판은 $63/90 \times 100 = 70$이다.
- 이중에서 상대적으로 가장 부족한 아미노산값을 단백가로 한다.

99 영양소의 흡수속도는 능동수송>촉진확산>단순확산 순이다.

100 간문맥으로 흡수되는 영양소
- 탄수화물 : 6탄당(glucose, fructose, mannose, galactose), 5탄당(ribose 등)
- 단백질 : 아미노산, peptide
- 지방 : 짧은 사슬 지방산(C10 이하), 글리세린

101 Serotonin(5-hydroxytryptamine)
- 아미노산인 트립토판에서 유도된 화학물질로 뇌, 내장조직, 혈소판, 비만세포에 들어 있으며, 말벌독과 버섯독을 포함하는 많은 독액의 구성성분이다.
- 강력한 혈관수축 및 신경전달물질로 작용한다.

102 암모니아(NH₃)의 처리과정
- 조직 내에서 계속적으로 생성되는 NH₃는 간장 이외의 조직에서는 glutamate와 결합하여 glutamine으로 전환되어 혈류를 통하여 간으로 이동된다.
- α-keto acid를 amination하여 아미노산합성에 이용한다.
- 암모니아 일부는 암모늄염으로 소변 속에 배설되는데 암모니아 대부분은 요소를 형성하여 소변으로 배설된다.

103 인슐린
- 지방조직에서 지방합성(lipogenesis)에 관여하는 효소를 활성화시키고, glucose가 지방으로 변화하는 것을 촉진한다.
- 단백질 합성을 촉진하여 당뇨병 환자에게는 요 중 질소배설이 감소한다.

104 GIP는 위에서 분비되는 위운동 억제호르몬이다.

4. 열량대사

105 기초대사량
- 남자는 1.0×체중(kg)×24시간, 여자는 0.9×체중(kg)×24시간으로 계산
- 즉 1.0×70(kg)×24시간 = 1,680kcal이다.

106 당질의 섭취를 충분하게 하지 않으면 체조직의 구성과 보수에 사용되어야 할 단백질이 대신 에너지지원으로 사용되기 때문에 적절한 에너지 섭취는 단백질의 절약작용을 높인다.

107 기온이 상승할수록 기초대사는 낮아진다.

108 열량계산
- 열량영양소의 단위 g당 열량은 당질은 4kcal, 지방은 9kcal, 단백질은 4kcal이다.
- 열량은 (6.5×4)+(0.4×9)+(77.5×4)=339.6kcal이다.

109 단백질은 질소로 인한 불완전연소되는 손실량이 단백질 1g당 1.25kcal이므로 차이가 가장 크다.

110 단백질의 열량
- 단백질의 질소함량은 16%
- 단백질×0.16=4, 단백질=25g
- 단백질은 4kcal의 열량을 내므로 25×4=100kcal이다.

111 성년 이후 노년기에 기초대사량이 낮아지는 이유
- 비활동성 지방조직이 늘어나고 활동성 조직세포의 양은 감소하기 때문이다.
- 또한 세포 자체의 활동성이 낮아지기 때문이기도 하다.

112 식품의 특이동적 작용
- 식품 자체의 소화, 흡수 및 대사로 인하여 소모되는 에너지대사량의 증가를 말한다.
- 특이동적 작용으로 인한 에너지대사의 증가는 섭취한 열량 값에 대하여 탄수화물의 경우는 6%, 지방의 경우 5%, 단백질의 경우는 30%나 되어 보통의 식사는 평균 10% 정도 에너지대사량을 증가시킨다.

113 RQ(respiratory quotient)
- 일정 시간 내에 섭취된 산소의 양(O₂의 양)과 배출된 이산화탄소의 용량(CO₂의 양)비이다.
- 지질의 경우는 0.7, 당질의 경우는 1.0, 단백질의 경우는 0.8이며, 당뇨병의 경우는 0.7이다.
- 당뇨병의 경우는 주로 지방이 연소되고 당질의 연소가 방해되므로 호흡상은 저하된다.

114 식품의 특이동적 작용은 식품 자체의 소화, 흡수 및 대사로 인하여 소모되는 에너지대사량의 증가를 말한다. 식품의 특이동적 작용에 의한 에너지 필요량의 증가율은 평균 10% 정도이다.

115 성인의 1일 에너지량은 기초신진 대사량, 활동 대사량, 특이동적 작용 대사량을 합한 것이다.

116 식품 내에 함유되어 있는 열량가
- bomb calorimeter를 이용하여 측정하면 탄수화물은 1g당 4.1, 지방은 9.45, 단백질은 5.65kcal이다.
- 그러나 실제로 신체 내에서는 식품이 완전히 연소되지 않거나 단백질의 경우 질소는 신체 내에서 연소하지 않기 때문에 이것보다 적은 양의 열량이 발생한다. 이와 같이 소화율과 불연소율을 감안한 열량가를 생리적 열량가 혹은 Atwater factor 라고 한다. 생리적 열량가는 탄수화물은 1g당 4kcal, 지방은 9kcal, 단백질은 4kcal이다.

117 당질의 섭취량
- 한국인(16~50세) 1일 탄수화물 권장량은 55~70%이므로 2,000×0.55~2,000×0.7=1,100~1,400kcal
- 탄수화물의 열량은 4kcal이므로 당질 섭취량×4=1,100~당질 섭취량×4=1,400
- 당질 섭취량은 275~350g이다.

118 113번 해설 참조

 5. 비타민

119 비타민 C의 생리적 기능
- 항산화작용
- 콜라겐 합성
- 페닐알라닌과 티록신 대사에 관여
- 엽산의 이용
- 산화형의 Fe를 환원형 Fe로 전환되는 것을 도와 흡수 증가

120 비타민 B_{12}이 결핍되면 적혈구 크기가 커지고 숫자가 감소하는 거대적아구성 빈혈, 즉 악성빈혈이 생긴다.

121 비타민 B_{12}은 동물성 식품에만 존재하는 영양소로 채식주의자에게 결핍되기 쉽고 칼슘, 철분, 아연 등도 채식만으론 충분히 섭취하기 힘든 무기질이다.

122 건조한 형태의 비타민 B_2는 광선의 영향을 별로 받지 않으나 수용액에서는 가시광선 또는 자외선에 의하여 쉽게 파괴된다.

123 • 비타민 B_1의 결핍
 - 각기병, 식욕부진, 혈압저하
 - 신경계를 침범하여 의식장애와 말초신경마비
 - 근육의 약화 및 통증, 심부전증
• 비타민 B_2의 결핍
 - 펠라그라(피부염), 설염(혀의 염증), 신경질환

124 엽산(folic acid)은 탄소 1개짜리인 formyl, formaldehyde, methanol 등을 운반하여 체내에서 필요한 다른 물질을 형성하는 것을 돕는다.

125 niacin은 수용성이고 산, 알칼리, 광선, 공기, 열에 의하여 파괴되지 않는다.

126 provitamin A
• Carotenoid계 색소 중에서 β-ionone 핵을 가진 α-carotene, β-carotene, γ-carotene과 xanthophyll류의 cryptoxanthin이다.
• 비타민 A의 효력은 β-carotene은 100, α-carotene은 53, γ-carotene은 43, cryptoxanthin은 57 등이다.

127 시홍(rhodopsin)
• 간상세포 내에 존재하며 어둠침침한 광선에서의 시각을 준다.
• 시홍은 비타민 A의 aldehyde형인 retinal과 일종의 단백질인 opsin이 결합되어 만들어진다.

128 비타민 B_{12}가 결핍되면
• 적혈구 크기가 커지고 숫자가 감소하는 거대적아구성 빈혈, 즉 악성빈혈이 생긴다.
• 이 빈혈 증세는 Fe이나 단백질이 부족해서 발생하는 영양적인 빈혈과는 다르다.

129 셀레늄은 비타민 E와 함께 세포막의 산화를 방지한다. 즉, 항산화작용을 높여 준다.

130 비타민 B_2(riboflavin)
• 체내에서 조효소인 FMN와 FAD 형태로 전환된 후 여러 종류의 단백질과 결합하여 산화 환원반응에 참여한다.
• 주된 작용으로는 해당작용, 지방산의 산화와 아미노산의 탈아미노 반응으로 생성되는 수소를 전자전달계로 전달해 줌으로써 열량원으로부터의 에너지 방출과 ATP생성에 관여한다.

131 비타민 D(calciferol)
• 식물 : ergosterol $\xrightarrow{\text{자외선 조사}}$ ergocalciferol(비타민 D_2)
• 동물 : 7-dehydrocholsterol $\xrightarrow{\text{자외선 조사}}$ cholecalciferol(비타민 D_3)

132 비타민 B_2가 결핍되면
• 흰쥐는 탈모, 피부염, 결막염 등을 일으키고, 사람도 설염, 인후염, 지루성피부염 등의 증상을 일으킨다.
* 비타민 B_2는 빈혈과 관련이 없다.

133 판토텐산(pantothenic acid)
• 체내에서 조효소인 coenzyme A와 acyl carrier protein(ACP)의 구성성분이 되어 탄수화물, 단백질, 지방 대사에 관여한다.

134 레티놀당량(retinol equivalent, RE)
• 비타민 A의 역가 표현방법으로 비타민 A 급원에 따라 역가가 다르므로 이를 통일하기 위해 사용한다.
• 현재 세계 보건기구에서 채용하고 있으며 1RE는 3.33IU 또는 1mcg의 레티놀과 동일하다.
• 1RE는 $1\mu g$의 레티놀에 해당하며 이는 $6\mu g$의 β-카로틴, $12\mu g$의 다른 카로틴과 같다.

135 비타민과 무기질의 관계
• 비타민 E는 셀레늄과 함께 항산화작용을 한다.
• 비타민 D는 칼슘의 흡수를 촉진시킨다.
• 비타민 C는 철분의 흡수를 도와준다.

• 비타민 K는 칼슘이온과 함께 혈액응고작용을 한다.
• 비타민 B_{12}는 분자 내 코발트를 함유하고 있다.

136 113번 해설 참조

137 비타민 C는 산화형 철을 환원형의 철로 전환되는 것을 도와줌으로써 철분의 흡수를 높여 준다.

138 비타민 D의 기능
• 뼈의 석회화에 관여한다.
• 장관으로부터 칼슘과 인산염의 흡수를 촉진시킨다.
• 뼈 속의 칼슘을 혈중으로 방출시킨다.
• 신장에 의해서 칼슘과 인산염의 재흡수를 돕는다.

139 비타민 B_{12}는 분자 내 코발트를 함유하고 있으며 체내에서 혈액이 만들어지는데 반드시 필요한 인자로써 DNA 합성에 관여한다.

140 비타민 D
• 전구체는 ergosterol(식물)과 7-dehydrocholesterol(동물)이며 이들은 자외선 조사를 받으면 ergocalciferol(D_2)와 cholecalciferol(D_3)으로 전환된다.
• 버섯류에는 provitamin D인 ergosterol이 많이 함유되어 있다.

141 비타민 A를 함유한 식품

식품명	Vit A(I.U)/100g
소간	4,500
우유	120
시금치	9,100
당근	11,750
호박	930

* 식물성 식품에는 비타민 A는 존재하지 않고 비타민 A의 전구체인 carotene 등이 존재하는데, 이것의 1/3 정도만 비타민 A로 전환되므로 동물성 식품만 못하다.

142 비타민 B_2(riboflavin)
• 체내에서 조효소인 FMN와 FAD 형태로 전환된 후 여러 종류의 단백질과 결합하여 산화 환원반응에 참여한다.
• 주된 작용으로는 해당작용, 지방산의 산화, 아미노산의 탈아미노 반응으로 생성되는 수소를 전자전달계로 전달해 줌으로써 열량원으로부터의 에너지 방출과 ATP생성에 관여한다.

143 비오틴은 장내 미생물에 의해 합성되고 또 여러 식품에 흔히 함유되어 있으므로 인체에 결핍증이 나타나는 일은 거의 없다.

144 tocoperol이 결핍되면
• 생식기능장애, 적혈구 파괴 등이 생긴다.
• 급원식품은 배아유, 면실유동물의 간, 난황, 우유 등이다.

145 판토텐산(pantothenic acid)
• coenzyme A와 acyl carrier protein(ACP)의 조효소로 작용한다.
• coenzyme A는 탄수화물, 지방, 단백질 대사에 관여한다.

146 niacin의 결핍증
• niacin의 섭취가 장기간에 걸쳐 부족하면 펠라그라 증상이 나타난다.
• 펠라그라는 피부, 소화기관, 중추신경에 장애를 일으켜서 dermatitis(피부염), diarrhea(설사), depression(우울증) 등이 나타나고 끝내는 death(사망)에 이른다. 그러므로 펠라그라를 4D's라고 한다.

147 carotene은 장내에서 분리되어 retinaldehyde를 형성한 후 retinol로 환원되는데 대부분의 retinol은 장점막에서 다시 retinyl ester로 되어 흡수된다.

148 비타민 B_{12}는 조효소로써 엽산과 함께 호모시스테인으로부터 메티오닌을 합성하는 반응에 관여한다.

149 결핍 시 설염을 일으키는 비타민
• 나이아신, 비타민 B_2(riboflavin), 비타민 B_6, 비타민 B_{12}, 엽산(folic acid) 등이 있다.

150 비타민 B_1(thiamine)
• 흡수 직후 TPP로 전환되어 주로 당질대사의 보조효소로 중요한 역할을 한다.
• 일반적으로 당질을 많이 섭취할수록 비타민 B_1의 필요량이 증가하며 단백질과 지방은 비타민 B_1의 필요량을 감소시킨다.

6. 무기질

151 나트륨(Na)의 과잉 섭취 시 고혈압, 위장질환, 심장질환 등의 장애를 가져온다.

152 우유는 동물성식품이며 유당을 함유하고 있으므로 흡수율이 가장 높다.

153 인(P)의 생리적 기능
• 체내 인의 약 80%는 Ca, Mg염의 형태로 결합하여 골격, 치아를 형성한다.

- ATP 등 기타 고에너지 화합물의 형태로 당질, 지질, 단백질대사에 필수적이다.
- 인지질(lecithin 등)은 대사나 흡수에 의한 뇌와 신경 등의 기능 유지에 중요하다.
- 인산완충작용으로써 혈액이나 체액 등의 산, 염기평형의 유지에 관여한다.
- 핵산인 DNA, RNA의 주요 성분으로 유전이나 단백질 합성에 관여한다.
- 효소작용의 조절, 조직과 흡수작용에 꼭 필요한 효소성분이다.
- 삼투압 조절에 관여한다.

154 철분의 흡수
- 증가시키는 물질 : 비타민 C, citrate, lactate, pyruvate, succinate, 양질의 단백질, 아미노산 등
- 방해하는 물질 : 식이섬유소, phytate, oxalate, tannin, 위산부족 등

155 비타민 C는 철분의 흡수를 촉진시킨다. 과일, 야채 등에 비타민 C가 많이 함유되어 있다.

156 알칼리성과 산성 식품
- 알칼리성 식품 : Ca, Mg, Na, K 등의 원소를 많이 함유한 식품
  - 과실류, 야채류, 해조류, 감자류 등
- 산성 식품 : P, Cl, S, I 등 원소를 함유하고 있는 식품
  - 고기류, 곡류, 어패류, 빵 등

157 우유는 Ca, K, Na 등의 무기질 함량은 높지만 Fe의 함량은 낮다.

158 부갑상선호르몬은 혈중 칼슘농도가 낮을 때 분비되어 그 농도를 높이나 calcitonin은 혈중 농도가 높을 때 분비되어 골격 칼슘이 혈액으로 유출되는 것을 막는다.

159 Mg이 결핍되면
- 신경이 불안정하고 근육경련이 일어난다.
- 만성 결핍증으로는 탈모현상, 피부병, 잇몸이 붓는 경우도 있다.
*구순 구각염은 리보플라빈, 각기병은 티아민, 구루병은 비타민 D의 결핍 시 나타나는 증상이다.

160 엽산, 비타민 B$_{12}$ 결핍 시 거대적아구성 빈혈이 나타난다.
- 칼슘 결핍 시 골다공증 및 골연화증이 나타난다.
- 요오드 결핍 시 갑상선종이 나타난다.
- 충치예방 불소함량은 1ppm이다.

161 부갑상선호르몬은 혈중 칼슘농도가 낮을 때 분비되어 그 농도를 높이나 calcitonin은 혈중 농도가 높을 때 분비되어 골격 칼슘이 혈액으로 유출되는 것을 막는다. 여기서 활성형 비타민 D는 부갑상선호르몬과 함께 혈중 농도를 높이는 데 기여한다.

162 collagen 합성
- 비타민 C는 collagen 합성에 필요한 효소인 수산화효소를 활성화시킨다.
- proline, lysine을 수산화하기 위해서는 산소, 비타민 C 및 무기질이 필요하다. 무기질로는 proline은 구리, lysine은 철을 각각 필요로 한다.

163 크롬은 당내성인자로 작용하며, 세포막의 인슐린 수용체에 보조인자로 인슐린의 작용을 돕는다.

164 나트륨 대사의 조절
- 부신에서 분비되는 호르몬 aldosterone에 의해서 신장에서 이루어진다.
- 나트륨의 증가가 필요할 때에는 aldosterone분비도 증가한다. 이 호르몬은 위장의 나트륨 흡수와 신장에서의 재흡수를 자극한다.

165 Na은 세포 외액에 주로 존재하며 삼투압을 조절한다.

166 요오드 결핍증은 점액수종, 갑상선종(goiter), cretinism, 티록신(thyroxine) 분비 감소 등이다.

167 혈청 페리틴 농도
- 조직 내 철분 저장 정도(ferrtin)를 알아보기 위한 민감한 지표로 혈청 페리틴 농도를 측정한다.
- 정상범위는 40~160$\mu g/\ell$

168 시금치에는 수산(oxalic acid)이 들어 있으며 수산은 칼슘의 흡수를 방해한다. 이외에도 Ca의 흡수를 방해하는 물질은 피틴산, 탄닌, 식이섬유 등이 있다.

169 골연화증은 성인형 구루병으로 다산 여자에게 많다.

170 메탈로티오네인(metalothionein)
- 소장세포에서 아연 및 구리와 결합함으로써 흡수의 평형을 조절하는 물질이다.
- 메탈로티오네인은 아연보다 구리에 훨씬 친화력이 크기 때문에 과량의 아연에 의해 메탈로티오네인의 농도가 높아지면 장에서 구리의 흡수는 감소된다.

171 아연은 소고기, 굴, 새우, 간 등 동물성식품에 풍부하게 함유되어 있다.

172 신경과민은 마그네슘의 결핍으로 초래한다.

173 혈액응고 작용
- 혈액에 존재하는 프로트롬빈은 혈액에 있는 Ca^{++}이나 혈소판, 근육 중에 존재하는 thrombokinase의 작용에 의해서 트롬빈이라는 혈액응고효소가 된다.
- 이것이 혈액 중의 피브리노겐(가용성단백질)에 작용하고 활성화되어 피브린(불용성단백질)이라는 응고물을 만든다.

174 칼슘은 프로트롬빈(prothrombin)을 트롬빈(thrombin)으로 전환시켜 활성화시키는 데 필요하다.

175 구리(Cu)결핍
- 저색소성소적혈구성 빈혈, 백혈구의 감소, 뼈의 손실, 성장장애, 심장질환 등이 나타난다.

176 신경세포 안에는 K, 밖에는 Na가 존재한다.
- 단백질의 탈아미노화에 의해 생성된 -NH$_2$는 알칼리 reserve와 화합하여 중화한다.
- 혈액은 탄산염, 인산염, 단백질 등의 완충제 역할을 한다.
- 치즈, 견과류 등 음이온(P, Cl, S, I 등)을 많이 함유하는 식품은 산성식품이다.

7. 수분, 체액과 산, 염기 평형

177 물의 필요량에 영향을 주는 인자
- 연령 : 어린이가 성인에 비해 대사율이 높고 단위체표면적이 넓으므로 수분요구 증가
- 섭취하는 식품의 종류
  - 고단백식이 : 수분 필요량 증가
  - 고지방식이 : 수분 필요량 감소
  - 짠 음식(Na, K 높다) : 수분 필요량 증가
- 체내 열 발생량이 높아지는 경우 : 수분 필요량 증가
- 설사, 구토 증상이 장기간 될 때 : 수분 필요량 증가

178 체내에서 수분의 기능
- 체조직과 체액의 일부이다.
- 용매로 여러 가지 영양소를 용해시켜서 소화 흡수를 용이하게 해준다.
- 영양소를 각 조직으로 운반하고 노폐물을 배설하는 역할을 한다.
- 체온조절을 한다.
- 체내수분은 윤활제의 역할을 한다.
- 외부로부터 충격에 대한 보호작용을 한다.
- 장내의 수분은 변비를 막고 배설물 배출을 용이하게 한다.

179 antidiuretic hormone(ADH)은 원위세뇨관에서 물의 재흡수 촉진작용을 통해 항이뇨작용을 하는 뇌하수체 후엽에서 분비되는 호르몬이다.

180 물의 기능
- 체조직의 구성성분(60%), 소화작용(소화액)
- 체내 영양소의 공급과 노폐물의 방출
- 체온조절, 신진대사 증진, 갈증해소
- 전해질 평형, 태아보호(양수)
- 윤활작용 : 관절액, 타액
- 보호작용 : 외부 충격으로부터 보호(뇌척수액)

181 대사성 산증
- 체액, 특히 혈액의 산염기평형이 산쪽으로 기우는 아시도시스 중 체내의 대사 결과로서 생성되는 산에 의해 발생하는 증상이다.
- H$_2$CO$_3$의 변화는 없으나 HCO$_3^-$가 감소하는 일반적인 산증이다.
- 원인은 당뇨병, 기아, 운동이나 경련 등에 의한 젖산 생성 그리고 다량의 단백질 섭취, 구토나 하리 등에 의한 HCO$_3^-$의 손실, 세뇨관 이상에 의한 HCO$_3^-$의 재흡수 부전 등에 의해 일어난다.

182 성인 체중의 40%는 C, H, O, N 그리고 무기질이며 나머지 60%는 수분이다.

183 인체의 수분 소요량에 영향을 주는 요인은 기온, 염분의 섭취량, 활동력, 식사의 종류 등이다.

184 단백질 100kcal가 연소하면 10.3g의 물이 생기고, 전분 100kcal가 연소하면 13.9g의 물이 생긴다. 지방 100kcal가 연소하면 11.9g의 물이 생긴다.
- 3대영양소의 평균은 12g 정도이다.

8. 생애주기 영양학

185 출생 후 약간의 헤모글로빈이 파괴되고 이 파괴된 헤모글로빈으로부터 나온 철분이 영아의 간 속에 저장되어 생후 2~3개월 동안 유즙의 철분함량이 부족할 때 공급원이 된다.

186 비타민 K는 Ca과 함께 혈액응고에 관여하기 때문에 임신말기, 특히 분만일이 가까워지면 비타민 K를 증가해야 한다.

187 중추신경계의 발달과정
- 출생 시 두뇌의 무게는 체중의 13% 정도를 차지하고, 생후 1년 동안에는

뇌 세포의 크기가 커지면서 뇌의 무게가 2배로 증가한다. 이처럼 두뇌의 성장이 빠르게 진행되어 2세에는 성인의 50%, 4세에는 75%, 6세에는 90%, 10세가 되면 거의 두뇌 발달이 완성되어 지적 발달의 기초가 마련되는 시기이다.

- 신경세포는 일반적인 세포와는 다르게 가늘고 긴 모양을 하고 있는데 이는 세포의 한쪽 끝에서 길게 뻗어나간 축색돌기라는 부분이 잘 발달되어 있기 때문이다.
- 그러므로 신체의 기능 조절에 관여하는 중추 신경계의 발달은 2세까지의 영양 상태에 크게 영향을 받게 된다.

188 태반의 주요 기능
- 폐(호흡작용) : 모체의 혈액에서 산소를 태아에게 공급하고 태아가 뿜어내는 이산화탄소는 모체의 혈액으로 보낸다.
- 간(대사작용) : 단백질의 합성, 포도당의 합성 및 촉진 등 간 기능을 대신한다.
- 신장(배설작용) : 태아의 노폐물을 모체의 혈액으로 보낸다.
- 뇌하수체/난소(내분비작용) : 태아의 발육과 출산에서 사용되는 호르몬을 만든다.
- 비장(면역작용) : 태아에게 이물질이나 독소가 침입하지 않도록 검문소 역할을 한다.

189 저체중아 출산 요인
- 인구학적 요인들 : 인종, 연령, 교육, 결혼상태
- 임신 이전의 의학적 요인들 : 이전의 낙태, 유산, 사산, 습관성 미숙아 분만 혹은 관련된 의학적 조건들
- 현재의 임신과 관련된 의학적 요인들 : 출혈이 있거나 거의 몸무게가 증가하지 않음, 자궁경관무력증, 자궁의 기형과 확장된 자궁, 산모의 질병(급성 신우신염, 융모양막염, 저산소증, 고혈압, 임신중독증), 과체중
- 태내 행동적 환경적 요인들 : 부적절한 영양, 흡연, 알콜과 약물 남용, 독극물에의 노출

190 출생 직후의 체중감소는 생리적인 현상이다.

191 Root에 의하면
- 임신부의 기초대사량의 증가는 임신 6개월부터 나타나게 된다.
- 그 이유는 호르몬의 변화, 태아의 성장, 태반 대사활동의 증가, 갑상선기능증가, 모체의 자궁·유방·장기의 발육, 체중의 증가 등이다.

192 임신중독증의 일반적인 증상은 부종, 고혈압, 자간증상, 단백뇨, 갑작스런 체중 증가 등이다.

193 철분의 1일 권장 섭취량(한국영양학회, 2020년)
- 남자(19~49세) 10mg, 여자(19~49세) 14mg이다.
- 임신부는 권장 섭취량 + 10mg이고, 수유부는 권장 섭취량 + 0mg이다.

194 임신중독증 환자에 대한 치료법 4원칙은 진정, 식염 제한, 혈압의 환원, 이뇨촉진 등이다.

195 임신 중 비타민 B_1이 결핍되면
- 신경피로, 근육경련, 구토증이 심하게 된다.
* 또한 비타민 B_6도 결핍 시 아미노산 대사의 장애를 받아 임신 중독증과도 관련이 깊고 구토에도 유효하다.

196 임신 중 악성 구토증의 원인
- 신경기능의 장애, 당질대사의 혼란, 비타민 B_1 결핍, 태반 단백질 중독, 부적당한 식사 때문인 것으로 알려져 있다.

197 임신중독증 환자의 식사
- 임신중독증에는 고단백식이가 요구되며 총단백의 2/3는 필수아미노산 함량이 높은 양질의 단백을 섭취하는 것이 좋다.
- 과체중 환자의 체중조절 식사에서는 칼로리 제한을 위해 저지방식이가 요구된다.

198 이식증(pica)
- 임신 때 평소에 먹지 않던 음식을 원하기도 하고, 별난 물질을 원하기도 하는데, 전분, 흙, 먼지까지 먹기도 한다.
- 임신 중 이식증은 주로 철 결핍으로 생기고 이외에 비타민 B_{12}, 아연 등의 결핍으로 생길 수 있다.

199 임신 중에는 혈액량이 증가하는 동시에 태아 혈이 신생 순환되고, 태아의 간 속에 다량으로 저장되므로 철분의 수요량이 증가된다.

200 임신 중의 프로게스테론의 역할
- 임신 초기에 자궁 내막에 많은 영양물질이 함유하도록 한다.
- 수정란의 부식을 돕는다.
- 임신의 지속을 돕는다.
- 유선 세포 성장을 촉진한다.
- 자궁의 수축을 방지한다.
- 분만 전까지 젖 분비를 억제한다.

201 임신 중의 에스트로겐의 역할
- 자궁 내막의 선상피 조직 증식
- 수분보유 유도
- 자궁 평활근의 발육 촉진
- 자궁근을 수축하여 분만유도
* 자궁내막 수정란 착상용이 : 프로게스테론의 역할

202 임신기간 동안 태반에서 분비되는 호르몬
- 프로게스테론, 에스트로겐, 태반 락토겐, 난막 갑상선 호르몬 등이 있다.
* 옥시토신은 자궁수축 호르몬으로 뇌하수체 후엽에서 분비된다.

203 임신 주수는 마지막 월경일을 1주로 계산하며, 임신 기간은 280일, 총 40주로 계산하면 된다.

204 임신 후반기 빈혈과 변비를 예방하기 위해
- 철분과 섬유질을 넉넉하게 섭취해야 한다. 이 시기는 태아가 모체의 철분을 흡수해 혈액을 만들기 시작하므로 철분을 충분히 섭취해야 한다.
- 돼지고기, 닭고기, 소고기의 간과 살코기 등의 육류와 정어리, 고등어 등의 등푸른 생선류 그리고 바지락, 굴, 모시조개, 미역, 톳 등 해산물을 많이 먹는 것이 좋다.
- 시금치, 호박, 당근 등 채소류에도 철분이 많이 들어 있다.

205 프로락틴(prolactin)은 유즙분비를 자극하는 호르몬이고, 옥시토신(oxytocin)은 유즙분비를 촉진하는 호르몬이다.

206 모유 영양을 중지시켜야 할 경우
- 모체가 감염병에 걸렸을 때
- 모체가 임신을 하였을 때
- 모체가 유선염에 걸렸을 때
- 모체가 간질, 기타 정신병인 경우
- 모체가 만성 소모성 질환(폐결핵, 신장염 등)에 걸렸을 때
- 유아에게 영향을 미치는 약품을 어머니가 사용했을 때
- 유아의 입이 기형이거나 빠는 힘이 약할 때

207 모유 중 Ca과 P의 비율은 2 : 1이고, 우유 중 Ca과 P의 비율은 1.2 : 1인데 Ca의 흡수율은 모유가 더 우수하다.

208 임신 중에는 혈액량이 증가하는 동시에 태아 혈이 신생 순환되고, 태아의 간 속에 다량으로 저장되므로 철분의 수요량이 증가되지만 수유부는 증가시키지 않아도 된다.

209 우유의 단백질 함량은 모유의 약 3배 정도이며, 카제인은 우유에 80%, 모유에 15% 함유되어 있고 lactalbumin은 우유에 12~20%, 모유에 60~75% 함유되어 있다.

210 수유부의 열량 및 단백질 권장 섭취량은 일반 성인여자보다 340kcal/일 및 25g/일 더 섭취해야 한다(한국영양학회, 2020년).

211 라이소자임은 세균의 세포벽을 분해해 세균을 죽이는 효소로 우유보다 모유에 약 3000배 정도 많이 함유되어 있다.

212 수유부의 유즙분비 능력
- 유방을 완전히 비운다.
- 충분한 식사를 한다.
- 흥분이나 공포, 불안 등의 감정적 요인이 없어야 한다.
- 과중한 노동, 수면부족 등은 유즙분비를 저하시킨다.
- 수유 시 영양 부족일 경우 유즙분비가 적어진다.

213 임신부 부종의 원인이 되는 것은 단백질, 비타민 B_1, 식염, 수분 등의 식이 때문이다.

214 비피더스 인자는 비피더스균의 성장을 촉진한다.

215 하루에 한 가지씩 익숙해지도록 한다.

216 모유와 우유의 지방 비교
- 지방의 양은 거의 같으나, 지방을 구성하는 지방산에는 큰 차이가 있다.
- 모유지방은 우유지방보다 필수지방산과 불포화지방산이 많아 흡수가 잘 된다.

217 모유단백질에는 함황아미노산인 시스틴이 많이 함유되어 있다.

218 영양아의 변 성상
- 인공영양아의 것은 담황색을 띤다.
- 배변 횟수는 모유영양아가 인공영양아에 비해 많다.
- 모유영양아의 변에는 비피더스균이 많다.
- 모유영양아의 변은 노란색에 가까운 황색을 띤다.

219 단위 체중당 체표면적이 크므로 피부를 통한 수분증발로 인해 수분의 필요량이 증가한다.

220 영아기의 생리적인 특성
- 생후 1년 체중은 출생 시의 3배, 신장은 1.5배이다.
- 영아기의 지방축적은 성별에 차이를 보이며 생후 1년 된 영아의 체중당 총 수분 함량은 성인과 유사하다.

221 췌장아밀라제는 생후 4개월 이후에 나타나기 시작하며, 그 농도도 상당히 낮아 전분의 소화에 지장이 있을 수 있다.
- 그러므로 너무 일찍 곡류를 먹이는 것은 바람직하지 않고, 생후 4개월이 지난 후에 이유식으로 주는 것이 좋다.

222 비타민 K
- 혈액응고에 필요한 물질로, 분만 시 출혈을 적게 하고, 신생아의 출혈이나 황달을 예방하며 임신 부종의 치료에도 효과가 있다.

- 비타민 K는 식품을 통해 섭취되는 것 외에 장내 세균 작용에 의해서도 합성이 가능하다.
- 그러나 장내 세균이 거의 없는 태아나 신생아는 장내에서의 합성이 불가능하여 비타민 K의 결핍이 일어나기 쉬우므로 태아 기간 중에 모체로부터 섭취하지 않으면 안 된다.
- 모유 중에는 비타민 K가 거의 없다.

223 초기 이유식(4~5개월)
- 본격적으로 이유식을 시작하는 단계이다.
- 하지만 젖도 함께 먹이는 시기이므로 양에 구애받지 말고 다양한 맛이 있다는 것을 느낄 수 있도록 한다.
- 먹일 수 있는 것은 토마토즙, 미음, 딸기즙, 쌀가루 죽, 감자미음, 바나나 갈아 섞은 요구르트, 호박요구르트, 수프, 오이즙, 당근수프, 콘플레이크 죽 등이다.

224 출생 후 첫 1년간
- 신체와 뇌의 성장이 급속도로 이루어지므로, 영아기를 제1성장급등기라고도 한다.
- 신장은 약 1.5배 그리고 체중은 약 3배 정도로 급격한 신체적 성장이 이루어진다.
- 영아기의 신체적 발달은 초기에는 매우 빠르게 성장하다가 점차 성장속도가 둔화된다.
- 영아의 치아는 생후 6개월경에 아래 앞니부터 젖니가 나기 시작하여 1년이 되면 6~8개의 앞니가 나고, 24~30개월이 되면 20개의 젖니가 모두 나게 된다.

225 어린이 성장에 필요한 영양소는 단백질이다.
- 성장기에는 골격이 계속적인 발육단계를 거치기 때문에 필수아미노산이 충분히 함유된 양질의 단백질을 많이 공급해 주어야 한다.

226 이유식을 실시하는 방법
- 아기의 기분이 좋고 공복일 때 이유식을 준다.
- 이유식을 처음 시작할 때는 오전 중의 수유시간 사이에 준다.
- 이유식은 매일 일정한 시간에 실시하고 일정한 분위기를 유지한다.

227 유아기의 식욕부진이유
- 영아기 때에는 체격에 비해 단위 체중당 체표면적이 크므로 열 손실량이 증가하며 성장을 위해 소비되는 에너지와 활동에 필요한 에너지가 높기 때문에 열량 필요량이 많아진다.
- 그에 반해 유아기 때는 성장률이 둔화되어 체중당 영양소의 요구량이 감소하면서 에너지 필요량이 영아기 때보다 적기 때문에 식욕부진이 생긴다.

228 비만 아동의 식사지도
- 아침, 점심, 저녁식사를 규칙적으로 하도록 하고 한꺼번에 많이 먹지 않도록 한다.
- 총 열량섭취를 줄이며 적절히 운동을 한다.
- 당질 식품과 지방은 제한하고 자라는 데 필요한 단백질은 충분히 공급한다.
- 맑은 육즙과 같이 양은 많으나 열량이 적은 음식을 잘 활용한다.

229 성장에 영향을 주는 호르몬에는 성장호르몬, 갑상선호르몬, 인슐린, 부신피질호르몬, 성호르몬 등이 있다.

230 학령기(6~11세) 아동의 1일 무기질 권장량

연령(세)	칼슘(mg)	인(mg)	철분(mg)	아연(mg)
6~8세(남)	700	600	9	5
6~8세(여)	700	550	9	5
9~11세(남)	800	1200	11	8
9~11세(여)	800	1200	8	8

자료 : 한국영양학회. 2020

231 청소년기 여자의 신체발달
- 유방이 발달되고 골반이 넓어진다.
- 음모가 자라고 겨드랑이에 털이 난다.
- 피하 지방이 많아진다.
- 여드름이 난다.
- 초경을 경험한다.

232 단백질이 많은 식품은 치면 세균막 내에 형성된 산을 중화시키고 법랑질의 용해도를 감소시킴으로써 충치 발생을 억제시킨다.

233 비만의 원인은 유전적인 요인에 의한 영향보다는 환경에 의한 비만유발이 훨씬 더 심각하다.

234 체질량지수는 성인의 비만을 평가하는 방법이다.

235 사춘기의 시작은 남성이 여성에 비하여 2년 정도 늦으나 성장의 크기는 크다.

236 10대 임신의 문제점
- 대부분 학생인 경우가 많으므로 학업과 가정 내 문제가 심각하다.
- 아직 성장이 끝나지 않은 상태에서 임신을 하게 되므로 태아와 모체에 모두 합병증의 가능성이 많다.

- 태어난 아기는 선천적인 기형, 출생 후 관리 부실로 인해 신생아의 건강상태 위협과 사회적인 문제를 야기한다.
- 임신 중에는 산전 진찰이 거의 이루어지지 못하므로 조기에 막을 수 있는 합병증을 방치하여 태아와 모체에 치명적인 영향을 초래한다.
- 성인의 임신과는 다르게 임신 중독증 등의 임신 합병증의 발생빈도가 높다.
- 저체중아, 선천적인 기형아의 빈도가 높다.

237 신경성 식욕부진증 및 신경성 탐식증과 같은 섭식장애의 경우 일단 정상적인 식사행동으로 복귀되면 이들 증상으로부터 회복될 수 있다.

238 철분은 청소년기의 신장과 체중의 급속한 증가에 대응하기 위해 요구량이 증가할 뿐 아니라 여자의 경우 월경으로 인한 철 손실 양이 많아 철분의 권장량이 높아진다.

239
- 폐경기 이후에 여성호르몬인 에스트로겐의 분비가 감소되어 정상 대사기능이 변화되므로 여성에게는 골다공증이 많이 발생한다.
- 골다공증은 조직대사의 이상 때문에 생기며, 칼슘과 인의 결핍은 2차적인 것으로 볼 수 있다.

240 폐경으로 인해 발생될 수 있는 질환
- 급성증상 : 폐경 전후 약 3~4년에 걸쳐서 증상이 나타난다.
  - 혈관운동성 증상 : 안면홍조, 야간 발한, 불면증 등
  - 신경내분비계 증상 : 우울, 불안, 초조, 긴장, 짜증, 신경과민, 집중력 저하, 기억력 감퇴, 심한 감정변화, 성적 무력감, 의욕상실, 우울부단, 자신감 상실 등
- 아급성 증상 : 폐경이 되고 나서 1~2년 후부터 증상이 나타난다.
  - 비뇨생식기의 위축으로 인한 증상 : 생식기계 위축, 성교통, 요도증후군, 성욕감퇴 등
  - 피부노화 증상 : 피부위축, 관절통, 자궁 탈출증, 요실금 등
- 만성 후유증 : 폐경 후 약 7~8년 후부터 증상이 나타난다.
  - 근골격계 : 골다공증 등
  - 심혈관계 : 뇌혈관 질환(뇌졸중), 심장(관상동맥) 질환 등

241 성인기에 알코올이 건강에 미치는 영향
- 알코올 섭취는 암유발과 관련성이 있으며 알코올 분해효소는 남성이 여성에 비해 많다.
- 또한 알코올 과다 섭취는 뇌혈관계질환 및 심장질환의 원인이 되기도 하며 소량의 섭취는 HDL을 상승시켜 심장질환을 예방하기도 한다.

242 여성의 폐경기 증상
- 급성 증상 : 안면홍조, 야간 발한, 불면증 등의 혈관운동장애와 불안, 과민성, 기억장애, 집중장애 등의 신경내분비계의 증상
- 아급성 증상 : 생식기계 위축, 성교통, 성욕감퇴 등의 비뇨생식기계의 이상과 피부위축, 자궁탈증, 요실금 등 결체조직의 이상
- 만성 증상 : 뇌혈관 및 관상동맥 질환, 골다공증
- 골다공증, 심혈관질환 등은 식생활과 관련이 있다.

243 75세 이상 한국노인의 열량 요구량
- 노인은 장기의 수축과 기능 저하, 활동 감소로 인해 젊은 사람들보다 에너지 요구가 적어지므로 열량섭취도 감소되어야 한다.
- 에너지 요구량은 성인보다 10~20% 적은 양을 섭취하는 것이 필요하다.
- 하루에 남자 노인은 1,900kcal, 여자 노인은 1,500kcal 정도를 섭취하면 된다[2020년 한국인영양소섭취기준].

244 맛에 대한 역치가 증가하는 시기로 과다한 염분섭취는 좋지 않다.

245 노인에게는 Ca이 결핍되어 골다공증 발생이 쉬우며, 골다공증을 예방하기 위해서는 Ca이 많이 함유된 우유와 같은 식품을 섭취해야 한다.

246 노인의 영양상태 유지의 장해요인
- 치아상태 불량, 소화기능 저하, 대사 효율의 감소, 갈증 감각의 감소, 미각의 감소, 후각·시력의 저하, 정신적 상태의 저하, 약물 복용, 경제력의 변화, 알코올 섭취 등이다.

247 엽산과 비타민 B_6, B_{12}와 무기질인 인, 아연, 철분, 구리 등은 면역 세포가 방어 태세를 갖추도록 도와준다.

248 노인에게 수분 섭취가 중요한 이유
- 노인은 신장기능의 저하로 인하여 체내의 불순물을 배출하기 위하여 수분이 꼭 필요하다.
- 노인은 수분 섭취가 적으면 탈수로 인한 신체증상뿐만 아니라 뇌에 작용하여 정신증상까지도 악화된다.

249 노인에게 흔히 결핍되는 비타민
- 비타민 C, 비타민 D, 엽산, 비타민 B_1, 비타민 B_{12}이다.
- 비타민 K는 지용성비타민이며 상당량이 장내세균에 의해 합성되므로 결핍증세가 나타나지 않는다.

250 아연 결핍증은 성기능저하, 면역기능의 억제, 피부발진, 식욕저하, 골격이상, 탈모 등이다.

251 산성 조건하에서는 오히려 철분의 흡수가 증가한다.

252 노년기의 혈중 변화
- 혈중 총 콜레스테롤과 LDL-콜레스테롤은 증가하며 남자가 여자보다 더 높은 경향을 보인다.
- 연령이 증가함에 따라 혈액 내 지방을 제거하는 능력이 감소되어 혈중지질 농도가 증가하게 된다.
- 골수에서는 혈구 활성도 감소하며, 헤모글로빈의 양도 감소한다.
- 요소, 요산, 크레아틴 함량들은 노령화에 따라 증가한다.

253 동맥의 탄력성 저하로 혈압이 상승한다.

254 노년기의 뇌와 신경조절기능 변화
- 시력, 청력 등이 약화된다.
- 노화에 의해 뉴런이 20~40% 정도 감소한다.
- 나이가 들면서 혈관 변화로 인해 뇌의 혈류량이 감소하게 되어 충추신경계의 기능이 저하된다.
- 신경자극에 필요한 도파민, 세로토닌, 아세틸콜린 같은 뇌신경 전달물질의 합성이 감소한다.
- 미각의 역치, 기억력 등이 감소한다.

255 운동효율을 높이려면
- 지질의 비율을 줄이고 당질의 비율을 높여야 한다.
- 단거리 달리기, 역도 등 단시간의 격렬한 운동의 경우 주 에너지원은 지방이 아닌 탄수화물이므로 체지방을 연소, 분해시키려면 일정 시간 이상으로 전신을 움직여 주는 운동이 좋다.

256 비타민 B₁은 두뇌활동에 활기를 주는 비타민으로 정신 노동자들에게 많이 필요한 영양소이다.

257 어두운 곳에서의 적응을 위해 비타민 A 및 직사광선을 통해 공급받을 수 있는 비타민 D 섭취를 증가시켜야 한다.

258 운동을 적절하게 실시하면
- 근력, 순발력, 지구력, 조정력 등의 체력요소를 골고루 향상시켜 균형있는 신체 발달을 가져온다.
- 그 밖에도 많은 생리적 기능이 향상되는데, 안정 시 심박수가 낮아지고, 심박출량의 증가, 심장의 효율성 증가, 적혈구와 헤모글로빈의 증가, 글리코겐 저장량 증가, 혈압의 감소, 산소의 효율적 이용으로 인한 운동수행능력 증가, 혈압의 감소, 고밀도 지단백질(HDL)수의 증가, 운동 후에 안정 시 심박수로의 빠른 회복, 체지방율의 감소, 골다공증 예방, 탄력 있고 강인한 근육의 발달 등이다.

259 화학적 중독에 침해될 위험이 있는 작업을 할 경우
- 이에 대한 단백질을 고려하여 특정한 아미노산을 투여하는 것이 중독 증상을 경감시키는 데 도움을 준다.
- 즉 나프탈렌과 벤졸이 체내에 흡수될 위험이 있는 작업자에게는 메티오닌(methionine)과 시스틴(cystine) 등의 함황아미노산을 투여하면 효과를 얻을 수 있다.
- 동물성 단백질을 투여하면 중독을 예방하는데 어느 정도 효과가 있다.

260 격렬한 운동이나 근육에 산소공급 제한 시 근육에 젖산이 쌓인다.

261 스트레스 시 영양섭취
- 스트레스는 영양소의 소모를 늘린다.
- 특히 비타민 B군과 비타민 C 및 마그네슘, 철분과 같은 미량 영양소의 손실이 증가된다.
- 이외에도 단백질, 칼슘, 비타민 E의 충분한 섭취는 스트레스 해소에 도움이 된다.

262 지방 분해를 촉진하기 위한 운동 방법
- 느린 전신운동을 한다.
- 왜냐하면 단거리 달리기, 역도 등 단시간의 격렬한 운동의 경우 주 에너지원은 지방이 아닌 탄수화물이므로 체지방을 연소, 분해시키려면 일정 시간 이상으로 전신을 움직여 주는 운동이 좋다.

263 운동경기 후의 식사지침
- 체력소모가 많은 종목의 경우에는 경기 중에 탄수화물이 고갈되었으므로 피로를 효과적으로 회복하고 탄수화물을 빨리 보충하기 위하여 탄수화물 식사를 우선적으로 해야 한다.
- 탄수화물을 충분히 보충하기 위하여 다음과 같은 식사 요령을 지켜야 한다.
  - 경기 종료 후 20분 안에는 탄수화물을 포함한 음료(꿀물, 스포츠 음료)를 먼저 마신다.
  - 경기 후의 정상적인 식사는 탄수화물 70%, 지방과 단백질 각각 15% 정도의 비율로 한다.

264 운동선수들이 가장 일반적으로 복용하는 비타민은 비타민 B 복합체, 비타민 C, 그리고 비타민 E이다.

265 운동 시에 나타나는 생리적 효과
- 여러 가지 운동을 적절하게 실시하면 근력, 순발력, 지구력, 조정력 등의 체력요소를 골고루 향상시켜 균형 있는 신체 발달을 가져온다.
- 골다공증이 예방되고, 노화가 시작되는 시기가 늦게 온다.

1과목 생화학

1. 당질 및 대사

01 에피머(epimer)
- 두 물질 사이에 1개의 부제탄소상 구조만이 다를 때 이들 두 물질을 서로 epimer라 한다.
- D-glucose와 D-mannose 및 D-glucose와 galactose는 각각 epimer 관계에 있으나 D-mannose와 D-galactose는 2개의 부제탄소 상 구조가 다르므로 epimer가 아니다.

02 부제탄소원자란
- C의 결합수 4개가 각각 다른 원소나 원자단에 결합되어 있는 것을 말한다.
  - aldohexose인 glucose의 경우 부제성 탄소는 4개이다.
  - glucose의 입체이성체의 수는 부제탄소 원자가 4개이므로 24= 16개가 있고, 대개 D : L=8 : 8이다.

03 5탄당
- 강한 환원력을 가지나 발효되지 않고 사람에게는 거의 이용되지 않는 당이다.
- arabinose, xylose, ribose, rhamnose, ribulose, xylulose 등이 있다.
※ Mannose, glucose, galactose, fructose 등은 6탄당이다.

04 Glycogen의 분해과정에서 간과 근육에 저장된 glycogen은 효소 gly-cose-6-phosphatase의 유무에 의해 각기 다르다. 따라서 합성과 분해과정은 다르게 된다.

05
- amylose는 약 300개의 glucose가 α-1, 4결합
- amylopectin는 α-glucose의 α-1, 4결합, 가지로 α-1, 6결합
- cellulose는 β-glucose가 직쇄상으로 β-1, 4결합
- pectin는 pectic acid의 methyl ester
- inulin는 fructose 28~38개가 β-1, 2결합

06
- 유당(lactose) : D-galactose와 D-glucose가 β-1, 4결합한 이당류
- 설탕(sucrose) : D-glucose와 D-fructose가 β-1, 2결합한 이당류
- 라피노오스(raffinose) : galactose, glucose, fructose가 결합한 삼당류
- 스테로이드(steroids) : 1개의 OH기와 4개의 고리를 가진 지용성의 탄화수소 유도체

07 다당류
- 단순다당류 : 구성당이 단일 종류의 단당류로만 이루어진 다당류
  - starch, dextrin, inulin, cellulose, mannan, galactan, xylan, araban, glycogen, chitin 등
- 복합다당류 : 다른 종류로 구성된 다당류
  - glucomannan, hemicellulose, pectin substance, hyaluronic acid, chondroitin sulfate, heparin, gum arabic, gum karaya, 한천, alginic acid, carrageenan 등

08 해당과정(glycolysis)
- glucose에서 pyruvic acid까지의 분해를 말한다.
- 혐기적 조건에서 진행된다.
- glucose에서 2분자의 젖산과 2분자의 ATP가 생성된다.

09 혐기적 해당과정의 최종 산물
- Glucose가 심한 운동을 했을 경우처럼 혐기적 해당과정을 거치면 2분자의 lactic acid가 생성된다.
- 그러나 산소량이 충분하면 젖산의 생성 축적량이 감소된다.

10 해당작용(glycolysis)
- 혐기적 상태에서 glucose에서 lactic acid으로 전환된다.
- 산소가 있으면 lactic acid의 생산이 감소한다.

11 Pentose phosphate pathway(HMP shunt)
- glucose-6-phosphate가 먼저 산화되어 6-phosphogluconolactone으로 되고, 탈탄산되어 ribulose-5-phosphate를 거쳐 ribose-5-phosphate가 된다.
- 이 경로의 특색으로 EMP 경로에서는 NAD가 사용되었으나 여기에서는 NADP가 작용하여 2분자의 NADPH를 생성한다.

12 당의 호기적 산화
- 해당과정에서 생성된 pyruvic acid가 acetyl CoA에 의해 활성화되어 TCA cycle(citric acid cycle)이라고 하는 호기적 산화경로를 거쳐 CO_2와 H_2O로 완전하게 분해된다.

13 TCA cycle 주된 반응
- acetyl CoA + 3NAD + FAD + GDP + Pi + $2H_2O$
  $\rightarrow$ $2CO_2$ + $3NADH_2$ + $FADH_2$ + GTP + $2H^+$ + CoA

14 해당반응(Glycolysis)은 세포 내의 가용성인 세포질(cytosol)에 녹아 있는 11종의 효소에 의하여 진행되고, TCA cycle에 관계하는 효소들은 mito-chondria에 위치되어 있다.

15 당의 혐기적 분해에 의해 7ATP가 생성되고 다음의 pyruvic acid는 완전산화로 다음과 같이 25ATP를 얻어 결국 glucose의 완전산화에는 모두 32ATP가 생성된다.

16 Pyruvate가 호기적 탈탄산 반응에 의해 acetyl CoA로 될 때 관여하는 것으로는 coenzyme A, NAD^+, lipoic acid, FAD, Mg^{++}, thiamine pyro-phosphate(TPP) 등이다.

17
$$oxaloacetate \xrightarrow[Citrate\ synthase]{acetyl-CoA \quad CoASH} citric\ acid$$

18 glucose 한 분자가 완전히 산화되면
- 32ATP가 생성된다.
  - 혐기적 대사(EMP경로)에서 7ATP가 생성되고
    $C_6H_{12}O_6 + 2O \longrightarrow 2CH_3COCOOH + 2H_2O + 7ATP$
  - 호기적 대사(TCA 회로)에서 25ATP가 생성된다.
    $2CH_3COCOOH \longrightarrow 5CO_2 + 2H_2O + 25ATP$

19 광합성 과정
- 2단계로 나뉜다.
- 제1단계인 명반응은 그라나에서 빛에 의해 물이 광분해되어 O_2가 발생되고, ATP와 $NADPH_2$가 생성되는 광화학 반응이다.
- 제2단계인 암반응(calvin cycle)은 스트로마에서 효소에 의해 진행되는 반응이며 명반응에서 생성된 ATP와 $NADPH_2$를 이용하여 CO_2를 환원시켜 포도당을 생성하는 반응이다.

20 TCA 사이클의 중간 대사물 충전반응
- pyruvate carboxylase에 의해 진행된다. 이 반응은 HCO_3^-와 ATP를 사용하여 피루브산이 탄산화되어 oxalocacetate를 생성한다.
- pyruvate carboxylase는 HCO_3^-의 수송체로 biotin이 필요하다.

$$pyruvat \xrightarrow[HCO_3^- \quad ATP \quad ADP + Pi]{pyruvate\ carboxylase(biotin)} eoxaloacetate$$

2. 단백질 및 대사

21 부제탄소가 없는 아미노산은 glycine이다.

22 한 아미노산의 carboxyl기(-COOH)와 다른 아미노산의 amino기($-NH_2$)가 탈수축합반응이 일어나 amide($-CO^-NH^-$)를 형성하여 결합하는 것을 peptide라 한다.

23 • 중성 아미노산 : glycine, L-alanine, L-valine, L-leucine, L-serine, L-cystine, L-tyrosine 등
- 산성 아미노산 : L-aspartic acid, L-glutamic acid 등
- 염기성 아미노산 : L-lysine, L-arginine, L-histidine 등

24 Glycogenic amino acid
- glycine, alanine, valine, serine, threonine, arginine, glutamic acid, aspartic acid, histidine, cysteine, cystine, proline 등이다.
  * Leucine, lysine은 ketogenic 아미노산이다.

25 • Xanthoprotein 반응은 benzene핵을 가진 아미노산에 기인된 반응이다.
- Tyrosine, tryptophan, phenylalanine을 가진 단백질이 양성반응을 나타낸다.

26 단백질은 생체 내에서 촉매작용(효소), 구조단백질(collagen, keratin), 운반단백질(Hb), 방위단백질(항체), 운동단백질(actin), 정보단백질(peptide hormone), 제어단백질(repressor) 등의 역할을 한다.

27 구상 단백질은 peptide 결합이 측쇄결합에 의하여 구부러져 구상을 이루고 있으며, 영양원으로 이용되는 단백질이다.

28 단백질 합성
- 생체 내 ribosome에서 이루어진다.
- 첫째 단계로 아미노산이 활성화되어야 한다.
- ATP에 의하여 활성화된 아미노산은 aminoacyl-t-RNA synthetase에 의하여 특이적으로 대응하는 tRNA와 결합해서 aminoacyl-t-RNA복합체를 형성한다.

29 핵산단백질(nucleoprotein)
- 단순 단백질에 핵산이 결합된 고분자 화합물을 핵산단백질이라 한다.
- 단백질 부분은 protamine, histone, 기타 단순염기성 단백질 등이 있다.
- 핵산 부분은 당류, 인산, purine, pyrimidine 염기 등이 결합되어 있다.

30 • Histone과 protamine은 염기성 단백질로 단순 단백질이다.
- Keratin(손톱 등), collagen(결합조직), elastin(대동맥) 등은 경단백질 또는 섬유상 단백질(scleropro tein)로 albuminoid라고도 한다.

31 Heme 화합물(porphyrin-Fe 착염)로 구성된 단백질에는 hemoglobin, myoglobin, cytochrome, catalase, peroxidase 등이 있다.

32 카제인(casein)
- 우유의 주요 단백질의 일종인 인단백질이다.
- 총 단백질의 78~85%(단백질로는 2.6~3.2%) 정도이다.
- $\alpha s_1, \alpha s_2, \beta$ 및 κ -casein이 있다.

33 단백질의 2차 구조를 이루는 주된 결합
- 수소결합으로써 여러 아미노산으로 연결된 polypeptide chain사슬 내부의 carboxyl기와 imino기 사이에 수소결합이 형성되어 나선형의 구조를 형성한다.
- β-병풍구조는 사슬 사이에 수소결합에 의해 배열되어 있다.

34 인슐린(Insulin)
- 2개의 peptide chain이 cystine에 의해 연결된 4차 구조이다.
- 4차 구조의 단백질은 3차 구조가 구성단위(subunit)이므로 각 단위가 해리되어도 활성은 상실되지 않는다.

35 단백질 생합성을 개시하는 코돈(initiation codon)은 AUG이고, ribosome과 결합한 mRNA의 개시 코돈(AUG)에 anticodon을 가진 methionyl-tRNA가 결합해서 개시 복합체가 형성된다.

36 Cystine의 -S-S-결합에 의해서 횡적인 결합을 이루고 있는 단백질의 polypeptide 교차결합(cross-linkage)에 performic acid를 처리하면, -S-S-결합이 산화되어 다른 cysteic acid 잔기의 구성성분인 2개의 sulfonic acid를 만든다. 이와 같이 하여 변형된 단일 polypeptide를 분리한 후 그 구조를 결정한다.

37 FDNB 시약
- 유리의 α-아미노기를 갖는 polypeptide 사슬의 말단, 즉 아미노말단의 아미노잔기를 확인하는 것이다.
- 이 시약은 펩티드사슬의 아미노 말단기를 황색의 2, 4-Dinitrophenyl (DNP) 유도체로 표시할 수 있다.
  * C-말단 결정에는 hydrazine 분해법이 사용된다.

38 단백질 대사의 최종산물은 요소이며, 간에서 형성되어 혈액을 통하여 신장에서 배설된다.

39 요소회로의 최종 반응에서
- arginine은 간에 존재하는 arginase와 Mn^{++}에 의하여 가수분해되어 요소와 ornithine으로 된다.
- arginase가 없는 동물에서는 NH_3를 요소 이외의 형태로 배설한다.
- 조류에서는 요산으로, 어류에서 NH_3로 배설한다.

3. 지질의 합성과 대사

40 지질의 분류
- 단순지질 : 지방산과 글리세롤, 고급 알코올이 에스테르 결합을 한 물질
  - 중성지방 : 지방산과 glycerol의 ester 결합
  - 진유납 : 지방산과 고급 지방족 1가 알코올과의 ester 결합
- 복합지질 : 지방산과 글리세롤 이외에 다른 성분(인, 당, 황, 단백질)을 함유하고 있는 지방
  - 인지질 : 인산을 함유하고 있는 복합지질
  - 당지질 : 당을 함유하고 있는 복합지질
  - 유황지질 : 유황을 함유하고 있는 복합지질
  - 단백지질 : 지방산과 단백질의 복합체
- 유도지질 : 단순지질과 복합지질의 가수분해로 생성되는 물질
  - 유리지방산, 고급알코올, 탄화수소, 스테롤, 지용성 비타민 등

41 인지질(phospholipid)
- glycerine 1분자, fatty acid 2분자, choline, 인산이 결합되어 있다.
- 분자의 한쪽 끝은 인산기와 1개의 알코올로 구성되어 있으며, 극성으로 전하를 띠고 있어 친수성이다.
- 분자의 다른 한쪽 끝은 지방산으로 구성되어 있어 중성이며, 소수성을 띠므로 물에 녹지 않고 지방에 녹는다.
- 인지질은 이러한 양극성(소수성기와 친수성기를 모두 갖고 있는 성질)을 갖고 있어 막에서 중요한 역할을 한다.
- 막은 2중 구조로 형성되어 있는데, 극성을 띤 머리 부분은 물과 접촉하여 바깥쪽을 향하고 중성인 꼬리부분은 서로 마주하며 안쪽을 향해 있다.

42 Lecithin은 glycerol 1분자, 지방산 2분자, 인산 1분자, choline 1분자로 구성되어 있다.

43 스테롤(sterol)의 분류
- 동물성 sterol : cholesterol, coprosterol, 7-dehydrocholesterol 등
- 식물성 sterol : stigmasterol, sitosterol 등
- 균류(효모, 곰팡이, 버섯) sterol : ergosterol

44 탄소수 12개 이상의 지방산을 고급 지방산이라 하고, 물에는 불용성이나 묽은 NaOH 또는 KOH 용액에서는 염(비누)을 형성한다. 저급 지방산은 휘발성이다.

45 Acetyl-CoA로부터 생합성될 수 있는 물질
- 지방산(fatty acid), 콜레스테롤(cholestero), 담즙산(bile acid), ketone body, acetoacetic acid, citric acid 등
- * 엽산(folic acid)은 수용성 비타민으로 Acetyl-CoA로부터 만들어지지 않는다.

46 천연지방산은 대부분 우수 탄소화합물이므로 분해되면 전부 acetyl CoA가 되지만, 기수 탄소화합물은 최종적으로 탄소가 3개인 propionic acid가 된다.

47 β-산화 과정에 의해서 1회전 할 때마다 2분자의 탄소가 떨어져 나간다.

48 지방산의 β-산화를 통해 짝수 포화 지방산의 최종 산물은 acetyl-CoA이며 홀수 포화 지방산의 최종 산물은 propionyl-CoA이다.

49 ketosis(ketone증)
- 당질대사 장해(당뇨병, 기아 등)의 경우는 간 glycogen의 감소로 지방 분해가 촉진되어 간의 처리 능력 이상으로 acetyl CoA를 생성한다.
- 과다한 acetyl CoA를 간이 분해할 수 없게 되어 과잉의 acetyl CoA를 ketone체로 만들어 혈류로 들어가 간의 조직에 이용되나 케톤체가 과잉으로 생성되면 혈중 농도가 증가되는 그 상태를 말한다.

50 cholesterol은 세포 원형질 및 형질막의 성분으로써 물리화학적 성상유지, 담즙산, steroid hormone(알도스테론, 안드로겐, 에스트로겐, 당질코르티코이드 등), 비타민 D 등의 원료이다.

51
- Omega-6는 arachidonic acid(AA)로 변하고 arachidonic acid는 여러 가지 prostaglandin으로 변한다.
- Omega-6로부터 만들어지는 Arachidonic Acid는 염증유발 물질 뿐 아니라 염증억제 물질도 만들어 낸다는 것은 잘 알려진 사실이다.

52
- 지방의 산화에 의해서 휘발성 지방산, aldehyde, ketone 등의 자극물이 생겨 좋지 못한 냄새와 맛을 발생시킨다.
- acrolein은 유지를 150℃ 정도로 가열하면 자극성 연기를 내면서 분해되기 시작하는데 이때의 자극성 원인물질을 말한다.

53
- Ketone body가 생성되는 곳은 간장과 신장이고, 간에서 아미노산으로부터 글루코오스가 합성되고, 간에서 탈아미노반응으로 생성된 NH_3는 요소로 합성된다. 요소는 간에서 합성된다.
- 식물과 박테리아는 지방산으로부터 포도당을 생성할 수 있지만 사람과 동물은 지방산을 탄수화물로 변환시킬 수 없다.

4. 핵 산

54 핵단백질의 가수분해
- 핵단백질은 protease에 의해 단백질과 핵산으로 분해되고, 단백질은 amino acid로 분해되어 흡수된다.
- 핵산은 nuclease에 의해 mononucleotide가 생기고, nucleotidase에 의해 인산과 nucleoside로 분해된다.
- nucleoside는 nucleosidase에 의해 염기와 pentose로 분해된다.

55
- Purine 핵산의 경우와 같이 pyrimidine 핵산의 생합성도 분자량이 적은 것에서 시작된다. 즉, orotate로부터 이루어진다.
- Pyrimidine은 먼저 CO_2와 NH_3로부터 carboxyl phosphate를 생성하고, 이것은 다시 aspartate와 축합하고 또 폐환, 산화과정을 거쳐 uracil이 생성된다.

56 DNA와 RNA의 구성성분 비교

구성성분	DNA	RNA
인산	H_2PO_4	H_2PO_4
Purine염기	adenine, guanine	adenine, guanine
Pyrimidine염기	cytosine, thymine	cytosine, uracil
Pentose	D-2-deoxyribose	D-ribose

57 핵산
- DNA와 RNA가 있으며 그 구조는 nucleotide 단위가 반복 결합된 polynucleotide가 1차 구조를 이루고 있다.
- 즉, 한 ribose 분자 또는 deoxyribose의 3'-OH기와 인접한 ribose 분자

또는 deoxyribose의 5'-OH기 사이에서 서로 phosphodiester결합을 다리로 하여 이루어져 있다.

58 핵산을 구성하는 염기
- pyrimidine의 유도체 : cytosine(C), uracil(U), thymine(T) 등
- Purine의 유도체 : adenine(A), guanine(G) 등

59 단백질의 아미노산 배열
- 염색체를 구성하는 DNA는 다수의 뉴클레오티드로 이루어져 있다. 이 중 3개의 연속된 뉴클레오티드가 결과적으로 1개의 아미노산의 종류를 결정한다.
- 이 3개의 뉴클레오티드를 코돈(트리플렛 코드)이라 부르며 뉴클레오티드는 DNA에 함유되는 4종의 염기, 즉 아데닌(A), 티민(T), 구아닌(G), 시토신(C)에 의하여 특징이 나타난다.

60 단백질 합성에 관여하는 RNA
- t-RNA, r-RNA와 m-RNA 3종이 있다.
- t-RNA는 활성아미노산을 ribosome의 주형 쪽으로 운반한다.
- r-RNA는 t-RNA에 옮겨진 amino산을 결합시켜 단백질 합성을 하는 장소를 형성한다.
- m-RNA는 DNA에서 주형을 복사하여 단백질의 아미노산 배열순서를 전달 규정한다.

61 단백질 합성에 관여하는 RNA
- t-RNA(sRNA)는 활성아미노산을 ribosome의 주형 쪽에 운반한다.
- r-RNA는 m-RNA에 의하여 전달된 정보에 따라 t-RNA에 옮겨진 amino 산을 결합시켜 단백질 합성을 하는 장소를 형성한다.
- m-RNA는 DNA에서 주형(template)을 복사하여 단백질의 amino acid 배열순서를 전달 규정한다.

62 purine nucleotide의 생합성
- ribose-5-phosphate로 시작되며 여기에 단계별로 purine 고리가 만들어져서 중요한 중간물질인 inosinic acid가 합성된다.
- 체내에서 purine체의 골격인 원자 또는 원자단은 다른 대사물인 glycine, aspartate, NH_3, CO_2, formate, glutamine 등에서 합성된다.

63 t-RNA의 3차 구조는 L형의 형태이며, 각 아미노산에 한 개씩 최소한 20개의 서로 다른 형이 있어야 한다.

64 DNA 조성에 대한 일반적인 성질(E. Chargaff)
- 한 생물의 여러 조직 및 기관에 있는 DNA는 모두 같다.
- DNA 염기조성은 종에 따라 다르다.
- 주어진 종의 염기 조성은 나이, 영양상태, 환경의 변화에 의해 변화되지 않는다.
- 종에 관계없이 모든 DNA에서 adenine(A)의 양은 thymine(T)과 같으며 (A=T) guanine(G)은 cytosine(C)의 양과 동일하다(G=C).
- * T의 양이 15.1%이면 A의 양도 15.1%이고, AT의 양은 30.2%가 되며, 따라서 GC의 양은 69.8%이고 염기 G와 C는 각각 34.9%가 된다.

65
- 정미성이 있는 핵산은 5'-guanylic acid, 5'-inosinic acid, 5'-xan-thylic acid 등이다.
- 정미성이 없는 물질은 5'-cytidylic acid이다.

66 효모 생산(RNA)에서 지미 성분의 생성 방법
- 효모핵산을 5'-phosphodiesterase에 의하여 분해하는 방법
- 미생물의 RNA와 DNA를 자기분해하여 nucleoside와 nucleotide를 균체 밖으로 배출시키는 방법
- 화학적으로 핵산염기에서 미생물로 nucleoside를 생합성시키는 방법

5. 효소 및 조효소

67 경쟁적 저해작용(competitive inhibition)
- 효소 단백질의 활성부위에 대하여 기질과 경쟁적으로 결합하여 저해작용을 나타낸다.
- km치는 보통보다 커지고 Vmax는 변함이 없다.
- * 비경쟁적 저해는 km치는 변함이 없고, Vmax는 저하된다.

68 Michaelis상수 Km
- 반응속도 최대값의 1/2일 때의 기질농도와 같다.
- Km은 효소-기질 복합체의 해리상수이기 때문에 Km값이 작을 때에는 기질과 효소의 친화성이 크며 역으로 클 때에는 작다.

69 Zymogen
- 단백질 분해효소 가운데 비활성인 전구물질을 말한다.
- 여기에는 trypsinogen, pepsinogen, chymotrysinogen 등이 있다.

70 Amino transferase(아미노기 전이효소)
- 아미노산의 α-amino기를 keto acid에 전이시켜 아미노산은 keto acid로 되고, keto acid는 아미노산으로 변하게 하는 반응이다.
- 아미노기 전이효소의 보조효소는 PALP(pyridoxal phosphate)이다.

71 지방산 생합성
- 간과 지방조직의 세포질에서 일어나며 말로닐-ACP(malonyl-ACP)를 통해 지방산 사슬이 2개씩 연장되는 과정이다.
- 지방산 생합성 중간체는 ACP(acyl carrier protein)에 결합되며 속도 조절단계는 acetyl-CoA carboxylase가 관여한다.

$$Acetyl\text{-}CoA + CO_2 + ATP + H_2O \xrightarrow[biotin]{acetyl\text{-}CoA\ carboxylase} Malonyl\text{-}CoA + ADP + Pi + H^+$$

72 가수분해효소(hydrolase)
- carbohydrase, esterase, protease 및 aminase의 4가지가 있다.
- Carbohydrase에는 amylase, cellulase, hemicellulase, invertase, maltase가 있다.
- Esterase에는 lipase, phosphatase, sulphatase, lecithinase 등이 있다.
- Cytochrome oxidase는 산화효소이다.

73 ribonuclease는 RNA분자에 들어 있는 뉴클레오티드 사이의 인산에스테르 결합을 절단해서 모노뉴클레오티드나 올리고뉴클레오티드를 생성하는 효소이다.

74 효소의 작용을 활성화시키는 부활체(activator)
- phenolase, ascorbic acid oxidase에서 Cu^{++}
- phosphatase에서의 Mn^{++}, Mg^{++}
- arginase에서의 Cu^{++}, Mn^{++}
- cocarboxylase에서의 Mg^{++}, Co^{++} 등

75
- α-amylase는 amylose와 amylopectin의 α-1, 4-glucan 결합을 내부에서 불규칙하게 가수분해시키는 효소
- β-amylase는 amylose와 amylopectin의 α-1, 4-glucan 결합을 비환원성 말단에서 maltose 단위로 규칙적으로 절단하여 덱스트린과 말토스를 생성시키는 효소
- isoamylase는 글리코겐, 아밀로펙틴의 α-1, 6 결합을 가수분해하여 아밀로오스 형태의 α-1, 4-글루칸을 만드는 효소
- glucoamylase는 amylose와 amylopectin의 α-1, 4-glucan 결합을 비환원성 말단에서 glucose 단위로 차례로 절단하는 효소

76
- 트립신(trypsin), 펩신(pepsin), 파파인(papain), 피신(ficin)은 단백질 가수분해 효소이다.
- 카제인(casein)은 포유동물 젖에 함유된 유단백질이며 우유 중에 3~3.9% 정도 함유되어 있다.

77 주요한 위액의 소화 효소인 pepsin은 pepsinogen의 형태로 분비되며 rennin과 같이 응유작용이 있다.

78 lactate dehydrogenase(LDH, 젖산 탈수소효소)
- 간에서 젖산을 피루브산으로 전환시키는 효소이다.

$$\underset{\text{(피루브산)}}{pyruvate} \xrightarrow[lactate\ dehydrogenase]{NADH_2 \quad NAD} \underset{\text{(젖산)}}{lactic\ acid}$$

79 효소(enzyme)
- 생체 내 반응에 촉매작용을 하며, 활성화 에너지가 낮고, 기질 특이성이 높으며, 온화한 조건에서 작용한다.
- 효소의 성질은 단백질이 갖고 있는 일반적인 성질과 공통된다.
- 효소는 특수한 기질분자와 결합하여 효소의 활성 위치에 꼭 들어맞는 특이성을 갖고 있다.

80 최종산물 저해(feedback inhibition)
- 최종산물이 그 반응 계열의 최초 반응에 관여하는 효소 반응을 저해하여 그 결과 최종산물의 생성, 집적이 억제되는 현상이다.

81 효소의 활성에 영향을 주는 인자는 온도의 영향, pH의 영향, 기질의 농도, 효소의 농도 등이다.

6. 호르몬 및 비타민

82 칼슘(Ca) 및 인(P)의 대사에 관여하는 호르몬은 부갑상선으로 신장 요세관에서 무기인산의 재흡수를 저하시켜 소변 중에 P의 배설이 많아지고 혈장 중의 농도는 저하된다.

83
- 갑상선 기능 저하증은 creatinism이나 점액수종(myxedema) 등으로 나타난다.
- 갑상선이 커지는 병은 Goiter라고 하며, 보통 지방병성 갑상선종, 갑상선 기능 항진증 등이 있다.

84 생식현상에 관여하는 hormone
- FSH(Follicle stimulating hormone)은 난소여포를 발육, 성숙시켜 배란을 준비시키고, 정자 형성을 촉진시킨다.
- Oxytocin은 자궁 근육의 수축작용으로 분만을 촉진시킨다.
- Progesterone은 황체에서 산출되는 hormone이며 임신말기 이것이 쇠약할 때에 분만이 이루어진다.
- Estrogen은 성장기 여성 생식기의 발육촉진과 여성의 제2차 성장을 발현시킨다.
- ＊TSH는 갑상샘 자극 hormone이며, 갑상샘 기능 조정에 중요한 인자다.

85 결핍증과 관계있는 비타민
- 펠라그라 : 주로 비타민 B군인 나이아신의 결핍으로 생기는 영양 장애
- 야맹증 : 비타민 A의 결핍으로 생기는 영양 장애
- 괴혈병 : 비타민 C(아스코르브산)의 부족 때문에 생기는 영양장애
- 거대혈구성 빈혈 : 엽산(Folic acid)이나 비타민 B_{12}(cobalamin)의 결핍으로 발생
- 각기병 : 비타민 B_1 결핍으로 생기는 영양 장애

86 비타민 K
- 세 가지 주요한 형태들이 있다.
- 식물 속에서 채취할 수 있는 천연 비타민 K인 비타민 K_1(필로키논)과 창자 속에 있는 박테리아에서 파생되는 비타민 K_2(메나키톤) 그리고 합성 유도체인 비타민 K_3(메나디온)가 그 형태들이다.
- 메나디온(menadione)은 사람의 간에서 비타민 K_2(MK-4로 alkyl화)로 전환된다.

87 Niacin(nicotinic acid)
- 질소를 함유하고 있으며 생체 내에서 조효소로 수소의 운반에 관여하고 필수아미노산인 tryptophan이 niacin으로 전환되어 이용된다.
- 나이아신의 심한 부족은 피부염(펠라그라), 설사, 혈관 확장 작용, 치매 등을 유발할 수 있다.

88 비타민 C
- 콜라겐(피부, 힘줄, 뼈, 지지 조직물을 구성하고 상처를 치료해 주는 단백질)을 합성, 혈관의 구조강도를 일정하게 유지한다.
- 특정 아미노산의 대사와 관련이 있으며, 부신 호르몬을 합성 및 유리시킨다.

89
- 비타민 B_1(thiamine) : ester를 형성하여 TPP(thiamine pyrophosphate)로 되어 보효소로 작용한다.
- 비타민 B_2(riboflavin) : FMN(flavin mononucleotide)와 FAD(flavin adenine dinucleotide)의 보효소 형태로 변환되어 작용한다.
- Niacin은 NAD(nicotinamide adenine dinucleotide), NADP(nicotinamide adenine dinucleotide phosphate)의 구성 성분으로 주로 탈수소효소의 보효소로 작용한다.
- 비타민 B_6(pyridoxine)은 PLP(pyridoxal phosphate)의 형태로 주로 아미노기 전이반응에 있어서 보효소로 작용한다.
- 판토테인산(panthothenic acid)은 CoA로 합성되어 조효소 작용한다.

90 89번 해설 참조

91 비타민 D가 결핍되면
- Ca와 P의 적당한 배합 침착이 저해되어 뼈의 발육 특히 석회화가 늦어지게 한다.
- 어린이에게는 구루증(rickets), 어른의 경우에는 골연화증이 된다.

92 Pantothenic acid
- 생체 내에서 coenzyme A로 합성되어 고급 지방산의 대사, steroid, porphrin, 호르몬 등의 합성분해에 관여한다.
- ＊Calcification은 Vit. D와 관련이 있다.

7. 생체의 산화환원

93 산화적 인산화(호흡쇄, 전자전달계) 반응
- 진핵세포 내 미토콘드리아의 matrix와 cristae에서 일어나는 산화환원 반응이며 이 반응에 있어서 산화는 전자를 잃은 반응이며 환원은 전자를 받는 반응이다.
- 이 반응을 촉매하는 효소계를 전자전달계라고 한다.

94
- succinic acid는 succinate dehydrogenase에 의해 fumaric acid가 생성된다.
- 이때 수소는 보효소 역할을 하는 FAD에 의해 이행되며 $FADH_2$ 한 분자마다 1.5 분자의 ATP가 생성된다.

95
- 생체 내에서 생성된 energy의 대부분은 고에너지 인산결합에 저장되어 그것은 생체 내 반응에 이용된다.
- 고에너지 화합물은 acetoacetic acid, acetyl CoA, ATP, creatine phosphate, phosphenol pyruvate, diphosphoglyceric acid 등이 있다.

96 ATP 하나의 합성에 4개의 양성자 전달이 일어난다는 사실(3개의 양성자는 ATP synthase로부터 ATP 방출, 1개는 ADP의 유입)을 적용한다면 NADH의 전자전달에서 방출되는 10개의 양성자 당 10/4=2.5개의 ATP가 생성되고, $FADH_2$의 전자전달에서 방출되는 6개의 양성자당 6/4=1.5개의 ATP 생성으로 계산될 수 있다.

97 포도당(glucose)의 인산화
- ATP의 존재로 hexokinase와 Mg^{++}에 의해서 glucose-6-phosphate을 생성한다.
- 이 hexokinase의 작용은 성장호르몬이나 glucocoticoid에 의하여 저해된다. Insulin은 이 저해를 제거한다.

98 ATP는 인산과 ADP가 고에너지 결합을 한 것이다. 이 결합에 필요한 energy는 ATP 1mole당 약 7kcal 정도이다.

99 고에너지 인산화합물
- ADP, ATP, GDP, CDP, UDP 등이 있다.
- 해당과정에서 생성되는 phosphoenolpyruvate와 1, 3-diphosphoglycerate, 근육에서 일시적 고에너지 저장형인 creatine phosphate도 고에너지 인산화합물이다.

100 • ATP는 고에너지 인산화합물(high energy phosphate compound)이며 phosphoenol pyruvate, 1, 3-diphosphoglycerate, phosphocreatine은 초고에너지 인산화합물이다.
- phosphoenol pyruvate, 1, 3-diphosphoglycerate, phosphocreatine, ATP, glucose-6-phosphate의 가수분해의 △G°(표준자유에너지 변화) 값은 각각 -14.8kcal/mol, -11.8kcal/mol, -10.3kcal/mol, -7.3kcal/mol, -3.3kcal/mol이다.

101 해당과정 중 ATP를 생산하는 단계
- glyceraldehyde-3-phosphate → 1, 3-diphosphoglyceric acid : $NADH_2$ (ATP 2.5분자) 생성
- 1, 3-diphosphoglyceric acid → 3-phosphoglyceric acid : ATP 1분자 생성
- 2 -Phosphoenol pyruvic acid → Enolpyruvic acid : ATP 1분자 생성

102 산화 환원 효소계의 보조인자(조효소)는 NAD^+, $NADP^+$, FMN, FAD, ubiquinone(UQ. Coenzyme Q), cytochrome, L-lipoic acid 등이 있다.

103 시토크롬(cytochrome)
- 전자전달체이다.
- 호기성 세포의 미토콘드리아에는 a, b, c형에 속하는 5가지 시토크롬이 존재한다.
- 시토크롬 a와 a_3는 시토크롬옥시다제를 구성한다. 이것은 호흡효소계의 말단 옥시다제라고도 한다.
- 환원형 시토크롬옥시다제는 O_2를 환원하여 H_2O를 만든다.

104 cytochrome
- 혐기적 탈수소 반응의 전자 전달체로 작용하는 복합단백질로 heme과 유사하여 Fe 함유 색소를 작용 족으로 한다.
- 이 효소는 cytochrome a, b, c 3종이 알려져 있으며 c가 가장 많이 존재한다.
- cytochrome c는 0.34∼0.43%의 Fe을 함유하고, heme 철의 $Fe^{2+} \rightleftarrows Fe^{3+}$의 가역적 변환에 의하여 세포 내의 산화 환원 반응의 중간 전자전달체로서 작용한다.
- Cytochrome c의 산화환원 반응에서 특이한 점은 수소를 이동하지 않고 전자만 이동하는 것이다.

105 광합성(photosynthesis)
- 광합성 과정은 2단계로 나누어진다.
- 제1단계인 명반응은 그라나에서 빛에 의해 물이 광분해되어 O_2가 발생되고, ATP와 $NADPH_2$가 생성되는 광화학 반응이다.
- 제2단계인 암반응(calvin cycle)은 스트로마에서 효소에 의해 진행되는 반응이며 명반응에서 생성된 ATP와 $NADPH_2$를 이용하여 CO_2를 환원시켜 포도당을 생성하는 반응이다.

106 TCA cycle에서 acetyl CoA 한 분자가 산화할 때 생성된 ATP 분자수

반응	중간 생성물	ATP 분자수
isocitrate dehydrogenase	1 NADH	2.5
α-ketoglutarate dehydrogenase	1 NADH	2.5
succinyl-CoA synthetase	-	1
succinate dehydrogenase	1 $FADH_2$	1.5
malate dehydrogenase	1 NADH	2.5
Total	-	10

2과목　영양교육

1. 영양교육의 개념

01~03 영양교육의 목표
- 식품과 영양에 관한 지식, 기술을 이해시키는데 목표를 둔다.
- 영양에 대한 관심을 갖게 하여 의욕을 일으킨다.
- 감정과 의지를 일으켜 생각을 바꾸게 한다.
- 태도와 행동을 변화시킨다.
- 국민의 건강을 증진시킨다.
- 식량정책을 세우는 기초자료를 얻기 위한 것이다.

04 영양교육의 효과
- 육체적으로 발육증진, 건강향상, 체질개선, 치료의 촉진, 질병감소, 사망률 저하
- 식량정책 : 식량의 생산 소비, 식품의 강화에 관여
- 사회정책 : 노동 임금을 안정시키고, 생계비의 합리화, 능률의 증진에 관여
- 정신적으로 도덕심이 높아진다.

05 영양교육의 어려운 점
- 대상자의 식습관이나 기호의 차이
- 대상자의 경제수준 차이
- 피교육자의 나이, 성별의 차이
- 대상자의 교육수준의 차이
- 영양에 관한 지식의 부족
- 대상이 여러 계층으로 다양
- 식품과 영양의 결함으로 생기는 질병의 위험이 단시일 내에 판정되지 않음

06 영양개선의 방향과 영양지도
- 영양지도의 기동화
- 영유아의 어머니 교육
- 병원에 있어서의 영양지도
- 저소득층에 대한 영양지도
- 타지에 대한 영양지도
- 집단급식 지도의 강화
- 식료품 판매점 및 시장에 대한 지도
- 일반 식당에 대한 지도
- 특수 영양 식품의 보급 및 지도
- 성인병에 대한 영양지도
- 도서벽지에 대한 영양지도

2. 영양교육의 배경 및 기초지식

07 식의(食醫)는 고려와 조선 시대에 오늘날의 영양사 임무를 담당했던 직책이다.

08 우리의 식문화는 곡식, 발효, 채소의 문화라는 특징이 있다.

09 농촌 식생활의 문제점
- 곡류의 과식 및 편식
- 동물성 단백질 섭취량의 부족
- 빈혈, 피로, 고혈압, 임신중독증 등의 건강장애
- 부엌 등 생활구조 개선 등의 문제점

10 패스트푸드의 문제점
- 영양불균형
- 식품 첨가물의 유해성
- 환경호르몬 검출
- 고지방, 고나트륨 함량
- 불결한 위생상태
- 비만인구 증가
- 고가의 로열티 지급

11 한국 성인(19∼29세)의 비타민 1일 권장 섭취량

영양소	남자	여자
비타민 A(μg)	800	650
비타민 C(mg)	100	100
비타민 B_1(mg)	1.2	1.1
리보플라빈(mg)	1.5	1.2
나이아신(mg)	16	14
비타민 B_{12}(μg)	2.4	2.4

자료 : 한국영양학회(2020)

12 영양섭취기준에서 1일 권장 섭취량이 설정되어 있는 무기질
- 다량무기질 : 칼슘, 인, 마그네슘 등
- 미량무기질 : 철, 아연, 구리, 요오드, 셀레늄 등

13 한국인 영양섭취기준(KDRIs)에서 사용된 1세 미만의 영아는 0~5개월과 6~11개월로 구분하고, 유아는 1~2세와 3~5세로 구분한다.

14 한국 성인(19~29세)의 에너지 및 단백질 1일 영양섭취기준

영양소	남자(68.9kg)		여자(55.9kg)	
	평균 필요량	권장 섭취량	평균 필요량	권장 섭취량
에너지(kcal)	2600		2000	
단백질(g)	50	65	45	55

자료 : 한국영양학회(2020)

15 한국 어린이 무기물 1일 영양섭취기준(권장 섭취량)

영양소	남자		여자	
	6~8세	9~11세	6~8세	9~11세
칼슘(mg/일)	700	800	700	800
인(mg/일)	600	1200	550	1200
마그네슘(mg/일)	150	220	150	220
철(mg/일)	9	10	8	10

자료 : 한국영양학회(2020)

16 영양섭취기준 활용 분야
- 영양상태 판정 자료
- 영양교육 프로그램 개발
- 식량수급정책
- 단체급식의 식단작성

17 식품 등의 표시·광고에 관한 법률 시행규칙[별표 4] (영양표시 대상식품)
① 레토르트식품(조리가공한 식품을 특수한 주머니에 넣어 밀봉한 후 고열로 가열 살균한 가공식품을 말하며, 축산물은 제외한다)
② 과자류 중 과자, 캔디류 및 빙과류 중 빙과·아이스크림류
③ 빵류 및 만두류
④ 코코아 가공품류 및 초콜릿류
⑤ 잼류
⑥ 식용 유지류(동물성유지류, 식용유지가공품 중 모조치즈, 식물성크림, 기타식용유지가공품은 제외한다)
⑦ 면류
⑧ 음료류(다류와 커피 중 볶은 커피 및 인스턴트 커피는 제외한다)
⑨ 특수용도식품
⑩ 어육가공품류 중 어육소시지
⑪ 즉석섭취·편의식품류 중 즉석섭취식품 및 즉석조리식품
⑫ 장류(한식메주, 한식된장, 청국장 및 한식메주를 이용한 한식간장은 제외한다)
⑬ 시리얼류
⑭ 유가공품 중 우유류·가공유류·발효유류·분유류·치즈류
⑮ 식육가공품 중 햄류, 소시지류
⑯ 건강기능식품
⑰ ①목부터 ⑯목까지의 규정에 해당하지 않는 식품 및 축산물로서 영업자가 스스로 영양표시를 하는 식품 및 축산물

18 식품 및 영양표시제도의 기능
- 소비자 보호수단
- 소비자에 대한 영양교육
- 건전한 식품의 생산을 유도하기 위한 수단
- 식품산업의 국제화에 대처하기 위한 수단

3. 영양교육의 방법과 자료

19 영양교육을 행하는데 필요한 요소
- 누가(who) : 영양교육의 주체 – 영양사, 교육자
- 무엇을(what) : 교육의 내용 – 영양지식, 급식의 식비 문제
- 무슨 방법(in which channel) : 교육의 방법 및 기술–모든 매체, 교재사용
- 누구에게(to whom) : 교육의 객체, 영양교육의 대상, 피교육자
- 효과 : 교육의 목표와 효과, 체위 향상의 목표

20 공론식 토의법(Dabate porum)
- 일종의 공청회와 같은 토의형식이다.
- 방법 : 한 가지 주제에 대해 서로 의견이 다른 몇 사람의 강사가 먼저 자기들의 의견을 발표한다. 발표가 끝난 후 청중이 질문하고 청중의 질문을 받은 후 강사는 다시 간추려 토의한다.
- 장단점 : 각 발표자의 의견 제시는 충분히 들을 수 있으나 일정한 결론을 내리기 어렵다.
- 사회자 : 강사와 발표 제목을 소개, 최종적으로 결론을 내려야 한다.

21 배석식 토의법
- 4~8명의 강사를 등단시켜 전문가들이 특정 안에 대해 토의한 후 질의 응답한다.
- 전문가들 간의 좌담식 토의를 내용으로 하여 사회자, 전문가, 참가자가 실시하는 대중토의이다.
- 강사 또는 전문가(panel) 간의 토의 시간은 20~30분 정도 토의하고 사회자가 청중의 발언에 따라서 강사와 청중 사이에 10~15분 정도 다시 토의한다.
- 일반 청중도 토론에 참여함으로써 어느 개인의 주장에 치우치지 않도록 한다.

22 토론회는 공통의 문제에 대해 참가자 전원이 깊이 연구하고 서로의 의견을 제시하여 협동적으로 문제해결을 하려는 민주적 방식이다.

23 6·6식 토의법
- 6명이 한 그룹이 되어 1명씩 6분간 토의하여 종합하는 것
- 주로 2가지 의견에 대해 찬·반을 물을 때 많이 사용

24 개인지도 또는 개인면담
- 직접 얼굴을 맞대고 지도하기 때문에 가장 효과적인 방법이나 많은 시간과 노력 및 인원이 소요되는 결점이 있다.
    - 상담소 : 영양과 섭생, 임신과 영양, 육아, 식이요법 등의 상담을 한다.
    - 클리닉 방문 : 보건소 또는 병원에서 상담을 한다.
    - 전화 : 가정방문이 어려울 때 사용한다.
    - 엽서 : 인원 부족으로 가정방문이 어렵거나 교통불편, 원거리 또는 그 지역의 방문대상이 적을 때 이용된다.
    - 가정방문

25 새로운 아이디어를 찾아내기 위한 것으로는 두뇌충격법이 가장 적절하다.

26 시범교수법(demonstration)
- 시청각 교육에 있어 가장 효과적인 방법으로 참가자들이 직접 보고 들음으로써 실제로 경험하게 하는 영양교육법이다.
- 방법시범교수법 : 참가자들의 이해 여부를 확인하면서 단계적으로 교육을 실시하는 방법이다.
- 결과시범교수법 : 교육지도자나 지역사회 주민 등의 실제활동, 경험담 등을 보여주고 설명하면서 토의하는 방법이다.

27 강단식 토의법(심포지엄)
- 공개 토론의 한 방법으로 한 가지 주제에 대해 여러 각도에서 전문 경험이 많은 강사(4~5명)의 의견을 듣고 일반 청중과 질의 응답하는 방법이다.
- 사회자는 참석자에게 진행 방법을 설명하고 한 사람의 강사에게 질문이 집중되지 않도록 조절해야 한다.
- 강사 간에는 토의를 하지 못하도록 되어 있다.
- 사회자는 개회 전에 각 강사와 상의하여 발언 내용이 중복되지 않도록 하고 발언시간에 대해 충분히 논의해야 한다.

28 좌담회에서 좌장이 유의할 점
- 토의 내용에 대해 사전에 충분히 준비하여 미리 진행 방법을 결정한다.
- 참가자들에게 토의의 목적과 내용을 간단히 소개한다.
- 개회 시 논제에 대하여 잘 설명하고 방향을 설정한다.
- 토의 중간에 적당히 중간 결론을 내려가면서 진행한다.
- 처음부터 결론적인 해설은 하지 않는다.

29 연구집회
- 집단 회합의 한 형태로 생활 체험과 직업 등을 같이 하는 사람들이 모여서 스스로의 문제나 지역사회의 발전 계획 및 실천방향에 대해 연구하고, 권위 있는 강사의 의견을 듣고 토의하여 문제를 해결해 나가는 방법이다.
- 대중교육보다는 공통의 교육자료 개발이나 지도자 교육으로써 더욱 적합한 방법이다.

30 강연은 영양교육자가 다수를 대상으로 일방적으로 단시간에 많은 양의 지식과 정보를 전달하고 지도할 수 있는 교육 방법이다.

31 27번 해설 참조

32 자료에 사용되는 사진과 그림은 친근할 필요는 없다.

33 슬라이드의 장점
- 주의를 집중시킬 수 있다.
- 해설자의 얼굴이 잘 보이지 않으므로 좋은 점이 있다.
- 시간적으로 예정된 속도로 진행할 수 있다.
- 사진의 경우는 진실성이 있어서 좋다.
- 상대방에 따라서 설명을 기할 수 있다.
- 반복하여 여러 번 사용할 수 있다.

34 백분율(%)을 표현하는 데는 pie도표나 띠도표가 가장 적합하다.

35 라디오
- 대상자의 교육 수준의 영향을 비교적 덜 받는다.
- 많은 대상자에게 별도의 비용 부담 없이 영양 정보를 제공할 수 있다.
- 교육 대상자의 자세가 비교적 수동적이다.

36 직접 보고 들을 수 있는 효과적인 영양교육방법으로는 인형극, 연극 등이 있는데 이들은 어린이를 대상으로 하고 있다.

37 포스터 제작 시 읽는 방향을 횡서와 종서를 혼용하면 좋지 않으므로 통일하는 것이 좋다.

38 시청각 교육의 가장 효과적인 방법은 직접 보고 들을 수 있는 demonstration (시범교수법)이다.

39 라디오는 대중매체로 일반적인 내용에 대하여 교육하는 것이 바람직하다.

40 • 소집단에게 영양교육을 하고자 할 때 가장 적합한 교육 보조 자료는 융판 그림이다.
• 융판 그림은 그림과 글자를 사용하여 교육효과를 낼 수 있다.

41 식품모형은 구체적이기 때문에 환자들에게 사용하기 좋다.

42 인터넷
인쇄와 전자매체가 갖는 정보전달 효과를 동시에 얻을 수 있으며 전파력이 뛰어나 교육 효과를 최대화할 수 있다. 또한 수용자가 전달자의 역할도 한다.

43 가정지도 시 주의할 점
• 갑자기 방문하지 말고 방문일정을 미리 연락하여 양해를 구해 두어야 한다.
• 지도대상은 되도록이면 그 가정의 실권자 및 주부이어야 한다.
• 내용에 따라서 문제를 제시하는 방법을 연구하여 두어야 한다.
• 인내력을 가지고 반복해서 지도를 한다.
• 가족구성 및 생활실태 등을 미리 잘 파악한다.
• 사무적이 아니며 친절하고 성의를 가지고 한다.

44 영양교육자가 갖추어야 할 자질
• 선천적으로 개성에 맞아야 한다.
• 사업에 대한 흥미와 열의가 있어야 한다.
• 인내력이 있어야 한다.
• 진심으로 남을 도울 수 있는 인격자라야 한다.
• 남의 어려운 일을 내 일같이 생각할 수 있어야 한다.
• 누구나 따를 수 있는 명랑하고 쾌활한 성격이어야 한다.
• 유머 감각이 있어야 한다.
• 너무 감정의 변화가 심해서는 안 된다.
• 대인 관계가 원만해야 한다.

45 영양교육방법을 선택하기 전에 예비검사를 실시해야 한다.

46 영양상담 시 주의할 점
• 객관성이 있어야 한다.
• 면담시간은 30분 정도로 한다.
• 상대방 이야기를 경청한다.
• 신뢰감을 갖도록 한다.

47 영양상담의 도구로는 식품교환표, 영양상담기록표, 영양권장량, 컴퓨터, 영양섭취기준 등이 있다.

48 객관성을 가지고 포용하는 자세를 취한다.

49 개인 영양상담을 위한 효율적인 의사소통 방법
• 수용 : 내담자에게 지속적으로 시선을 주어 관심을 표현한다.
• 반영 : 내담자의 말과 행동을 상담자가 부연해줌으로써 내담자가 이해받고 있다는 느낌이 들도록 한다.
• 명료성 : 내담자가 애매모호하거나 깨닫지 못하는 내용을 상담자가 명확하게 표현해 줌으로써 상담의 신뢰성을 높여야 한다.
• 질문 : 적절한 질문을 통해 내담자를 깊이 이해해야 한다. 그러나 복잡하거나 지나친 질문은 삼가해야 한다.
• 요약성 : 매회 상담이 끝날 때마다 상담의 내용을 지루하지 않게 간략히 요약해서 내담자에게 설명해준다.
• 조언 : 무분별하고 지나친 조언을 삼가고 상담자의 객관적 판단에 의한 암시적 조언을 한다.

4. 영양관계 기관과 법규

50 교도소급식 관련된 사업은 법무부가 관여한다.

51 • FAO(Food and Agriculture Organization) : 국제식량농업기구
• UNESCO(United Nations Educational, Scientific and Cultural Organization) : 유엔교육과학문화기구
• ICNND(Interdepartmental Committee on Nutrition for National Defense) : 미국국방성영양조사위원회
• UNICEF(United Nations International Children's Emergency Fund) : 국제연합국제아동긴급기금
• CARE(Catholic Relief Services) : 가톨릭 구호단

52 • WHO(World Health Organization) : 세계보건기구
• FAO(Food and Agriculture Organization) : 국제식량농업기구
• WTO(World Trade Organization) : 세계무역기구

53 감염병 및 풍토병 퇴치는 WHO(세계보건기구)의 사업내용이다.

54 식품 검사에 관한 사항은 식품의약품안전처가 담당하고 있다.

55 보건복지부는 국가의 보건 · 식품 · 의학 정책, 약학정책, 사회복지, 공적부조, 의료보험, 국민연금, 가정복지에 관한 업무를 관장하며 종합적이고 체계적인 정책을 개발 · 수립하여 국민의 '삶의 질'의 향상을 도모한다.

56 우리나라의 응용 영양사업
• 1968년 3월 UNICEF, FAO, WHO의 지원을 받아 농촌진흥청에서 처음으로 시작되었다.
• 사업의 목표는 ① 농민의 식품유통 소비구조의 개선 ② 부족영양을 충족시키고 ③ 농민의 체위향상을 기하며 ④ 영구적인 식량자급을 이룩하는데 있다.

57 응용 영양사업은 농촌의 생활수준 향상을 위한 사업의 일환이다.

5. 영양교육의 실시, 효과 및 평가

58 좋은 측정도구는 타당도, 신뢰도, 객관도, 실용도를 갖추어야 한다.

59 영양교육에 대한 효과판정의 수단
• 면접에 의한 평가
– 영양교육 방법 중의 하나로 유효하게 이용되는 방법이다.
– 실행한 교육의 성과를 가장 직접적으로 확실히 느낄 수 있는 방법이나 시간이 걸린다.
• 질문지에 의한 평가
– 면접에 의한 평가보다는 구체적이고 수량화 시킬 수 있는 방법이다.
– 다수의 대상을 조사할 수 있다.
– 개별 교육이나 집단 교육 모두에 이용할 수 있는 판정 수단이다.
• 관찰에 의한 평가
• 자료 및 조사에 의한 평가

60 영양교육의 평가나 효과 판정을 하는 유력한 수단의 하나가 조사이고, 또 이 조사 자체가 평가의 자료가 되며 효과 판정의 자료도 될 수 있다.

61 비타민 B_2(riboflavin)이 결핍되면 성장정지, 식욕부진, 구각염, 설염, 구순염 등의 피부염을 일으킨다.

62 식품 수급표는 국가를 단위로 하여 평가하는 방법이다.

63 영아사망률
• 한 국가의 보건복지 수준을 가늠하는 대표적 지표이며 보건정책 수립 및 평가 시 이용되는 잣대이다.
• 영아사망률은 영양불량의 평가지표로 이용되고 있다.

64 회상법(Recall method)
• 조사대상자가 이미 섭취한 음식의 종류와 양을 기억하도록 하여 조사하는 방법으로 개인이나 집단의 식이섭취를 조사하기 위해 가장 널리 사용되는 방법이다.
• 24시간 회상법은 지난 하루의 식이 섭취량을 조사하는 것이고, 3일 회상법은 지난 3일간의 섭취량을 회상하도록 하는 방법인데 이 중 24시간 회상법이 가장 많이 쓰인다.
• 이 방법은 조사대상자의 기억력에 의존하므로 조사대상자가 지나간 날에 섭취한 식품의 종류와 양을 얼마나 정확하게 기억할 수 있느냐 하는 것이 큰 문제점이다. 또한 섭취한 식품의 양을 정확하게 추정하는 것이 또한 큰 문제점이기도 한다.

65 70년대 이후 우리나라 식생활은 동물성 식품의 섭취량이 증가하고 있으며 특히 유제품류, 육류, 계란류 등의 동물성 단백질의 섭취량이 증가하고 있다.

66 신장을 측정하는 시간
• 오전 10시 전후에 측정하는 것이 가장 정확한 측정치를 얻을 수 있다.
• 그 이유는 하루 동안에 각 시각에 생기는 신장의 평균이 오전 10시경의 신장에 해당하기 때문이다.

67 성인기에 캘리퍼(Caliper)를 이용하여 복부, 흉부, 상완위, 왼쪽 견갑골 아래 부위 등의 피하지방 두께를 측정(피부 두겹 집기)하여 체지방율을 측정한다.

68 체위조사를 통해 청소년들의 영양상태를 조사하려고 할 때
• 계측항목으로는 신장, 체중, 상완위, 흉위, 두위, 피부두겹집기 등이 있다.
• 각각의 계측치들이 서로 다른 측면에서 영양상태를 반영해 줌으로 조사목적이나 조사대상자의 특성에 맞게 계측종목을 선정하는 것이 중요하다.

69 섭취 영양량 조사를 하는 것은 영양상의 문제가 많은 지역에서 영양을 고려하여 식생활을 하는지의 여부를 조사하려고 할 때에 실시한다.

70 영양조사방법에는 기입법, 청취법, 관찰법, 측정법이 있다.

71 지능적 회답을 요구하는 것은 뒤쪽으로 두는 것이 좋다.

72 식생활 조사를 위한 항목
• 가구원의 식사 일반 사항

• 조사가구의 조리시설과 환경
• 일정 기간에 사용한 식품의 가격 및 조달방법
• 규칙적인 식사여부에 관한 사항, 식품섭취의 과다여부에 관한 사항, 외식의 횟수에 관한 사항, 2세 이하 영유아의 수유기간 및 이유보충식의 종류에 관한 사항
• 기타 보건복지부장관이 정하여 고시한 사항

73 국민 영양조사의 목적
• 국민의 건강상태와 영양섭취 상황을 파악하여 식량수급계획을 수립하고 국민의 영양개선 및 건강 증진정책을 강구한다.
 - 체력과 체위향상, 식생활개선 및 식량수급에 필요한 자료를 얻음
 - 국민의 식습관 및 식량소비구조를 정확히 파악
 - 국민의 영양결핍, 영양과잉 등 영양문제 파악
 - 이로부터 국민의 영양기준량 및 영양소 필요량의 설정에 필요한 기초 자료를 얻음

74 혈압측정 시의 측정조건
• 혈압계를 사용하여 최고 혈압과 최저 혈압을 측정한다.
• 대상자의 몸의 위치는 의자와 같게 한다.
• 측정부위는 심장과 같은 높이로 자세를 하고 혈압계는 팔과 같은 높이에 놓는다.
• 측정부위는 오른팔의 위쪽으로 한다.
• 실내온도는 15℃가 좋으며 대상자는 5분 이상 심신을 안정시킨 후 측정하는 것이 좋다.
• 20세 이상만 재고, 20세 이하는 조사항목에 ×표를 한다.

75 행동변화단계 – 전고려단계 – 고려단계 – 준비단계 – 실천단계 – 유지단계

6. 대상에 따른 영양교육

76 보호자는 비만아 스스로 동기를 발견하고 자신의 다이어트를 책임지도록 도와주는 것이 필요하며, 강요하게 되면 오히려 거부반응을 일으키게 되어 실패하게 된다.

77 심장병 예방법
• 표준체중 유지를 위해서 열량 및 동물성 지방섭취를 제한한다.
• 섬유질 식품의 섭취를 증가시켜 당질의 섭취를 제한한다.
• 적당한 운동을 한다.

78 • 통풍 : 퓨린체 형성과 관련이 있으며 달걀, 우유는 섭취 가능한 식품이다.
• 당뇨병 : 당질의 섭취를 제한한다.
• 고혈압 : 식염섭취를 제한한다. 과잉열량을 피한다.
• 간경변증 : 지방의 섭취를 줄이고 열량 비타민류, 양질의 단백질 등을 충분히 공급한다.

79 비타민 B$_2$(riboflavin)이 결핍되면 성장정지, 식욕부진, 구각염, 설염, 구순염 등의 피부염을 일으킨다.

80 단백질비
• 총 단백질량(g)과 총 열량(kcal)과의 비이다.
• 3.5% 이상에서 식생활은 풍부하고, 3.0% 이하에서 식생활은 빈곤한 것으로 본다.

81 캘리퍼(caliper)는 비만 관리 시 체지방(피하지방)의 두께를 측정하는 데 사용하는 직선상의 폭을 재는 기구이다.

82 • 폐경기에 이르면 에스트로겐 갑자기 감소하면서 골다공증이 될 수 있다.
• 따라서 골다공증 예방을 위해 영양교육이 가장 필요한 시기는 20대 여성과 중년기 여성이다.

83 병원영양사의 직접업무
• 급식 기준량의 산출   • 급식 식품구성의 작성
• 급식 업무기준의 작성   • 식단 작성
• 식품의 구입 및 재고품 지출의 지시   • 조리지도
병원영양사의 간접업무
• 입원환자에 대한 영양교육   • 외래환자에 대한 영양교육
• 조리사에 대한 영양교육   • 조사연구
• 조리 관계자와의 협력   • 보고서의 작성
* 병원급식에서 식사처방 발행은 의사가 한다.

84 국고급식은 도시, 벽지, 극빈자, 재해지구 어린이에게 빵을 주고 국가가 모든 비용을 부담하는 것이다.

85 학교급식의 효과
 ㉠ 성장기의 청소년 발육에 필요한 영양소 공급
 ㉡ 편식의 교정, 올바른 식 습관화, 공동체 의식
 ㉢ 식품에 대한 지식의 보급
 ㉣ 식품의 생산과 소비에 필요한 올바른 이해
 ㉤ 결식 학생의 문제 해결과 학부모들의 도시락 준비부담 감소

 ㉥ 국가 식량 생산 및 소비의 합리화를 통해 국민경제에 기여
 ㉦ 지역사회에서의 식생활 개선에 기여

86 산업급식의 목적
• 근로자의 건강증진 및 식비의 경제적 부담을 감소시킨다.
• 근로자의 근로 의욕을 증진시키며 직원 사이에 화목을 도모한다.
• 영양은 질병과의 밀접한 관계를 인식하게 되며 건강증진을 위한 식생활을 실행하게 하는 동기가 된다.
• 영양의 불균형, 과거의 편식하는 식습관을 고칠 수 있다.

87 83번 해설 참조

88 암 예방을 위한 영양교육
• 위암발생을 높이는 염장 또는 훈제식품, 질산, 아질산염 가공식품(통조림 식품), 불에 태운 고기, 그리고 맵고 짠 음식 등을 삼가한다.
• 역류성 식도염, 헬리코박터균 감염 등의 위암 발생을 높이는 위험질환들을 반드시 치료한다.
• 위에 자극을 주는 흡연과 과음, 자극적 음식, 불규칙한 식사 등을 피한다.

89 • 단위 체중당 1일 에너지 섭취량은 출생부터 3개월까지 가장 높다.
• 출생 3~4개월경 출생 시 체중의 2배 정도의 빠른 성장을 보인다.
• 생후 4주간을 신생아라 하며 신생아기 이후부터 만 1세까지를 영아라 한다.

90 어린이 식습관
• 한 가정의 전통적인 식생활은 계속적으로 다음 세대에 전해진다.
• 식습관은 예로부터 주로 주부에 의해서 형성되어 왔다.
• 즉, 어머니나 부인 등 음식을 조리 제공하는 주부와 가족 중 특히, 연장자에 의하여 그 가정의 식생활의 기본방향이 결정된다.

91 병원급식은 환자에 따라 적당한 식사를 하게 하여 질병의 치유 또는 병상의 회복을 촉진한다.

92 골다공증
• 노령화에 따른 골격대사 이상 또는 뼈 칼슘대사의 불균형으로 인한 질환 중 가장 전형적인 것으로, 뼈의 30% 이상이 감소되었을 때 나타나는 증상이며, 골조소증 또는 골취약증이라고 불린다.
• 적당량의 단백질, 인 및 비타민 D는 칼슘의 흡수와 이용성을 높이는 반면, 과량의 지방, 섬유질, 인산, 수산, 피틴산 등은 칼슘의 흡수와 이용성을 낮춘다.
• 칼슘의 주 공급원이 되는 식품은 우유, 치즈 등의 유제품과 두부, 견과류, 녹황색 채소, 생선, 새우 등이 있다.

93 • 간식은 유아의 생활에 활력을 주고, 휴식, 기분 전환의 기능을 한다.
• 간식은 세 번의 식사로 모자라는 영양소를 보충하기 위한 것이다.
• 간식은 식생활의 즐거움을 제공한다.

94 청소년을 위한 식생활 실천 지침
• 다양한 채소와 과일을 먹는다.
• 우유를 매일 2컵 이상 마신다.
• 편식하지 말고 골고루 먹는다.
• 튀긴 음식을 적게 먹는다.
• 패스트푸드와 스낵류를 적게 먹는다.
• 술은 절대 마시지 않는다.
• 동물성 지방섭취를 줄인다.
• 물을 자주 마신다.
• 아침을 거르지 않는다.
• 한꺼번에 많이 먹지 않는다.
• 활동량을 늘리고 매일 운동을 한다.

95 아연은 동물성 식품을 통해 공급받을 수 있다.

2과목 식사요법

1. 식사요법의 개요

01 병인식
• 일반 병인식(general diet) : 신체의 성장 및 조직의 재생과 각 기관의 정상적인 기능을 위해 필요한 모든 영양소를 공급하는 식사이다.
• 레닌 검사식 : 레닌 활성도를 평가하기 위해 나트륨과 칼륨함량을 제한시켜 레닌이 생성되도록 자극하는 것이 목적이다.
• 검사식(Test Diet) : 임상 검사의 정밀도를 높이기 위해 특정 검사 전에 처방되는 식이이다.
• 맑은 유동식 : 수술 받은 후 물, 과즙 정도의 식사를 하고 우유, 지방은 제한한다.

02 맑은 유동식
- 수분공급이 목적이고 수술받은 후 물, 과즙 정도이며 가스가 발생하지 않는 식사이다.
- 맑은 유동식은 보리차, 연한 홍차, 녹차, 맑은 장국, 과즙 거른 것 등이 며 우유, 지방은 제한한다.

03 미음과 죽

종류		전죽 : 미음	수분(g)
유동식	미음	0 : 10	93.5
반유동식 (연식)	1부죽	1 : 9	92.7
	3부죽	3 : 7	90.0
	5부죽	5 : 5	89.3
	7부죽	7 : 3	87.6
	전죽	10 : 0	85.0

04 맑은 유동식(Clear Liquid Diet)
- 용도 및 목적
  - 수술 및 검사 전후 환자, 급성 위장장애, 구강 내 찰과상이 있는 경우나 심하게 쇠약한 환자가 처음으로 경구급식을 시작할 때에 이용된다.
  - 위장관의 자극은 최소한으로 줄여주고, 탈수방지와 갈증해소를 위해 수분과 에너지를 공급하기 위한 식사로 맑은 액체인 음식물로 구성되어 있다.
- 식사 원칙
  - 주로 당질과 물로 구성된다.
  - 위장관의 자극을 적게 하며 최소한의 잔사를 남기는 맑은 음료로 구성된다.
  - 체온과 동일한 온도로 공급한다.
- 권장 식품
  - 음료 : 끓여서 식힌 물, 맑은 과일 주스
  - 차류 : 보리차, 연한 홍차 또는 녹차
  - 국 : 기름기 없는 맑은 장국, 기름기 없는 육즙
  - 설탕, 소금 : 소량

05 연식
- 죽 정도의 부드러운 식사형태로 유동식에서 정상식사의 중간 단계이다.
- 수술 후 회복기환자, 소화기능이 저하된 환자, 구강 장애, 급성감염환자에게 제공된다.
- 종류로는 유동식, 반유동식이 있다.
- 소화가 쉽고, 부드러운 식품으로 섬유소가 적은 채소, 결체조직이 적은 식품, 강한 향신료 사용 제한, 튀김조리법은 제한한다.
- 채소는 삶거나 찌고 과일은 퓨레나 과일 주스를 이용한다.
- 연식으로 적당한 식품 : 옥수수죽(껍질 제외), 흰살생선, 익힌 채소, 애호박나물, 젤라틴, 두부 반숙, 수란, 스크램블드에그, 으깬 감자, 맑은 고기국물 등
- 연식으로 부적당한 식품 : 보리미숙가루, 껍질이 많은 잡곡죽, 잼, 마멀레이드, 생채소, 견과류, 향신료 등

06 케톤식
- 간질을 치료하기 위한 특별한 식이요법이다.
- 이 식이요법은 지방을 많이 먹이고 탄수화물 및 단백질을 적게 먹여서 케토시스(ketosis)상태가 되도록 하는 치료법이다(지방 : 단백질 + 탄수화물의 비율 – 4 : 1).
- 효과적인 식이요법을 위해서 물을 제한적으로 먹인다.
- 이 식이요법의 정확한 매커니즘(기전)은 아직 밝혀지지 않았지만 이 케톤상태가 경련을 억제하는 데 아주 효과적이다.

07 완전정맥영양(TPN)
- 정의 : 인체에 필요한 영양소의 일부 혹은 전체를 위장관을 거치지 않고 내경정맥이나 쇄골하정맥 같은 중심 정맥을 통해서 공급하는 것을 말한다.
- 적응증
  - 영양분 흡수장애 증후군이나 만성설사 등 영양공급이 불가능할 때
  - 흡수장애로 인한 심한 영양결핍상태인 경우
  - 화상이나 소장 절제 등 영양결핍이 예상되는 경우
  - 궤양성 대장염이나 크론씨 병, 장관피부누공, 췌장염 등 장관 휴식이 요구되는 경우
  - 간부전, 악성종양 등에서 보존적 요법으로 쓰이는 경우

08 관급식(tube feeding)
- 튜브급식은 경구적으로 급식을 못할 경우, 의식이 없는 환자 등에 필요하며, 특히 장기 환자의 욕창을 예방하기 위하여 균형된 영양공급에 중요하다.

09 경관급식(tube feeding)
- 적용환자 : 주요 외과적 수술 후, 소화·흡수 기능은 정상이나 정신적 장애, 뇌졸중, 혼수, 심한 연하곤란, 식도폐쇄, 중상, 외상, 방사선 및 화학요법, 신경성질환 환자

- 금지환자 : 위장관 출혈, 위장관 누공, 단장(장이 짧음), 심한 구토 환자, 말기환자

10 전유동식(full liquid diet)
- 상온(20℃)이나 체온(37℃)에서 액체로 되는 모든 음식을 말한다.
- 단백질, 철분, 비타민 B 복합체 등 모든 영양소가 충분히 배합되도록 해야 한다.
- 전유동식은 구강, 인두, 식도 등에 장애가 있는 환자나 위장질환이 심한 환자, 급성간염환자, 고열환자, 중상의 화상환자, 극도의 전신 쇠약자, 수술 후 의식장애로 음식을 삼키기가 곤란한 환자들에게 주는 음식이다.

11 MCT(Medium Chain Triglycerides)
- 탄소수 8개의 중쇄지방산을 33% 함유한 액체이다.
- 수술 후 지방 흡수 개선 및 지질의 대사 이상 환자에게 사용한다.

12 만성질환 입원환자의 급식방법
- 소화기능이 약화되어 있으므로 소화, 흡수가 잘되는 음식을 주어야 한다.
- 환자의 기호를 고려하되 환자가 싫어하는 음식은 영양교육을 실시하거나 조리법을 변경하여 공급해야 하고, 강한 조미료나 향신료는 자극성이 있으므로 주의를 요한다.
- 환자의 급식은 의사의 지시에 따라 공급해야 한다.

13 연하곤란증
- 음식물이 구강 내에서 위 속으로 이동되는 연하 과정에 장애가 생긴 것을 말한다.
- 단계별로 곱게 갈은 음식, 곱게 다진 음식, 부드러운 음식 순으로 공급하는 것이 좋다.
- 묽은 액체는 흡인의 위험이 많기 때문에 삼가하며, 환자의 적응도에 따라 되도록 걸쭉한 액체를 섭취하여 탈수를 예방하도록 한다. 그러나 식도부 협착 등의 문제를 보이는 환자라면 오히려 낮은 점도의 음식물이 연하에 도움이 될 수도 있다.

14 우유 200cc 1컵은 탄수화물 10g, 단백질 6g, 지방 7g, 열량 125kcal의 영양가이다.

15 식품 교환표 중의 우유 1컵은 열량이 125kcal, 토마토 250g 1개는 50kcal, 식빵 35g 1조각은 100kcal이며 이들을 모두 섭취하면 275kcal 열량을 섭취할 수 있다.

16 곡류 1교환 단위에 해당하는 식품
곡류군(1교환의 영양량 : 탄수화물 23g, 단백질 2g, 열량 100kcal)

식품군	가식부(g)	목측량	식품군	가식부(g)	목측량
쌀밥	70	1/3공기	시루떡	50	1쪽
보리밥(30%)	70	1/3공기	식빵	35	1쪽
감자	130	중1개	옥수수	50	중1/2
고구마	100	중1/2개	율무	30	3큰술
국수(마른 것)	30		인절미	50	3개
국수(삶은 것)	90	1/2공기	찹쌀	30	3큰술
당면(마른 것)	30		팥	30	3큰술
밀가루	30	5큰술	현미	30	3큰술
백미	30	3큰술	흰떡	50	

17 식빵의 1교환 단위는 35g(1조각)이고 감자는 130g(중1개)이므로 식빵 2조각(70g)을 감자로 대치했을 때 같은 열량을 내려면 감자 260g이 필요하다.

2. 소화기계 질환

18 연하곤란
- 불충분한 식사로 체중감소, 단백질 결핍, 비타민과 무기질 결핍이 나타날 수 있으므로 주의해야 한다.
- 너무 뜨겁거나 찬 음식은 피하고 부드럽게 조리해야 하며 끈적한 음식은 피하고 단 음식, 우유제품 및 감귤류는 타액분비를 증가시키므로 피해야 한다.
- 또한 식사 시 자세를 바르게 해야 음식이 잘 내려간다.

19 설사 시에 사과를 먹이는 이유
- 사과의 성분은 과당, 포도당이며 신맛을 내는 유기산과 식물성 섬유의 일종인 펙틴, 칼륨 등의 미네랄이 풍부하게 들어 있다.
- 특히 사과에는 변비에 좋은 펙틴이 많아 유독물질의 흡수를 막아주고 장에 쌓인 변을 모두 밀어내어 설사를 멎게 한다.

20 섬유질이 많은 식품(생채소와 생과일)은 장점막을 자극하여 장의 연동운동을 항진시키며 장내세균에 의한 발효 등으로 설사를 더욱 악화시킨다.

21 꿀에는 당분과 유기산이 많이 함유되어 있어 장운동을 자극하여 배변을 촉진한다.

22 글루텐 과민성 장질환(GSE)
- 일명 만성소화 장애증 혹은 비열대성 스프루라고 불린다.
- 식품 중 글루텐(gluten) 단백질 내에 있는 gliadin 부분이 소장 점막을 손상시켜서 융모의 손실을 초래함으로써 영양소 흡수에 장애가 생기는 만성질환이다.

23 비열대성 스프루(sprue)
- 글루텐이나 글리아딘과 같은 단백질을 식사에서 제외할 때 병치료에 현저한 효과가 나타난다.
- 밀, 보리, 귀리 등은 글루텐이 가장 많은 식품이므로 제한해야 한다.

24 스프루(sprue)
- 영양흡수부전의 만성형 질환으로 열대성스프루와 비열대성스프루가 있다.
- 열대성스프루
  - 소장이 지방질, 비타민, 무기질 등을 흡수하는 데 장애가 생기는 것이 특징인 후천성 질병이다.
  - 초기에는 피로, 허약, 식욕상실, 구토, 탈수 등과 지방성 설사변을 보인다.
  - 3기가 되면 심한 빈혈과 단백질(알부민, 글로블린) 및 전해질(체액 속의 나트륨, 칼륨, 염소)의 불균형으로 전신적인 쇠약을 나타낸다.
- 비열대성 스프루(글루텐 과민성 장질환)
  - 식품 중 글루텐 단백질 내에 있는 gliadin 부분이 소장 점막을 손상시켜서 융모의 손실을 초래함으로써 영양소 흡수에 장애가 생기는 만성 질환이다.
  - 지방성 설사변, 체중감소, 빈혈, 비타민 결핍(B_{12}, 엽산), 골연화증 등을 일으킨다.

25 덤핑증후군(dumping syndrome)
- 위 절제수술 후 당분함량이 높은 음식을 먹었을 때 나타나는 현상이다.
- 식사 직후에 일어나는 조기 증후군과 식후 몇 시간 경과 후에 나타나는 후기 증후군이 있다.
- 위에 오래 머물 수 있는 고단백, 중등 지방식을 준다.

26 덤핑증후군(dumping syndrome) 환자의 식사요법
- 당분이 많은 식품은 제한한다.
- 고단백질식을 준다.
- 전체 열량의 30~40%를 중등도의 지방으로 한다.
- 무자극성 음식으로 준다.
- 기름에 튀기는 조리법은 피한다.
- 저혈색소는 빈혈을 유발하므로 철분함량이 높은 음식을 섭취하도록 한다.
- 한 끼의 식사량을 줄이고 여러 번 나누어 준다.

27 비타민 B_{12}는 주로 회장에서 흡수되므로 비구강적으로 투약을 하지 않을 경우 골수에서 조혈을 촉진시키지 못하므로 빈혈을 초래할 우려가 있다.

28 • 우유는 장내세균이 번식하기 쉬운 배양역할을 하므로 장티푸스, 이질 등의 세균성 설사환자에게 금한다.
- 저섬유이식(low cellulose diet)는 섬유질만을 제한하는 데에 비해 저잔사식이(low residue diet)는 섬유질과 우유를 제한한다.

29 경련성 변비는 이완성 변비와 반대로 저섬유이식(low diet, low fiber diet)를 원칙으로 하며, 장관의 점막 자극을 적게 하는 식사계획을 해야 한다.

30 경련성 변비는 대장이 긴장하거나 흥분된 상태이므로 매운 맛을 내는 향신료는 장을 자극하므로 적당하지 않다.

31 이완성 변비 환자에게 적합한 음식
- 정백한 곡식보다는 거친 곡식이 좋다.
- 현미나 보리밥이 좋다.
- 콩류나 감자류 등이 좋다.
- 생채소와 생과일을 먹되 과일은 껍질째 먹는다.
- 알코올 음료는 배변에 도움을 준다.
- 해조류는 보수성이 강하여 장의 연동운동을 촉진시킨다.

32 이완성 변비의 치료 및 식이요법
- 규칙적으로 식사하고 규칙적으로 배변습관을 기른다.
- 적절한 운동으로 복부근육의 힘을 길러 변비를 예방한다.
- 섬유소, 해초 등 난소화성 다당류가 많이 들어 있는 식품은 장의 연동운동을 촉진한다.
- 발효유는 유기산이 많아 변비에 효과적이다.
- 과일에는 섬유소, 펙틴, 당분, 유기산 등이 많아 장점막을 자극하여 장의 운동을 돕는다.
- 식초 중의 초산 성분이 배변을 촉진한다.
- 향신료도 장을 자극하여 연동운동을 활발하게 하지만 과량 사용하면 해롭다.
- 적당량의 수분은 대변을 부드럽게 하므로 하루 1,500ml 이상 섭취한다.
- 적당한 지방섭취는 변비에 도움을 준다.
- 청량음료 및 탄산음료도 장벽을 자극하여 연동운동을 촉진한다.

33 위산분비가 저하된 환자의 식사요법
- 위액감소로 인해 소화력이 감소하므로 소량으로도 영양가가 높고 소화 흡수가 좋은 식품의 선택과 조리상의 배려가 필요하다.
- 당질을 위주로 섬유질이 적은 식품을 이용한다.
- 지질은 위 내에서 정체시간이 길므로 제한한다.
- 육즙같이 위액분비를 촉진시키는 식품을 적극적으로 이용한다.

- 철분이 많은 식품(소간, 닭간, 소고기, 굴, 당밀, 녹색채소) 등을 충분히 섭취한다.
- 식사시간을 규칙적으로 지키고 매끼 식사량을 줄이고 횟수를 늘린다.

34 위산감소 경향이 있는 만성위염의 식이요법
- 음식을 충분히 익히고, 양질의 단백질을 섭취하며 천천히 먹도록 한다.
- 죽, 우동, 과일, 채소, 멸치국물, 육엑기스분의 연식을 취한다.

35 위산과다증(Chronic Gastritis)
- 위액의 산도가 비정상적으로 높은 병이다.
- 증상 : 소화성 궤양, 위염 따위가 원인으로 가슴이 쓰리고 트림이 나오며 공복 때 위통이 있거나 구역질을 한다.
- 식사원칙
  - 위벽에 자극을 주는 식품은 피한다.
  - 위점막을 보호하기 위해 위액분비를 촉진시키는 음식(알코올, 탄산음료, 커피, 지나치게 차거나 뜨거운 음식, 맵고 짠 자극성 있는 음식)을 제한하고, 소화가 쉬운 음식을 섭취한다.
  - 식사시간과 횟수를 조절한다.
  - 공복시간이 너무 길지 않도록 규칙적인 식사를 하고 소량씩 나누어 먹는다.

36 시피식이(sippy diet)
- 1915년 sippy가 제안한 우유와 크림을 이용한 궤양식사이다.
- 알칼리성 식품인 우유가 위산과의 완충작용으로 궤양 치료에 효과가 있다고 알려져 과거에 사용되어 왔지만 현재는 치료효과가 없고 영양소의 결핍을 초래한다고 알려지고 있다.
- sippy diet는 소화성궤양에 출혈 증상이 있을 때 사용되며, 위산의 중화를 위하여 우유, 크림 등을 자주 급식한다.

37 분비된 위산을 중화하기 위해 우유 등의 알칼리성 식품을 자주 급식하는 것이 좋다.

38 Kempner식이는 고혈압과 신장병 환자를 위해 고안된 식이로 Na 제한식이이다.

39 소화성 궤양이란
- 위와 십이지장의 궤양을 통틀어 일컬어 위와 십이지장을 덮고 있는 점막을 공격 받아 위장관벽이 부식되어 움푹 패인 것이다.
- 소화성 궤양 식이요법
  - 고열량, 고단백, 고비타민식이를 원칙으로 한다.
  - 소량씩 자주 먹는다.
  - 알코올과 카페인 섭취를 줄인다(주류, 커피, 홍차, 녹차, 탄산음료 등).
  - 고춧가루, 후추, 겨자 마늘 등과 같은 자극성 조미료를 피한다.
  - 적당한 기름을 섭취한다.
  - 천천히 식사한다.
  - 너무 차거나 뜨거운 음식은 피한다.
  - 우유는 한 두잔만 섭취한다.
  - 빈혈이 되기 쉽기 때문에 철분을 많이 함유한 식품(간, 콩팥, 고기, 콩 등)을 섭취한다.
  - 음식은 되도록 끓거나 쪄서 먹고, 날 것은 피한다.

40 뮤신(mucin)
- 점막에서 분비되는 점액물질로 점액소 또는 점소라고 한다.
- 당단백질의 일종으로 턱밑샘, 위점막, 소장 등에서 분비된다.
- 소화기관의 뮤신은 기관의 보호 및 소화운동의 윤활제 역할을 하며 위점막 뮤신은 위산과다와 위궤양 치료에 사용된다.
- 뮤신은 위나 장 점막에 얇게 덮여 물리적으로 위산과 표면세포와의 접촉을 방해한다.

41 위궤양 환자에게 나타나는 증상으로는 알칼로시스, 칼로리와 단백질 결핍증, 빈혈증, 체중감소 등이 있다.

42 급성 위염일 경우 빨리 원인 물질을 제거하고 절식을 한 후 유동식(맑은 미음 – 3부죽 – 5부죽)부터 시작한다.

43 혈중 수분이 장내로 이동해서 혈액량이 감소하고 그로 인해 저혈압이 나타나며 질소대사가 항진되면 질소 배설량이 증가된다.

44 위 절제 수술을 받은 위암환자에게 알맞은 식사요법
- 물이나 다른 액체를 마시지 않아야 한다.
- 섬유소가 많은 식품을 주어 고혈당을 저지시켜야 한다.
- 저당질, 고지방 및 고단백질을 주고 유당이 함유된 유제품은 피해야 한다.
- 식후에는 20~30분 동안 눕혀 휴식을 취하게 한다.

45 급성위염
- 과음, 과식, 식중독, 알레르기성 식품, 자극성 식품 등이 원인이 되어 발생한다.

- 식사요법은 1~2일간의 절식 후 증상에 따라 탄수화물 식품을 주로 한 유동식(미음, 우유, 수프)에서 연식(죽, 야채즙, 반숙란, 흰살생선), 고형식으로 진전시키는 것이 바람직하다.

46 위암 환자의 기본 식사지침
- 치료의 부작용 또는 증세가 진행되면서 극도로 식욕이 감퇴되기 쉬우므로 식욕을 촉진시키는 식단을 계획한다.
- 저영양이 되기 쉬우므로 열량공급을 충분히 하고, 특히 소화가 잘되는 양질의 단백질을 충분히 섭취하도록 한다.
- 종양을 자극하지 않도록 저섬유소로 무자극성식을 한다.
- 음식의 질감을 부드럽고 매끈한 것으로, 맛도 담백한 것이 좋다.
- 위·십이지장궤양과는 달리 위산분비를 촉진시키기 위해 약간의 향신료와 포도주 정도는 병세에 따라 줄 수도 있다.

3. 간장 및 담낭질환

47 단백질을 충분히 섭취하면 지방이 레시틴(lecithin)으로 전환해서 혈액에 의하여 조직으로 운반되기 때문에 지방간을 방지할 수 있다.

48 간성혼수
- 간경변증에서 간의 기능이 저하되어 생기는 혼수를 말한다.
- 우리 몸에 들어온 단백질은 분해되어 암모니아가 되고, 암모니아는 간에서 요소로 변환되어 몸 밖으로 배출되는데, 간기능이 저하되면 암모니아가 제대로 처리가 되지 않아 뇌에 나쁜 영향을 끼치게 된다.
- 간성혼수가 올 수 있는 원인으로는 위장관 출혈, 이뇨제, 변비, 과도한 단백질 섭취, 감염 등이 있다.
- 과다한 단백질 섭취가 간성혼수의 원인이 되므로, 고기, 생선, 달걀, 우유 및 유제품, 콩제품은 결정된 분량을 섭취하여 과잉섭취하지 말며 부족한 열량은 단백질을 함유하지 않은 기름이나 설탕을 사용한 요리로 보충한다.

49 간성혼수 환자에게는 고열량, 저단백식이가 적절하며 부종이 있는 경우 체내의 수분 축적을 막기 위해서 염분과 수분섭취를 제한해야 한다.

50 췌장염
- 지방질이 가장 소화가 안 되고, 그 다음은 단백질 소화가 장해를 받는다.
- 당질은 소화가 잘 되므로 주로 당질식을 하면서 소화가 용이한 양질의 단백질 식품을 점차 늘려 나가고 지방은 가능한 한 오랫동안 제한한다.
- 일체의 자극성 음식을 피해야 하며, 급성췌장염인 경우는 3~5일 절식을 하고 정맥주사로 수분과 영양제를 공급한다.

51 50번 해설 참조

52 알코올 음료, 커피, 향신료 등 일체의 자극성 음식을 피해야 한다.

53 췌장염 환자에게 적합한 음식에는 요구르트, 마, 꿀, 키위, 딸기, 포도, 쌀밥, 콩류, 생선, 올리브유 등이 있다.

54 간경화증
- 간의 염증이 오랫동안 지속되면서 간 표면이 우둘두둘해지면서 딱딱하게 변한 것을 말한다.
- 간경화증은 만성 B형 간염, C형 간염에 걸린 사람에게서 많이 발생한다.
- 간경화증 환자에게 나타나는 지방변의 원인은 담즙산염 방출 감소, 담즙산염 생산 감소, lymphatic hypertension, 췌장 기능 이상 등이다.

55 복수가 있는 간경변증 환자는 식염을 0~5g으로 제한해야 하며 단백가가 높은 단백질을 1일 100~110g을 취하도록 해서 간의 조직을 보수시키도록 한다.

56 부종, 복수의 원인은 문맥상의 항진에서 기인하는 것 이외에도 혈청단백질 특히 albumin의 감소와 항이뇨 호르몬과 알도스테론(aldosterone) 같은 호르몬이 Na를 재흡수하여 요와 타액 중의 Na량을 현저하게 감소시키며 요의 양도 감소시켜 복수를 증가시킨다.

57 지방간의 생성을 방지하는 항지방간성 인자
- choline, 비타민 E, lecithin, selenium, methionine 등은 간에 지방이 비정상적으로 축적되는 것을 예방한다.

58 57번 해설 참조

59 급성간염의 특징
- 간 질환 중 가장 많이 발생
- 원인 : 바이러스 감염 또는 알코올, 약물 및 유독물질의 섭취
- 종류 : A형과 B형 바이러스 간염이 가장 잘 알려져 있으며, 이외에도 C형, D형, E형이 알려져 있다.
- 증세 : 일정한 잠복기를 거쳐서 전신 권태감, 오심, 발열, 두통, 오른쪽 상복부의 통증, 식욕 감퇴, 구역질, 구토 등이 일어난다. 이러한 증세가 2주일 정도 진전되며 대체로 황달과 갈색뇨가 나타난다.

60 간질환의 식사요법
- 정상체중 단백질이 에너지원으로 쓰이는 것을 막고, 간세포 재생을 할

수 있도록 충분한 열량을 섭취한다.
- 단백질은 간세포의 재생을 위해 적정량 섭취한다.
- 지방은 총 에너지의 20~25% 내외로 섭취한다.
- 당질은 단백질 절약 및 간기능의 회복을 위해 충분히 섭취한다.
- 간경변은 비타민의 결핍을 초래할 수 있으므로 충분한 채소와 과일의 섭취가 필요하다.
- 수분은 복수와 부종이 있는 경우에는 체내에 수분의 축적을 막기 위해 염분을 제한하며, 수분은 전날의 총 소변량만큼만 섭취하도록 한다.
- 섬유소는 식도정맥류가 있는 경우 섬유소의 섭취를 제한하며, 가급적 부드러운 음식을 섭취한다.

61 만성간염 환자의 식사요법
- 충분한 칼로리를 섭취한다.
- 고탄수화물, 고단백, 종합 비타민을 섭취한다.
- 지방은 제한하지 않지만 튀긴 음식은 삼가야 한다(설사나 지방간이 있으면 지방을 삼가한다).
- 부종이 있으면 소금 섭취를 제한한다.
- 간성 혼수가 있으면 단백질 음식을 제한한다.
- 술, 담배를 삼가한다.

62 담석
- 쓸개, 담관, 간 등의 담도에 생기는 결석을 말한다.
- 담즙의 울체, 담도의 염증, 쓸개즙 성분의 이상 등으로 인하여 생성되는 것으로 알려져 있다.
- 담석의 성분은 쓸개즙 속에 함유된 콜레스테롤, 빌리루빈, 칼슘, 인, 지방산 등이며 그중에서도 주요 구성 성분은 콜레스테롤과 빌리루빈이다.

63
- 담석증에서 지방음식은 담낭을 수축시키고 담즙의 분비를 증가시키므로 저지방식사를 취하여야 하며, 발병 시는 지방의 섭취를 전체 열량 섭취의 10% 이하로 줄인다.
- 환자가 보통으로 회복되면 소화가 잘 되는 지방을 소량씩 증가시킨다.

64 지방의 소화에는 담즙 분비가 관여한다. 동물성지방은 특히 담낭을 강하게 수축시키며 산통발작을 유발할 가능성이 높다. 그러므로 지방 섭취를 엄격히 제한한다. 잣, 도넛, 약과, 새우튀김 등은 제한해야 할 식품이다.

65 황달
- 피부나 눈 주위가 황색으로 변하는 것을 말한다. 원인은 다음과 같다.
    - 담석, 종양에 의해 담관이 폐쇄되어 담즙의 방출이 장애를 받는 경우
    - 간기능 장애로 담즙 분비 장애를 일으키는 경우
- 혈구의 과잉 파괴로 인하여 일어나는 용혈성 빈혈인 경우

66 지방간
- 정상적으로 간에는 3~5% 정도의 지방이 포함되어 있는데, 필요 이상의 지방이 쌓여 간기능의 장애가 온 상태를 말한다.
- 우리 나라에서는 주로 과음이 원인이 되는데, 이때 계속 알코올을 섭취하면 지방간은 간염이나 간경변증으로 이행할 수도 있다.
- 대부분의 지방간은 다시 원상태로 회복이 가능하다.
- 따라서 일단 지방간으로 진단을 받으면 저칼로리, 저지방, 고단백의 식이요법과 금주, 적절한 운동 등을 병행하여 지방간의 진행을 막아야 한다.

67 간경화 환자에게 나타나는 복수의 원인
- 문맥압이 올라갈 때
- 간임파 누출(임파액이 복강으로 누출)
- 혈장삼투압 저하(혈장알부민기능의 저하)
- 알도스테론현상 고조
- 항이뇨호르몬이 증가한 경우

4. 비만증과 체중조절

68 단백질량은 특수한 병을 제외하고는 충분한 양을 섭취하여야 체세포의 소모를 방지할 수 있다.

69 비만을 예방하기 위한 식사 관리
- 하루 세끼의 식사를 규칙적으로 하고 굶거나 한꺼번에 많이 먹지 않아야 한다.
- 식사량을 일상 활동량에 맞추어 먹는다.
- 튀기거나 볶은 음식은 삼간다.
- 텔레비전이나 책을 보면서 군것질을 삼간다.
- 콜라, 사이다, 주스류보다는 물을 하루 6잔 이상 마신다.
- 식사할 때는 천천히 꼭꼭 씹어 먹는다.
- 간식은 빵이나 햄버거, 피자 같은 식품보다는 과일류를 먹는다.
- 돼지고기, 닭고기 같은 육류보다는 생선을 먹는다.

70 비만은 유아 때부터 체지방 수가 결정된다.
- Broca지수는 100을 중심으로 110~119인 경우는 과체중, 120 이상은 비만으로 판정한다.

- 피부두께는 20~30세의 남자의 경우 16~23mm, 여자의 경우 28~30mm가 기준치이다.

71 절식 시 조직 단백질 감소로 에너지 감소가 제일 빨리 일어나는 곳은 간이다.

72 일반적으로 체중감소를 위해서 엄격한 당질 제한식을 하는 경우에 ketosis 를 유발하기 쉽고 수분의 엄격한 제한은 탈수를 초래할 우려가 있다.

73 단식 초기 급격한 체중 감소의 원인
- 초기의 빠른 체중 감소는 수분과 나트륨(Na) 손실 때문이다.
- 이 중 감량된 체중의 50% 이상은 수분의 배출에 의한 것이다.
- 섭취하는 열량 및 에너지가 부족하게 되어 체지방의 감소 외에 단백질 (근육)과 전해질의 손실도 동반된다.

74 공복감의 해소에는 해조류가 좋다.

75 기아 상태의 대사 양상
- 혈당이 떨어져 인슐린/글루카곤 비가 감소되면서 간의 글리코겐 분해가 증가된다.
- 지방 저장고에서 지방산을 방출시켜 혈중 지방산이 증가되면 근육에서 는 포도당 연료를 아끼고 지방 연료를 사용한다.

76 체지방률은 전체 체중에 대한 체지방 양의 비율을 나타내는 것이다.
체지방률(%) = (4.201/{1.0913 − 0.0016 × S} − 3.813) × 100
S : skinfold thickness(피하지방 두께)

77 1일 총에너지소모량 = 기초대사량 + 활동대사량 + 식품의 특이동적 작용
1일 총에너지소모량
= 1,500kcal + 800kcal = 2,300kcal
식이처방으로 부족한 총 에너지량 = 800kcal × 14일 = 11,200kcal
체지방의 열량가(1kg) = 7,700kcal
11,200 ÷ 7,700kcal = 1.45kg

78 어른은 지방세포가 커지기만 하지만 어린이는 지방세포의 수도 늘어난다. 이 때문에 살을 빼더라도 다시 비만으로 되돌아갈 가능성이 어른보다 어린이가 더 높다.

79 우리나라의 체질량지수 기준수치

분류	BMI(kg/m²)
저체중	<18.5
정상	18.5~23.0
과체중	≥23.0

BMI = 체중/신장(kg/m²) = 60/(1.6×1.6) = 23.4375
BMI = 60/160 = 23.4로 과체중이다.

80 신경성 식욕부진이 심각하게 진행되면
- 기아로 인한 변화와 내분비 이상 등으로 인해 신체적 상태가 악화된다.
  - 육체적 변화 : 지방저장분의 고갈, 근육소모, 무월경, 구순구각염, 피부건조증, 탈모증, 빈혈, 심장박동 이상, 갑상선 기능 저하, 말단 청색 증 등
  - 장기적인 열량불량에 의한 영양문제 : 아연 영양상태 불량, 뼈의 무기 질 소실(골다공증), 성장장애, 뇌의 구조적 변화 등

81 체지방은 일차적으로 중성지방의 형태로 지방세포에 저장되며 지방세포 크기의 증대 또는 지방세포수의 증가에 의해 지방조직이 증가한다.

82 체중감량을 위한 행동수정요법
- 실천 가능한 목표를 세운다.
- 일정한 장소에서 규칙적으로 식사한다.
- 작은 용기를 사용하고 식후 바로 식탁에서 일어난다.
- 식품구입 시 인스턴트, 조리된 음식을 피한다.
- TV나 책을 보면서 먹지 않는다.
- 식사일지를 기록한다.
- 규칙적인 운동을 한다.

5. 심장 및 순환기계 질환

83 임신중독증
- 주로 임신 말기에 고혈압, 단백뇨, 부종이 발생되는 증후군을 말한다.
- 임산부 사망의 3대 원인중의 하나로 순환장애, 뇌출혈, 쇼크, 폐부종, 태 반조기박리 등이 생겨 직접적으로 산모를 위협하는 외에 고혈압이나 신 장장애 등 후유증으로 남아 수명에도 영향을 주게 된다.
- 식사요법
  - 탄수화물과 지방의 섭취량을 줄인다.
  - 양질의 단백질을 충분히 섭취해야 한다.
  - 부종이 심하고, 소변량이 감소한 경우는 수분섭취를 제한한다.
  - 비타민, 미네랄이 부족하지 않도록 섭취한다.
  - 염분 과다 섭취를 피한다.

84 고혈압의 위험인자는 유전, 연령, 비만, 스트레스, 운동, 흡연과 알코올 섭 취, 지질섭취, 식염섭취 등이다.

85 고혈압의 가장 효과적인 치료방법
- 식사요법 : 저염식이가 필수적이다.
  - 당분이나 동물성 지방의 섭취를 제한하고 식물성 지방을 적극 섭취 한다.
- 생활습관 : 금연, 금주
- 운동 : 운동요법을 시작하기 전에 꼭 의사와 상담을 해야 한다.
  - 1주일에 적어도 4회, 지속적으로 20~30분 동안 운동을 해야 한다.

86 고혈압 환자의 영양
- 고혈압 환자가 단백질이 부족하면 혈관과 심장근육이 약화되어 뇌졸중 이 발생할 수 있으므로 신장이 정상으로 유지되는 한 단백질은 충분히 공급한다.
- 총 열량의 15~20%을 양질의 단백질로 공급한다.

87 고혈압 환자의 식사요법
- 정상 체중을 유지하도록 섭취열량을 조절한다.
- 과음, 과식, 커피를 피한다.
- 식염의 섭취를 제한한다.
- 동물성 지방이나 당분섭취를 제한한다.
- 식물성 단백질을 많이 섭취하도록 한다.
- 칼륨, 마그네슘, 칼슘을 충분히 섭취한다.
- 신선한 채소를 충분히 섭취한다.
- 콜레스테롤 섭취를 제한한다.
- 섬유소를 충분히 섭취한다.
- 음주, 흡연을 피한다.
- 정신적 안정을 취하고 스트레스를 피한다.

88 본태성 고혈압은 단백질을 제한하지 않는다.

89
- 동맥경화증 유발요소 : 동물성지방, 흡연, 콜레스테롤 혈증, 스트레스, 고혈압, 설탕류 등
- 동맥경화증 예방인자 : 식이성 섬유, Ca, 비타민 C, 비타민 E, 비타민 B₆ 등

90 동맥경화증의 식사요법
- 열량은 표준체중을 유지할 정도로 섭취량을 조절한다.
- 단백질은 신장병 등의 합병증이 없는 한 특별히 제한하지 않는다.
  - 육류는 기름기 없는 살코기만을 사용하고 어육, 난백, 탈지유, 두부 등을 많이 이용한다.
- 동물성 지방의 섭취를 줄이고 다불포화지방산이 많이 들어 있는 콩기름, 들기름, 등푸른생선, 조개류 등을 섭취한다.
- 콜레스테롤이 많은 난황, 간, 생선의 내장, 어란 등을 제한한다.
- 설탕이나 과당 등 단순당의 섭취를 피하고 복합당질 형태로 섭취한다.
- 식염을 제한한다.
- 비타민 C, 비타민 E, 비타민 B₆, Ca 등은 동맥경화를 예방한다.

91 동맥경화증의 혈중지질 변화
- 총 지질량의 변화, 중성지방의 상승, 콜레스테롤의 증가, 총 지방산량의 증가, 인지질의 증가, 유리지방산의 증가, 콜레스테롤/인지질 상승, 지 방산 구성의 변화, β-lipoprotein의 상승, lipoprotein lipase의 감소, β/α-lipoprotein비의 상승 등이다.

92 Atheroma(죽상 동맥경화증)
- 동맥 내막에 인지질, cholesterol, Ca 등이 침착한 것으로 동맥의 경화를 초래한다.
- 적당량의 양질의 단백질과 필수지방산의 섭취는 이를 예방할 수 있다.

93 고지혈증
- 혈중 지질이 비정상적으로 증가된 상태를 말한다.
- 혈액 중 지질에는 콜레스테롤, 중성지방, 인지질, 유리지방산 등이 있다.
- 이들 중에서 문제가 되는 것은 콜레스테롤과 중성지방이다.

94 식이섬유
- 담즙산과 콜레스테롤을 흡착배설시킴으로써 혈중콜레스테롤을 저하시키 는 작용을 한다.
- 두류, 해조류, 과일류에 들어 있는 수용성 식이섬유소가 혈중콜레스테롤 이나 LDL을 낮추는 데 더 효과적이다.

95 MCT oil
- 탄소수가 8~10개인 중쇄지방산으로 이루어진 기름이다.
- 소화나 흡수를 위해 담즙의 도움 없이 문맥을 거쳐 흡수된다.
- 다량 복용 시 설사 등의 부작용이 생길 수 있다.

96 고콜레스테롤 혈증 환자의 식사요법
- 열량섭취를 줄인다. 표준체중을 산출하여 표준체중 kg당 25~30kcal로 결정한다.
- 지방섭취는 총 열량의 20% 미만으로 감소시키고 포화지방산의 섭취를 줄인다.

- 콜레스테롤 1일 섭취량은 300mg 이하로 해야 한다.
- 식이섬유소의 섭취를 증가시킨다. 식이섬유소는 담즙산과 콜레스테롤을 배설시킴으로써 혈중콜레스테롤을 저하시키는 작용을 한다.

97 식품의 콜레스테롤 함량(mg/100g)
- 소량함유(0~50) : 계란흰자, 우유, 식물성 기름, 견과류(땅콩, 잣), 비스킷
- 중등함유(51~100) : 생선류, 치즈, 아이스크림, 육류, 돼지기름, 도넛
- 다량함유(100이상) : 계란노른자, 오징어, 명란젓, 굴, 새우, 내장, 쇠골, 소기름(소꼬리, 소갈비), 버터

98 대부분의 혈장 cholesterol은 β-lipoprotein의 형태로 존재하며, 중성지방은 pre β-lipoprotein 형태로 존재한다.

99 식사와 cholesterol과의 관계
- 일반적으로 포화지방산은 혈중콜레스테롤을 상승시키며 주로 동물성 식품에 많이 들어 있다.
- 다가불포화지방산은 간의 콜레스테롤 합성을 저하하여 고콜레스테롤증 환자에게 바람직하다.
- 코코넛기름에는 포화지방산이 다량 함유되어 있어서 cholesterol을 상승시키는 효과가 있다.
- 두류, 해조류, 과일류에 들어 있는 수용성 식이섬유소는 혈중콜레스테롤이나 LDL을 낮추는 데 효과가 있다.

100 심장병 환자의 식사요법
- 저열량식을 하고 소량씩 잦은 식사를 한다.
- 양질의 단백질과 심근기능에 필요한 비타민과 무기질을 충분히 섭취한다.
- 포화지방산과 콜레스테롤의 섭취를 줄이고 다가불포화지방산을 충분히 섭취한다.
- 단순당 섭취를 제한하고, 식이섬유를 충분히 섭취한다.
- 식염을 3~5g로 제한한다.
- 커피, 홍차와 같은 카페인 음료, 알코올 등의 섭취를 금하고, 금연한다.
- 규칙적인 식사를 한다.

101 심장병의 원인은 염분 과다 섭취, 열량 과다 섭취, 콜레스테롤, 흡연, 고혈압, 비만, 스트레스, 가족 중 선천성 심질환이 있는 경우 등이다.

102 Karrel diet
- 매일 800cc의 우유를 사용한 심장병의 식이요법이다.
- 이뇨를 잘 되게 하며, 심근 속의 기능과 증세의 변화에 현저한 효과가 있다.

103 심장병환자에게 있어서 과량의 식사는 호흡곤란을 유발하므로 매끼의 식사량을 감소시키고 여러 번 나누어서 먹도록 해야 하며 양질의 단백질을 공급하여 영양의 균형을 유지하도록 해야 한다.

104 우유, 치즈 등 유제품과 햄, 소시지, 베이컨 등 육제품에 나트륨이 많이 들어 있고 당근, 시금치, 샐러리, 근대 등의 채소에 나트륨이 많이 들어 있으므로 엄중 제한 나트륨 식에서는 금한다. 그러나 저나트륨 식에는 1주일에 한 번 정도 주어도 된다.

105 무염식에서는 식욕을 잃기 쉽고, 영양실조를 유발시킬 우려가 있으므로 식초, 설탕 등의 조미료로 식욕을 돋우도록 해야 한다.

106 부종이 일어날 수 있는 질병은 신장, 심장, 간질환 등이며 갑상선 기능이 떨어져도 부종이 생긴다.

6. 당뇨병

107 케토시스(ketosis)
- 체내에 탄수화물(당분)이 부족하거나 과도한 체지방 분해로 인해 체내 케톤체가 다량 축적되어 대사성 산중독증을 일으키는 상태를 말한다.
- 당뇨병, 기아 등의 당질대사 장애의 경우 간 글리코겐의 감소로 지방의 분해가 촉진되어 간의 처리능력 이상으로 acetyl CoA를 생성한다.
- 과잉 acetyl CoA는 ketone body로 되어 혈류로 들어간 외의 조직에서 이용된다.

108 Regular Insulin(humulin R, 속효성 인슐린)
- 인슐린 주사제로서 가장 초기에 발견된 것으로 보통 주사액이 투명하고 약효발현시간이 15~30분으로 짧으며 지속시간도 4~6시간으로 비교적 짧다.
- 주로 병원에서 응급환자나 빠른 혈당강하효과를 기대할 때 사용한다.

109 당뇨병의 발병
- 유전적인 영향과 후천적 환경인자가 모두 중요하게 작용한다.
- 부모 중 모두가 당뇨병인 경우는 물론 부모 중 한 사람이 당뇨병인 경우에도 당뇨병에 걸리기 쉬운 체질을 나타낸다.

110 당뇨병에서는 혈중 포도당의 농도가 증가함으로 삼투압이 높아져 수분이 세포로부터 혈액으로 이동하며 포도당과 케톤체가 소변으로 배설될 때 물과 함께 배설되어 탈수상태에 이르며 자주 갈증을 느낀다.

111 당뇨병의 합병증
- 급성대사성 합병증 : 저혈당증, 당뇨병성 혼수(당뇨병성 케톤산증)
- 만성적인 합병증
  - 망막증
  - 신장질환 : 요로간염, 당뇨병성 신증
  - 신경질환 : 심혈관 및 폐의 기능장애, 원위다발성 신경장애
  - 심장질환 : 협심증, 심근경색, 심부전, 고혈압

112 당뇨병 환자의 치료법
- 정상체중을 유지하도록 저열량식이를 한다.
- 단순당질은 10% 이내로 제한하고, 섬유질이 많은 복합당질을 섭취한다.
- 단백질 섭취량은 정상인과 동일하고, 고혈압, 신장병 등 합병증이 있는 경우 제한한다.
- 지방은 우리나라의 경우엔 총 열량의 20~25%, 미국의 경우엔 30% 이하 섭취하도록 권장한다.
- 비타민과 무기질은 충분히 섭취한다.
- 매 식사마다 다양한 식품을 골고루 섭취한다.
- 적은 양을 규칙적으로 섭취한다.
- 적당한 운동을 꾸준히 한다.

113 공복 시에 인슐린 주사를 맞았거나 설사나 구토로 인하여 저혈당증(hyperglycemia)에 빠질 경우 즉시 흡수되기 쉬운 당질음료를 주어야 한다.

114 체단백질이 분해되어 체중이 감소하고 전신이 쇠약해지며 단백질 결핍현상이 나타나 성장이 저해되고 병에 대한 저항력이 약해진다.

115 당뇨병 환자는 소변검사, 혈당검사, 케톤체검사, 당내응력 검사 등을 한다.

116 당뇨환자의 초기 3다(多) 현상은 다음(多飮), 다식(多食), 다뇨(多尿)이다.

117 당뇨병에 의한 합병증
- 심장혈관계 질병, 신경증, 감염성 질환, 동맥경화증, 망막통증, 피부질환 등의 발병빈도가 높다.
- 중년층 당뇨 환자는 소변에 당이 배설되기 전에 체중이 증가한다.

118 복합당질은 서서히 포도당으로 분해되기 때문에 혈당을 서서히 증가시키며 섬유소도 혈당을 서서히 증가시키므로 좋다.
- 단당류나 이당류는 복합당질에 비해 혈당 증가를 빨리 시키므로 섭취를 제한하는 것이 좋다.
- 설탕을 감미료로 사용 시 혈당 증가와 체중 증가를 막기 위해 비영양감미료를 사용하기도 한다.

119 당뇨성 혼수(diabetic coma)의 경우
- 갈증, 얼굴의 충혈, 심한 피로, 산성호흡, 현기증, 식욕부진 등의 경고적 증상을 볼 수 있다.
- 우선 insulin의 주사와 정맥을 통한 전해질과 수분을 생리적 식염수로 공급하여야 하고, 효과적인 치료를 신속히 하지 않으면 치명적인 손상을 가져온다.

120 당뇨병 환자의 지방
- 우리나라의 경우엔 총 열량의 20~25%, 미국의 경우엔 30% 이하로 섭취하도록 권장한다.
- 다불포화지방산과 포화지방산, 단일불포화지방산의 공급비는 1 : 1 : 1이 적당하다.
- 콜레스테롤 섭취는 하루 300mg 이하로 제한한다.

121 113번 해설 참조

122 소아의 경우 운동을 통해 말초혈당이 많이 쓰여 저혈당이 갑자기 진행되는 인슐린 쇼크가 발생할 수 있으므로 미리 당질식품을 준비해야 한다.

123 산독증(acidosis)
- 지방이 탄수화물 없이 불완전연소하여 acetoacetate, β-hydroxybutyrate 및 acetone와 같은 ketone body가 축적되어 일어난다.
- 따라서 지방이 많고 탄수화물을 극도로 제한하면 산독증이 일어날 수 있다.

124 저혈당증(hypoglycemia)
- 원인
  - 평상시보다 많은 양의 운동을 했을 경우
  - 식사의 지연, 결식, 과량의 인슐린 주사
  - 체중감소, 고섬유 식사, 복합당질 섭취로 인슐린 필요량 감소
- 증세
  - 심약함, 가슴이 두근거림, 초조
  - 발한, 창백, 전율, 허기
  - 시력 약화, 두통

125 제1형과는 달리 췌장의 인슐린 분비 능력은 정상 혹은 약간 미달이나 여러 가지 이유로 인하여 체내에서 생성된 인슐린의 활성도가 낮아져 제2형 당뇨병이 발생한다.

126 당뇨병 환자의 식사 계획에는 식품교환표와 당질 계산법이 이용된다.

127 당뇨병 환자의 지방대사
- 당뇨병 환자는 지방의 분해가 증가하여 체지방이 축적되지 못해 체중이 감소한다.
- 유리된 지방산은 심근이나 골격근 등 많은 조직에서 에너지원으로 사용되어 이산화탄소와 물로 완전히 산화된다.

128 정상인의 공복 시 혈당량은 70~100mg/㎖이며, 식후에는 120~130mg/㎖로 상승하나 약 2시간 후면 정상치로 돌아온다.

129 당뇨병 환자에게 허용된 식품과 피해야할 식품
- 허용된 식품
  - 비타민 함유식품 : 녹황색 채소(오이, 상치, 양배추 등), 해조류(김, 미역 등), 버섯류
  - 적당한 당질식품 : 곡류, 감자류, 쌀(7분도미) + 보리 혹은 콩류, 두부, 콩제품
  - 아연을 함유한 참깨 등의 깨종류, 굴 등
  - 과일은 적당히 섭취(귤, 사과 등)
  - 기름이 없는 육류, 치즈, 계란, 어패류, 우유
  - 지방함량이 낮은 샐러드 드레싱, 마가린, 마요네즈
- 피해야할 식품
  - 청량음료(콜라, 사이다 등), 주스, 인스턴트 커피
  - 과일 통조림, 잼, 사탕, 꿀, 과자류, 케이크
  - 흰쌀밥, 국수, 마른 과일류, 건어물, 가공식품
  - 기름기가 많은 육류(소고기, 돼지고기 등), 어류(다랑어 등), 어란

130 당뇨병의 진단에 사용되는 검사법
- 당화혈색소(HbA 1C) 검사
- 공복 시 혈당치 측정
- 혈중인슐린 검사
- 경구 당 부하검사
- 요당(소변의 포도당) 검사
- Tobutamine test

131 식품교환표
- 우리가 먹는 식품들을 영양소의 구성이 비슷한 것끼리 모아서 6가지 식품군으로 분류하여 나누어 묶은 표이다.
- 식품교환표에는 전체식품을 곡류군, 어육류군, 채소군, 지방군, 우유군, 과일군으로 표시하고 있다.

132
- 혈액검사에서 공복 시 혈당치가 126mg/㎗ 이상이거나 식사 2시간 후 혈당치가 200mg/㎗ 이상이면 당뇨병으로 진단한다.
- 대한당뇨병학회 진단소위원회는 공복혈당장애 상태를 단계 I(100~109 mg/㎗)과 단계 II(110~125mg/㎗)로 나누고 단계 II 인 경우에는 당뇨병 진단을 위한 엄밀한 검사인 포도당 부하 검사를 반드시 받도록 권고하고 있다.

7. 비뇨기계 질환

133 신결석증은 요관의 결석을 배설하기 위하여 다량의 수분섭취를 필요로 한다.

134 신장 질환의 진단에 사용되는 지표
요단백, 혈청크레아틴(serum creatinine), 혈청요소질소(BUN, blood urea nitrogen), 혈청요산(serum uric acid), 안지오텐신(angiotensin), 혈청알부민(serum albumin) 등

135 급성 사구체신염
- 인체 면역시스템의 이상반응으로 생기는 것이다.
- 용혈성 세균감염으로 인한 것이 가장 많고, 바이러스, 신독성 약물도 원인이 된다.
- 편도선염이나 인후염 후에 1~3주의 잠복기를 거친 뒤에 급격한 요량의 감소, 부종, 혈뇨, 고혈압 등이 나타난다. 때로는 단백뇨, 핍뇨, 무뇨도 보인다.

136 만성 사구체신염의 식이요법
- 안정과 보온이 필요하다.
- 피부를 청결하게 하여 피부로부터의 배설 작용을 촉진하여 신장의 부담을 줄여 준다.
- 단백뇨로 인한 혈중 알부민을 보충한다.
- 신장의 염증을 치료하기 위해서 1일 100~150g의 양질의 단백질을 공급한다.
- 구강으로의 공급이 부족하면 알부민 용액을 정맥주사로 보충한다.
- 부종이 있으면 나트륨과 수분을 제한한다. 부종이 없어도 자제한다.
- 비타민은 충분히 공급한다.
- 농축된 단백질을 지방과 함께 음식에 첨가하여 제공한다.

137 만성 신부전 환자가 주의해야 할 식품
- 곡류군 : 감자, 고구마, 녹두, 메밀, 보리밥, 수수, 옥수수, 완두콩, 율무, 은행, 잡곡밥, 조, 토란, 팥, 현미, 호밀, 검정콩

- 어육류군 : 건오징어, 멸치, 어묵류, 햄, 자반고등어, 젓갈류, 조갯살, 치즈, 통조림, 홍합
- 채소군 : 갓, 고추잎, 근대, 늙은 호박, 당호박, 머위, 무말랭이, 물미역, 미나리, 양송이, 아욱, 쑥갓, 시금치, 비름, 부추, 죽순
- 우유군 : 초콜릿 우유
- 과일군 : 말린 과일, 멜론, 바나나, 참외, 천도복숭아, 키위, 토마토, 토마토 주스

138 요독증(Uremia)
- 단백질 대사산물인 질소화합물이 체내에 체류되어 생기는 병증세이다.
- 단백질 식품을 너무 많이 섭취하면 단백질의 대사물질인 노폐물(요소, 질소 등)이 몸속에 쌓여 요독증이 심해지고 기능이 떨어진 신장에 더욱 더 부담을 주게 된다.
- 따라서 단백질은 우리 몸에 꼭 필요한 최소한의 양으로 줄여야 한다.

139 요독증 환자의 식사요법은 체내의 암모니아 축적을 방지해야 하므로 단백질을 제한해야 한다.

140 cystine, lysine, arginine 등의 아미노산 대사가 잘 일어나지 않아 오줌으로 많이 배설되어 결석을 만든다.

141 Lipomul은 식물성 지방과 탄수화물로 이루어진 첨가제이다.

142 비뇨기 결석의 90~95%가 칼슘(Ca)결석이다. 그러므로 칼슘이 많이 함유된 식품(우유, 유제품 등)의 과식을 피해야 한다.

143 비투석 신부전 환자의 문제점은 열량 섭취량의 불균형, 단백질 고갈 또는 질소저류, 나트륨과 수분 불균형, 혈중 인 농도의 상승과 혈장 칼슘농도의 저하로 인한 신성골이양증, 식욕부진으로 인한 식사섭취 부족 등이다.

144 혈청 단백질인 알부민이 오줌으로 배설되어 저단백혈증(hypo-proteinemia)으로 부종이 생긴다.

145 급성신부전은 나트륨 1,100~3,300mg(소금 3~8g), 칼륨 1,500~2,000mg 정도로 제한한다.

146 복막 투석 신부전은 단백질 손실이 혈액투석보다 많으며 1일 4~15g(평균 7.3g) 정도의 단백질이 투석액으로 유출된다.
- 따라서 손실되는 단백질을 보충하기 위해서 단백질은 체중 kg당 1.2~1.5g으로 충분히 섭취하여야 한다.

147 수산칼슘 결석증
- 요로결석증 중에서 발생빈도가 높으며 저수산식인 동시에 저칼슘식을 섭취하도록 한다.
- 수산은 과일과 채소에 많이 들어 있고 동물성 식품에는 거의 없다.
- 수산 함량이 높은 식품
  - 과일 : 포도, 딸기, 귤, 블루베리, 자두, 블랙베리 등
  - 채소 : 콩, 샐러리, 실파, 부추, 가지, 꽃상추, 케일, 시금치, 호박, 근대, 아스파라거스, 파슬리 등
  - 기타 : 생맥주, 초콜릿, 차, 홍차, 코코아, 커피, 후추, 두부, 젤라틴, 고구마 등

148 수산칼슘결석 영양관리
- 충분히 수분을 섭취한다.
- 칼슘, 수산이 많은 식품의 섭취를 금한다(녹황색 채소, 과일, 우유, 유제품 등).
- 비타민 C의 $\frac{1}{2}$ 정도가 수산으로 전환되므로 비타민 C 보충제는 피한다.

149 네프로제(nephrosis) 증후군은 과량의 단백뇨와 이로 인한 혈중 알부민 감소, 혈중 지질 증가, 혈뇨, 저단백혈증, 부종, 고콜레스테롤혈증, 고혈압 증상을 보인다.

150 부종은 일반적으로 알부민이 많이 배설될수록 심해진다. 이러한 경우 체내 단백질이 정상으로 되면 부종은 사라지면서 혈압이 낮아지기도 한다.
- 따라서 단백질을 충분히 공급해 주어야 한다.

151 네프론이 손상된 환자가 고혈압, 고지혈증, 동맥경화나 심장질환을 동반하는 경우는 지방의 총 섭취량과 포화지방산, 콜레스테롤 섭취가 높지 않도록 조절해야 한다.

152 신 결석의 식사요법
- 시스틴결석의 식사요법
  - 고단백식은 피한다.
  - 충분한 수분(1일 3500㎖ 정도)을 섭취한다.
  - 알카리 생성 식품을 적절히 섭취한다(우유, 채소, 과일).
- 요산결석의 식사요법
  - 퓨린 함량이 높은 식품(육류의 내장, 육즙, 정어리, 청어, 멸치, 고등어)을 제한한다.
  - 알카리 생성식품(우유, 채소, 과일)을 적절히 섭취한다.
- 수산칼슘결석의 식사요법
  - 충분히 수분을 섭취한다.

– 칼슘, 수산이 많은 식품의 섭취를 금한다(녹황색 채소, 과일, 우유, 유제품 등).

– 비타민 C의 $\frac{1}{2}$ 정도가 수산으로 전환되므로 비타민 C 보충제는 피한다.

– 산 생성 식품(육류, 곡류, 계란, 서양자두, 서양오얏)을 적절히 섭취하여 결석의 용해도를 높인다.

153 • 칼륨은 주로 소변으로 배설되므로 소변량에 따라 칼륨의 섭취량을 조절하게 된다.
• 신장기능이 저하되어 고칼륨혈증이 있을 때, 신부전 말기 핍뇨(결뇨)가 수반될 때는 칼륨섭취를 제한한다.

154 급성신부전
• 유행성출혈열, 급성세뇨관 괴사, 외상, 약물부작용 등이 원인이다.
• 급격한 신장기능 저하로 체내 질소 노폐물이 축적되어 요독증이 나타나거나 핍뇨로 체내 수분과 염분이 과다 축적되어 부종이 발생된다.
• 하루 소변량이 400ml 이하로 감소되는 경우가 많아 고질소요소, 고크레아틴혈증, 산혈증, 고칼륨혈증, 고인산혈증, 저칼슘혈증이 나타난다.

155 만성신부전
• 정의 : 사구체와 세뇨관이 영구히 장애되어서 사구체에서의 여과와 세뇨관에서의 재흡수가 저하되어 체내의 조절기능이 상실된 질병이다.
• 원인 : 만성신염이 가장 많고, 다음으로 신경화증, 만성신우염, 당뇨병성 신증의 순이다.
• 증세 : 다뇨와 야뇨, 빈혈, 고질소혈증, 고인산혈증, 저칼슘혈증, 고마그네슘혈증, 대사성 산증
• 과정
 – 잠복기 : 요의 농축만 저하
 – 대사성 신부전기 : 다뇨, 야뇨, 경한 빈혈
 – 비대사성 부전기 : 수분 및 전해질 이상, 대사성산증, 고질소 혈증, 고도의 빈혈
 – 요증증기 : 사구체 여과율이 5% 이하

156 신장 이식 후 식사요법
• 수술로 인한 스트레스와 체력회복을 위해 칼로리 필요량이 증가한다.
• 수술 직후에는 단백질 필요량이 증가되므로 체중 kg당 1.5~2.0g을 공급한다.
• 혈중지질 상승을 방지하기 위해 설탕, 꿀 등의 단순당과 지방이 많은 식품을 과식하지 않는다.
• 이식 직후에는 혈압을 엄격하게 조절하여야 하므로 나트륨 섭취량을 2,000~4,000mg 정도로 제한한다.
• 면역억제제를 사용하면 칼륨 농도가 일정하게 유지되지 않아 칼륨의 섭취를 조절해야 한다.
• 면역억제제 사용으로 인하여 골다공증이 유발될 수 있으므로 칼슘 섭취량을 증가시켜야 할 경우도 있다.

8. 빈혈 및 영양결핍증

157 • 동물성 단백질과 비타민 C는 철의 흡수를 촉진한다.
• 임신 시에는 철결핍성 빈혈이 흔히 나타나고, 난황의 철은 인단백질인 포스비틴 때문에 흡수율이 떨어진다.

158 철결핍성 빈혈의 식이요법
• 기본은 고단백질, 고에너지, 고비타민식이다.
• 조혈작용에 관계가 있는 단백질과 철, 구리 등의 무기질, 비타민류 중 특히 적혈구의 성숙에 필요한 엽산, 비타민 B_6, 비타민 B_{12}을 충분히 섭취한다.
• 녹차와 같은 탄닌산을 많이 함유하고 있는 것은 탄닌 철을 이루어 흡수가 방해된다.

159 저색소성 빈혈
• 혈액 속의 헤모글로빈 농도가 정상보다 낮은 상태의 빈혈이며 심한 출혈이 있거나 철분이 모자라는 경우에 일어난다.
• 일반적으로 철분이 많이 들어 있는 식품으로는 조개류, 완두콩, 녹황색 채소, 다시마, 미역 등이 있다.
• 단백질류 중에는 계란, 육류(간 등), 생선, 굴, 우유, 대두 등의 식품이 혈색소 생성에 유익하다.

160 Sahli 혈액색소계로 혈색소량을 측정하여 만약 60% 이하가 되면 빈혈증이 나타난다.

161 • 적혈구 용적 저하 – 빈혈
• 혈당 상승 – 당뇨병
• 헤모글로빈 농도 저하 – 빈혈
• 혈중 요산 상승 – 통풍, 신장병
• 혈중 케톤체 상승 – 당뇨병

162 거대적아구성 빈혈
• 비타민 B_{12} 결핍과 엽산결핍, 그리고 그외 다른 원인으로 세포 내에 DNA 합성장애가 발생하여 세포질은 정상적으로 합성되는데 반하여 핵은 세포분열이 정지 또는 지연되어 세포의 거대화를 초래하는 빈혈질환이다.
• 임신부들은 임신 기간 동안 엽산 필요량이 늘어나기 때문에 엽산이 부족해지기 쉽다.

9. 기타질환

163 페닐케톤요증(phenylketonuria, PKU)
• 아미노산인 페닐알라닌(phenylalanine)을 티로신(tyrosine)으로 전환하게 하는 효소인 페닐알라닌 하이드록시라제(phenylalanine hydroxylase)가 활성이 선천적으로 저하되어 발생한다.
• 그 결과 페닐알라닌이 혈액 내에 축적되고, 티로신과 신경전달물질인 도파민의 대사적 전구체인 트립토판의 결함이 생긴다.
• 따라서 뇌는 중요한 신경전달물질이 부족하게 되고 정신지체를 낳게 된다.
• 페닐케톤요증은 식사 시 마그네슘, 아연(Zn), 망간(Mn), niacin을 보충한다.

164 단풍당밀요증(maple syrup urine disease)
• 3종의 필수아미노산(isoleucine, leucine, valine)의 케토산의 산화적 탈탄산이 장애되어서 혈중에 축적하여 이들 아미노산과 케토산이 신경증상을 초래하고, 오줌으로 또는 기타 분비액으로 배설된다.
• 심한 경우에는 생후 1~2주에 젖을 못 빨고, 경련 등 신경장애가 나타나고 호흡장애 합병증으로 사망한다.

165 164번 해설 참조

166 갈락토오스혈증(galactosemia)
• galactose을 glucose로 전환하는데 필요한 효소(galactose-1-phosphate uridyl transferase)가 선천적으로 결여되어서 galactose와 galactose-1-phosphoric acid가 혈중 및 조직 중에 축적되어서 중독증상을 일으키게 된다.
• 생후 1~2주 이내에 식욕부진, 구토, 설사 등이 나타나고 이어서 황달, 간경변, 백내장, 지능장해 등 중증을 보일 때도 있다.
• 모유를 위시해서 유당을 함유한 우유류의 섭취를 금해야 한다.

167 통풍(gout)
• 40대 이상의 성인에게 많이 생기며 90% 이상이 남자에게서 일어난다.
• 폐경기 이후 여성에게도 발생할 수 있다. 또한 비만한 사람, 씨름, 프로레슬링 등의 과격운동가에게서도 발생빈도가 높다.
• 원래 통풍은 서양인에게 많았으나 최근에는 식생활이 풍부해지면서 불균형한 식사와 고단백 음식을 섭취함으로서 동양인에게도 많이 발병한다.

168 윌슨병(Wilson's disease)
• 구리의 축적에 따른 장기의 손상에 의해 나타나는 증상이다.
• 구리는 우리 인체에서 면역기능을 활성화시켜주는 중요한 영양소이지만 구리를 많이 함유하고 있는 식품의 섭취를 피하는 것이 중요하다.
• 구리의 급원 식품은 인 패류(굴), 갑각류, 견과류, 두류, 곡류배아, 내장고기(간 등), 초콜릿, 코코아, 버섯, 말린 과일, 바나나, 토마토, 포도, 땅콩, 밤, 감자 등의 식품 섭취를 피해야 한다.

169 간질 치료식
• 환자의 산·알칼리 균형에 변화를 초래하여 ketosis 상태를 만들도록 구성된 식사이다.
• 식사 중의 당질의 양을 극단으로 제한하며 대신 지방을 상승시켜 지방의 부정연소로 인한 ketosis를 유발한다.

170 장티푸스는 고열로 인하여 체력이 소모되며 탈수상태가 되므로 충분한 수분을 주어야 한다.

171 열이 있을 때에는 대사속도가 증가하는데, 보통 체온이 1℃ 상승할 때 BRM이 13% 증가한다.

172 폐결핵
• 과로나 장기적인 영양실조로 인하여 저항력이 약화되고 오염된 환경에서 호흡기를 통하여 결핵균이 침입하고, 폐를 감염시켜서 육아성 염증을 일으키는 질병이다.
• 식사요법은 고단백, 고지방, 고비타민 식사를 공급한다.
• 비타민은 비타민 A, C, D를 충분히 보충하고 결핵치료용 항생제인 나이드라지드는 비타민 B_6를 급속히 배설시키므로 비타민 B_6는 의사의 지시에 따라 보충해야 한다.

173 류머티스열의 식사요법
• 에너지를 충분히 공급한다.
• 양질의 단백질을 섭취한다.
• 비타민 C 섭취를 증가시킨다.
• 칼슘의 섭취를 충분히 한다.

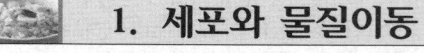

174 대개의 암 환자는 음(−)의 질소 평형의 상태를 나타내고 이것은 암을 더 악화시키게 된다.

175 유방암의 발생 원인
- 높은 연령에서 발생확률이 높다.
- 가족 중에 유방암 환자가 있는 경우 발생확률이 높다.
- 경구피임제 복용은 위험성을 증가시킨다.
- 폐경기 여성의 여성호르몬(에스트로겐)치료는 위험도를 증가시킨다.
- 출산력이 없는 경우 그 빈도가 증가한다.
- 모유수유를 하지 않는 경우 위험도가 증가한다.
- 비만환자에서 확률이 증가한다.
- 동물성 지방 및 육류섭취의 증가로 인한 고지방, 고단백 식이가 위험도를 높인다.
- 음주, 흡연, 환경공해물질은 발생확률을 높인다.

176 셀레늄
- 몸 안의 유해산소를 없애는 강력한 항산화효소인 글루타티온 퍼옥시다제의 구성 성분이며 면역기능을 높여 암 발병율을 낮추는 것으로 알려지고 있다.
- 전립선암은 63%, 대장암은 58%, 폐암은 46% 발생 가능성을 낮추는 것으로 보고되고 있다.

177 스트레스를 이기기 위한 식사요법
- 고단백 식품을 섭취한다. : 스트레스와 싸우는 호르몬의 분비가 잘 되도록 도와주는 역할을 한다.
- 비타민을 섭취한다. : 비타민 B_3, B_6는 긴장을 풀어주며 A, C, E도 손상된 세포를 도와주는 역할을 한다.
- 칼슘을 풍부하게 함유한 식품을 섭취한다. : 스트레스가 쌓이면 칼슘의 배설량이 많아진다.
- 섬유소를 섭취한다. : 스트레스는 복통과 변비의 원인이 된다.
- 물을 많이 섭취한다. : 교감신경계가 균형을 찾게 되고 입이 마르거나 가슴이 두근거리는 증상이 완화된다.
- 카페인은 피한다. : 위산분비를 촉진시켜 위경련을 일으키고, 칼륨과 아연 등을 배설시킨다.

178 수술 후 환자가 충분한 영양을 취하지 못할 때는 체중감소 및 조직 내의 질소 손실량이 커진다.
- 특히 혈액 내의 포도당이나 아미노산은 필요한 열량 및 단백질 요구량을 충족시키지 못하여 저단백 및 체지방의 분해가 일어난다.

179 심한 화상 후에는 전해질의 불균형이 자주 유발되므로 나트륨, 칼륨, 염소, 인, 칼슘, 마그네슘 공급에 주의한다.

180 회복기 화상 환자의 영양관리
- 수분과 전해질을 충분한 양으로 보충한다.
- 충분한 열량이 공급되어야 한다.
- 고단백 식사를 해야 한다(체중 kg당 2~3g의 단백질).
- 당질은 전체 열량 필요량의 50~60% 정도 공급한다.
- 지방의 양은 총 열량의 15% 정도로 제한한다.
- 비타민 A, C, 아연 등이 보충된 복합비타민제를 매일 충분히 공급한다.

181 식사성 알레르기 환자를 위한 식품을 선택할 때 고려해야 할 사항
- 식품 재료는 신선한 것을 선택하고, 부패성이 높은 동물성 단백질 식품에 유의한다.
- 가공식품, 조리된 식품은 되도록 피한다.
- 채소류는 향기가 강하거나 독을 제거해야 하는 채소를 피하고 가능한 한 가열조리를 한다.
- 생으로 먹을 때는 소금으로 문지르거나 살짝 데친다.
- 기름은 신선한 것을 이용한다.
- 향신료는 가능한 한 사용하지 않는다.
- 소화 흡수가 잘되는 것을 먹도록 한다.

182 관절염 환자의 식이는 영양개선에 의해 회복이 빨라질 수 있다. 따라서 양질의 단백질을 충분히 섭취해야 한다.

183 비타민 D와 칼슘을 충분히 섭취한다.

184 세포간 결합물질의 형성을 위해 단백질과 비타민 C가 필요하다. 비타민 C는 골격형성에 중요한 콜라겐을 합성한다.

185 aspirin 및 steroid제를 사용하는 관절염 환자는 무자극성, 저염식이를 반드시 해야 한다.

2과목 생리학

1. 세포와 물질이동

01 세포막을 통한 물질의 이동
- 수용성 물질인 포도당, 아미노산 등의 거대분자 등은 촉진확산에 의해 이동
- 확산은 농도차에 의한 이동으로 고농도에서 저농도로 이동하는 현상(수동적 이동)
- 여과는 압력의 차이로 압력이 큰 곳에서 적은 곳으로 운반(수동적 이동)
- 촉진확산은 에너지로 사용하지 않고 물질을 이동(능동적 이동)
- 삼투는 삼투압 차이에 의한 이동으로 저농도에서 고농도로 이동하는 현상(수동적 이동)

02 ribosome
- 지름 200~300Å의 구상인 리보핵산 단백질이다.
- 소포체의 막 외면에 부착되어 있거나 세포질 내에 유리, 분포되어 있다.
- 유전자의 지령에 따라 아미노산을 결합하여 단백질을 합성한다.

03 미토콘드리아(mitochondria)에는 호흡효소가 많이 들어 있으며 호흡작용에 의해서 영양물질을 산화하여 에너지를 생산한다.

04 세포횡단수분은 세포외액의 일부분으로 뇌척수액, 소화액, 늑막액, 관절액, 복강액, 요, 안구의 방수, 분비선의 액체 등이 포함되는데 그 양은 극히 적다.

05 적혈구
- 지질과 단백질로 이루어진 막으로 덮여 있지만 핵은 없고 산소와 결합하는 헤모글로빈(붉은색으로 철이 풍부한 단백질)이 있다.
- 인체의 적혈구 중 골수에서 바로 생성된 미성숙한 적혈구는 핵이 있다.

06 능동운반
- 물질의 농도경사를 역행하여 수송(농도가 낮은 곳에서 높은 곳으로 물질 운반)
- 물질 이동에 에너지가 필요(세포 내에서 유기물의 산화로 ATP 이용)
- 소장, 세뇨관의 세포에는 특이한 운반체로 계속하여 당, 아미노산, 이온 등을 운반
- 포화현상
- 운반체의 특이성(선택성)

07 세포의 외액과 내액의 전해질

구분	외액(mM)	내액(mM)
Na^+	140	15
K^+	4	150
Ca^{++}	1	1.5
Mg^{++}	1.5	12
Cl^-	110	10
HCO_3^-	30	10

2. 혈액과 혈액순환

08 혈액
- 혈구와 혈장으로 구성되어 있다.
- 혈장은 섬유소원과 혈청으로 구성되어 있다.
- 혈장은 전체 혈액의 45% 정도이며 녹황색 액체로 수분 93%, 혈장 단백질 7% 정도이며 이외에 포도당, 무기염류, 지방, 아미노산 등 영양분과 효소, 항체, 호르몬, 노폐물, 이산화탄소 등이 들어 있다.

09 혈액 1㎖ 중의 혈소판 수는 20~30만 정도이다.

10 혈액의 기능
- 호흡 가스를 교환하는 호흡작용
- 영양소, 노폐물, 호르몬, 항체 등의 운반작용
- 항체에 의한 면역작용
- 생체의 수분 조절작용
- 체온 조절작용
- 호르몬 운반
- 혈당량, 삼투압, pH를 조절하여 일정하게 유지
- 혈압유지
* 적혈구는 골수에서 생산한다.

11 혈액응고에 관여하는 물질
- 섬유소 : 혈관 밖에서는 비수용성 섬유소가 되어 혈액을 응고시킨다.

- 트롬빈 : 섬유소원을 섬유소로 바꾸게 한다.
- 트롬보플라스틴 : 프로트롬빈을 트롬빈으로 바꾼다.
- Ca^{++} : 프로트롬빈을 트롬빈으로 바꾼다.
  * 헤파린(heparin)은 간에서 분리되는 항응고제이다.

12 노쇠 적혈구는 비장이나 혈관 내벽에 있는 거대식포세 또는 망상 내피세포에 탐식되어 소화되고 분해산물이 혈액 내로 나간다.

13 • anti-B(β 혈청)에서 응집이 일어나면 B형
  • anti-A(α 혈청)와 anti-B(β 혈청)에서 모두 응집이 생기지 않으면 O형, 이 두 혈청에서 모두 응집이 일어나면 AB형
  • anti-A(α 혈청)에서 응집이 일어나면 A형

14 Hematocrit(Hct)값
  • 혈액을 원심분리하여 침전된 적혈구의 전체 혈액에 대한 백분율을 말한다.
  • 정상치는 42(여자)~45(남자)%이다.

15 factor Ⅷ은 anti-homophilic factor로 선천적으로 이 인자가 없으면 혈우병에 걸리게 된다. 특히 남자에게만 나타난다.

16 백혈구
  • 호염기성 : 항응고
  • 호산성 : allergy 질환(기생충 감염 시)
  • 호중성 : 식작용
  • 단핵구 : 식작용
  • 임파구 : γ-globulin 면역항체

17 호중성 백혈구는 백혈구 중 55~65% 정도로 가장 많이 차지하고 식작용도 가장 크다.

3. 심 장

18 심장주기(cardiac cycle)
  • 심방이 수축할 때부터 다음에 오는 심방수축 시작까지를 말한다.
  • 그 순서는 심방수축 → 심실수축 → 심방, 심실확장(심장주기 0.8 초) 순이다.

19 심전도(EDG)
  • 심장의 수축과 확장 시 일어나는 전기적 변동을 기록한 것, 즉 심장의 활동전압을 신체표면에서 포착하여 기록한다.
  • 파동을 P파, QRS파, T파로 구분한다.
  • 심전도에서 심실근의 수축을 나타내는 것은 QRS이다. 심방의 수축을 나타내는 것은 P파이다.

20 심박출량(cardiac output, COP)
  • 보통 박출량(매 심박동마다 심실에서 분출되는 혈액량)과 분당 박동수로 계산하여, 1분당 l(l/min)로 나타낸다.
  • 심박출량은 대개 조직이 산소나 다른 영양분을 얼마나 필요로 하는가에 비례한다.
  • 건강한 성인은 기초 박출량이 1분당 5l가 약간 넘는 것으로 추정된다.
    – COP=heart rate(심박수)×1회 박출량(stroke volume),
      COP=Hr×SV
    – 따라서 심박동이 증가하면 1회 박출량은 감소한다.

21 심장 흥분파의 전달
  • 동방결절(S-A node) 내의 pacemaker에서 흥분시작, 결절을 거쳐 심방으로 전파된다. 심방의 흥분파는 방실결절(A-V node)에서 모인다. 결절을 거쳐 심실로 전파되고, 심실의 흥분은 프르킨에 섬유(purkinje fiber)에 의해 빨리 흥분되는 내측에서 외측으로 일어난다.
  • S-A node → 심방근 → A-V node → A-V bundle(hiss-bundle) → bundle branch → 심실근의 purkinje fiber

22 뇌순환
  • 좌심실 → 대동맥 [총경동맥 / 추골동맥] → 뇌세포 → 뇌저동맥 → 뇌세포

23 • 심실이 수축할 때는 방실판은 폐쇄되고 동맥판막은 열린다.
  • 심방이 수축할 때는 이와 반대로 방실판막은 열리고 동맥판막은 폐쇄된다.

24 심장순환(관상순환)에서 좌심실이 수축할 때보다 좌심실이 이완할 때 심장에 혈액유입이 많이 된다.

25 맥압이란
  • 심장 수축기의 혈압(최고 혈압)과 확장기의 혈압(최저 혈압)과의 차이며, 동맥 내의 혈압변동의 폭을 말한다.
  • 맥압에 영향을 주는 요인 중의 하나는 동맥의 탄력성이다.
  • 노년기에는 혈관의 탄력성이 떨어지거나 동맥 경화증이 있을 때는 수축 시 혈압이 높아지므로 맥압이 높아진다.
  • 동맥경화증이 심하면 맥압이 100mmHg가 되는 수도 있다.

26 심장조절
  • 근본적으로 심장은 원심신경, 즉 교감 및 부교감에 의해 이루어지나 반사중추(연수)에 의해 심장 촉진과 억제가 이루어진다.
  • 즉 대뇌피질 또는 말초 부위에서 받은 자극을 심장중추로 보내고 심장중추에서는 흥분을 다시 말초신경을 거쳐서 심장으로 보내어 심장활동을 조절한다. 이것을 심장반사라고 한다.
  • 연수에는 심장 촉진중추와 억제중추가 있다.

4. 호 흡

27 횡경막이 수축하면 흡식 호흡운동이 된다.

28 흡식운동은 외늑간근의 수축과 횡격막의 하향운동으로 조절되고, 호식운동은 내늑간근의 수축과 횡격막의 상향운동으로 조절된다.

29 기능적 잔기용량(functional residual cavity, FRC)
호식 예비 용적과 잔기용적을 합한 것과 같다. 정상 호식 후 폐 내에 남아 있는 공기량으로 약 2,400ml이다.

30 혈중 CO_2 농도가 정상보다 높을 때 호흡중추가 흥분하기 쉬우며, 호흡속도가 빨라진다. N_2 농도는 항상 같다(1기압 이하에서).

31 폐포 내의 산소분압은 100mmHg이고, 정맥혈의 산소분압은 30~40 mmHg이다.

32 호흡조절 중추는 연수와 뇌교에 있고, 연수는 뇌교의 지배하에 조절된다.

33 무효공간(150㎖)
  • 가스교환에 참여하지 않는 호흡계 안의 용량, 즉 들숨 끝에 기도에 있는 공기는 가스교환에 전혀 참여하지 못하고 날숨 쉴 때 그냥 지나가는 것을 말한다.

34 폐활량(5,000㎖)
  • 최대로 흡식하였다가 다시 호식할 때 허파에서 나오는 공기량을 말한다.
  • 1회 호흡량+흡식예비량+호식예비량에 해당한다.

35 호흡량(tidal volume)
  • 안정하고 있을 때, 매 호흡당 들이쉬거나 내쉬는 공기의 양을 말한다.
  • 1회의 호흡양은 500ml이고 이중 150ml는 해부학적 호흡사강 내에 들어 있다.
  • 안정 시 성인은 1분에 16회의 호흡운동이 일어난다.

36 산소 해리곡선
  • 헤모글로빈의 산소포화도와 산소분압의 관계를 나타내는 곡선이다.
  • O_2 분압이 낮을수록, CO_2 분압이 높을수록, 온도가 높을수록, pH가 낮을수록, 해발고도가 높을수록 오른쪽으로 이동한다.

37 • 호흡성 알칼리증 : 과도호흡
  • 호흡성 산증 : 호흡곤란
  • 대사성 알칼리증 : 구토
  • 대사성 산증 : 설사

5. 소 화

38 pepsin의 최적 pH는 1.5~2 정도로 산성조건에서 소화작용을 한다.

39 레닌(rennin)은 위 내벽에서 분비되어 우유의 카세인을 파라카세인으로 분해하여 우유를 응고시키는 작용을 하는 가수분해효소이다.

40 위액 내의 점액소(mucin)는 위 점막을 피복하여 펩신에 의한 위점막의 자가소화를 방지한다.

41 위선(gastric gland) 세포
  • 벽세포(parietal cell) : 염산 분비
  • 주세포(chief cell) : pepsinogen 분비
  • 점액성 경세포(mucin neck cell) : 점액(mucin) 분비

42 성상세포(kupffer cell)는 간세포삭(간세포판) 사이에 있는 동양모세혈관상을 이루고 있는 세포로 왕성한 식균작용을 한다.

43 간은 3,000억개 이상의 간세포로 이루어져 있는 인체에서 가장 큰 장기로서 무게가 1.2~1.5kg 정도이다.

44 • gastrin : 위액 분비촉진
  • enterogastrin : 위액 분비억제
  • cholecystokinin : 담즙 분비촉진
  • secretin : 췌장액 분비촉진
  • pancreozymine : 췌장액 분비촉진

45 췌액(이자액)
  • 이자의 외분비선에서 분비되는 소화액이며, 소화에 중요한 구실을 한다.
  • 이자액은 분비샘을 형성하는 샘방세포에서 분비되는 소화효소로 샘방중심세포와 개재관의 상피세포에서 분비되는 물, 전해질이 혼합된 것이다.

- 이자액의 분비량은 하루 700~1,500㎖이다.

46 항연동운동은 대장에서 일어나는 운동이다.

47 trypsinogen은 enterokinase에 의해 활성화되어 polypeptide까지 분해되고, 그 다음에 chymotrypsin이 작용하여 dipeptide 단계까지 분해된다.

48 소장에는 흡수면적을 넓게 하기 위해 미세한 융모가 많이 모여 있다.

49 대장에서는 주로 소장에서 흡수되고 남은 수분이 흡수된다.

6. 신 장

50 사구체의 여과율 측정에 사용되는 물질은 이눌린(inulin)이다.

51 신장의 구성
- 피질과 수질로 구성되어 있다.
- 신장의 기능적 최소단위인 네프론(nephron)은 복강 뒤쪽에 좌 우 두개가 있다.
- 네프론은 피질에서 수질 쪽으로 배열되어 있고, 한쪽에 약 100만 개, 양쪽에 200만 개의 네프론으로 되어있다.
- 네프론은 신소체와 세뇨관으로 되어 있다.

52 신장을 통과하는 혈류량은 안정 시, 총 심박출량의 1/4(1,200㎖/min) 정도가 흐르는데 이것은 4~5분에 한 번씩 온몸을 순환한 혈액이 신장을 통과함을 뜻한다.

53 사구체 여과
- 사구체 여과는 여과압에 의하여 결정된다.
- 사구체 여과 속도(GFR)는 단위 시간 동안 사구체에서 여과되는 혈장량(㎖/min)이다.
- 사구체 여과 속도 측정에 사용되는 물질은 이눌린(inulin)이다.
- 사구체 여과율은 남자는 127㎖/min, 여자는 118㎖/min, 평균 125㎖/min 이다.
- 사구체 내의 모세혈관 내압은 60~70mmHg로 채내 다른 모세혈관 내압 35mmHg보다 높다.

54 신혈장유통량(renal plasma flow, RPF)은 PAH(para-amino hippuric acid : 마뇨산)의 제거율을 측정함으로써 매분 신장으로 들어오는 총 신혈장유통량(RPF)을 구할 수 있다.

55 혈장의 포도당 농도가 100mg인 경우에는 사구체에서 여과된 포도당 전량을 재흡수한다.

56 원위세뇨관에서 Na^+ 재흡수는 알도스테론(aldosterone)의 영향으로 일어나고 이것의 분비는 Na^+ 농도가 낮고 K^+ 농도가 높을 때 촉진된다.

57 항이뇨호르몬(ADH)의 분비가 감소하면 요량이 현저히 증가한다.

7. 내분비

58 호르몬
- 성장, 생식, 생체 내 환경을 일정하게 유지하는 항상성(homeostasis) 등 여러 가지 생리적 활성을 조절한다.
- 대부분의 척추동물 호르몬은 내분비계라는 특이 조직에서 합성되어 혈류를 통해 표적기관으로 이동한다.

59 바세도우씨병(Basedow's disease)은 갑상선호르몬의 과량 분비에 의해서 생긴다.

60 갑상선 호르몬인 thyroxine은 조직 세포의 산화반응을 항진시키며 그 결과 산소소비량이 증가하고 기초대사도 상승한다. 또한 육체적, 정신적 발육에 중요한 호르몬이다.

61 Vit D의 존재 하에서 소화관을 통한 Ca^{++}흡수를 증가시킨다.

62 코르티손(cortisone)
- 일차적으로는 단백질을 탄수화물(당질코르티코이드)로 빠르게 전환시키고, 체내에서 염의 대사(무기질코르티코이드)를 조절하는 데 쓰인다.
- 부신피질에서 분비되는 당질코르티코이드(glucocorticoids)는 염증이나 알려진 증상을 경감시키는 작용을 하므로 의약품으로 이용된다.
- 코르티손은 1948년에 류머티스 관절염을 치료하기 위해서 도입된 이래, 특정 부작용이 없는 다른 관련 화합물로 많이 대체되었다.

63 부신피질에서 분비되는 당질코르티코이드(glucocorticoids)는 염증이나 알러지 증상을 경감시키는 작용을 한다.

64 췌장(pancreas)의 내분비선인 랑게르한스섬(Langerhans' island)의 α-세포에서는 글루카곤(glucagon)을 분비하고, β 세포에서는 인슐린(insulin)을 분비한다.

65 정관 내 세르톨리(sertoli) 세포는 정자를 생산한다.

66 췌장에서 분비되는 인슐린은 혈당(포도당)저하 작용을 하는데 췌장을 적출하게 되면 혈당치가 상승하게 된다.

67 parathormone(PTH)
- 혈중 Ca 농도를 조절하는 호르몬이다.
- 혈중농도가 낮을 때 분비가 증가하고, calcitonin은 고칼슘혈증인 경우 혈장 Ca 농도를 낮추기 위해 분비된다.

68 부갑상선은 일명 상피소체라고도 하며 parathormone(PTH)을 분비하여 혈중 Ca^{++} 농도를 조절하는 역할을 한다.

8. 체온조절 및 영양대사

69 발한의 기능
- 수분이 표피에서 증발되는 수증기(무의식적 발한)나 땀샘에서 분비된 액체가 식은땀의 형태로 증발한다.
- 분비물은 거의 수분(약 99%)이고 소량의 염과 아미노산이 용해되어 있다.
- 체온이 올라가면 교감신경계가 에크린땀샘을 자극해 피부 표면으로 수분이 분비되게 되고 이것의 증발로 체온이 내려가게 된다.
- 따라서 땀 분비는 온도를 조절하는 중요한 메커니즘이다.

70 열을 방출하는 방법
- 체열의 80%는 피부를 통해서 증발(25%), 복사(60%), 전도(12%), 대류의 방법으로 방산되며 나머지 20%는 호흡기, 소화기, 배뇨기관의 점막을 통해 방산된다.
- 그러나 외기온도가 높아져 체온에 가까워질수록 복사와 전도 비율이 적어지고 증발의 비율이 커진다.

71 기초대사
- 생물체가 생명을 유지하는 데 필요한 최소한의 에너지의 양이다.
- 주로 체온 유지, 심장 박동, 호흡 운동, 근육의 긴장 따위에 쓰는 에너지로 기초대사량은 여름에 적고 겨울에 많다.

72 운동을 하면 운동 중에 신장으로 가는 혈액량이 감소하고, 소변으로 배설되는 수분의 재흡수가 커져서 요량은 감소한다.

9. 근육 및 골격

73 심근의 성질
- 심근은 심장벽을 이루고 있는 근원섬유로 구조상으로는 횡문근이나 기능상으로는 자율신경계의 지배를 받으므로 불수의근이다.
- 심근은 중추로부터 신경을 차단시켜도 자동적으로 스스로 활동한다.

74 근 수축 시의 Ca^{++}의 역할
- Ca^{++}은 근장 내 그물 속에 저장되어 있다가 활동전압이 T-세관을 지나 전도되면 Ca^{++}이 방출된다. 그 결과 액틴이 미오신 쪽으로 미끄러져 들어간다.
- 따라서 Z-선이 접근하게 된다.
- 한편 Ca^{++}은 다시 근장 내 그물 속으로 들어가므로 근육이 이완된다.

75 근섬유 조직
- A대는 암대, I대는 명대라고하며 I대 중앙을 지나는 어두운 선이 Z선이라 하고 A대의 밝은 부분이 H역이라고 한다.
- Z선과 Z선의 사이를 근절(sarcomere)이라고 한다.

76 역치란 신경을 흥분시킬 수 있는 가장 약한 자극 강도를 말한다.

77 불응기(refractory period)
- 자극을 받고 흥분한 후 회복하기 위하여 다소의 시간이 소요된다.
- 복구기간 중 어느 한 시기에 자극을 가해 반응을 보일 때 이 시기를 상대적불응기라 하고, 반응하지 않은 이 시기를 절대불응기라 한다.

78 근전도(electromyogram, EMG)
- 근육이 수축할 때 발생되는 전기적 변동을 기록한 것이다.
- 정상근육은 쉬고 있는 동안 전기적 활성이 없지만, 수축하거나 자극되면 전기적 활성이 나타나고 전류가 발생한다.
- 그에 따른 활동전위가 오실로스코프 화면에 파동으로 나타나 기록된다.

79 키모그래프(kymograph)
- 심장과 동맥 혹은 다른 내장의 운동상태를 곡선으로 기록하는 장치의 총칭이다.
- 근수축, 심장박동, 내장의 운동, 혈압의 변화, 호흡운동 등에 널리 응용된다.

80 뼈는 골막이라는 질긴 막으로 싸여 있는데 골외막은 골모세포(osteoblast)와 혈관을 가지고 있어 뼈의 성장과 재생기능을 한다.

81 골격의 주요 기능
- 신체를 지탱하는 지주의 역할(지지작용)

• 섬세한 신체 내부 구조를 보호(보호작용)
• 근육의 부착점이 되어 운동에 관여(운동작용)
• 혈구생산(조혈작용)
• 광물질을 저장(저장작용)

10. 신 경

82 시상하부
• 자율신경계의 여러 가지 기능을 조절하는 중추이다.
• 문맥을 통하여 뇌하수체전엽으로 여러 호르몬들을 분비함으로써 성장호르몬, 부신피질자극호르몬, 황체형성호르몬 및 기타 주요한 뇌하수체 산물을 분비하도록 뇌하수체를 자극한다.
• 시상하부는 외부온도의 변화에 대응하여 체온을 조절하고, 각성상태와 수면을 결정하는 중추를 갖고 있으며 수분의 섭취와 갈증도 조절한다.

83 미주신경(제 10 뇌신경)
• 뇌신경 중에서 가장 넓게 분포하는 신경이다.
• 인두분지와 후두분지는 인두와 후두의 운동 충격을 전달하고, 심장분지는 심장의 박동을 느리게 하는 일을 한다.
• 기관분지는 기관을 좁히는 일을 하며, 식도분지는 식도 · 위 · 담낭 · 췌장 · 소장의 불수의근을 조절하는 일과 연동운동을 자극하고 위장의 분비를 촉진시키는 일을 한다.

84 대뇌에는 지각 통합 중추, 언어와 추상적 사고를 할 수 있는 고도의 지적 기능 수행 중추, 수의운동을 담당하는 중추 등이 있다.

85 연수
• 척수와 뇌의 경계부위에 있어 양측을 연결하는 신경섬유의 통로가 된다.
• 전면에는 추체(pyramid)가 있어 대뇌피질에서 척수로 가는 운동신경섬유의 통로가 되며 연수의 하단에서 반대편으로 건너가는데 이것을 추체교차라 한다.

86 밝혀진 신경전달물질
• 아세틸콜린(acetylcho line), 노르에피네프린(norepinephrine), 에피네프린(epinephrine), 도파민(dopamine), 세로토닌(seroto nin) 등이 있다.
• 아세틸콜린과 같은 몇몇 화학물질들은 뉴런을 흥분시키는 반면에 일부 화학물질들은 억제물질로 작용한다.

87 부교감신경의 절후섬유 말단에서는 신경전달물질인 아세틸콜린(acetyl-choline)이 방출된다.

88 호흡중추와 심장중추는 뇌의 연수에 있고, 청각중추, 운동중추, 언어중추, 시각중추 등은 대뇌에 존재한다.

89 자율신경 흥분에 따른 부교감 신경의 작용은 심박동 감소, 내장혈관의 확장, 기관지 수축, 연동운동 증가, 방광 수축, 동공 수축, 타액 및 위액분비 증가 등이다.

11. 감 각

90 안구
• 외막, 중막, 내막 및 안내용물로 이루어져 있다.
  – 외막 : 투명한 각막, 흰색의 공막
  – 중막(포도막) : 홍체, 모양체, 맥락막
  – 내막(망막) : 투명한 신경조직
  – 안내용물 : 수정체, 초자체, 방수

91 피부는 우리 몸의 바깥쪽을 싸고 있으면서 보호기관으로, 감각기관으로, 체온조절기관, 배설기관으로 우리의 생명을 유지하는데 중요한 역할을 한다.

92 미각 수용기
• 혀의 미뢰에 있다.
• 이들은 유두의 둘레에 특히 많으며 음식물 성분의 일부가 물에 용해되어 미뢰의 입구를 거쳐 안으로 들어오면 미각세포를 자극하여 신경흥분을 일어나게 한다.

93 단맛의 glucose의 역치는 0.08mol/L이다.

94 추상세포
• 망막의 횡점에 많이 분포되어 있으며 주로 밝은 곳에서 강한 빛(0.1Lux 이상)을 감지한다.
• 명암시각, 형태시각, 색 감각을 일으킨다.

95 유스타키오관(eustachian tube)은 연하운동이나 하품을 할 때에는 열리게 되어, 중이 안의 기압을 외기의 기압과 같도록 조정하는 일을 한다.

Part 2

제 2 교시
적중총정리문제

* 식품학 및 조리원리

* 단체급식관리,
  식품위생학 및 관계법규

* 핵심콕콕 해설

1과목   식품학 및 조리원리

〈 식품학 〉

1. 수 분

01 식품 중 물의 역할이 아닌 것은?

① 열의 전달수단이 된다.
② 삼투압 조절을 한다.
③ 식품의 물리학적 변화를 정지시킨다.
④ 가열 조건을 일정하게 유지시킨다.
⑤ 건조상태의 것을 원상태로 회복시킨다.

02 식품 중 결합수에 관한 설명으로 옳지 않은 것은?

① 미생물의 번식과 발아에 이용되지 못한다.
② −18℃ 이하에서도 액상으로 존재한다.
③ 수증기압이 보통 물보다 낮다.
④ 비중이 4℃에서 최고이다.
⑤ 식품성분인 단백질, 당류와 결합되어 있다.

03 보통 식품에서의 수분활성도(Aw)의 범위는?

① Aw < 1   ② Aw > 1
③ Aw = 1   ④ Aw ≥ 1
⑤ Aw = 0

04 식품의 수분활성도를 낮게 하는 방법이 아닌 것은?

① 식염을 첨가한다.   ② 온도를 높인다.
③ 수용성 물질을 첨가한다.   ④ 설탕을 첨가한다.
⑤ 건조시킨다.

05 곡류의 저장 중에 내건성 곰팡이의 피해를 방지하는 데에 적당한 수분활성은?

① 0.95 이하   ② 0.90 이하
③ 0.80 이하   ④ 0.65 이하
⑤ 0.60 이하

06 30%의 수분과 20%의 설탕을 함유한 식품의 수분활성도(Aw) 값은?(단, 분자량은 H_2O : 18, 설탕 : 342이다)

① 0.80   ② 0.83
③ 0.85   ④ 0.97
⑤ 0.99

07 수분활성도에 따라 평형수분함량 관계를 나타낸 등온흡습곡선에서 갈변화(마이야르 반응 : Maillard reaction)가 가장 많이 일어나는 곳으로 예상되는 영역은?

① 단분자층 영역
② B.E.T.영역
③ 다분자층 영역
④ 모세관응축 영역
⑤ 이력 영역

2. 탄수화물

08 다음 중 ketose인 것은?

① galactose   ② arabinose
③ fructose   ④ glucose
⑤ mannose

09 다음 중 epimer 관계로 옳은 것은?

① D-galactose, D-mannose
② D-glucose, D-fructose
③ D-glucose, D-galactose
④ D-mannose, D-fructose
⑤ D-glucose, D-glucose

10 다음 화합물의 구성 성분 중 ribose의 −OH기가 환원되어 있는 것은?

① UDP   ② FAD
③ NAD   ④ DNA
⑤ RNA

11 다음 중 유해균의 발육을 억제하며 정장 작용을 하는 당류는?

① 포도당   ② 젖당
③ 맥아당   ④ 설탕
⑤ 과당

12 전화당(invert sugar)의 설명 중 옳지 않은 것은?

① 선광성이 변하여 좌선성을 나타낸다.
② 포도당과 과당의 등량혼합물이다.
③ 반응에 관여하는 효소는 invertase이다.
④ 용해도와 단맛이 감소한다.
⑤ 묽은 산, 알칼리에 의해 가수분해 된다.

정답   01 ③   02 ④   03 ①   04 ②   05 ④   06 ④   07 ③   08 ③   09 ③   10 ④   11 ②   12 ④   ➔ 해설 p. 159

13 비타민의 일종이며, 근육당으로 불리는 당알코올은?

① xylitol
② inositol
③ ribitol
④ mannitol
⑤ sorbitol

14 amino-sugar에 해당되는 것은?

① glucosamine
② milk-sugar
③ meso inositol
④ gluconic acid
⑤ xylitol

15 다음 당 중에서 inulin을 구성하는 단당류는 무엇인가?

① ribose   ② galactose
③ fructose   ④ glucose
⑤ mannose

16 amylose에 대한 설명으로 옳은 것은?

> 가. $\alpha-1$, 4결합이다.
> 나. 요오드 반응은 청색을 띤다.
> 다. 보통 전분 속에 10~20% 존재한다.
> 라. α형은 나선형이나 β형은 직선형이다.

① 가, 나, 다   ② 가, 다
③ 나, 라   ④ 라
⑤ 가, 나, 다, 라

17 glycogen의 특징으로 옳은 것은?

> 가. 분자량이 백만 이상이며, 대개 구상이다.
> 나. α-D-glucose가 α-1, 4 결합 및 α-1, 6 결합으로 되어 있다.
> 다. 동물성 전분이며 간과 근육의 저장 탄수화물이다.
> 라. 요오드 반응은 청색을 띤다.

① 가, 나, 다   ② 가, 다
③ 나, 라   ④ 라
⑤ 가, 나, 다, 라

18 다음 중 동물성 다당류인 것은?

① inulin   ② glycogen
③ carrageenan   ④ algin
⑤ mannan

19 Pectin의 설명 중 옳지 않은 것은?

① 적당량의 당과 산이 존재할 때 gel을 형성할 수 있는 물질이다.
② carboxyl기의 일부가 methyl ester 되어 있는 친수성 polygalacturonic acid이다.
③ 팩틴질(pectin substance)로 불리는 넓은 범위에 속하는 물질 중의 하나이다.
④ hexose, pentose, uronic acid 등이 결합한 복합다당류이다.
⑤ 미숙과일에는 protopectin이 상당량 함유되어 있어 딱딱하나 성숙함에 따라 가용성 pectin으로 변하여 연해진다.

20 다음 중 해조류에 들어 있지 않은 성분은?

① glucomannan
② carrageenan
③ laminarin
④ alginic acid
⑤ agaric acid

21 다음 중 식이성 섬유소(dietary fiber)의 성분이 아닌 것은?

① pectin   ② lignin
③ cellulose   ④ inulin
⑤ hemicellulose

22 다음 중 호화전분의 특성으로 옳은 것은?

> 가. 복굴절성(birefringence) 소실
> 나. 소화 작용이 용이
> 다. 용해현상 등이 증가
> 라. 부피 감소

① 가, 나, 다   ② 가, 다
③ 나, 라   ④ 라
⑤ 가, 나, 다, 라

23 다음 중 노화가 가장 잘 일어나는 수분 함량은 얼마인가?

① 10% 이하   ② 10~30%
③ 30~60%   ④ 70~75%
⑤ 75% 이상

24 전분의 호정화가 일어나는 경우는?

① 전분에 물을 붓고 55~60℃로 가열할 때
② 전분을 100℃의 건열로 가열할 때
③ 전분에 물을 붓고 100℃로 가열할 때
④ 전분을 160~170℃의 건열로 가열할 때
⑤ 전분에 물을 붓고 150~170℃로 가열할 때

정답 13 ② 14 ① 15 ③ 16 ① 17 ① 18 ② 19 ④ 20 ① 21 ④ 22 ① 23 ③ 24 ④   ➡ 해설 p. 159 ~ p. 160

Nutrition

2교시 1과목 식품학 및 조리원리

3. 지질

25 중성 지질에 대한 설명으로 옳은 것은?
① 글리세린과 glycerol의 ester
② 지방산과 glycerol등의 ester
③ 지방산과 glycerol의 ester
④ 지방산과 글리세롤등의 ester
⑤ 글리세린과 glycol의 ester

26 인지질이 아닌 것은?

| 가. sphingomyelin | 나. lecithin |
| 다. cephalin | 라. cerebroside |

① 가, 나, 다
② 가, 다
③ 나, 라
④ 라
⑤ 가, 나, 다, 라

27 다음 중 동물성 sterol은?

| 가. ergosterol | 나. sitosterol |
| 다. stigmasterol | 라. cholesterol |

① 가, 나, 다
② 가, 다
③ 나, 라
④ 라
⑤ 가, 나, 다, 라

28 불포화지방산에 대한 설명으로 틀린 것은?
① 필수지방산은 불포화지방산이다.
② 포화지방산보다 융점이 낮아 상온에서 액체이다.
③ 포화지방산보다 산화되기 쉽다.
④ 수소를 첨가할 수 있다.
⑤ 동물성 지방보다 식물성 지방에 함량이 더 많다.

29 시판우유는 가열 처리하여 ... 동물유가 많이 들어 있는 필수지방산 등 무엇인가?
① stearic acid
② linolenic acid
③ arachidonic acid
④ linoleic acid
⑤ palmitic acid

30 다음 중 이중결합을 3개 가지고 있는 지방산으로 옳은 것은?
① stearic acid
② linoleic acid
③ linolenic acid
④ arachidonic acid
⑤ oleic acid

31 유지의 화학적 성질에 대한 설명으로 옳지 않은 것은?
① 산가는 유리지방산의 함량을 나타내며 유지의 산패도를 알 수 있다.
② Reichert-Meisl 값은 유지 중의 수용성 휘발성 지방산 함량을 표시한다.
③ 검화가는 지방산의 분자수를 알아진다.
④ 불포화지방산이 많이 들어 있는 유지는 요오드가가 높다.
⑤ Polenske 값은 유지 중의 불수용성 휘발성 지방산 함량을 표시한다.

32 다음 중 비누화가(saponification value)가 큰 유지는?
① 포화지방산의 함량이 많은 유지
② 저급지방산의 함량이 많은 유지
③ 고급지방산의 함량이 많은 유지
④ 분자량이 큰 지방산 유지
⑤ 불포화지방산이 많은 유지

33 유지 가열 시 일어나는 이화학적 변화로 옳은 것은?

| 가. 점도가 증가 | 나. 유리지방산 감소 |
| 다. 요오드가 증가 | 라. 과산화물값 증가 |

① 가, 나, 다
② 가, 다
③ 나, 라
④ 라
⑤ 가, 나, 다, 라

34 다음 중 유지의 산패에 대한 설명으로 옳은 것은?
① 유리기를 발생한다.
② 산도를 감소하게 하는 것이다.
③ 불포화지방산이 수소를 첨가하는 것이다.
④ 불포화지방산을 포화지방산으로 만든다.
⑤ 불포화지방산의 수소가 산소와 결합을 말한다.

35 유지 1g 중 유리지방산을 중화하는 데 소요되는 KOH의 mg 수를 나타내는 것은?
① 비누화가
② 산가
③ 요오드가
④ 과산화물값
⑤ 아세틸가

36 튀김 기름으로 사용할 유지의 특징으로 옳은 것은?

| 가. 과산화물값 감소 | 나. 점도 증가 |
| 다. 요오드가 감소 | 라. 유리지방산 증가 |

① 가, 나, 다
② 가, 다
③ 나, 라
④ 라
⑤ 가, 나, 다, 라

37 다음 중 지방의 산패를 촉진시키는 인자는?

> 가. 철 나. 광선
> 다. 산소 분압 라. 토코페롤

① 가, 나, 다 ② 가, 다
③ 나, 라 ④ 라
⑤ 가, 나, 다, 라

38 다음 중 유지의 자동산화로 생기는 성분이 아닌 것은?

① organic acid ② aldehyde
③ heme ④ hydroperoxide
⑤ ketone

39 식물성 유지 중에 존재하는 천연 항산화제로 옳지 않은 것은?

① tocopherol
② gossypol
③ sesamol
④ propylgallate
⑤ quercetin

40 다음 식품 중 유중 수적형(W/O)인 유화식품은?

① 버터 ② 아이스크림
③ 마요네즈 ④ 우유
⑤ 크림

41 튀김용 유지를 세게 가열할 때 생기는 자극적인 냄새는 무엇인가?

① acrolein 냄새
② 산패취
③ glycerin 냄새
④ 지방산 냄새
⑤ 아미노산의 탄화 냄새

42 유지의 발연점에 영향을 미치는 인자는?

> 가. 혼합 이물질의 존재
> 나. 유리지방산의 함량
> 다. 노출된 유지의 표면적
> 라. 유지의 사용 횟수

① 가, 나, 다 ② 가, 다
③ 나, 라 ④ 라
⑤ 가, 나, 다, 라

4. 단백질

43 다음 중 아미노산의 성질에 관한 설명 중 옳은 것은?

> 가. 아미노산은 물이나 염용액에 잘 녹는다.
> 나. 아미노산은 양성물질이다.
> 다. 아미노산은 정미성이 있어 식품의 맛과 관계가 있다.
> 라. 천연 아미노산은 D형이 많다.

① 가, 나, 다 ② 가, 다
③ 나, 라 ④ 라
⑤ 가, 나, 다, 라

44 다음 중 중성 아미노산은?

① arginine ② aspartic acid
③ leucine ④ lysine
⑤ glutamic acid

45 필수아미노산으로 황을 함유하는 것은?

① tryptophan ② alanine
③ cystine ④ methionine
⑤ cysteine

46 다음 중 감미성을 가지고 있는 아미노산은?

① glutamic acid ② valine
③ lysine ④ arginine
⑤ methionine

47 다음 중 유도단백질로 맞게 짝 지워진 것은?

① albuminoid, mucin
② casein, ovovitellin
③ peptone, gelatin
④ histone, protamine
⑤ myoglobin, hemoglobin

48 핵산과 결합한 염기성 단백질은 무엇인가?

① albuminoid ② histone
③ prolamin ④ glutelin
⑤ albumin

49 다음 중 색소단백질이 아닌 것은?

① cytochrome ② collagen
③ catalase ④ hemoglobin
⑤ astaxanthin

50 두부 제조 시 콩의 globulin 변성은 무엇에 의해 일어나는가?

① 산 ② 금속염류
③ 효소 ④ 가열
⑤ 표면 장력

51 식품에 함유되어 있는 단백질로 옳은 것은?

> 가. 밀 – gliadin 나. 쌀 – oryzenin
> 다. 콩 – glycinin 라. 우유 – zein

① 가, 나, 다 ② 가, 다
③ 나, 라 ④ 라
⑤ 가, 나, 다, 라

52 단백질의 구조 중 peptide결합의 car bonyl기와 aimino 기간의 수소결합에 의해 α-나선구조(helix)를 이룬 구조는 몇 차 구조인가?

① 단백질의 입체 구조
② 단백질의 제1차 구조
③ 단백질의 제2차 구조
④ 단백질의 제3차 구조
⑤ 단백질의 제4차 구조

53 단백질 나선구조(α-helix)를 유지하는 힘은 무엇인가?

① 배위결합 ② 이온결합
③ 수소결합 ④ S–S결합
⑤ vander waal's forces

54 단백질의 정색 반응으로 옳게 묶여진 것은?

> 가. Biuret 반응
> 나. Ninhydrin 반응
> 다. Millon 반응
> 라. Benedict 반응

① 가, 나, 다 ② 가, 다
③ 나, 라 ④ 라
⑤ 가, 나, 다, 라

55 다음 중 단백질의 화학적 변성요인으로 옳은 것은?

> 가. 산에 의한 변성 나. 계면변성
> 다. alkali에 의한 변성 라. 가열변성

① 가, 나, 다 ② 가, 다
③ 나, 라 ④ 라
⑤ 가, 나, 다, 라

56 트립신 저해제를 함유한 식품은?

① 콩류 ② 곡류
③ 어류 ④ 육류
⑤ 채소류

57 다음 중 단백질 분해효소로 옳은 것은?

> 가. bromelin 나. rennin
> 다. papain 라. catalase

① 가, 나, 다 ② 가, 다
③ 나, 라 ④ 라
⑤ 가, 나, 다, 라

5. 비타민

58 광선에 의해 분해가 가장 빠르게 일어나는 비타민은?

① Vit A ② Vit C
③ Vit B_1 ④ Vit B_2
⑤ Vit K

59 provitamin A로서 가장 효력이 큰 것은?

① α-carotene ② β-carotene
③ γ-carotene ④ lycopene
⑤ xanthophyll

60 당질 대사와 관계 깊은 비타민은 무엇인가?

① 비타민 C ② 비타민 D
③ 비타민 B_6 ④ 비타민 B_1
⑤ 비타민 A

61 비타민의 화학명과의 연결이 옳은 것은?

> 가. Vit B_6-pyridoxine 나. Vit B_1-thiamine
> 다. Vit B_2-riboflavin 라. Vit M-biotin

① 가, 나, 다 ② 가, 다
③ 나, 라 ④ 라
⑤ 가, 나, 다, 라

62 Vit E 활성이 가장 높은 것으로 옳은 것은?

① δ-tocopherol ② γ-tocopherol
③ β-tocopherol ④ α-tocopherol
⑤ α-carotene

정답 50 ② 51 ① 52 ③ 53 ③ 54 ① 55 ② 56 ① 57 ① 58 ④ 59 ② 60 ④ 61 ① 62 ④ 해설 p. 161

6. 무기질

63 알칼리성 식품에 대한 설명으로 옳은 것은?

① Na, K, Ca, Mg이 많은 식품이다.
② NaOH로 가공한 식품이다.
③ S, Cl이 많은 식품이다.
④ 떫은 맛을 내는 식품이다.
⑤ 식품이 생체 내에서 H_2CO_3를 생성하는 식품이다.

64 산성식품으로 옳은 것은?

① 굴   ② 다시마
③ 보리   ④ 사과
⑤ 감자

65 다음 중 알칼리성 식품에 속하는 것은?

① 버터   ② 육류
③ 감자   ④ 현미
⑤ 어패류

66 다음 중 빈혈과 관계있는 무기질은?

가. 나트륨	나. 철
다. 칼륨	라. 구리

① 가, 나, 다   ② 가, 다
③ 나, 라   ④ 라
⑤ 가, 나, 다, 라

67 다음 중 연결이 잘못된 것은?

① ascorbinase – 호박
② 비타민 A_1 – 잉어간
③ peroxidase – 쌀의 신선도 측정
④ amylase – 전분
⑤ lipase – 지방

68 칼슘과 불용성 염을 만들어 칼슘의 흡수를 방해하는 물질은?

① guanic acid
② acetic acid
③ phytic acid
④ succinic acid
⑤ stearic acid

7. 효소

69 효소의 특징에 대한 설명으로 옳은 것은?

가. 한 효소는 정도의 차이가 있지만 기질 특이성을 갖는다.
나. 기질 농도를 일정하게 하면 반응속도는 효소의 농도에 비례한다.
다. 효소반응에는 최적온도와 최적 pH가 있다.
라. 생체촉매로서 무기촉매와 같은 특성을 지닌다.

① 가, 나, 다   ② 가, 다
③ 나, 라   ④ 라
⑤ 가, 나, 다, 라

70 β-amylase가 작용할 수 있는 결합은 무엇인가?

① α-1, 2 결합
② β-1, 4 glycoside 결합
③ α-1, 6 glycoside 결합
④ α-1, 4 glycoside 결합
⑤ peptide 결합

71 효소와 기질의 연결이 잘못된 것은?

① trypsin–단백질   ② α-amylase–전분
③ cellulase–cellulose   ④ lactase–lactose
⑤ invertase–inulin

72 다음 연결이 옳은 것은?

가. papain–단백질	나. amylase–전분
다. lipase–지방	라. rennin–팩틴

① 가, 나, 다   ② 가, 다
③ 나, 라   ④ 라
⑤ 가, 나, 다, 라

73 식물성 단백질 소화효소로 옳은 것은?

① trypsin   ② papain
③ maltase   ④ rennin
⑤ pepsin

8. 색 소

74 다음 색소 중 수용성 색소는?

① carotenoid   ② chlorophyll
③ astaxanthin   ④ anthocyanin
⑤ cryptoxanthin

정답   63 ①   64 ③   65 ③   66 ③   67 ②   68 ③   69 ①   70 ④   71 ⑤   72 ①   73 ②   74 ④   → 해설 p. 161 ~ p. 162

75 chlorophyll이 녹색이나 녹황색을 띠는 조건이 아닌 것은?
① chlorophyllase의 저하
② 공기 중 phytol의 해리
③ 수용성 염류가 상태까지 가열
④ Cu염 첨가
⑤ 약산 상태에서 가열

76 녹색채소를 아삭하게 자를 시 chlorophyll의 변화는?
① chlorophylline
② pheophorbide
③ pheophytin
④ chlorophyllide
⑤ cupper chlorophyll

77 다음 엽록소에서 phytol과 Mg이 제거된 구조는?
① porphrine
② porphytin
③ pheophytin
④ chlorophyllide
⑤ pheophorbide

78 카로테노이드계 색소의 구조적 공통점이 있는 것은?

가. isoprene 단위
나. tetraterpene의 기본구조
다. 공액 이중결합
라. pyrrole 유도체

① 가, 다
② 가, 다
③ 나, 라
④ 라
⑤ 가, 나, 다, 라

79 토마토의 붉은 색을 주로 나타내는 색소에 이용된 것인가?
① 엽록소(chlorophyll)
② 카로테노이드(carotenoid)
③ 안토시안(anthocyanin)
④ 헤모글로빈(hemoglobin)
⑤ 탄닌(tannin)

80 anthoxanthins의 성질 중 틀린 것은?
① 산성에서 안정하며 백색이나 무색을 나타낸다.
② 담(淡)색일 때는 황색이다.
③ 이 색소들에는 항산화성을 나타내는 것도 있다.
④ 비타민 P의 작용이 강하며 것도 있다.
⑤ 알칼리에서는 안정하지만 산에는 불안정하다.

81 다음 중 anthocyan 색소의 정색 검출 시 사용은?
① 물이
② 시금치
③ 가지
④ 양파
⑤ 옥파

82 식초에 담근 생강이 빨갛게 되는 것은 무슨 색소 때문인가?
① 생강에 있는 파르색소 때문
② 생강에 있는 chrysanthemin 때문
③ 생강에 있는 flavonoid 때문
④ 생강에 있는 엽록소생기기 때문
⑤ 생강에 있는 anthocyan 때문

83 밥물 안칠 때 중조 소다($NaHCO_3$)를 약간 넣었을 때 color이 누렇게 으로 변하는 이유는 무엇인가?
① 비효소적 갈변
② 플라본 색소가 알칼리에 의해 변색
③ 가열에 의한 변색
④ 효소적 갈변
⑤ 탄닌의 중합

84 다음 중 주요 타닌 성분은 무엇인가?
① catechin
② phloroglucinol
③ ellagic acid
④ chlorogenic acid
⑤ leucocyanidin

85 사과나 복숭아 껍질을 벗겨 공기 중에 방치하면 갈색이 되는 이유는?
① 탄닌류의 산화 작용
② 각 층이 산패를 자극
③ 색소 등과
④ 탄닌 성분, 마그네슘과 결합하여 결합
⑤ 효소 중합이 많아 등과

86 porphyrin계 색소에 대한 설명으로 옳은 것은?

가. 분자중심에 Mg^{+2}, Fe^{+2}로 배위결합을 하고 있다.
나. tetrapyrrole 구조체이다.
다. chlorophyll과 hemes도 이에 속한다.
라. 고온에서도 안정하다.

① 가, 다
② 가, 다
③ 나, 다
④ 다
⑤ 가, 나, 다

정답 75 ⑤ 76 ③ 77 ⑤ 78 ① 79 ② 80 ⑤ 81 ③ 82 ⑤ 83 ② 84 ③ 85 ④ 86 ①

➔ 해설 p. 162

87 게, 새우 등을 삶을 경우 붉은 색으로 변하는 이유로 옳은 것은?

① 색소가 효소에 의해 발색하기 때문에
② 껍질의 다당류가 변색하기 때문에
③ 껍질의 단백질이 변성하여 변색하기 때문에
④ 색소 단백이 분해하여 발색하기 때문에
⑤ 육색소가 껍질로 옮겨 오기 때문에

88 귤이 갈변이 심하지 않은 이유는 무엇인가?

① 갈변 원인인 polyphenol 화합물이 없기 때문에
② Vit A 함량이 많기 때문에
③ Vit C 함량이 많기 때문에
④ 구연산이 많으므로
⑤ 갈변 효소가 귤에 존재하지 않으므로

89 효소에 의한 식품의 변색 현상으로 옳은 것은?

① 게나 가재를 가열하면 적색으로 되는 것
② 사과를 잘라 공기 중에 두었을 때 갈변하는 것
③ 오이 등의 녹색 식품이 저장 중 녹갈색으로 변하는 것
④ 김 저장 중 그 색깔을 잃는 것
⑤ 덜 익은 감을 칼로 자를 때 흑변하는 것

90 polyphenoloxidase에 의하여 갈변을 일으키는 물질은?

| 가. caffeic acid | 나. tryptophan |
| 다. tyrosine | 라. chlorogenic acid |

① 가, 나, 다   ② 가, 다
③ 나, 라   ④ 라
⑤ 가, 나, 다, 라

91 식품의 변색반응에 대한 설명 중 연결이 옳은 것은?

| 가. 유제품의 갈변 → maillard 반응 → melanoidine |
| 나. 된장의 착색 → amino-carbony 반응 → melanoidine |
| 다. 설탕 가열 → caramelization → caramel |
| 라. 절단 사과의 변색 → tyrosinase에 의한 산화 → melanin |

① 가, 나, 다   ② 가, 다
③ 나, 라   ④ 라
⑤ 가, 나, 다, 라

92 maillard(amino-carbonyl) 반응 속도에 영향을 미치는 요소가 아닌 것은?

① 반응 물질의 농도   ② 수분
③ 공기   ④ pH
⑤ 온도

93 caramelization의 산성 분해 과정에서 표현되는 것으로 옳지 않은 것은?

① 축합   ② 중합
③ 환원   ④ HMF 생성
⑤ 탈수

9. 식품의 맛

94 혀의 앞부분에서 가장 강하게 느껴지는 성분은 무엇인가?

① 신맛   ② 단맛
③ 매운 맛   ④ 짠맛
⑤ 쓴맛

95 미맹에 대한 설명으로 옳은 것은?

① 백인보다 황색인에 많은 것이 특징이다.
② 단맛에 대한 피로현상
③ 모든 종류의 맛을 모르는 현상
④ 특정 물질에 대하여 맛을 느끼지 못하는 현상
⑤ 맛을 가지는 물질을 계속 먹을 때 점차 맛을 느끼지 못하는 현상

96 다음 중 감초의 단맛 성분은?

① theobromine
② glycyrrhizin
③ curcumine
④ perillartin
⑤ cucurbitacin

97 신맛을 갖는 물질에 대한 설명으로 옳지 않은 것은?

① 유기산은 신맛 외에도 부미를 갖는 것이 많다.
② 신맛이 강할 때는 단 것을 넣으면 신맛이 적게 느껴진다.
③ 신맛의 강도는 pH와 반드시 정비례하지 않는다.
④ 동일한 pH에서는 무기산이 유기산보다 신맛이 더 크다.
⑤ 동일한 농도에서는 무기산이 유기산보다 신맛이 더 크다.

98 쓴맛에 대한 설명으로 옳은 것은?

| 가. 대부분 약리작용을 갖는다. |
| 나. leucine, tryptophan과 같은 아미노산 |
| 다. 쓴맛 성분은 주로 alkaloid와 배당체들이다. |
| 라. 대부분의 유기산도 쓴맛을 갖는다. |

① 가, 나, 다   ② 가, 다
③ 나, 라   ④ 라
⑤ 가, 나, 다, 라

정답 87 ④ 88 ③ 89 ② 90 ④ 91 ① 92 ③ 93 ③ 94 ② 95 ④ 96 ② 97 ④ 98 ① → 해설 p. 162

99 다음 중 고추의 매운 맛 성분은?

① allicine
② cynnamic aldehyde
③ capsaicine
④ menthol
⑤ zingerone

100 조개류, 새우, 게 등의 감칠 맛을 내는 성분은?

① alginic acid와 taurine
② succinic acid와 solanine
③ glutamic acid와 methionine
④ betaine과 glycine
⑤ histidine과 inosinic acid

101 핵산계 조미료의 맛의 세기 순서가 옳은 것은?

① 5'-GMP>5'-IMP>5'-XMP
② 5'-XMP>5'-IMP>5'-GMR
③ 5'-AMP>5'-GMP>5'-XMP
④ 5'-IMP>5'-GMP>5'-XMP
⑤ 5'-GMP>5'-AMP>5'-IMP

102 식물성 떫은 맛은 폴리페놀성 화합물인 탄닌에 의하여 형성되는데 여기에 속하지 않는 것은?

① 데오브로민(theobromine)
② 시부올(shibuol)
③ 엘라진산(ellagic acid)
④ 카테킨(cathechin)
⑤ 클로로겐산(chlorogenic acid)

103 양파를 삶을 때 단맛이 증가하는 이유는?

① leucinic acid를 함유하기 때문이다.
② allicin이 생기기 때문이다.
③ allicin이 비타민 B₁과 결합하기 때문이다.
④ diallyl disulfide가 propylmercaptan으로 되기 때문이다.
⑤ allinase 작용 때문이다.

10. 냄 새

104 다음 중 정유의 주성분은?

① 알칼로이드
② 유기산
③ 테르펜류
④ 황류
⑤ 독신

105 사과, 배, 복숭아 등 과실류의 주된 향기 성분은?

① 질소화합물
② 테르펜화합물
③ 에스테르류
④ 알코올
⑤ 황화합물

106 Coffee의 향기 성분으로 적당한 것은?

① allyl isothiocyanate
② methyl mercaptan
③ acetaldehyde
④ furfuryl mercaptan
⑤ limonene

107 우유의 주요 향기 성분은?

① butyric acid
② oleic acid
③ stearic acid
④ acetic acid
⑤ palmitic acid

108 버터의 향기 성분으로 가장 옳은 것은?

① 4-vinylguaiacol
② methylmercaptane
③ trimethylamine
④ vanillin
⑤ diacetyl

109 다음 식품과 냄새 성분의 연결이 옳은 것은?

> 가. mustard oil – 겨자
> 나. piperidine – 육류
> 다. ethyl-β-methyl mercaptopropionate – 된장
> 라. propylmercaptan – 버터

① 가, 나, 다
② 가, 다
③ 나, 라
④ 라
⑤ 가, 나, 다, 라

11. 유독성분

110 다음 중 감자에서 생성될 수 있는 독성물질로 옳은 것은?

① gossypol
② solanine
③ phalloidin
④ amygdalin
⑤ ricin

111 다음 중 청매 및 비파씨 속에 들어 있는 독성 배당체는?

① tannin
② neurine
③ sepsine
④ solanine
⑤ amygdalin

정답 99 ③ 100 ④ 101 ① 102 ① 103 ④ 104 ③ 105 ③ 106 ④ 107 ① 108 ⑤ 109 ② 110 ② 111 ⑤ ➔ 해설 p. 162 ~ p. 163

112 배당체와 함유식품과 연결이 올바르게 된 것은?

> 가. 아미그달린-매실
> 나. 리신-피마자
> 다. 사포닌-인삼
> 라. 우루시올-감귤류

① 가, 나, 다   ② 가, 다
③ 나, 라   ④ 라
⑤ 가, 나, 다, 라

113 다음 중 muscarine을 함유한 식품은?

① 모시조개   ② 황변미
③ 독버섯   ④ 맥각
⑤ 복어

114 복어의 독성분은?

① 씨큐톡신(cicutoxin)
② 테트로도톡신(tetrodotoxin)
③ 뉴린(neurine)
④ 리신(ricin)
⑤ 고시폴(gossypol)

115 다음 중 연결이 맞는 것은?

> 가. 메주 곰팡이 – aflatoxin
> 나. 감자의 독성분 – solanine
> 다. 콩의 유독성분 – hemagglutinuin
> 라. 청매의 독성분 – saponin

① 가, 나, 다   ② 가, 다
③ 나, 라   ④ 라
⑤ 가, 나, 다, 라

12. 식품의 물리성

116 colloid의 성질에 대한 설명으로 옳은 것은?

> 가. 비교적 안정된 상태를 유지한다.
> 나. brown 운동을 한다.
> 다. 전해질의 영향을 받는다.
> 라. 침전하지 않는다.

① 가, 나, 다   ② 가, 다
③ 나, 라   ④ 라
⑤ 가, 나, 다, 라

117 콜로이드 용액을 안전한 상태로 유지하는 것을 무엇이라고 하는가?

① 분자운동
② 반데르발스 결합
③ 중력에 의한 운동
④ 수소이동
⑤ 브라운 운동

118 다음 중 유화제의 역할을 할 수 있는 것으로 옳은 것은?

> 가. 단백질   나. cholesterol
> 다. lecithin   라. 지방

① 가, 나, 다   ② 가, 다
③ 나, 라   ④ 라
⑤ 가, 나, 다, 라

119 emulsion의 안정성에 도움을 주는 조건으로 옳은 것은?

> 가. 입자의 표면에 적당한 전하를 띠게 한다.
> 나. 계면장력을 높게 한다.
> 다. 분산매의 점도를 높게 한다.
> 라. 분산상의 입자를 크게 한다.

① 가, 나, 다   ② 가, 다
③ 나, 라   ④ 라
⑤ 가, 나, 다, 라

120 다음 중 콜로이드 식품으로 맞는 것은?

> 가. 사골국   나. 달걀찜
> 다. 두부   라. 소금물

① 가, 나, 다   ② 가, 다
③ 나, 라   ④ 라
⑤ 가, 나, 다, 라

13. 미생물의 분류 및 개요

121 원핵세포(procaryotic cell)와 관계가 없는 것은?

① 핵막이 없다.
② 인이 있다.
③ 미토콘드리아 대신 mesosome을 가지고 있다.
④ 세포벽은 muco 복합체로 되어 있다.
⑤ mesosome에 호흡 효소를 가지고 있다.

정답 112 ① 113 ③ 114 ② 115 ① 116 ① 117 ⑤ 118 ① 119 ② 120 ① 121 ②   ➜ 해설 p. 163

122 핵막이 있는 진핵세포(Eucaryotic cell)를 가지는 고등미생물 (higher protista)로 옳은 것은?

> 가. 곰팡이(mold)
> 나. 효모(yeast)
> 다. 조류(algae)
> 라. 세균(bacteria)

① 가, 나, 다   ② 가, 다
③ 나, 라   ④ 라
⑤ 가, 나, 다, 라

123 원핵세포 내에 존재하는 소기관으로 옳은 것은?

> 가. 미토콘드리아   나. 리보솜
> 다. 핵막   라. 유전자

① 가, 나, 다   ② 가, 다
③ 나, 라   ④ 라
⑤ 가, 나, 다, 라

14. 곰팡이

124 균사의 격막(septa) 유무에 따라 분류한 것은?

① 조균류와 불완전균류
② 조균류와 자낭균류
③ 담자균류와 자낭균류
④ 불완전균류와 점균류
⑤ 조균류와 담자균류

125 조상균류의 유성적 생활사(접합포자형성 과정)를 언급한 것이다. 옳은 것은?

① 접합지-배우자낭-접합자-접합포자-핵융합-포자낭
② 접합지-배우자낭-접합포자-접합자-감수분율-포자낭
③ 접합지-배우자낭-접합자-접합포자-감수분열-포자낭
④ 접합자-포자낭-접합지-접합포자-감수분열-배우자낭
⑤ 접합자-포자낭-접합포자-접합자-감수분열-배우자낭

126 무성생식 포자가 아닌 것은?

① 내생포자
② 후막포자
③ 자낭포자
④ 출아포자
⑤ 분생포자

127 곰팡이와 관련된 것으로 옳은 것은?

> 가. 종속영양균
> 나. 절대호기성
> 다. 최적 pH는 5~6
> 라. 최적 생육온도는 25~40℃

① 가, 나, 다   ② 가, 다
③ 나, 라   ④ 라
⑤ 가, 나, 다, 라

128 *Mucor* 속에 대한 설명이다. 잘못된 것은?

① 대표적인 접합균류로 기균사가 털모양이다.
② 포자낭병의 분지 여부, 길이, 중축 형태, colony 형태, 색깔로 균종을 구별한다.
③ 포자낭병은 monomucor, racemomucor, cymomucor의 3종류가 있다.
④ *Mucor rouxii*는 monomucor에 속한다.
⑤ 균사에 격막이 없다.

129 고구마 연부(soft decay)의 원인균은?

① *Rhizopus. niger*   ② *Rh. delemar*
③ *Rh. nigricans*   ④ *Rh. flavus*
⑤ *Rh. japonicus*

130 전분 당화력이 강해서 유기산 생성 및 소주제조에 사용되는 곰팡이는?

① *Asp. tamari*   ② *Pen. citrinum*
③ *Mon. purpurens*   ④ *Rhizopus* 속
⑤ *Mu. mucedo*

131 *Aspergillus* 속과 *Penicillium* 속을 비교했을 때 차이점으로 옳은 것은?

① 균사의 격벽 유무   ② 분생포자의 형성 유무
③ 경자의 유무   ④ 포자낭병의 형성 유무
⑤ 병족세포와 정낭의 유무

15. 세 균

132 다음 중 짝짓기가 옳은 것은?

① 단구균 – Diplococcus
② 4연구균 – Sarcina
③ 연쇄상구균 – Pediococcus
④ 8연구균 – Treptococcus
⑤ 포도상구균 – Staphylococcus

정답   122 ①   123 ③   124 ②   125 ③   126 ③   127 ⑤   128 ④   129 ③   130 ④   131 ⑤   132 ⑤   ▶ 해설 p. 163

133 포자형성세균(spore forming bacteria)으로 옳은 것은?

> 가. *Bacillus* 속
> 나. *Clostridium* 속
> 다. *Sporolactobacillus* 속
> 라. *Desulfotomaculum* 속

① 가, 나, 다 ② 가, 다
③ 나, 라 ④ 라
⑤ 가, 나, 다, 라

134 세균 편모(flagella)의 특징을 올바르게 표현한 것은?

> 가. 운동기관이다.
> 나. 편모는 주로 구균과 나선균에 많다.
> 다. 편모가 제거되어도 생명에 지장이 없다.
> 라. Flagellin이란 지방산으로 구성되어 있다.

① 가, 나, 다 ② 가, 다
③ 나, 라 ④ 라
⑤ 가, 나, 다, 라

135 *Staphylococcus* 속의 특징으로 맞는 것은?

① Gram 음성이다.
② 절대호기성균이다.
③ 초산 발효를 한다.
④ 대표적인 화농균이다.
⑤ 연쇄상구균으로 Staphy. aureus가 있다.

136 내염성이 강하고 김치에 존재하는 젖산균은?

① *Leuconostoc mensenteroides*
② *Streptococcus lactis*
③ *Pediococcus halophilus*
④ *Lactobacillus bulgaricus*
⑤ *Bacillus subtilis*

137 Swiss 치즈 숙성에 관여하여 CO_2를 생성하여 치즈에 구멍을 내는 세균은?

① *Bacillus matto*
② *Propionibacterium shermanii*
③ *Propionibacterium freudeneichii*
④ *Bacillus subtilis*
⑤ *Penicillium citrinum*

138 *Bacillus subtilis*의 성질이 아닌 것은?

① subtilin을 생산한다.
② amylase와 protease를 생산한다.
③ 포자를 생성한다.
④ biotin을 필요로 한다.
⑤ 호기성으로 내생포자를 형성한다.

139 김치, 깍두기를 담글 때 설탕을 넣으면 끈끈한 액체가 생성된다. 이것을 생성하는 미생물 및 그 성분으로 옳은 것은?

① *Lactobacillus* – amylopectin
② *Leuconostoc* – dextrin
③ *Leuconostoc* – dextran
④ *Lactobacillus* – dextrin
⑤ *Lactobacillus* – dextran

140 젖산균에 관한 설명으로 맞는 것은?

> 가. 세포는 구형 또는 간형을 이룬다.
> 나. 정상발효 젖산균과 이상발효 젖산균으로 나눈다.
> 다. 정상발효 젖산균은 당질을 발효하여 젖산만을 생성한다.
> 라. 젖산균은 사람의 장내에서 잡균의 번식을 억제하여 설사를 막는 작용도 있다.

① 가, 나, 다 ② 가, 다
③ 나, 라 ④ 라
⑤ 가, 나, 다, 라

141 *Lactobacillus* 속의 특징으로 틀린 것은?

① 그람 양성균이다.
② 미호기성이고 무포자 간균이다.
③ *Lactobacillus* 속은 정상 젖산 발효균뿐이다.
④ 생육에 약간의 비타민과 아미노산을 필요로 함으로 미생물 정량에 이용된다.
⑤ 주로 편모가 없어 비운동이고, 단간균, 장간균 또는 연쇄상으로 배열되어 있다.

142 정상발효젖산균(homo lactic acid bacteria)이 당분으로부터 생성하는 것은?

① $2C_2H_5OH$, $2CO_2$
② $2CH_3CHOH$, C_2H_5OH, CO_2
③ $CH_3CHOHCOOH$, $2C_2H_5OH$, CH_3COOH, CO_2, H_2
④ $CH_3CHOHCOOH$
⑤ $CH_3CHOHCOOH$, CO_2, H_2

143 장내 증식이 양호하여 정장제로 이용되는 젖산균은?

① *Lactobacillus acidophilus*
② *Lactobacillus plantarum*
③ *Streptococcus cremoris*
④ *Streptococcus lactis*
⑤ *Lactobacillus delbrueckii*

정답 133 ⑤ 134 ② 135 ④ 136 ③ 137 ② 138 ④ 139 ③ 140 ⑤ 141 ③ 142 ④ 143 ① ➡ 해설 p. 163 ~ p. 164

16. 효 모

144 대표적인 효모(yeast)의 증식 방법은?

① 이분법   ② 다분법
③ 출아법   ④ 포자법
⑤ 분열법

145 효모의 무성포자에 속하지 않는 것은?

① 분절포자(arthrospore)
② 동태접합(isogamic conjugation)
③ 사출포자(ballistospore)
④ 위접합(pseudocopulation)
⑤ 단위생식

146 다음 중 산막효모로 옳은 것은?

| 가. *Pichia* 속 | 나. *Hansenula* 속 |
| 다. *Debaryomyces* 속 | 라. *Saccharomyces* 속 |

① 가, 나, 다   ② 가, 다
③ 나, 라   ④ 라
⑤ 가, 나, 다, 라

147 짝짓기가 옳은 것은?

| 가. *Saccharomyces sake* – 청주효모 |
| 나. *Saccharomyces ellipsoideus* – 포도주효모 |
| 다. *Saccharomyces cerevisiae* – 상면효모 |
| 라. *Saccharomyces fragilis* – 내삼투압성 효모 |

① 가, 나, 다   ② 가, 다
③ 나, 라   ④ 라
⑤ 가, 나, 다, 라

148 *Saccharomyces cerevisiae*에 대한 설명 중 틀린 것은?

① 영양세포는 주로 계란형이다.
② 출아법으로 주로 다극출아를 한다.
③ 식품공업, 발효공업과 관계가 깊다.
④ 자낭포자는 자낭 안에 1~4개가 생긴다.
⑤ 동태접합으로만 자낭포자를 만들 수 있다.

149 식용 또는 사료용 효모로 사용되는 것은?

① *Candida* 속   ② *Torulopsis* 속
③ *Cryptococcus* 속   ④ *Hansenula* 속
⑤ *Pichia* 속

150 위균사형으로 Carotenoid 색소를 생성하는 효모는?

① *Torulopsis* 속
② *Pichia* 속
③ *Candida* 속
④ *Rhodotorula* 속
⑤ *Saccharomyces* 속

151 고농도(18%) 식염, 잼 같은 높은 농도에서 발육하는 내삼투압성 효모인 것은?

① *Sacch. carlsbergensis*
② *Sacch. cerevisiae Var. ellipsoideus*
③ *Sacch. rouxii*
④ *Sacch. coreanus*
⑤ *Saccharomyces fragilis*

17. 기타 균류

152 버섯의 균사 중 식용할 수 있는 것은?

① 제1차 균사
② 제2차 균사
③ 제3차 균사
④ 제4차 균사
⑤ 모든 균사

153 식용버섯으로 옳은 것은?

| 가. 광대버섯 | 나. 목이버섯 |
| 다. 웃음버섯 | 라. 느타리버섯 |

① 가, 나, 다   ② 가, 다
③ 나, 라   ④ 라
⑤ 가, 나, 다, 라

154 Chlorella의 특징으로 틀린 것은?

① 광합성을 한다.
② 단세포, 녹조류이다.
③ 원시핵이고 녹조류이다.
④ 분열증식을 하고 편모는 없다.
⑤ 아미노산, 단백질, 무기질 등의 영양소가 풍부하다.

155 다음 중 virus에 대하여 감수성이 있는 것은 어느 것인가?

① 곰팡이   ② 세균
③ 효모   ④ 버섯
⑤ 조류

정답   144 ③   145 ②   146 ①   147 ①   148 ⑤   149 ①   150 ④   151 ③   152 ③   153 ③   154 ③   155 ②   ➡ 해설 p. 164

156 식품공장의 phage 대책으로 옳지 않은 것은?

① 공장주변을 미생물학적으로 청결히 한다.
② 사용 용기의 살균처리를 철저히 한다.
③ 2종 이상의 균주 조합계열을 만들어 2~3일마다 바꾸어 사용한다.
④ 공장 내의 공기를 자주 바꾸어 준다.
⑤ 장치나 기구를 약제로 철저히 살균한다.

18. 미생물의 생리, 대사 및 기타

157 미생물 생육곡선 중 유도기(lag phase)의 특징은?

> 가. RNA가 증가되는 시기
> 나. 세포의 크기가 커지는 시기
> 다. 효소단백질이 합성되는 시기
> 라. 균체가 새로운 환경에 적응하는 시기

① 가, 나, 다　　② 가, 다
③ 나, 라　　④ 라
⑤ 가, 나, 다, 라

158 1몰의 포도당(glucose)에서 정상 젖산 발효균(homofermentative lactic acid bacteria)에 의해 생성되는 젖산은 몇 몰인가?

① 1몰　　② 2몰
③ 3몰　　④ 4몰
⑤ 5몰

159 세대시간이 30분인 어떤 미생물 12마리를 3시간 배양하면 몇 개가 되는가?

① 620　　② 630
③ 640　　④ 768
⑤ 786

160 *Escherichia coli*의 최저 수분활성도(Aw)는?

① 0.65　　② 0.60
③ 0.70　　④ 0.85
⑤ 0.95

161 건조에 대한 저항성이 강한 순으로 미생물의 종류를 나열한 것은?

① 곰팡이＞효모＞세균　　② 세균＞효모＞곰팡이
③ 효모＞곰팡이＞세균　　④ 곰팡이＞세균＞효모
⑤ 효모＞세균＞곰팡이

162 중온세균(mesophiles)의 온도 범위는?

① 0~5℃　　② 5~20
③ 20~25℃　　④ 25~37℃
⑤ 37~45℃

163 곰팡이와 효모의 생육최적 pH는?

① 강산성　　② 약산성
③ 중성　　④ 약알카리
⑤ 강알카리

164 미생물의 질소원에 대한 설명 중 틀린 것은?

① $NaNO_3$와 같은 무기질소도 사용된다.
② 질소원은 casein과 같은 유기질소원도 있다.
③ 미생물은 질소원을 이용하여 단백질을 만든다.
④ 대부분의 미생물은 질소원 없이도 생육가능하다.
⑤ 배지제조시 질소함량이 탄소원보다 적게 소비된다.

165 다음 중 내열성이 가장 강한 것은?

① 곰팡이 포자
② 세균 포자
③ 효모의 영양세포
④ 곰팡이의 영양세포
⑤ 바이러스

166 다음 중 산소가 존재하면 호흡을 통해서, 산소가 없으면 발효를 통해서 에너지를 생산하는 것은?

① 편성혐기성균　　② 미호기성균
③ 편성호기성균　　④ 통성혐기성균
⑤ 통성호기성균

167 편성호염성균이란 NaCl 몇 % 이상에서 생육하는 균을 말하는가?

① 1%　　② 2%
③ 1.8%　　④ 1.5%
⑤ 10%

168 대장균이 검출되는 음료수를 오염수라고 하는 중요한 이유로 가장 옳은 것은?

① 대장균이 병원균이기 때문이다.
② 분변오염의 지표가 되기 때문이다.
③ 대장균은 독소를 생산하기 때문이다.
④ 대장균은 Gram 음성균이기 때문이다.
⑤ 대장균은 병원균과 항상 공존하기 때문이다.

정답 156 ④ 157 ⑤ 158 ② 159 ④ 160 ⑤ 161 ① 162 ④ 163 ② 164 ④ 165 ② 166 ④ 167 ② 168 ② ➡ 해설 p. 164 ~ p. 165

169 미생물의 생육 억제 방법으로 옳은 것은?

> 가. 온도변화　　　　　나. 수분변화
> 다. pH변화　　　　　　라. 압력변화

① 가, 나, 다　　　　② 가, 다
③ 나, 라　　　　　　④ 라
⑤ 가, 나, 다, 라

170 사멸에 의한 미생물의 조절법이 아닌 것은?

① 저온저장
② Formaldehyde 처리
③ 열처리
④ 자외선 조사
⑤ 전리 방사선 처리

19. 미생물 실험법

171 접안 마이크로미터의 눈금 20이 대물 마이크로미터의 눈금 3과 일치되었을 때 접안 마이크로미터의 1눈금의 크기로 옳은 것은?

① 1μ　　　　　② 1.5μ
③ 2μ　　　　　④ 2.5μ
⑤ 3μ

172 미생물 수를 측정하는 데 이용되는 것은?

① haematometer　　② water bath
③ dry oven　　　　④ test tube
⑤ incubator

173 보통 건열멸균의 조건으로 알맞은 것은?

① 110℃에서 20분
② 160℃에서 30~60분
③ 121℃에서 15~20분
④ 90℃에서 15초
⑤ 131℃에서 2~5초

174 호기성균의 보존법으로 가장 옳은 것은?

① 사면배양
② 천자배양
③ 진탕배양
④ 액체진탕배양
⑤ 슬라이드배양

175 간헐멸균(tyndallization)의 조건이 적합한 것으로 옳은 것은?

① 160℃에서 30분간 살균
② 75℃에서 5초간 살균
③ 121℃에서 15분간 살균
④ 1일 30분 3일 증기 멸균
⑤ 135℃에서 1~2초간 살균

176 살균에 관한 설명 중 틀린 것은?

① 냉장, 냉동은 균의 증식을 억제한다.
② 건열멸균보다 습열멸균이 효과가 더 크다.
③ 간헐멸균(tyndallization)은 포자생성 세균에 용이하다.
④ 건열멸균은 솜마개 시험관이나 초자기구 등의 살균에 이용된다.
⑤ 자외선의 살균 파장은 2,600Å으로 DNA의 최대흡수파장과 일치하지 않는다.

177 그람 염색은 어떤 미생물의 분류에 쓰이는가?

① 단세포 조류　　　② 효소
③ 곰팡이　　　　　④ 세균
⑤ 버섯

178 다음 중 대장균군(coliform bacteria)의 추정시험에 사용되는 배지로 옳은 것은?

> 가. LB 배지(medium)　　나. SS medium
> 다. BGLB medium　　　　라. TCBS medium

① 가, 나, 다　　　　② 가, 다
③ 나, 라　　　　　　④ 라
⑤ 가, 나, 다, 라

179 미생물의 순수분리에 적합한 배양은?

① 액체 배양
② 천자 배양
③ 소적 배양
④ 평판 배양
⑤ 사면 배양

180 다음 중에서 효모의 당류 이용성 실험은?

① 린더(Linder)의 소적 발효법
② 옥사노그래피법(Auxanography)
③ 듀람(Durham)관법
④ 마이슬씨법(Meissel)
⑤ Einhorn관법

정답 169 ① 170 ① 171 ② 172 ① 173 ② 174 ① 175 ④ 176 ⑤ 177 ④ 178 ② 179 ④ 180 ② ➡ 해설 p. 165

20. 발효 미생물

181 *Streptococcus lactis*와 *S. cremoris*를 사용하는 젖산발효식품으로 옳은 것은?

> 가. 발효버터밀크(Cultured butter milk)
> 나. 연질치즈(Cottage cheese)
> 다. 체더치즈(Cheddar cheese)
> 라. 스위스치즈(Swiss cheese)

① 가, 나, 다　　　　② 가, 다
③ 나, 라　　　　　　④ 라
⑤ 가, 나, 다, 라

182 다음 중에서 간장 제조에 주로 쓰이는 간장 곰팡이는?

① *Aspergillus awamorii*　　② *Aspergillus glancus*
③ *Aspergillus sojae*　　　④ *Aspergillus niger*
⑤ *Aspergillus flavus*

183 간장 덧 중에서 검출되는 내염성 효모로 간장에 특유한 향미를 주어 간장 후숙에 관여하는 무포자 효모는?

① *Saccharomyces cerevisiae*
② *Zygosaccharomyces rouxii*
③ *Torulopsis versatilis*
④ *Pediococcus sojae*
⑤ *Streptococcus lactis*

184 청국장 제조에 사용하는 세균은?

① *Bac. natto, Bac. subtilis*
② *Bac. mesenteroides*
③ *Bac. coagulans, B. cirulans*
④ *Bac. megaterium*
⑤ *Bacillus brevis*

185 김치의 주요 젖산균은?

① *Lactobacillus plantarum*
② *Lactobacillus thermophilus*
③ *Lactobacillus delbruekii*
④ *Lactobacillus acidophilus*
⑤ *Lactobacillus bulgaricus*

186 미생물을 이용한 비타민의 정량에 가장 널리 이용하는 균은?

① 초산균(*Acetobacter*)
② 방선균(*Actinomyces*)
③ 유산균(*Lactobacillus*)
④ 고초균(*Bacillus subtilis*)
⑤ 납두균(*Bacillus natto*)

〈 조리원리 〉

1. 조리의 기초

187 조리 시 영양소의 손실을 줄이기 위한 방법으로 맞지 않는 것은?

① 채소를 데칠 때는 높은 온도에서 단시간에 행한다.
② 두류는 충분히 가열해서 먹는다.
③ 녹색 채소를 삶을 때 소금을 조금 넣어 삶는다.
④ 채소를 데칠 때는 물의 양을 너무 많지 않게 한다.
⑤ 채소는 표면적을 넓게(크게) 하여 씻는다.

188 조리에서 물의 기능으로 맞는 것은?

> 가. 화학반응에 관여　　　나. 호화 촉진
> 다. 열전달　　　　　　　라. 미생물 성장 방지

① 가, 나, 다　　　　② 가, 다
③ 나, 라　　　　　　④ 라
⑤ 가, 나, 다, 라

189 조리 중 소금과 설탕을 조미료로 사용할 때 설탕을 먼저 넣는 이유는?

① 설탕의 분자량이 크므로
② 소금의 분자량이 크므로
③ 소금맛이 짜기 때문에
④ 소금의 침투속도가 설탕보다 느리므로
⑤ 설탕이 단맛이 강하기 때문에

190 복사 에너지를 이용하기 위한 좋은 전도체는?

① pyrex유리　　　　② 철제기구
③ 놋그릇　　　　　　④ 구리(Cu)
⑤ 은(Ag)

191 다음의 조리 방법 중 영양소의 손실이 가장 적은 것은?

① 데치기　　　　　　② 찜
③ 구이　　　　　　　④ 튀김
⑤ 조림

192 다음 중 습열조리 방법은?

① baking　　　　　　② frying
③ pan-flying　　　　④ roasting
⑤ boiling

정답　181 ①　182 ③　183 ③　184 ①　185 ①　186 ③　187 ⑤　188 ①　189 ①　190 ①　191 ④　192 ⑤　해설 p. 165

193 aneurinase와 가장 관계있는 식품은?

① 가지   ② 도라지
③ 고사리   ④ 시금치
⑤ 우엉

194 조리 시 일어나는 변화에 대한 설명으로 옳지 않은 것은?

① 대부분의 채소와 과일은 조리함으로써 수용성 성분이 손실된다.
② 육류는 열에 의해 수축하므로 육즙이 유출하여 중량이 감소된다.
③ 삶기는 수용성 성분의 손실이 가장 큰 조리법이다.
④ 죽순은 쌀뜨물에 삶으면 색이 희고 깨끗하게 삶을 수 있다.
⑤ 식품 갈변은 모두 효소에 의해 일어난다.

195 가열조리법 중 찌기의 특징으로 옳은 것은?

가. 식품형태의 변화가 적다.
나. 큰 재료도 내부까지 차분하게 가열할 수 있다.
다. 유동성 식품은 용기를 이용한다.
라. 가열도중에 조미가 용이하다.

① 가, 나, 다   ② 가, 다
③ 나, 라   ④ 라
⑤ 가, 나, 다, 라

196 조리 후의 현상과 그 원인의 관계로 맞지 않는 것은?

가. 생선을 굽는데 석쇠에 붙어 잘 떨어지지 않는다.
  – 석쇠를 달구지 않고 시작했기 때문
나. 오이 생채의 색이 누렇게 변하였다.
  – 식초를 미리 넣었기 때문
다. 도넛을 튀긴 후 기름의 흡수가 많았다.
  – 낮은 온도에서 튀겼기 때문
라. 닭튀김을 하였는데 살코기색이 연한 핑크색이다.
  – 변질된 닭으로 튀겼기 때문

① 가, 나, 다   ② 가, 다
③ 나, 라   ④ 라
⑤ 가, 나, 다, 라

197 중조 사용할 때 고려하지 않아도 되는 영양소는?

① 비타민 B_1 ② 비타민 B_2
③ 비타민 C   ④ 비타민 B_6
⑤ 비타민 A

198 구이를 할 때 가장 파괴되기 쉬운 비타민은 어느 것인가?

① 비타민 B_1 ② 비타민 B_2
③ 비타민 A   ④ 비타민 E
⑤ 비타민 D

199 전자레인지를 이용한 조리의 특징으로 옳지 않은 것은?

① 조리시간이 단축된다.
② 재료의 종류, 크기에 따라서 조리시간이 달라진다.
③ 갈변현상이 일어나지 않는다.
④ 복사에 의한 에너지 전달방법에 의해 조리된다.
⑤ 다량의 식품을 조리할 수 없다.

200 조리 시 설탕을 첨가했을 때 일어나는 현상이 아닌 것은?

① 비등점이 높아진다.
② 설탕은 용해도가 가장 크다.
③ 빙점이 낮아진다.
④ 이스트의 발효를 돕는다.
⑤ 삼투압이 증가한다.

2. 곡류조리

201 쌀의 도정도가 높아질수록 함량이 증가하는 영양소는?

① 탄수화물   ② 비타민
③ 무기질   ④ 단백질
⑤ 섬유소

202 쌀의 조리성에 대한 설명이다. 맞는 것은?

가. 여름철 실온에서 멥쌀은 30분, 찹쌀은 50분 후에 최대 흡수율에 도달한다.
나. 밥짓기 전 미리 쌀을 수침하는 것은 가열 시 열전도율을 좋게 하기 위해서이다.
다. 조리용기의 재질 및 연료에 따른 밥맛의 차이는 불을 끈 후 여열의 이용차이 때문이다.
라. 쌀의 입자는 온도상승에 따라 50~60℃에서 호화가 시작된다.

① 가, 나, 다   ② 가, 다
③ 나, 라   ④ 라
⑤ 가, 나, 다, 라

203 메밀에 함유되어 있으며 혈관의 저항을 강하시키는 작용을 하는 것은?

① nasnin   ② allicin
③ rutin   ④ hesperidin
⑤ saponin

204 밀가루의 용도별 분류는 어느 성분을 기준으로 분류하는가?

> 가. 글로블린(globulin)의 함량
> 나. 글루코오스(glucose)의 함량
> 다. 글루타민(glutamine)의 함량
> 라. 글루텐(gluten)의 함량

① 가, 나, 다 ② 가, 다
③ 나, 라 ④ 라
⑤ 가, 나, 다, 라

205 식혜를 만들 때 최적의 amylase의 발효 온도는?

① 70~90℃
② 50~70℃
③ 30~50℃
④ 20~40℃
⑤ 60~80℃

206 다음 중 전분의 호정화 상태인 식품 중 옳은 것은?

> 가. 토스트 나. 뻥튀기
> 다. 팝콘 라. 미숫가루

① 가, 나, 다 ② 가, 다
③ 나, 라 ④ 라
⑤ 가, 나, 다, 라

207 냉수에 푼 전분을 가열할 경우 일어나는 용액의 변화로 맞는 것은?

① 교질용액에서 부유상태로
② 부유상태에서 교질용액으로
③ 진용액에서 부유상태로
④ 교질용액인 상태로 변하지 않는다.
⑤ 진용액에서 현탁액으로

208 빵의 망상구조에 대한 설명으로 옳은 것은?

> 가. 글루텐의 망상구조 내부에 전분, 지방입자 등이 헐겁게 결합되어 있다.
> 나. 쇼트닝은 반죽 내부의 글루텐의 망상구조 형성을 억제한다.
> 다. 글루텐의 망상구조를 팽창시키는 요소는 주로 공기, 수증기, 이산화탄소이다.
> 라. 밀가루 반죽에 설탕을 많이 넣으면 넣을수록 글루텐 형성이 더 잘 된다.

① 가, 나, 다 ② 가, 다
③ 나, 라 ④ 라
⑤ 가, 나, 다, 라

209 중조를 밀가루에 넣고 빵을 찔 때 색이 누렇게 되는 이유는?

① 밀가루에 있는 gluten에 자가효소와 alkali가 작용하기 때문
② 밀가루에 있는 β-carotene에 alkali가 반응했기 때문
③ 밀가루에 있는 flavone계 색소에 alkali가 반응했기 때문
④ 밀가루에 있는 gluten에 alkali가 반응했기 때문
⑤ 밀가루에 있는 당성분에 alkali가 작용하기 때문

210 빵을 만들 때 설탕의 역할로 옳은 것은?

> 가. 단맛의 부여
> 나. 효모의 영양원
> 다. 표면의 갈색화
> 라. 유해균 발육 억제

① 가, 나, 다 ② 가, 다
③ 나, 라 ④ 라
⑤ 가, 나, 다, 라

211 밀가루 반죽에서 소금의 역할이다. 옳은 것은?

> 가. 글루텐 형성을 방해한다.
> 나. 국수가 갑자기 건조하여 갈라지는 것을 방지한다.
> 다. 반죽 내에서 연화 작용을 한다.
> 라. 적당량을 사용하면 맛이 향상된다

① 가, 나, 다 ② 가, 다
③ 나, 라 ④ 라
⑤ 가, 나, 다, 라

212 제과, 제빵 시 물의 역할로 옳은 것은?

> 가. 글루텐 형성의 증진을 위하여
> 나. 전분의 호화에 필요한 물의 공급
> 다. 가열 시 증기를 형성하여 팽창제의 역할
> 라. 각 성분의 용매로서 작용

① 가, 나, 다 ② 가, 다
③ 나, 라 ④ 라
⑤ 가, 나, 다, 라

213 빵의 질감이 질기다면 무엇을 많이 넣었기 때문인가?

① 쇼트닝
② 베이킹 파우더
③ 계란
④ 우유
⑤ 설탕

정답 204 ④ 205 ② 206 ⑤ 207 ② 208 ① 209 ③ 210 ① 211 ③ 212 ⑤ 213 ③ 　해설 p. 166

214 cake를 구웠을 때 실패한 경우 그 원인으로 맞지 않는 것은?

① volume이 적음 – 충분히 저어주지 않았다.
② bitter flavor – baking powder 양이 많다.
③ 큰 구멍이나 tummel이 생긴 경우-지나치게 저어주었다.
④ cake가 질김 – 계란, 우유의 양이 적었다.
⑤ 거칠고 가운데가 움푹 들어감 – oven의 온도가 너무 높았다.

3. 두 류

215 콩류에 대한 설명으로 잘못된 것은?

① 단백질과 지방 함량이 높은 군으로는 대두와 낙화생이 있다.
② 콩과 쌀을 섞어서 밥을 지으면 단백질 보완효과를 얻을 수 있다.
③ 두류 단백질은 메티오닌의 함량이 높아 곡류의 단백가를 보완하는 데 효과적이다.
④ 생대두에는 유해 단백질인 트립신 저해제, 헤마글루티닌 등이 존재한다.
⑤ 미숙한 두류는 연하므로 단시간에 조리되며 일반 채소와 같이 취급된다.

216 콩나물 조리 시 ascorbic acid의 손실을 막기 위한 방법은?

① 설탕을 첨가한다.
② 중조를 첨가한다.
③ 소금을 넣는다.
④ 끓는 물에 데쳐 낸다.
⑤ 뚜껑을 열고 데쳐 낸다.

217 완두 통조림의 제조 시 가열, 살균, 조리과정에서 갈변을 막기 위해 첨가하는 물질은?

① 유기산   ② 칼슘(Ca)
③ 황산동($CuSO_4$)   ④ 피톨(Phytol)
⑤ 주석산

218 두부제조에 대한 설명이다. 옳은 것은?

가. 두부는 두유에 무기염류를 첨가하여 대두단백질인 glycinin을 응고시킨 것이다.
나. 황산칼슘($CaSO_4$)을 응고제로 사용한 두부는 부드럽다.
다. 응고제가 부족하면 윗물이 혼탁하다.
라. 응고제는 두유의 온도가 50℃일 때 첨가한다.

① 가, 나, 다   ② 가, 다
③ 나, 라   ④ 라
⑤ 가, 나, 다, 라

219 말린 콩을 조리할 때 콩을 빠른 시간 내에 연화시키는 방법은?

가. 적당량의 baking soda를 조리수에 첨가한다.
나. 찬물보다는 뜨거운 물에 담갔다가 조리한다.
다. 압력냄비를 이용한다.
라. 연수보다는 경수를 사용한다.

① 가, 나, 다
② 가, 다
③ 나, 라
④ 라
⑤ 가, 나, 다, 라

4. 서 류

220 고구마를 절단하였을 때 나오는 흰 유액의 점액성분은?

① humulone
② tuberin
③ jalapin
④ saponin
⑤ ipomain

221 고구마를 찌거나 구우면 단맛이 증가하는데 이때 관여하는 효소는?

① α-아밀라아제
② β-아밀라아제
③ 리파아제
④ 덱스트린
⑤ 옥시다아제

222 점질 감자를 이용한 적당한 조리방법은?

① 으깨는 요리
② 찜
③ 군 감자 요리
④ 볶는 요리
⑤ 삶는 요리

5. 채소류

223 근대, 시금치, 아욱과 같은 녹색채소를 데치는 방법으로 옳은 것은?

① 끓는 물에 뚜껑을 덮고 빨리 데쳐 헹군다.
② 저온에서 뚜껑을 덮고 서서히 데쳐 헹군다.
③ 70℃의 물에서 뚜껑을 열고 데쳐 헹군다.
④ 뚜껑을 열고 끓는 물에 단시간에 데쳐 찬물에 헹군다.
⑤ 고온에서 뚜껑을 덮고 서서히 데쳐 헹군다.

정답 214 ④ 215 ③ 216 ③ 217 ③ 218 ① 219 ① 220 ③ 221 ② 222 ④ 223 ④   해설 p. 166

224 채소를 삶을 때 영양소의 손실을 막기 위한 방법으로 옳은 것은?

> 가. 껍질이 있는 채소는 껍질을 벗겨 빨리 삶는다.
> 나. 삶고 난 물은 다른 조리에 이용하도록 한다.
> 다. 표면적을 크게 하여 삶는다.
> 라. 끓는 물을 이용하여 조리시간을 단축한다.

① 가, 나, 다　　　　② 가, 다
③ 나, 라　　　　　④ 라
⑤ 가, 나, 다, 라

225 채소와 과일을 가열할 때 수분의 이동을 무엇이라고 하는가?

① 삼투현상　　　　② 황산
③ 팽압　　　　　　④ 여과
⑤ 능동수송

226 알칼리성 물로 채소 조리 시 일어나는 변화로 옳은 것은?

> 가. anthoxanthin계 색소의 황색으로 변색
> 나. 비타민 B_1, C의 파괴
> 다. cellulose의 연화
> 라. chlorophyll색소의 퇴색

① 가, 나, 다　　　　② 가, 다
③ 나, 라　　　　　④ 라
⑤ 가, 나, 다, 라

227 채소의 조직이 연화되는 경우는?

① 염소의 첨가　　　② 경수로 조리
③ 산의 첨가　　　　④ 중조의 첨가
⑤ 식초의 첨가

228 겨자의 매운 맛을 가장 강하게 느낄 수 있는 온도는?

① 60~65℃　　　　② 40~45℃
③ 30~35℃　　　　④ 20~25℃
⑤ 10~20℃

229 젤리의 형성이 잘 될 수 있는 조건으로 맞지 않는 것은?

① 산도 0.3%
② 펙틴의 농도 1.0~1.5%
③ 당의 농도 60~65%
④ 펙틴의 분자량이 클수록
⑤ 펙틴의 methyl ester화 정도가 낮을수록

230 다음 중 과일에 함유되어 있는 유기산으로 옳은 것은?

> 가. 수산(oxalic acid)
> 나. 능금산(malic acid)
> 다. 구연산(citric acid)
> 라. 초산(acetic acid)

① 가, 나, 다　　　　② 가, 다
③ 나, 라　　　　　④ 라
⑤ 가, 나, 다, 라

231 과일의 숙성 중 나타나는 변화로 옳은 것은?

> 가. 전분이나 설탕이 당화 또는 전화하여 단맛이 증가한다.
> 나. 탄닌이 불용성의 염류를 형성하여 떫은맛이 감소한다.
> 다. 계속적인 호흡으로 산이 분해되어 신맛이 감소한다.
> 라. 과일은 방향족 유기산을 함유하며 숙성해감에 따라 유기산은 감소한다.

① 가, 나, 다　　　　② 가, 다
③ 나, 라　　　　　④ 라
⑤ 가, 나, 다, 라

6. 육 류

232 다음 중 육류의 단백질이 아닌 것은?

① hemoglobin　　　② collagen
③ myosin　　　　　④ hordein
⑤ actin

233 숙성한 고기의 맛 성분으로 맞는 것은?

> 가. 핵단백질 분해물질　　나. 프로테오스 – 펩톤
> 다. inosinic acid　　　　라. 유리아미노산

① 가, 나, 다　　　　② 가, 다
③ 나, 라　　　　　④ 라
⑤ 가, 나, 다, 라

234 육류의 숙성 중의 변화로 옳은 것은?

> 가. 해당계 효소의 활성화
> 나. 근육의 보수성의 증가
> 다. IMP → ATP
> 라. 단백질이 분해되어 유리아미노산 증가

① 가, 나, 다　　　　② 가, 다
③ 나, 라　　　　　④ 라
⑤ 가, 나, 다, 라

정답　224 ③　225 ③　226 ①　227 ④　228 ②　229 ⑤　230 ①　231 ⑤　232 ④　233 ⑤　234 ③　➜ 해설 p. 166 ~ p. 167

235 다음 중 육류 조리에 대한 설명으로 맞는 것은?

① 습열조리에 의해 가수분해되어 연해지는 결체조직은 elastin이다.
② 건열조리법이 습열조리법에 비해 전체 손실량이 크다.
③ broiling은 습열조리와 건열조리를 다 이용하는 조리법이다.
④ 높은 온도에서 조리한 것이 낮은 온도에 조리한 것보다 수축량 및 유출량이 크다.
⑤ 근원 섬유단백질은 고온에서 장시간 조리해야 부드러워진다.

236 Myoglobin 함량이 많은 육류는?

① 돼지고기
② 양고기
③ 소고기
④ 닭고기
⑤ 송아지고기

237 닭고기의 저장방법으로 가장 옳은 것은?

① 내장을 빼낸 계체 속을 깨끗이 씻은 후 내장을 분리시켜 냉장고에 넣어 둔다.
② 내장을 빼낸 계체 속을 깨끗이 씻고 다시 내장을 속에 넣어 냉장고에 넣어 둔다.
③ 내장은 씻어서 냉장고에 넣고 계체는 그대로 냉장하였다가 조리하기 전에 씻는다.
④ 계체와 내장을 분리해서 씻지 않고 냉동한다.
⑤ 내장은 빼지 않고 통째로 냉동고에 넣어 둔다.

238 소고기 부위와 적당한 조리방법에 대한 연결이 바르지 못한 것은?

① 장조림 – 홍두깨살
② 구이 – 안심, 갈비
③ 육포 – 등심, 안심
④ 편육 – 양지육, 사태육
⑤ 탕 – 사태육, 장정육

239 육류조리법에 대한 설명이다. 옳은 것은?

가. 육 온도계를 사용할 때는 기름이 있는 중심부에 찔러서 온도를 측정한다.
나. 돼지고기 편육을 만들 때 생강은 처음부터 고기와 같이 넣어 가열함으로써 냄새를 제거한다.
다. stew를 할 때 토마토 주스를 넣고 가열하면 고기가 질겨진다.
라. 불고기는 간장에 재워서 30분 이상 두지 않는 것이 좋다.

① 가, 나, 다
② 가, 다
③ 나, 라
④ 라
⑤ 가, 나, 다, 라

240 다음 중 족편과 관계있는 것은?

① elastin
② gelatin
③ albumin
④ globulin
⑤ myosin

241 닭튀김 하였을 때 살코기 색이 연한 핑크색을 나타내는 것으로 맞는 것은?

① 산패된 기름에서 튀긴 것이므로 먹지 않는 것이 좋다.
② 근육 성분의 화학적 반응에 의한 것이므로 먹어도 좋다.
③ 병에 걸린 것이므로 먹어서는 안 된다.
④ 변질된 닭이므로 먹지 못한다.
⑤ 부패된 것이므로 먹지 못한다.

242 육류의 찜 조리 시 토마토를 이용하는 이유로 옳은 것은?

가. 고기의 풍미와 맛을 좋게 한다.
나. 고기의 누린 냄새를 감소시킨다.
다. 고기의 연화를 효율적으로 한다.
라. 고기의 갈변을 잘 되게 한다.

① 가, 나, 다
② 가, 다
③ 나, 라
④ 라
⑤ 가, 나, 다, 라

243 육류 습열조리 시에 일어나는 변화로 옳은 것은?

① 콜라겐의 peptone화
② 콜라겐의 elastin화
③ 콜라겐의 gelatin화
④ 콜라겐의 disulfide화
⑤ 콜라겐의 peptide화

244 육류의 조리방법 중에서 습열조리에 대한 설명으로 옳은 것은?

① 탕은 소금을 약간 넣고 끓기 시작하면 고기를 넣어 중불로 끓인다.
② 장정육, 양지육, 사태육, 업진육을 습열조리에 이용한다.
③ 편육은 냉수에서 끓이기 시작한다.
④ 서양 조리에서는 브로일링, 그릴링 등에 해당된다.
⑤ 안심, 등심, 염통, 콩팥 등을 이용한다.

245 roast beef에서 medium단계의 육류의 내부온도는?

① 60℃
② 71℃
③ 77℃
④ 82℃
⑤ 87℃

246 육류가공품에 첨가시키는 질산염은 무슨 작용을 하는가?

① 방향작용
② 연육작용
③ 발색작용
④ 방부작용
⑤ 방취작용

정답 235 ④ 236 ③ 237 ① 238 ③ 239 ④ 240 ② 241 ② 242 ① 243 ③ 244 ② 245 ② 246 ③ ➔ 해설 p. 167

7. 달 걀

247 난황의 성분에 대한 설명이다. 옳은 것은?

> 가. 난황에 lecithin이 존재하므로 기름의 유화제 역할을 한다.
> 나. 난황은 전란의 26~30%를 차지한다.
> 다. 구성단백질은 인단백질로 주로 lipoprotein형태로 존재한다.
> 라. 탄수화물로서 glycogen의 형태로 존재한다

① 가, 나, 다   ② 가, 다
③ 나, 라   ④ 라
⑤ 가, 나, 다, 라

248 유화액에 대한 설명으로 옳은 것은?

> 가. 난황은 천연 유화식품인 동시에 강한 유화력을 갖는 식품이다.
> 나. 우유는 수중유적형(O/W) 유화액이다.
> 다. 프렌치 드레싱은 유화제가 없어 흔들어 주는 순간에만 유화액으로 존재한다.
> 라. 마요네즈는 유중수적형(W/O) 유화액이다.

① 가, 나, 다   ② 가, 다
③ 나, 라   ④ 라
⑤ 가, 나, 다, 라

249 난백 단백질의 lysozyme에 대한 설명으로 맞지 않는 것은?

① ovalbumin의 일종
② 용균성
③ 열에 안정
④ 단백분해효소의 작용을 거의 받지 않음
⑤ 효소단백질

250 익힌 난백이 생난백보다 소화가 잘 되는 이유는 무엇인가?

① globulin이 가열에 의해 응고되기 때문이다.
② ovomucoid의 항 trypsin 작용이 가열에 의해 저해되기 때문이다.
③ 생난백의 황이 가열에 의해 난황으로 이동되기 때문이다.
④ adbumin이 가열에 의해 응고되기 때문이다.
⑤ avidin이 가열에 의해 활성을 갖게 되기 때문이다.

251 다음 중 신선란에 대한 설명으로 옳은 것은?

① 삶았을 때 난황표면이 쉽게 암록색으로 변한다.
② 수양난백이 농후난백보다 많다.
③ 기공이 크다.
④ cuticle층이 있어 표면이 거칠거칠하다.
⑤ 난황이 넓적하게 퍼진다.

252 마요네즈에 대한 설명으로 맞지 않는 것은?

① 마요네즈는 난황 5%, 기름 50%, 식초 45% 비율로 제조한다.
② 기름의 양이 많아지면 마요네즈는 분리가 일어난다.
③ 마요네즈에는 산이 함유되어 있어 장기 저장이 가능하다.
④ 난황 1개에 기름은 1컵 이상 넣을 수 있다.
⑤ 소금, mustard 등은 유화액을 안정시키는 데 도움이 된다.

253 다음의 조리는 달걀의 어떠한 성질을 이용한 것인가?

> custard, pudding, sauce, omelet

① 열응고성   ② 팽창성
③ 유화성   ④ 기포성
⑤ 결합성

8. 우유류

254 우유를 가열할 때 나는 냄새는 무엇에 의한 것인가?

① 유당의 산패   ② 지방의 산화
③ 비타민의 산화   ④ 변성단백질의 SH기
⑤ 단백질의 가수분해

255 우유에 과당을 넣어 가열할 때 일어나는 갈변의 주된 원인은 무엇인가?

① Maillard 반응   ② 카라멜화 반응
③ 당의 가열 분해 반응   ④ Tyrosine에 의한 갈변
⑤ 유당의 산화 작용

256 우유의 casein과 rennin의 작용으로 응고될 때 필요한 성분은?

① Fe^{++} ② Ca^{++}
③ Cu^{++} ④ Al^{+++}
⑤ Mg^{++}

257 다음 중 rennin이 작용하기 위한 최적 온도는?

① 60~65℃   ② 40~42℃
③ 30~35℃   ④ 20~30℃
⑤ 10~20℃

258 분유가 냉수에 잘 녹지 않고 보존 시 덩어리지는 것은 무엇 때문인가?

① 칼슘   ② 단백질
③ 비타민   ④ lactose
⑤ 철분

정답 247 ① 248 ① 249 ① 250 ② 251 ④ 252 ① 253 ① 254 ④ 255 ① 256 ② 257 ② 258 ④   ➜ 해설 p. 167

259 우유를 끓이면 형성되는 피막에 대한 설명으로 옳은 것은?

> 가. 피막은 albumin이나 globulin 응고물이다.
> 나. 피막은 가열에 의해서 우유 중의 단백질이 변질하여 떠오른 것이다.
> 다. 피막의 형성은 거품을 내어 데우거나 냄비의 뚜껑을 닫으면 방지할 수 있다.
> 라. 피막은 가열온도와 시간이 증가함에 따라 증가한다.

① 가, 나, 다   ② 가, 다
③ 나, 라   ④ 라
⑤ 가, 나, 다, 라

260 우유에 대한 설명으로 맞는 것은?

① 치즈는 우유 중의 lactalbumin을 응고시켜 만든 것이다.
② 우유를 균질처리 하면 크림층의 분리가 용이하다.
③ 우유를 균질처리 하면 소화가 어렵다.
④ casein은 rennin에 의해 응고된다.
⑤ lactalbumin은 rennin에 의해 응고된다.

261 휘핑크림(whipping cream)에 대한 설명으로 옳은 것은?

① 유지방 함량이 79~81%인 플라스틱크림
② 요구르트의 일종
③ 유지방의 함량이 36~45%인 heavy cream
④ 난황을 첨가하면 휘핑이 잘 됨
⑤ 슈크림 과자 속에 넣는 속 크림

262 우유를 가열할 때 일어나는 변화로 옳은 것은?

> 가. 단백질 변성   나. H_2S 생성
> 다. 캐러멜화   라. Maillard 반응

① 가, 나, 다   ② 가, 다
③ 나, 라   ④ 라
⑤ 가, 나, 다, 라

9. 어패류

263 생선 전유어에 대한 설명으로 맞는 것은?

> 가. 흰살 생선을 주로 이용한다.
> 나. 소량의 기름으로 조리가 가능하다.
> 다. 어취 해소에 좋은 조리법이다.
> 라. 약한 불에 서서히 지져 내는 것이 좋다.

① 가, 나, 다   ② 가, 다
③ 나, 라   ④ 라
⑤ 가, 나, 다, 라

264 어패류의 맛있는 맛 성분이 아닌 것은?

① nucleotide   ② pipperidin
③ succinic acid   ④ betaine
⑤ TMAO

265 조개류를 넣어 끓인 국물 맛의 성분은 무엇인가?

① 수산   ② 젖산
③ arginine   ④ purine
⑤ succinic acid

266 어류에 대한 설명으로 옳은 것은?

① 어묵은 섬유상 단백질인 myosin이 소금에 녹는 성질을 이용해서 만든 식품이다.
② 생선조리 시 소금을 10% 넣어 주면 수분이 빠져나가 생선살이 단단해진다.
③ 복어의 유독성분인 tetrodotoxin은 가열에 의해 분해된다.
④ 탄력성 있는 생선은 선도가 떨어지는 생선이다.
⑤ 산란기에 들어간 생선이 가장 맛있고 기름지다.

267 해수어의 주된 비린내 성분은?

① 피페리딘(piperidine)
② 인돌(indol)
③ 트리메틸아민(trimethylamine)
④ 노르말 헥사날(n-hexanal)
⑤ 트리메틸아민옥사이드(trimethylamine oxide)

268 생선조리에 식초(혹은 lemon)를 사용했을 때 효과로 옳은 것은?

> 가. 생선 단백질의 응고로 질이 단단해진다.
> 나. 산미가 가해져 맛을 향상시킨다.
> 다. 생선 비린내가 감소된다.
> 라. 생선 단백질이 용출되어 점도가 높아진다.

① 가, 나, 다   ② 가, 다
③ 나, 라   ④ 라
⑤ 가, 나, 다, 라

269 어패류 조리 시의 주의사항으로 맞지 않는 것은?

① 어류의 조리 시 특히 주의해야 할 것은 본래 모양이 유지되도록 하는 데 있다.
② 어류는 덜 익으면 맛도 좋지 않고 기생충의 위험도 있으므로 완전히 익혀 먹어야 한다.
③ 패류를 조리할 때는 낮은 온도에서 서서히 익혀 단백질의 급격한 응고를 피하도록 한다.
④ 어류는 결체조직의 함량이 많으므로 습열조리법을 많이 이용한다.
⑤ 패류의 근육은 생선보다 더 연하여 쉽게 상하므로 살아 있을 때 조리하는 것이 좋다.

270 선도가 저하된 생선을 조리하는 방법으로 옳은 것은?

① 생선을 끓는 물로 깨끗이 씻고 그 물을 버린 후 조리한다.
② 양념을 담백하게 하고 단시간에 조리한다.
③ 미리 끓인 물에 생선을 넣고 조리한다.
④ 처음부터 냉수에 파를 넣고 생선을 끓인다.
⑤ 처음부터 물을 붓고 끓인다.

10. 해조류

271 해조류 중 홍조류는 어느 것인가?

① 모자반
② 파래
③ 다시마
④ 우뭇가사리
⑤ 미역

272 해조류에 대한 설명으로 옳은 것은?

> 가. 해조류에는 식이섬유가 풍부하다.
> 나. 김은 카로틴을 많이 함유하고 있어 비타민 A의 좋은 급원이다.
> 다. 해조류에는 요오드, 칼슘과 같은 무기질이 많이 함유되어 있다.
> 라. 구수한 맛을 내는 MSG는 김에 풍부하다.

① 가, 나, 다
② 가, 다
③ 나, 라
④ 라
⑤ 가, 나, 다, 라

273 다시마의 끈적끈적한 성분은?

① agar
② 라미날린
③ 알긴산
④ 팔미트산
⑤ 푸코산

274 한천 gel의 이장현상(syneresis)에 대한 설명이다. 옳은 것은?

① 한천 농도가 높을수록 이장량이 많다.
② 설탕 농도가 높을수록 이장량이 많다.
③ 한천 겔의 방치시간이 길수록 이장량이 적다.
④ 소금이 많을수록 이장량이 많다.
⑤ 한천 겔에 설탕을 60% 이상 첨가하고 저온에 겔을 방치하면 이장량이 적다.

11. 유지류

275 약과를 반죽할 때 과량의 기름이 들어가면 나타나는 현상은?

① 튀길 때 둥글게 부푼다.
② 조직이 치밀해진다.
③ 조직에 점도가 생긴다.
④ 켜가 많이 생긴다.
⑤ 튀길 때 풀어진다.

276 다음 중 유지의 발연점에 대한 설명으로 맞는 것은?

> 가. 기름 속에 이물질이 들어가면 발연점이 낮아진다.
> 나. 기름을 사용한 횟수가 많을수록 발연점이 높아진다.
> 다. 기름을 담는 그릇의 표면적이 넓으면 발연점이 낮아진다.
> 라. 유리지방산의 함량이 높을수록 발연점이 높아진다.

① 가, 나, 다
② 가, 다
③ 나, 라
④ 라
⑤ 가, 나, 다, 라

277 식용유지로서 갖추어야 할 조건으로 옳은 것은?

① 융점은 낮은 것이 좋다.
② 포화지방산이 많아야 한다.
③ 유리지방산 함량이 많은 것이 좋다
④ 융점이 높은 것이 좋다.
⑤ 발연점이 낮은 것이 좋다.

278 다음 중 유지의 자동산화 중 생기는 성분으로 맞는 것은?

> 가. aldehyde
> 나. alcohol
> 다. ketone
> 라. hydroperoxide(ROOH)

① 가, 나, 다
② 가, 다
③ 나, 라
④ 라
⑤ 가, 나, 다, 라

279 다음 중 참기름의 방향성분은?

① mercaptane
② ethyl acetate
③ sesamol
④ diacetal
⑤ isomyl acetate

280 튀김 기름 조건으로 맞는 것은?

> 가. 산가, 과산화물가 낮은 것이 좋다.
> 나. 반건성유인 대두유, 면실유가 좋다.
> 다. 발열온도가 200℃ 이상 높은 것이 좋다.
> 라. 인지질, 단백질 함량이 많은 것이 좋다.

① 가, 나, 다
② 가, 다
③ 나, 라
④ 라
⑤ 가, 나, 다, 라

정답 270 ① 271 ④ 272 ① 273 ③ 274 ⑤ 275 ⑤ 276 ② 277 ① 278 ⑤ 279 ③ 280 ① ➡ 해설 p. 168

281 버터가 많이 들어가는 케이크를 만들 때 먼저 버터를 설탕과 함께 혼합하여 잘 저어 준다. 이 과정에서 나타나는 버터의 조리성은 무엇인가?

① 쇼트닝성　　　　② 유화성
③ 기포성　　　　　④ creaming성
⑤ beating성

282 유지가공 처리 방법으로 냉장 온도에서 결정화를 일으키지 않도록 처리하는 방법은 무엇인가?

① 탈색 처리
② 정제 처리
③ 경화 처리
④ 알칼리 처리
⑤ 동유 처리(wintering)

12. 젤라틴과 당류

283 frozen dessert에 대한 설명으로 옳지 않은 것은?

① frozen dessert 용액은 설탕, 우유, 크림, 과일즙 등의 혼합물이므로 물보다 빙점이 낮아진다.
② 소금과 얼음을 사용하여 얼린 경우 소금의 비율이 높을수록 빨리 얼고 결정의 크기도 작아진다.
③ 얼기 전에 충분한 공기가 개입되어야만 결정의 크기가 작아진다.
④ −8~−10℃ 정도면 충분히 얼릴 수 있다.
⑤ 질이 좋은 것은 얼음의 결정이 미세하고 크기가 일정하며 고르게 분포되어 있는 것이다.

284 설탕을 1.5~2%의 한천 용액에 넣었을 때의 현상으로 옳은 것은?

① 설탕 농도가 높을수록 gel의 강도가 감소한다.
② 설탕을 넣으면 점탄성이 증가한다.
③ 설탕을 많이 가하면 불투명해진다.
④ 적당량의 설탕을 가하면 점탄성이 감소된다.
⑤ 맛이 좋아지고 강도가 감소한다.

285 젤라틴을 조리할 때 변화에 대한 설명으로 맞지 않는 것은?

가. 젤라틴 젤리는 입안에서 잘 녹으므로 한천 젤리보다 단맛을 빨리 느끼게 되므로 설탕량은 한천 젤리보다 적어도 좋다.
나. 과일즙, 식초 등을 첨가하면 젤라틴의 응고를 방해한다.
다. 젤라틴으로 응고시킨 과자 요리는 입안에서의 촉감이 좋고 체온으로 잘 녹는다.
라. 젤라틴은 3~4% 농도에서 35℃에서 응고한다.

① 가, 나, 다　　　　② 가, 다
③ 나, 라　　　　　④ 라
⑤ 가, 나, 다, 라

286 설탕을 단맛의 표준물질로 삼는 가장 큰 이유는 무엇인가?

① 설탕에 대해 기호도가 높기 때문
② 가장 쉽게 구할 수 있는 당류이기 때문
③ 가열하면 단맛이 가장 강하기 때문
④ 이성체가 없기 때문
⑤ 용해도가 크기 때문

287 비결정형 캔디에 대한 설명으로 옳은 것은?

① 결정이 생기지 않게 하기 위해 고온 처리를 삼가한다.
② 설탕시럽의 농도를 고농도로 하여 결정이 없는 상태로 만든 것이다.
③ 비결정형 캔디의 질감은 대체로 끈적끈적하다.
④ 당용액의 점성이 낮을 때 결정 형성이 어렵다.
⑤ 브리틀은 부드럽고 질깃질깃한 질감을 갖는다.

288 설탕 대신 꿀이나 당밀을 사용하여 cake을 만들 때 주의해야 할 사항은?

① 액체의 사용량
② 단백질 응고 여부
③ 재료를 섞는 순서
④ 케이크의 모양
⑤ 케이크의 열량

289 Fondant 제조에 대한 설명이다. 옳은 것은?

가. 시럽은 40℃까지 식힌 후 젓기 시작한다.
나. 레몬즙, 우유, 버터를 넣어 결정 형성을 막아 준다.
다. 설탕용액은 112~115℃까지 가열하여 농축시킨다.
라. 시럽을 식힐 때 흔들어 주면 부드러운 폰단이 형성된다.

① 가, 나, 다　　　　② 가, 다
③ 나, 라　　　　　④ 라
⑤ 가, 나, 다, 라

290 다음 중 당에 대한 설명으로 옳지 않은 것은?

① 설탕 – 단맛의 기준물질이며 쉽게 결정을 이루는 당이다.
② 과당 – 가장 단맛이 강하며 쉽게 결정화하지 않는다.
③ 젖당 – 가장 단맛이 약하며 α-젖당은 용해성이 더 낮다.
④ 꿀 – 흡습성이 강하며 결정을 잘 생성하지 않는다.
⑤ 조청 – 주된 당은 과당으로 수분을 농축시키면 강엿이 된다.

정답　281 ④　282 ⑤　283 ②　284 ②　285 ①　289 ④　287 ②　288 ①　289 ③　290 ⑤　　➡ 해설 p. 168

2과목 **단체급식관리**

 1. 급식 및 영양관리

01 단체급식에 대한 설명으로 옳은 것은?

① 기숙사, 병원, 대중식당 등에서 영리를 목적으로 특정 다수인을 대상으로 하여 계속적으로 식사를 공급하는 것
② 학교, 병원, 대중식당 등에서 영리를 목적으로 하지 않고 불특정 다수인을 대상으로 하여 계속적으로 식사를 공급하는 것
③ 사업장, 학교, 병원 등에서 영리를 목적으로 특정 다수인을 대상으로 계속적으로 식사를 공급하는 것
④ 사업장, 기숙사, 학교, 병원 등에서 영리를 목적으로 하지 않고 특정 다수인을 대상으로 하여 계속적으로 식사를 공급하는 것
⑤ 대중식당, 휴게음식점, 열차식당 등에서 영리를 목적으로 특정 다수인에게 계속적으로 식사를 공급하는 것

02 학교급식의 목적으로 옳은 것은?

가. 국민 식량정책 기여
나. 바람직한 식습관 형성 및 개선
다. 학교 아동의 건강 증진
라. 질서 의식과 예절 교육

① 가, 나, 다
② 가, 다
③ 나, 라
④ 라
⑤ 가, 나, 다, 라

03 학교급식에서 완전급식으로 옳은 것은?

① 주식, 부식, 무기질 보충
② 주식, 부식, 비타민 보충
③ 주식, 부식, 음료
④ 주식, 부식
⑤ 주식, 부식, 강화식품, 음료

04 우리나라에서 학교급식법이 제정 공포된 연도는?

① 1980. 1. 29
② 1981. 1. 29
③ 1982. 1. 29
④ 1983. 1. 29
⑤ 1984. 1. 29

05 병원의 중앙배선방식과 병동배선방식 중에서 병동배선방식의 장점으로 옳은 것은?

가. 인건비가 적게 든다.
나. 영양사가 감독하기 쉽다.
다. 식기 소독과 보관이 잘된다.
라. 적온급식이 잘된다.

① 가, 나, 다
② 가, 다
③ 나, 라
④ 라
⑤ 가, 나, 다, 라

06 병원급식에 대한 설명으로 옳지 않은 것은?

① 병원급식의 식수는 거의 일정하므로 정확한 식수파악이 가능하다.
② 식단 작성은 식사처방 지침서를 기준으로 하며 정기적인 기호도 조사가 필요하다.
③ 병원급식은 1끼에 수십 종류의 치료식을 준비해야 하는 경우가 많다.
④ 병원급식은 영양적으로 만족스러우면서도 위생적으로 안전한 식사를 제공해야 한다.
⑤ 병원급식 업무 중 가장 중요한 업무는 영양관리이다.

07 병원 영양사가 산업장 영양사보다 고려해야 할 업무로 옳은 것은?

① 식단 작성
② 조리감독
③ 병실순회
④ 식품검수
⑤ 식습관 조사

08 위해 발생 가능성이 높은 식단으로 옳지 않은 것은?

① 생굴무생채
② 햄 샐러드
③ 콩나물무침
④ 명란젓무침
⑤ 설렁탕

09 식단의 기능이 아닌 것은?

① 급식업무의 요점
② 급식관리의 계획
③ 식습관이 고려된 식생활 설계
④ 급식기록서 및 보고서
⑤ 조리종사원에 대한 작업 지시서

10 식단 작성 시 참고자료로 가장 거리가 먼 것은?

① 기호조사표
② 식단표철
③ 식품분석표
④ 물가조사표
⑤ 계절식품표

11 식단 작성 시 가장 고려해야 할 점은?

① 영양면, 기호도, 노동강도, 성별
② 영양면, 경제면, 조리면, 시설 작업면
③ 연령, 성별, 노동강도, 기호
④ 연령, 성별, 계절식품, 기호도
⑤ 평균영양 기준량, 연령, 성별, 노동강도

12 식단 작성에 대한 내용으로 옳은 것은?

> 가. 작성순서는 급여영양량 결정 → 3식의 영양량 배분 →
>   식품구성 결정이다.
> 나. 부식을 결정할 때는 동물성 단백질량 확보에 중점을
>   둔다.
> 다. 식품 교환표는 비슷한 영양량을 갖는 식품들을 하나의
>   군으로 묶어서 같은 군 안에 포함된 식품들끼리 바꾸어
>   섭취할 수 있도록 만든 표이다.
> 라. 엥겔계수비율이 높은 것이 영양적으로 균형 잡힌 식사
>   이다.

① 가, 나, 다   ② 가, 다
③ 나, 라   ④ 라
⑤ 가, 나, 다, 라

13 노인 식단 작성 시 유의해야 할 사항으로 옳은 것은?

> 가. 식물성 기름의 사용
> 나. 염분의 제한
> 다. 단백질의 충분한 보급
> 라. 지질의 충분한 보급

① 가, 나, 다   ② 가, 다
③ 나, 라   ④ 라
⑤ 가, 나, 다, 라

14 단체급식의 운영방법으로 가장 옳게 분류한 것은?

① 직영 방법과 위탁 방법
② 직영 방법과 임대운영
③ 직영 방법과 노조관리 운영 방법
④ 직영 방법과 중간 방법
⑤ 직영 방법과 준직영 방법

15 예비식 급식체계와 중앙공급식 급식체계의 특성을 설명한 내용으로 옳지 않은 것은?

① 예비식 급식체계는 중앙공급식 급식체계보다 규모가 크다.
② 중앙공급식 급식체계는 생산과 소비가 시간과 지역적으로 분리된다.
③ 예비식 급식체계는 같은 장소에서 음식을 미리 준비해 저장하는 급식이다.
④ 중앙공급식 급식체계를 활용하고 있는 급식소는 캐터링 업체가 대표적이다.
⑤ 중앙공급식 급식체계는 배달과 음식의 안전성에 유의해야 한다.

16 식단 작성 시 아침, 점심, 저녁의 영양소 배분비율로 적합한 것은?

① 1:1:1   ② 1:2:2
③ 1:1:2   ④ 2:2:1
⑤ 2:1.5:1.5

17 성인남자(19~64세)의 바람직한 1일 식사의 식품군별 제공 횟수로 맞지 않는 것은?

① 곡류 – 4회
② 고기, 생선, 달걀, 콩류 – 6회
③ 채소류 – 8회
④ 과일류 – 3회
⑤ 우유·유제품류 – 1회

18 단체급식에서의 배식방법 중 중앙집중식 배식방법의 특징은?

① 음식과 배식기가 공동관리하에 놓이게 된다.
② 식기저장소가 많아진다.
③ 종업원의 수가 많이 필요하다.
④ 많은 수효의 감독자가 필요하다.
⑤ 건물구조가 낮고, 넓을 때 적절하다.

19 식품배합을 충실히 하기 위해 이용하는 표는?

① 식품구성표   ② 식품배분표
③ 영양가 산출표   ④ 식품성분 분석표
⑤ 식품가격조사표

20 성인이 하루 섭취해야 할 단백질 가운데 동물성 단백질의 섭취량은?

① 총량의 1/3   ② 총량의 $3\frac{1}{2}$
③ 총량의 1/2   ④ 총량의 $2\frac{1}{2}$
⑤ 총량의 $1\frac{1}{3}$

정답 10 ③ 11 ② 12 ① 13 ① 14 ① 15 ① 16 ① 17 ② 18 ① 19 ① 20 ①   ➡ 해설 p. 169

21 식품구성은 무엇을 근거로 작성하는가?

① 영양권장량　　　　　② 노동강도
③ 영양소요량　　　　　④ 식단작성
⑤ 피급식자의 나이

22 급식시설에서 영양사의 직무가 아닌 것은?

① 급식원가 관리　　　② 급식인사 관리
③ 주방시설 설비 관리　④ 식재료 관리
⑤ 급식예산 결정

23 단체급식이 갖는 운영상의 문제점을 제시한 것으로 옳은 것은?

> 가. 일률적인 식사제공으로 인한 급식 만족도 저하
> 나. 단시간 내에 대량의 음식을 생산해야 하는 체계
> 다. 급식대상자 개별적인 영양 공급의 어려움
> 라. 식중독으로 인한 대형 위생사고의 위험성

① 가, 나, 다　　　　　② 가, 다
③ 나, 라　　　　　　　④ 라
⑤ 가, 나, 다, 라

24 식품구성을 충실히 함으로써 가장 이점이 되는 것은?

① 섭취식품을 다양화시킬 수 있다.
② 식단의 변화가 있다.
③ 기호에 맞는 식사를 할 수 있다.
④ 계절식품 이용이 편리하다.
⑤ 균형잡힌 영양적 식단을 작성할 수 있다.

25 학교급식에서 식품재료비는 몇 %가 적당한가?

① 30〜40%　　　　　② 40〜50%
③ 50〜60%　　　　　④ 60〜70%
⑤ 70〜80%

26 쌀의 조리조작 중 불리는 과정에서 쌀의 수분 흡수율은 어느 정도 증가되는가?

① 5〜10%　　　　　② 5〜20%
③ 10〜15%　　　　　④ 20〜25%
⑤ 30〜35%

27 식단 작성에서 권장되는 3대 영양소의 열량섭취 비율은?

① 탄수화물 55〜60%, 지질 30%, 단백질 10%
② 탄수화물 55〜65%, 지질 15〜30%, 단백질 7〜20%
③ 탄수화물 50〜65%, 지질 10〜20%, 단백질 10〜5%
④ 탄수화물 50〜70%, 지질 10〜15%, 단백질 10〜15%
⑤ 탄수화물 50〜60%, 지질 10%, 단백질 20%

28 주기식단(cycle menu)을 사용할 때의 장점으로 옳은 것은?

> 가. 식단 작성의 시간적 여유
> 나. 조리원들이 작업에 숙달됨
> 다. 작업 분담이 잘됨
> 라. 짧은 주기 동안 다양한 식단 제공

① 가, 나, 다　　　　　② 가, 다
③ 나, 라　　　　　　　④ 라
⑤ 가, 나, 다, 라

29 순환식 식단 사용 시 장점은?

> 가. 작업 분담이 쉬워진다.
> 나. 식단 작성에 소요되는 시간을 줄일 수 있다.
> 다. 재고통제가 용이하다.
> 라. 주기가 짧을수록 식단이 다양해진다.

① 가, 나, 다　　　　　② 가, 다
③ 나, 라　　　　　　　④ 라
⑤ 가, 나, 다, 라

30 cafeteria방식에 의한 선택식 급식의 효과로 맞는 것은?

① 식사시간이 절약된다.
② 적온급식이 어렵다.
③ 피급식자의 기호를 존중할 수 없다.
④ 영양지도가 필요하다.
⑤ 급식의 강제성을 완화시킨다.

31 발주량 산출방법이 옳은 것은?

① (1인분당 중량÷가식부율)×예상식 수
② 1인분당 중량×출고계수×100×예상식 수
③ (1인분당 중량÷폐기율×100)×예상식 수
④ [1인분당 중량÷(100-폐기율)]×100×예상식 수
⑤ 1인분당 중량×가식부율×예상식 수

32 식단을 평가할 때 바람직한 평가 기준으로 옳지 않은 것은?

① 배식할 음식을 50〜60℃로 보관하였는가?
② 배식한 음식의 1인분량이 적절하였는가?
③ 예산 범위 내에서 식단이 작성되었는가?
④ 다양한 식품군이 골고루 포함되었는가?
⑤ 기기사용이 적절히 배분되었는가?

정답　21 ①　22 ⑤　23 ⑤　24 ⑤　25 ④　26 ④　27 ②　28 ①　29 ①　30 ⑤　31 ④　32 ①　→ 해설 p. 169

33 표준 레시피(standardized recipe)에 관한 다음 설명 중 적합하지 못한 것은?

① 재료, 수량, 방법, 1인분량 등이 표준화되었다.
② 표준화되었으므로 일단 개발되면 즉시 여러 급식소에서 활용할 수 있다.
③ 표준화된 레시피를 사용하면 계속적으로 같은 결과를 내므로 품질 관리의 도구가 될 수 있다.
④ 표준화된 레시피를 사용하면 원가통제가 용이하다.
⑤ 표준화된 레시피의 설정은 여러 번의 실험조리를 통해 개발할 수 있다.

34 표준조리법에 쓰여져 있지 않은 사항은?

① 생산된 음식의 양   ② 1일 배식량
③ 1인당 식재료비   ④ 조리방법
⑤ 기호성

35 단체급식에서 한식의 경우 주식 대 부식의 열량구성 비율은?

① 4 : 6   ② 7 : 3
③ 6 : 4   ④ 3 : 7
⑤ 5 : 5

36 단체급식에서 채소의 분산 조리 목적을 설명한 것은?

① 신속하게 채소 요리를 만들 수 있는 방법이다.
② 채소를 여러 번 나누어 소규모로 조리하는 방법이다.
③ 채소의 관능적, 영양적 품질을 높이기 위해 조리하는 방법이다.
④ 신선한 요리를 제공한다.
⑤ 채소의 배식 시간을 늘리기 위한 조리방법이다.

37 음식의 온도가 적당한 것은?

가. 밥 60~70℃	나. 냉수 10~13℃
다. 녹차 65℃	라. 국 80~95℃

① 가, 나, 다   ② 가, 다
③ 나, 라   ④ 라
⑤ 가, 나, 다, 라

38 식단 작성 시 식사배분의 근거는?

가. 식량구성표
나. 식품분석표
다. 기초식품군
라. 생활시간조사

① 가, 나, 다   ② 가, 다
③ 나, 라   ④ 라
⑤ 가, 나, 다, 라

39 다음 중 검식을 하는 사람은?

① 영양사
② 조리사
③ 의사
④ 주방장
⑤ 누구든지 할 수 있다.

40 검식을 실시하는 목적으로 맞는 것은?

① 식품재료의 사용이 충실한가를 검토
② 식품의 양이 적당한가를 검토
③ 식단의 됨됨이를 총괄적으로 판정하기 위해
④ 위생적인 평가
⑤ 조미의 평가

41 단체급식소에서 고객의 영양개선을 위해 고려해야 할 사항 중 옳지 않은 것은?

① 영양권장량을 참고하여 균형된 식단을 작성한다.
② 색의 변화 및 맛의 변화를 고려한다.
③ 기호식품 위주로 급식을 한다.
④ 배식한 음식 모두를 섭취하도록 유도한다.
⑤ 영양가가 높은 계절식품을 이용한다.

42 식단 작성과 관련된 영양적 측면에 대한 설명으로 옳은 것은?

① 우리나라 식사유형에서 가장 부족하기 쉬운 무기질은 칼슘과 인이다.
② 한국인의 식사에서 가장 부족하기 쉬운 비타민은 비타민 A이다.
③ 지방의 섭취는 가급적 제한하도록 하며 전체 열량의 15%를 넘지 않도록 한다.
④ 필요한 단백질은 모두 동물성 급원으로부터 섭취하도록 해야 한다.
⑤ 매 끼니별로 완전한 식사를 계획하지 않아도 된다.

43 단체급식 관리자들이 음식의 품질을 통제하고 관리하기 위해 사용하는 방법에 해당되지 않는 것은?

① 조리에 소요되는 시간과 온도를 측정한다.
② 표준 재고액을 설정하여 원가를 계산한다.
③ 제공하는 음식에 대해 관능검사를 행한다.
④ 식품명세서를 작성하여 구매 시 활용한다.
⑤ 표준 레시피를 개발한다.

정답 33 ② 34 ⑤ 35 ③ 36 ③ 37 ① 38 ④ 39 ① 40 ③ 41 ③ 42 ② 43 ②   해설 p. 169

44 HACCP 적용에 따른 식재료의 구매 및 검수단계에서 위해요소로 고려할 사항은?

> 가. 육류, 어패류, 야채류, 냉동식품에 대한 납품 시의 온도 초과
> 나. 냉장, 냉동탑차 등 운반차량의 온도관리 불량
> 다. 검수 후 다음 단계까지의 장시간 실온방치
> 라. 식품의 부적절한 온도 및 소요시간

① 가, 나, 다   ② 가, 다
③ 나, 라   ④ 라
⑤ 가, 나, 다, 라

45 영양출납표를 설명한 것으로 옳은 것은?

> 가. 영양적으로 올바르게 식사가 공급되었는지 알아보는 것이다.
> 나. 영양급여 계획을 세우기 위한 자료이다.
> 다. 하루의 식품 사용량을 식품군에 따라 분류 개재한 것이다.
> 라. 재고관리를 정확하게 하기 위한 재료의 출납표이다.

① 가, 나, 다   ② 가, 다
③ 나, 라   ④ 라
⑤ 가, 나, 다, 라

46 다음 중 일정한 식단이 정해져 선택의 여지가 없는 식단은?

① 표준 식단   ② 복수 식단
③ 자유 식단   ④ 단일 식단
⑤ cafeteria 식단

47 다음 중 피급식자가 자신의 기호에 따라 식품과 조리법을 선택할 수 있도록 계획한 식단은?

① 정식 식단   ② 복수 식단
③ 표준 식단   ④ 단일 식단
⑤ 예정 식단

48 단체급식에서 세균성 식중독을 방지하기 위해 가장 주의할 점은?

① 식품 중에 수분을 감소시킨다.
② 조리에서 식사까지의 시간을 단축한다.
③ 주위 환경을 깨끗이 한다.
④ 식기를 청결하게 보관한다.
⑤ 주방 내 온도, 습도를 세균 증식에 적합하지 않도록 한다.

49 식품구성안은 무엇을 표시한 것인가?

① 열량을 계산해 놓은 것
② 열량과 단백질을 계산해 놓은 것
③ 영양소요량을 숫자로 표시한 것
④ 식품군별로 식품량을 표시한 것
⑤ 열량과 단백질, 기타 영양소를 표시한 것

50 미량영양소를 섭취하는 방법으로 가장 좋은 것은?

① 육류와 어류 이용   ② 해조류 이용
③ 강화식품 이용   ④ 정제 비타민 이용
⑤ 신선한 채소 활용

51 영양출납표는 어느 것에 의해 작성되는가?

① 급식일지   ② 식단표
③ 식수통계표   ④ 식품사용 일계표
⑤ 식수표

52 영양사를 두지 않아도 되는 곳은?

① 외식업체   ② 기숙사
③ 산업체   ④ 병원
⑤ 학교

53 성장기 어린이의 칼슘섭취를 위해 가장 좋은 식품은?

① 우유   ② 치즈
③ 미역   ④ 멸치
⑤ 사과

54 영양사의 업무 순서로 맞게 배열된 것은?

① 식품구입 – 식단 작성 – 배식 – 기호조사
② 식단 작성 – 식품구입 – 조리감독 – 배식
③ 식단 작성 – 식품구입 – 배식 – 잔식처리
④ 식품구입 – 조리감독 – 식단 작성 – 배식
⑤ 조리감독 – 식단 작성 – 식품구입 – 배식

55 보존식의 설명으로 맞는 것은?

① 급식으로 제공되기 전에 평가한다.
② 식단을 총괄적으로 판정하기 위해 필요하다.
③ 그 시설장에 의해 평가되는 것이 관례이다.
④ 급식 후 24시간이 지나면 새로운 것으로 바꾼다.
⑤ 식중독 사고에 대비하여 144시간 이상 보관한다.

56 병원급식에서 환자 식단 작성 시 가장 중요시해야 하는 사항은?

① 환자가 요구하는 식사   ② 5가지 기초식품
③ 환자의 건강 상태   ④ 환자의 기호
⑤ 의사가 처방한 영양량

정답 | 44 ① 45 ① 46 ④ 47 ② 48 ② 49 ④ 50 ③ 51 ② 52 ① 53 ① 54 ② 55 ⑤ 56 ⑤   ➡ 해설 p. 169 ～ p. 170

57 식품 재료를 검수할 때 필요한 것은?

① 구입서　　　　　② 납품서
③ 물품가격표　　　④ 재고량표
⑤ 급식일지

58 병원의 입원환자나 거동이 불편한 노인을 위한 배식 방법으로 적당한 것은?

① drive in service　　② table service
③ drive through service　④ tray service
⑤ self service

59 식품구성에 의한 식단 작성 시의 이점이다. 옳은 것은?

> 가. 식품배합을 충실히 생각하여 무리 없는 식단 작성이 된다.
> 나. 같은 식품군 사이의 가격을 비교함므로써 식단재료의 교환이 용이하다.
> 다. 같은 종류의 식품 간 대체가 자유로워 변화를 주기 쉽다.
> 라. 주요 영양소에만 치우치는 영양소의 불균형 식단이 되기 쉽다.

① 가, 나, 다　　　　② 가, 다
③ 나, 라　　　　　　④ 라
⑤ 가, 나, 다, 라

60 영양사의 업무로 가장 중요한 것은?

① 조리종업원 지도　　② 위생관리
③ 직업관리　　　　　④ 식품구성
⑤ 영양관리

61 식단 평가의 기준이 아닌 것은?

① 실현성 있는 식단의 가부
② 조미료 양의 정도
③ 식단 변화의 여부
④ 영양
⑤ 색과 모양, 맛 등의 여부

62 급식종업원의 교육에 대한 설명으로 옳은 것은?

> 가. 업무에 대한 책임감을 가르친다.
> 나. 영양관리 면의 중요성을 지도한다.
> 다. 식품위생의 중요성을 지도한다.
> 라. 종업원 건강관리의 중요성을 지도한다.

① 가, 나, 다　　　　② 가, 다
③ 나, 라　　　　　　④ 라
⑤ 가, 나, 다, 라

63 운동선수의 식단 작성 시 주의할 점으로 옳은 것은?

> 가. 단백질은 양보다 질을 고려한다.
> 나. 위에 부담을 주는 조리법은 피한다.
> 다. 장시간 근육 운동을 하는 선수에게는 칼륨을 많이 공급해야 한다.
> 라. 시합 전에 당질식품보다 고열량을 낼 수 있는 지방 식품 위주로 식단을 작성한다.

① 가, 나, 다　　　　② 가, 다
③ 나, 라　　　　　　④ 라
⑤ 가, 나, 다, 라

64 식품생산 과정 중 교차오염(cross contamination)이 일어나게 되는 실례를 설명한 것이다. 옳은 것은?

> 가. 야채를 썬 도마 위에다 끓인 탕의 건더기를 썰었을 경우
> 나. 충분히 끓인 설렁탕 국물에 썰어 놓은 파를 첨가하고 배선했을 경우
> 다. 조리용 스푼으로 음식의 간을 보고 다시 그 스푼을 이용해 배선했을 경우
> 라. 나물을 배선할 때 사용했던 집게로 다시 생선 조림을 배선했을 경우

① 가, 나, 다　　　　② 가, 다
③ 나, 라　　　　　　④ 라
⑤ 가, 나, 다, 라

65 독성이 적고 투명하며 살균력이 강력한 소독용 비누는?

① 중성 비누
② 역성 비누
③ 우유 비누
④ 음성 비누
⑤ 알칼리성 비누

66 생채소의 살균에 사용되는 소독제로 적합한 것은?

① 차아염소산나트륨액
② 역성비누
③ 중성세제
④ 과산화수소액
⑤ 암모니아수

67 단체급식소에서 장부의 기능으로 옳지 않은 것은?

① 대상의 변화를 기록하는 기능
② 현재의 관리 상태를 나타내는 기능
③ 표준과 비교하여 관리하는 대상을 통제하는 기능
④ 경영 의사를 각 담당자에게 전달해 주는 기능
⑤ 언제 어떠한 일이 일어났는지를 알 수 있게 해 주는 기능

68 장표류들의 기본적인 성질과 기능에 대한 연결이 옳은 것은?

① 급식일지 – 장부 – 이동성
② 식품수불부 – 전표 – 집합성
③ 구매청구서 – 전표 – 분리성
④ 검식일지 – 장부 – 이동성
⑤ 발주서 – 전표 – 고정성

69 조리 냉장식 시스템을 도입할 경우에 얻을 수 있는 장점 및 효과로 옳은 것은?

> 가. 숙련된 조리인력이 없는 경우에도 급식이 가능하다.
> 나. 인력계획이나 작업 스케줄 계획이 용이하다.
> 다. 시설 투자를 위한 자본 요소가 적다.
> 라. 생산과 소비의 분리로 생산성이 증대된다.

① 가, 나, 다
② 가, 다
③ 나, 라
④ 라
⑤ 가, 나, 다, 라

70 시스템 모형을 이루는 구성요소에 대한 설명으로 옳은 것은?

> 가. 변환과정 – 운영 평가의 표준이 됨
> 나. 산출 – 투입을 전환하여 만든 결과물
> 다. 통제 – 투입을 산출로 만드는 모든 활동
> 라. 피드백 – 내적, 외적인 환경의 정보를 수용하는 과정

① 가, 나, 다
② 가, 다
③ 나, 라
④ 라
⑤ 가, 나, 다, 라

71 공동조리장 급식제도에 대한 설명으로 옳은 것은?

> 가. 수주, 수달 후에 제공할 음식을 미리 조리한 후 저장한다.
> 나. 숙련된 조리인력이 항상 필요하다.
> 다. 조리를 최소화함으로써 조리인력이 거의 필요없다.
> 라. 음식의 대량구입과 조리로 식재료비, 인건비 절감 효과를 기대할 수 있다.

① 가, 나, 다　　　② 가, 다
③ 나, 라　　　　④ 라
⑤ 가, 나, 다, 라

72 급식위탁 계약방법 중에서 식단가제 계약에 대한 설명으로 옳은 것은?

> 가. 식단가에는 재료비, 노무비, 기타 경비와 위탁수수료가 포함된다.
> 나. 일정비율의 위탁수수료를 추가로 지급받는다.
> 다. 식수 변동이 적고 규모가 큰 산업체 급식에서 많이 채택된다.
> 라. 사용된 식재료비, 인건비, 경비 등을 사용 내역에 따라 청구하여 정산한다.

① 가, 나, 다　　　② 가, 다
③ 나, 라　　　　④ 라
⑤ 가, 나, 다, 라

73 작업개선의 원칙 중 호적화의 원칙에 속하지 않는 것은?

① 목적추구의 원칙　　② 전문화의 원칙
③ 단순화의 원칙　　　④ 표준화의 원칙
⑤ 기계화의 원칙

74 급식 작업에 필요한 종업원 수를 결정할 때 고려해야 할 사항으로 옳은 것은?

> 가. 시설의 피급식자 수와 식단의 종류
> 나. 급식의 횟수와 급식운영 형태
> 다. 시설의 면적과 배식방법
> 라. 조리기구와 조리방법의 난이도

① 가, 나, 다　　　② 가, 다
③ 나, 라　　　　④ 라
⑤ 가, 나, 다, 라

75 작업 일정표(work schedule)를 작성하여 얻을 수 있는 효과로 옳은 것은?

> 가. 작업순서를 알 수 있다.
> 나. 작업에 대한 책임 소재가 분명하다.
> 다. 종업원에 대한 평가가 용이하다.
> 라. 작업이 체계적으로 이루어진다.

① 가, 나, 다　　　② 가, 다
③ 나, 라　　　　④ 라
⑤ 가, 나, 다, 라

2. 시설관리

76 조리대를 소독하는 데 사용하는 역성비누의 희석배수는?

① 50배　　　　② 100배
③ 150배　　　　④ 200배
⑤ 250배

정답　68 ③　69 ③　70 ③　71 ④　72 ②　73 ①　74 ⑤　75 ⑤　76 ④　　　➡ 해설 p. 170

77 찌꺼기가 많은 오수를 취급할 때 특히 지방이 하수구로 들어가는 것을 방지하기 위한 배수관의 형태는?

① 드럼 트랩
② P 트랩
③ 그리스 트랩
④ S 트랩
⑤ U 트랩

78 식당 통로의 동선의 넓이로 옳은 것은?

① 1.0~1.2m
② 0.8~1.5m
③ 1.0~1.5m
④ 1.5~1.8m
⑤ 1.8~2.0m

79 다음 중 1회에 500인을 수용하는 식당 면적은 어느 정도가 적당한가?

① 500m^2
② 520m^2
③ 540m^2
④ 550m^2
⑤ 580m^2

80 자외선 살균의 특징에 대한 설명 중 틀린 것은?

① 피조사물에 조사 후 변화를 남기지 않는다.
② 자외선은 공기만을 투과하고 물질은 투과하지 않는다.
③ 자외선은 표면 살균에만 가능하다.
④ 조도, 습도, 거리와 관계없이 효력이 있다.
⑤ 모든 종균에 대해 유효하다.

81 급식실의 면적을 결정하는 데 고려하지 않아도 되는 것은?

① 배선방법
② 급식인원
③ 작업조건
④ 환기, 채광
⑤ 조리방법

82 식기를 설거지 하는 방법으로 가장 좋은 것은?

① 삶는다.
② 비눗물에 닦아 헹군 후 행주로 말끔히 닦아 둔다.
③ 설거지통에 비눗물을 풀고 두세 번 헹구어 자연 건조시킨다.
④ 비눗물에 닦아 흐르는 물에 헹구고 건조시킨다.
⑤ 계속 뜨거운 물로 씻으면 기름기도 잘 녹고 잘 건조된다.

83 올바른 손 씻기 요령이 아닌 것은?

① 따뜻한 물을 사용한다.
② 손톱용 브러시를 이용한다.
③ 거품을 내어 30초 이상 부빈다.
④ 손과 팔꿈치까지 씻는다.
⑤ 씻은 후 면타월로 닦는다.

84 냉동식품을 해동시키는 방법이 옳은 것은?

> 가. 고온의 물을 가하여 해동
> 나. 냉장고에서 서서히 해동
> 다. 가열해서 해동
> 라. 포장된 상태로 흐르는 물에서 해동

① 가, 나, 다
② 가, 다
③ 나, 라
④ 라
⑤ 가, 나, 다, 라

85 주방설비에 대한 설명으로 맞는 것은?

> 가. 배수구의 물매 – 1/100
> 나. 그리스 트랩 – 잔반 오수제거
> 다. 효율적인 후드의 형태 – 4방 개방형
> 라. 주 조리실의 조도 – 100~200lux

① 가, 나, 다
② 가, 다
③ 나, 라
④ 라
⑤ 가, 나, 다, 라

86 후드(hood)에 대한 설명으로 옳지 않은 것은?

① 국소 환기에 해당된다.
② 후드의 크기는 열발생기구보다 15cm 이상 넓은 것이 좋다.
③ 후드의 경사각은 30도가 좋다.
④ 오염원으로부터 멀리 설치해야 좋다.
⑤ 4방 개방형이 가장 효율적이다.

87 주방의 면적을 결정하는 요인 중 맞는 것은?

> 가. 식단의 종류
> 나. 배식 인원수
> 다. 조리기기 종류
> 라. 조리 인원

① 가, 나, 다
② 가, 다
③ 나, 라
④ 라
⑤ 가, 나, 다, 라

88 당근이나 감자 같은 구근류의 껍질을 벗기는 데 사용하는 기기는?

① 절단기(Cutter)
② 슬라이서(Slicer)
③ 탈피기(Peeler)
④ 분쇄기(Chopper)
⑤ 혼합기(Blender)

정답 77 ③ 78 ③ 79 ④ 80 ④ 81 ④ 82 ④ 83 ⑤ 84 ③ 85 ② 86 ④ 87 ⑤ 88 ③   ➡ 해설 p. 170 ~ p. 171

89 단체급식소에서 냉장고를 가장 올바르게 사용한 것은?

① 냉장고는 온도가 낮아 청소를 하지 않아도 좋다.
② 채소나, 음식물은 비닐봉투에 넣거나 뚜껑을 덮어 보관한다.
③ 뜨거운 음식물을 냉장고에서 식힌다.
④ 냉장고에 음식물을 가득 넣어 둔다.
⑤ 조리된 식품은 하단에, 생식품은 상단에 보관한다.

90 조리실 내 작업장 구역에서 비오염 구역에 속하는 것은?

① 검수 구역　　　　② 전처리 구역
③ 식품 저장 구역　　④ 식기세정 구역
⑤ 급식 배선 구역

91 일반적인 식탁의 높이로 옳은 것은?

① 55cm　　　　② 60cm
③ 70cm　　　　④ 75cm
⑤ 80cm

92 집단급식소에서 조리기구 선택 시 고려하지 않아도 되는 점은?

① 편이성　　　　② 경제성
③ 견고성　　　　④ 세정성
⑤ 다양성

93 싱크 재질로 가장 적당한 재료는?

① 플라스틱　　　　② 알루미늄 합금
③ 타일　　　　④ 스테인리스 스틸
⑤ 아연합금

94 단체급식에서 대량 조리기기를 사용하는 목적으로 옳지 않은 것은?

① 인건비 절감　　　　② 연료비 절감
③ 능률적인 작업　　　④ 식품의 위생적 처리
⑤ 조리 작업원의 피로 경감

3. 급식경영

95 급식 시스템 요소 중 변환에 속하지 않는 것은?

① 구매　　　　② 급식 생산
③ 분배와 배식　　④ 급식시설
⑤ 위생과 유지

96 비공식 조직의 장점으로 맞지 않는 것은?

① 자연발생적인 조직　　② 현실상의 인간관계 조직
③ 감정에 따른 내면적 조직　　④ 합리적 체계 중시 조직
⑤ 비권위적 조직

97 최고경영층의 주요 기능으로 맞지 않는 것은?

① 조직의 유효한 수단을 결정하는 것
② 유효한 통제의 방법을 세우는 것
③ 기업의 각 요소별 계획을 세우는 것
④ 조직에 관하여 건전한 계획을 세우는 것
⑤ 앞으로의 전망을 계획하고 활동 목표를 명확히 하는 것

98 기능식 조직의 장점으로 맞지 않는 것은?

① 조직구조가 단순하다.
② 일의 성과에 따라 보수를 가감할 수 있다.
③ 고도의 기능적 능률이 유지된다.
④ 직공장의 양성이 용이하다.
⑤ 감독을 전문화할 수 있기 때문에 능률적이다.

99 리더십 이론의 상황이론에 대한 설명은?

① 리더의 개인적 특성 조직에 의해 리더십이 결정된다.
② 추종자들의 태도와 능력에 의해 리더십이 결정된다.
③ 공통적인 특성을 가진 리더에 의해 리더십이 효율적으로 발휘된다.
④ 조직의 분업화 정도, 업무의 난이도 등에 따라 리더십이 결정된다.
⑤ 특성 이론이라고도 한다.

100 작업의 방법이나 절차를 일정하게 규격화시키는 것은?

① 작업의 단순화　　　　② 작업의 전문화
③ 작업의 기계화　　　　④ 작업의 표준화
⑤ 작업의 호적화

101 급식경영 분석의 주요 자료인 손익계산서와 대차대조표에 관한 설명들이다. 설명이 올바르게 기술된 항목들로만 구성된 것은?

> 가. 손익계산서는 그 급식소의 일정 기간 동안의 경영 성과를 나타낸다.
> 나. 대차대조표는 일정 시점의 급식소 재무 구조를 보여주는 일람표이다.
> 다. 손익계산서에는 총수익, 총비용 및 손익 상태가 나타나 있다.
> 라. 손익계산서를 보면 그 급식업소의 자산 형태와 규모를 알 수 있다.

① 가, 나, 다　　　　② 가, 다
③ 나, 라　　　　④ 라
⑤ 가, 나, 다, 라

정답　89 ②　90 ⑤　91 ③　92 ⑤　93 ④　94 ②　95 ④　96 ④　97 ③　98 ①　99 ④　100 ④　101 ①　→ 해설 p. 171

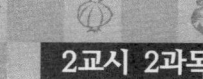
102 카츠(Katz)가 제시한 경영 관리자에게 필요한 관리능력(managerial skill)으로 옳은 것은?

가. 개념적 능력	나. 기술적 능력
다. 인력관리 능력	라. 정보수집 능력

① 가, 나, 다   ② 가, 다
③ 나, 라   ④ 라
⑤ 가, 나, 다, 라

103 급식조직 구조에서 직계참모 조직의 직무에 대한 설명으로 옳은 것은?

가. 참모조직으로는 급식운영위원회, 연구개발부 등이 있다.
나. 직계조직과 참모들간에는 자칫 갈등이 생길 수 있다.
다. 급식관리 업무는 직계조직의 핵심이 된다.
라. 참모조직이 직계조직보다 의사결정면에서 권한이 우세하다.

① 가, 나, 다   ② 가, 다
③ 나, 라   ④ 라
⑤ 가, 나, 다, 라

104 급식만족도 조사, 매뉴얼, 잔반량 평가, 급식 원가계산 등은 어떠한 관리 기능에 해당되는가?

① 계획 수립 기능   ② 조직화 기능
③ 지휘 기능   ④ 조정 기능
⑤ 통제 기능

105 작업연구의 목적으로 맞지 않는 것은?

① 작업시간이 단축된다.
② 생산원가를 저하시킨다.
③ 작업의 위험도를 낮춘다.
④ 종업원의 복리를 도모한다.
⑤ 생산 능률을 올린다.

106 경영조직에서 인사관리에 대한 설명으로 맞는 것은?

① 명예와 권리를 가진다.   ② staff부문에 속한다.
③ 독립적 지위를 가진다.   ④ 노동조합에 속한다.
⑤ line부문에 속한다.

107 급식체계는 투입, 변형, 산출 3대 기본요소로 구성된 예방체계 모형이다. 이 중에서 투입에 해당하는 요소는?

가. 노동력	나. 고객만족
다. 식재료	라. 양질의 식사

① 가, 나, 다   ② 가, 다
③ 나, 라   ④ 라
⑤ 가, 나, 다, 라

108 조직체의 시스템(system)적 특성에 대한 설명으로 옳은 것은?

가. 조직체는 개방체계(open system)이다.
나. 조직체는 환경과 다양한 상호작용을 한다.
다. 조직체는 동태적으로 상호작용을 하는 많은 하위체계로 구성된다.
라. 조직체는 다양한 연결로 인해 조직의 환경을 명확하게 구분하기 어렵다.

① 가, 나, 다   ② 가, 다
③ 나, 라   ④ 라
⑤ 가, 나, 다, 라

109 집권적 조직에 대한 설명으로 옳은 것은?

① 하층 부문 관리자의 자주성, 창의성이 증가한다.
② 사업부제 조직으로 시장 위험을 분산할 수 있다.
③ 자주적 의사결정을 하므로 유능한 경영자를 양성할 수 있다.
④ 업무가 중복되어 낭비가 발생할 수 있다.
⑤ 관리계층 단계가 증가되어 신속한 의사소통과 의사결정이 어렵다.

110 작업관리 목적에 대한 설명으로 옳지 않은 것은?

① 작업개선을 위한 합리적인 계획을 수립한다.
② 작업의 개선이나 표준작업 방법을 개발한다.
③ 표준작업을 수행하기 위해 소요되는 표준시간을 설정한다.
④ 적정 인원을 배치하고 직무를 배분한다.
⑤ 인사고과에 반영하기 위해 작업자의 작업능력을 평가한다.

111 뮤튼(Mutton)의 관리격자 이론에 의한 이상적인 리더십 유형은?

① 인간중심형
② 방임형
③ 과업형
④ 중도형
⑤ 팀형

112 line조직의 특징으로 맞지 않는 것은?

① 권한 및 책임의 한계가 분명하다.
② 명령은 수직적이다.
③ 라인 각 부문 간의 조정이 곤란하다.
④ 기능은 조언하는 것이다.
⑤ 결정이 신속하다.

정답   102 ①   103 ①   104 ⑤   105 ④   106 ②   107 ②   108 ①   109 ⑤   110 ⑤   111 ⑤   112 ④   ➜ 해설 p. 171

113 다음 중에서 조직도에 대한 설명으로 바르지 못한 것은?

① 조직의 공식적, 비공식적인 모든 구조를 총괄한 것이다.
② 조직 내 권한의 계통과 의사소통의 경로를 알 수 있다.
③ 조직의 구조를 이해하고 시각화하는 데 도움을 준다.
④ 조직 구조의 단순한 모델이므로 실제상황을 정확히 표현하지는 못한다.
⑤ 조직도는 정기적으로 수정, 보완하여야 한다.

114 경영관리조직화의 원칙으로 옳지 않은 것은?

① 명령 일원화의 원칙 ② 권한 위임의 원칙
③ 전문화의 원칙 ④ 절대성의 원칙
⑤ 계층 단축화의 원칙

115 직무분석의 목적으로 옳은 것은?

가. 종업원들의 능력 비교
나. 합리적인 채용 관리
다. 기업의 홍보자료로 사용
라. 직무명세서와 직무기술서 작성

① 가, 나, 다 ② 가, 다
③ 나, 라 ④ 라
⑤ 가, 나, 다, 라

116 직무 충실화(job enrichment)에 대한 설명으로 옳은 것은?

가. 직무의 양적인 면에 초점
나. 직무의 자율성 부여
다. 과업의 수를 증가
라. 동기부여 요인을 직무에 통합

① 가, 나, 다 ② 가, 다
③ 나, 라 ④ 라
⑤ 가, 나, 다, 라

117 직무평가의 정의로 맞는 것은?

① 기업 내 직무의 상대적 가치 결정
② 직무의 인적 요건 결정
③ 직무담당자의 업적 평가
④ 직무담당자 능력의 비교 평가
⑤ 직무담당자의 자격 요건 결정

118 통제기능으로 맞지 않는 것은?

① 작업의 진행과정 ② 결과의 평가
③ 시정, 조치 ④ 업적의 측정
⑤ 기준의 설정

119 작업능률을 높이기 위한 작업개선의 원칙으로 틀린 것은?

① 호적화의 원칙 ② 기계화의 원칙
③ 배제의 원칙 ④ 선택의 원칙
⑤ 목적추구의 원칙

120 다음 중 하향식 의사소통 경로로 옳은 것은?

가. 명령 나. 면접
다. 통보 라. 제안제도

① 가, 나, 다 ② 가, 다
③ 나, 라 ④ 라
⑤ 가, 나, 다, 라

121 경영관리 계층에 대한 설명으로 맞는 것은?

① 일선 감독자는 자신이 속한 부서에 대한 책임을 진다
② 일선 감독자는 중간 관리층에 속한다.
③ 상위 경영자는 조직의 전반적인 관리를 책임진다.
④ 중간 관리자는 현장의 작업 감독, 통솔에 대한 책임을 진다.
⑤ 최고 경영자는 각 부서에서의 총괄책임을 맡는다.

122 라인 조직의 장점으로 틀린 것은?

① 강한 책임과 권한
② 각 조직간의 조정 용이
③ 단순한 조직 구조
④ 직무평가의 효과적인 수행
⑤ 강한 통솔력

123 이사회의 책임과 권한으로 맞지 않는 것은?

① 주주를 대표, 이익보호 ② 연간 시행예산 확정
③ 업무실적의 평가 ④ 조직의 변경
⑤ 기본방침 결정

124 인적자원관리의 영역에 속하지 않는 것은?

① 인적자원의 확보관리
② 인적자원의 유지관리
③ 인적자원의 개발관리
④ 인적자원의 판매관리
⑤ 인적자원의 보상관리

125 경영관리의 순환적 3대 기능으로 맞는 것은?

① 구입, 판매, 통제 ② 계획, 생산, 통제
③ 계획, 생산, 판매 ④ 계획, 실시, 통제
⑤ 구입, 생산, 판매

정답 113 ① 114 ④ 115 ③ 116 ③ 117 ① 118 ① 119 ② 120 ② 121 ③ 122 ② 123 ③ 124 ④ 125 ④ 해설 p. 171

126 대상에 따른 교육훈련의 내용으로 옳은 것은?

> 가. 경영자 – 통합하고 체계화할 수 있는 능력에 관한 내용
> 나. 관리자 – 새로운 관리방식, 부하를 통솔하는 능력에 관한 내용
> 다. 감독자 – 가르치는 기술 및 작업지식에 관한 내용
> 라. 종업원 – 기능훈련에 관한 내용

① 가, 나, 다 　　　　② 가, 다
③ 나, 라 　　　　④ 라
⑤ 가, 나, 다, 라

127 조직체의 관리나 문제해결 과정에서 환경조건에 따라 적합한 목표와 전략을 세워야 한다는 경영이론은?

① 시스템이론 　　　　② 상황이론
③ 관료이론 　　　　④ 행동이론
⑤ 관리일반이론

128 조직 내 의사소통의 장애요인들로 옳은 것은?

> 가. 공간적인 거리
> 나. 지위간의 격차
> 다. 송·수신자의 관습 차이
> 라. 선입관에 의한 왜곡과 가치관의 차이

① 가, 나, 다 　　　　② 가, 다
③ 나, 라 　　　　④ 라
⑤ 가, 나, 다, 라

129 표준은 경영관리과정 중 어느 단계에 설정되는가?

① 계획 　　　　② 통제
③ 조직 　　　　④ 인사배치
⑤ 평가

130 채용기준의 합리적인 설정을 위한 기초자료제공과 가장 관계가 깊은 것은?

① 조직분석 　　　　② 직무분석
③ 인사고과 　　　　④ 직무평가
⑤ 직무설계

131 조직의 원칙 중 경영활동의 일부를 하부조직에 맡김으로써 경영활동이 원활하게 수행되도록 하는 원칙은?

① 명령 일원화 원칙 　　　　② 권한 위임의 원칙
③ 감독 한계 적정화 원칙 　　　　④ 전문화 원칙
⑤ 목적의 원칙

132 조직에 적용되는 원칙으로 맞지 않는 것은?

① 기능화의 원칙 　　　　② 전문화의 원칙
③ 평등의 원칙 　　　　④ 권한위양의 원칙
⑤ 명령일원화의 원칙

133 통제 기준으로 맞지 않는 것은?

① 유형적 기준 　　　　② 자본 기준
③ 비용 기준 　　　　④ 물리적 기준
⑤ 이익 기준

134 일정 시점에서 기업의 재무 상태를 설명하기 위해 작성되는 표는?

① 손익계산서 　　　　② 대차대조표
③ 사용일계표 　　　　④ 식품수불부
⑤ 실정표

135 조직의 단위와 전체의 목표 간에 일관성 있는 성과와 목표를 분명히 하기 위하여 종업원이 상사와 협의하여 목표를 결정하고 이에 대한 성과를 부하와 상사가 함께 측정하고 고과하는 방법은?

① 인사고과제도 　　　　② 제안제도
③ 품질경영 　　　　④ 목표관리법
⑤ 자가고과법

136 직무평가에 대한 설명 중 옳은 것은?

> 가. 각 직무의 양과 질을 평가하여 직무의 상대적 가치를 정하는 것
> 나. 각 직무를 담당하는 종업원의 능력을 비교할 수 있다.
> 다. 합리적 임금관리의 기초가 된다.
> 라. 교육훈련의 기초가 된다.

① 가, 나, 다 　　　　② 가, 다
③ 나, 라 　　　　④ 라
⑤ 가, 나, 다, 라

137 직무 배분표에 대한 설명으로 맞는 것은?

① 일에 대한 각 개인의 작업을 평균적으로 할당한 것
② 일에 대한 각 개인의 기능을 적절히 이용하도록 한 것
③ 일에 대한 각 개인의 능력, 노력의 이용법을 설명한 것
④ 일에 대한 각 개인의 분담현황을 분명하고 알기 쉽게 정리한 것
⑤ 일에 대한 각 개인의 기능을 적절히 이용하고 있는가를 정리한 것

정답 126 ⑤　127 ②　128 ⑤　129 ①　130 ②　131 ②　132 ③　133 ①　134 ②　135 ④　136 ②　137 ④ ➡ 해설 p. 171 ～ p. 172

138 자사의 강점과 약점을 도출하고 환경의 기회와 위협요인을 파악함으로써 보다 유리한 전략 계획을 수립하기 위한 기법은?

① 벤치마킹   ② 리엔지니어링
③ 목표관리법   ④ 스왓 분석
⑤ 델파이법

139 동작연구를 대성시킨 사람은 누구인가?

① F. B. Gillbreth   ② H. Ford
③ H. L. Gantt   ④ F. W. Taylor
⑤ H. Emerson

140 최고 경영층이 가장 많이 필요로 하는 경영능력은?

① 개념적 능력(conceptual skill)
② 구매관리 능력(procurement skill)
③ 인간관계 관리 능력(human skill)
④ 기술적 능력(technical skill)
⑤ 직능적 관리 능력(functional skill)

141 다음 중 비공식조직에 대한 설명으로 맞지 않는 것은?

① 호손 실험에서 처음 그 존재가 밝혀졌다.
② 지연이나 학연, 취미 등에 따라 형성된다.
③ 때로는 공식조직보다 큰 영향을 행사하기도 한다.
④ 혼돈을 피하기 위해 비공식 조직의 의사소통은 제한해야 한다.
⑤ 비공식 조직은 구성원에게 심리적인 만족감, 안정감을 준다.

142 의사 결정의 시급성을 요구하는 상황에서 가장 효과적인 지도자의 지도 유형은?

① 전제형 리더십   ② 참여적 리더십
③ 자유 방임적 리더십   ④ 외교적 리더십
⑤ 민주적 리더십

143 다음 중 사업부제 조직의 장점이 아닌 것은?

① 업무를 정확히 규정할 수 있다.
② 급변하는 환경변화에 적합하다.
③ 성과와 책임을 분명하게 규정할 수 있다.
④ 사업부간 협동이 증진된다.
⑤ 조직의 성장을 촉진시킨다.

144 인사고과의 목적으로 옳은 것은?

> 가. 성과 측정을 통한 상벌 결정
> 나. 인사이동의 기초자료
> 다. 종업원들의 능력 비교
> 라. 종업원의 근로의욕 향상

① 가, 나, 다   ② 가, 다
③ 나, 라   ④ 라
⑤ 가, 나, 다, 라

145 다음 중 인사고과의 한계로 맞지 않는 것은?

① 중심화 경향
② 관대화 경향
③ 불공평 해결
④ 논리오차
⑤ 현혹 효과

146 다음 중 직원 선발 시 시행하는 적성검사의 효과가 아닌 것은?

① 직무 적응기간의 단축
② 이직율의 저하
③ 훈련효과의 제고
④ 지능의 상승
⑤ 잠재적 능력의 개발 및 측정

147 인사고과 평가과정의 오류로 현혹효과에 대한 설명으로 맞는 것은?

① 종업원의 준수한 용모로 그의 이해력이나 판단력이 높다고 평가하는 경우
② 평가자의 성격이 꼼꼼할 때 종업원을 상대적으로 느슨하게 판단하는 경우
③ 종업원에 대한 관찰을 소홀히 함으로써 종업원을 잘 알지 못하는 경우
④ 평가자의 능력부족으로 적당히 중간 정도로 평가하는 경우
⑤ 종업원의 작업성과가 크면 숙련도도 높다고 판단하는 경우

148 직장 내 훈련(OJT)의 장점만으로 옳은 것은?

> 가. 훈련과 현장 실무가 직결되어 경제적이다.
> 나. 교육훈련 내용이 현실적이다.
> 다. 장소 이동의 필요성이 없다.
> 라. 많은 종업원들에게 통일된 훈련을 할 수 있다.

① 가, 나, 다   ② 가, 다
③ 나, 라   ④ 라
⑤ 가, 나, 다, 라

149 보상을 제공함으로써 더 큰 동기화를 유발한다는 이론은?

① 2요인 이론
② 기대이론
③ 강화이론
④ X, Y이론
⑤ 성취 – 권력 – 친화이론

정답   138 ④   139 ①   140 ①   141 ④   142 ①   143 ④   144 ⑤   145 ③   146 ④   147 ①   148 ①   149 ③   ➔ 해설 p. 172

150 허즈버그의 이론 중 동기유발요인으로 옳은 것은?

> 가. 성취에 대한 인정 나. 기업정책과 경영
> 다. 능력과 지식의 신장 라. 감독자와 작업조건

① 가, 나, 다 ② 가, 다
③ 나, 라 ④ 라
⑤ 가, 나, 다, 라

151 다음 중 교육훈련의 효과가 아닌 것은?

① 사기앙양
② 객관적 인사고과 가능
③ 낭비율 및 실패율 감소
④ 불평, 불만의 감소
⑤ 직장 내의 원만한 인간관계 유지

152 직무평가의 방법 중 비계량적 방법으로 옳은 것은?

> 가. 서열법 나. 점수법
> 다. 분류법 라. 요소비교법

① 가, 나, 다 ② 가, 다
③ 나, 라 ④ 라
⑤ 가, 나, 다, 라

153 다음 중 communication(의사소통)의 장애요소로 맞지 않는 것은?

① 가치관의 차이 ② 훈련
③ 지리적 거리 ④ 지위상의 차이
⑤ 주위환경이 산만할 때

154 다음 중 교육훈련의 효과를 측정하는 방법으로 옳지 않은 것은?

① 피 훈련자의 근무상태와 태도 등을 관찰
② 교육훈련 후 피 훈련자의 직장 내 인간관계 측정
③ 실시 시험
④ 교육 훈련 전, 후의 작업 실적의 비교
⑤ 훈련 후 피 훈련자와의 면접

155 기업에서 필요한 노동력을 확보하는 방법 중 내부 모집에 대한 설명으로 옳지 않은 것은?

① 신입사원보다는 경력사원 모집에 적합하다.
② 조직 내부의 종업원을 대상으로 승진과 이동에 의해 충원하는 방법이다.
③ 현직 종업원과 친분이 있는 사람을 고용하므로 비용이 절감된다.
④ 기업 문화에 익숙한 사람을 채용한다.
⑤ 시간제 근무자 중 근무태도가 우수한 사람을 채용하는 방법이다.

156 제안제도를 효과적으로 운영하기 위한 조건으로 옳은 것은?

> 가. 관리자의 권한 강화
> 나. 신속한 처리 및 심사
> 다. 임금체계의 조성
> 라. 제안에 따른 공정한 보상

① 가, 나, 다 ② 가, 다
③ 나, 라 ④ 라
⑤ 가, 나, 다, 라

157 단체교섭의 쟁점에 해당되지 않는 항목은?

① 보상 및 복리 ② 경영권
③ 노조 안정성 ④ 고용 안정성
⑤ 노동쟁의

158 최선의 작업방법을 정하기 위해 연구·개선해야 할 부분으로 옳은 것은?

> 가. 작업방법연구
> 나. 작업시간연구
> 다. 동작연구
> 라. 인간관계연구

① 가, 나, 다 ② 가, 다
③ 나, 라 ④ 라
⑤ 가, 나, 다, 라

159 자기 제안제도가 지향할 수 있는 것으로 맞지 않는 것은?

① 자기 자신의 일에 관심과 흥미가 있다.
② 자기 자신의 일에 관심과 흥미가 없다.
③ 사기를 높인다.
④ 자기의 신뢰감을 높인다.
⑤ 능률적이고 경제적인 효과를 기대한다.

160 다음 중 McGregor의 X이론과 Y이론 가운데 Y이론에 대한 설명으로 맞는 것은?

① 인간은 천성적으로 나태하여 일하기를 싫어한다.
② 인간은 근본적으로 발전과 책임을 지는 노력을 한다.
③ 인간은 조직의 요구에 수동적이다.
④ 인간은 조직 목표에 적합하도록 그들의 행위를 수정하도록 해야 한다.
⑤ 인간은 조직체의 능동적인 역할을 한다.

정답 150 ② 151 ② 152 ② 153 ② 154 ② 155 ③ 156 ③ 157 ⑤ 158 ① 159 ② 160 ② ➔ 해설 p. 172

161 다음 중 인간 관계론이 시도하는 목적으로 맞는 것은?

① 인간의 윤리성 구현
② 관리상의 민주화 구현
③ 인간의 비합리적 요소 배제
④ 경영권의 강화
⑤ 과학적인 관리법의 실현

162 다음 중 미지의 사실에 대한 지식훈련, 기술교육의 교육수단으로 가장 좋은 방법은 무엇인가?

① 사례연구법
② 회의식 교육방법
③ 강의식 교육방법
④ 시청각 교육방법
⑤ 통신 교육방법

163 급식소에서 인력 충원 예정인원 수를 결정할 때 필요한 항목은?

① 이직자 수
② 다른 급식소의 채용인원 수
③ 한 사람의 노동 수행량
④ 노동수행의 정도
⑤ 전체 종업원 수

164 직무분석을 실시하는 목적으로 옳은 것은?

> 가. 직무기술서나 직무명세서를 작성하기 위해
> 나. 합리적인 채용관리를 위해
> 다. 교육훈련을 위해
> 라. 종업원들 간의 능력을 비교하기 위해

① 가, 나, 다　　　　② 가, 다
③ 나, 라　　　　　④ 라
⑤ 가, 나, 다, 라

165 다음 중 임금수준을 결정할 때 고려사항으로 옳지 않은 것은?

① 기업의 임금지불 능력
② 정부의 임금 통제
③ 평사원의 수
④ 동일 산업 내 임금 수준
⑤ 노동력 수급관계

166 다음 중 직무 기술서에 명시되어야 할 항목으로 맞지 않는 것은?

① 직무구분
② 다른 직무와의 관계
③ 수행해야 할 의무
④ 직무수행에 필요한 인적인 능력
⑤ 감독, 피감독의 범위

167 다음 중 채용기준의 합리적인 설정을 위한 기초자료제공과 가장 관계가 깊은 것은?

① 조직분석　　　　② 직무분석
③ 인사고과　　　　④ 직무평가
⑤ 직무설계

168 다음 중 직무평가의 방법으로 맞지 않는 것은?

① 분류법　　　　　② 도식평정법
③ 요소비교법　　　④ 점수법
⑤ 서열법

169 다음 중 임금결정에 영향을 주는 외부적 요소는?

> 가. 기업의 지급능력　　나. 직무의 상대적 가치
> 다. 경영자의 태도　　　라. 국가의 경제 상황

① 가, 나, 다　　　　② 가, 다
③ 나, 라　　　　　④ 라
⑤ 가, 나, 다, 라

170 다음 중 종업원이 수행한 작업량에 상관없이 근무한 시간을 단위로 정액단위로 지급하는 임금형태로 맞는 것은?

① 능률급　　　　　② 시간급
③ 직무급　　　　　④ 생활급
⑤ 능력급

171 구두명령이 효과적일 때의 상황으로 맞지 않는 것은?

① 수령자가 그 내용을 알고 있을 때
② 내용에 정밀한 숫자가 있을 때
③ 긴급을 요할 때
④ 문서명령을 재강조할 때
⑤ 지극히 간단한 지시나 조언

172 "동일직무, 동일임금의 원칙"에 근거한 임금 유형은?

① 연공급　　　　　② 직무급
③ 직능급　　　　　④ 생활급
⑤ 능력급

173 다음 중 노사쟁의 행위로 경영자 측의 가장 강력한 행위는 무엇인가?

① boycott　　　　② lock-out
③ strike　　　　　④ picketting
⑤ sabotage

정답 161 ② 162 ③ 163 ③ 164 ① 165 ③ 166 ④ 167 ② 168 ② 169 ④ 170 ② 171 ② 172 ② 173 ② ➡ 해설 p. 172 ~ p. 173

174 다음 중 Hawthorne 실험의 결과가 관리에 미친 영향으로 맞는 것은?

① 시간연구가 각광을 받게 되었다.
② 전문화가 촉진되었다.
③ 동작연구의 필요성이 인식되었다.
④ 자동화가 촉진되었다.
⑤ 인간관계의 중요성이 인식되기 시작되었다.

175 사기 조사(morale survey) 방법 중 통계적 방법에 해당되는 것으로 옳은 것은?

가. 노동이동률에 의한 측정
나. 1인당 생산량에 의한 측정
다. 결근율에 의한 측정
라. 사고율에 의한 측정

① 가, 나, 다   ② 가, 다
③ 나, 라   ④ 라
⑤ 가, 나, 다, 라

176 민주형 리더십에 대한 설명으로 옳은 것은?

가. 하위자에게 권한을 위임하고 분산시킨다.
나. 하위자들을 의사결정에 참여시킨다.
다. 구성원들의 협력을 바탕으로 조직의 목표를 달성해 간다.
라. 부하에게 명령과 복종이라는 형태의 리더십을 행사한다.

① 가, 나, 다   ② 가, 다
③ 나, 라   ④ 라
⑤ 가, 나, 다, 라

177 직무평가 시 가장 많이 사용되는 평가요소가 아닌 것은?

① 기술
② 노력
③ 작업조건
④ 경험
⑤ 책임

178 노동조합의 가입형태로 노동조합만이 사용자에게 고용될 수 있도록 하는 제도는?

① closed shop제도
② open shop제도
③ 프리퍼렌셜 shop제도
④ 에이전시 제도
⑤ union shop제도

179 제안제도를 효과적으로 운영하기 위한 조건으로 옳은 것은?

가. 관리자의 권한 강화   나. 신속한 처리 및 심사
다. 임금체계의 조성   라. 제안에 따른 공정한 보상

① 가, 나, 다   ② 가, 다
③ 나, 라   ④ 라
⑤ 가, 나, 다, 라

180 인간 관계론에 대한 설명 중 옳은 것은?

가. 집단 내에서 진실한 휴머니즘에 기초를 두고 협동관계 확립
나. 협동 및 사기를 통해 자발적으로 집단의 목표 지향적 협동관계 확립
다. 비공식적인 집단의 중요성 강조
라. 비과학적 관리 방법 비판

① 가, 나, 다   ② 가, 다
③ 나, 라   ④ 라
⑤ 가, 나, 다, 라

181 다음 중 인사고과제도를 실시하는 목적으로 맞지 않는 것은?

① 임금관리 기초자료로 쓰기 위해
② 인사이동의 기초자료를 위해
③ 종업원간의 능률 비교를 위해
④ 평가의 타당도와 신뢰도를 높이기 위해
⑤ 종업원의 업무수행능력 평가를 위해

182 다음 중 복리후생에 관계되는 항목이 아닌 것은?

① 주택자금 보조   ② 시간 외 수당
③ 사내 보육시설   ④ 의료비 지급
⑤ 교육비 지원

183 다음 중 인사고과의 평정방법으로 맞지 않는 것은?

① 근무성적평정   ② 적격평정
③ 집무태도평정   ④ 업적평정
⑤ 건강평정

184 다음 중 교육훈련의 목적으로 맞지 않는 것은?

① 무제한 근무와 봉사에 필요한 능력개발
② 직무수행 능력의 제고
③ 사기앙양과 동기유발
④ 잠재적 능력개발
⑤ 사회변동에 따른 신기술 습득

185 다음 중 교육훈련의 방법과 그 대상자가 적합하지 않은 것은?

① OJT – 조리사 훈련
② 입직 훈련 – 신입사원 교육
③ 집합 훈련 – 중간 관리자 교육
④ 실무 교육 – 경영자 교육
⑤ TWI – 감독자 훈련

186 다음 중 강의식 교육 방법의 단점으로 맞지 않는 것은?

① 수강자가 다수이면 효과가 없다.
② 문제해결 능력을 기르기 힘들다.
③ 수강자는 참여할 기회가 없다.
④ 강사의 실력이 특히 우수해야 한다.
⑤ 강의가 길어지면 흥미를 잃게 된다.

187 다음 중 임금의 형태로 가장 이상적인 것은 무엇인가?

① 직능급   ② 직무급
③ 추가급   ④ 능력급
⑤ 생활급

188 다음 기업의 복리후생제도 중 법정 복리후생으로 옳지 않은 것은?

① 의료보험
② 교육보험
③ 연금보험
④ 고용보험
⑤ 산재보험

189 다음 중 종업원이 노동조합에 가입하는 이유로 적합하지 않은 것은?

① 경제적 안정성 추구
② 리더십 발휘 기회의 제공
③ 동료의 압박
④ 집단에의 소속감
⑤ 회사 경영 참가

4. 식품구매

190 다음 중 식품명세서에 대한 설명으로 옳지 않은 것은?

① 가급적 새로 나온 상품명을 기입하는 것이 좋다.
② 구매부분, 납품업자, 검사부문에서 사용한다.
③ 가능한 현실적이며 정확하게 기록한다.
④ 가급적이면 정확 간단하고 융통성이 있어 납품업자가 쉽게 응할 수 있게 하는 것이다.
⑤ 구입품목의 특성을 기술한 문서이다.

191 분산구매의 장점으로 옳은 것은?

① 구매가격 인하   ② 비용의 절감
③ 자주적 구매 가능   ④ 품질관리의 용이
⑤ 구매력의 향상

192 시장의 일반적인 기능이 아닌 것은?

① 정보의 교환 장소
② 소유권의 교환 장소
③ 물품의 이동 장소
④ 경영활동의 수행 장소
⑤ 물품의 보관 장소

193 구매일지에 기록하는 사항이 아닌 것은?

① 구매자재의 기록   ② 납품업자 기록
③ 식재료 사용일자   ④ 계약내용
⑤ 구매상품 발주내용

194 다음 중 대규모의 위탁급식회사 재료의 구입단가를 절감시키기 위해 사용하고 있는 구매방법으로 옳은 것은?

① 독립구매   ② 창고클럽구매
③ 분산구매   ④ 중앙구매
⑤ 공동구매

195 다음 중 구매 관리에 대한 설명으로 맞지 않는 것은?

① 상품을 인도받고 대금을 지불하는 과정을 구매계약이라 한다.
② 적정한 품질과 적정한 수량의 원자재를 공급한다.
③ 적정한 장소에서 납품하도록 하는데 그 목적이 있다.
④ 적정한 장소에서 소비자에게 적당히 공매 체결한다.
⑤ 적정한 가격으로 적정한 공급원으로부터 구입한다.

196 다음 중 발췌검사법에 대한 설명으로 옳지 않은 것은?

① 생산자에게 품질 향상의 의욕을 자극하고자 하는 데 효과적이다.
② 납품된 물품 중 일부를 골라 조사하는 것이다.
③ 대량 구입품목의 검사에 사용한다.
④ 검사 항목이 많은 경우 시료 일부를 뽑아 조사하는 것이다.
⑤ 검사항목을 간략하게 하기 위한 방법이다.

197 다음 중 식품 검수 시 점검하지 않아도 되는 것은?

① 폐기율   ② 품질
③ 양   ④ 신선도
⑤ 품목

정답 185 ④ 186 ① 187 ② 188 ② 189 ⑤ 190 ① 191 ③ 192 ⑤ 193 ③ 194 ④ 195 ④ 196 ⑤ 197 ① ➡ 해설 p. 173 ~ p. 174

198 경쟁 입찰에 관한 설명 중 경쟁 입찰의 장점으로 옳은 것은?

> 가. 절차가 공정하다.
> 나. 긴급을 요하는 식품의 구입에 유리하다.
> 다. 새로운 업자를 발견하기 쉽다.
> 라. 경비가 절약되고 절차가 간편하다.

① 가, 나, 다　　　　　② 가, 다
③ 나, 라　　　　　　④ 라
⑤ 가, 나, 다, 라

199 다음 중 전수검사에 대한 설명으로 맞는 것은?

① 납품된 물품을 하나하나 전부 검사하는 방법이다.
② 납품된 물품을 통계처리 판정하는 것이다.
③ 전수검사에는 불량품 및 납품된 물품검사를 하고 있다.
④ 납품된 물품을 보관하고 체크한다.
⑤ 납품된 물품을 부분적으로 검사하는 방법이다.

200 식품재료를 검수할 때 반드시 필요한 것으로 옳은 것은?

> 가. 급식일지　　　　나. 납품서
> 다. 재고일지　　　　라. 발주서

① 가, 나, 다　　　　　② 가, 다
③ 나, 라　　　　　　④ 라
⑤ 가, 나, 다, 라

201 경쟁 입찰계약보다 수의계약이 더 유리한 식품으로 옳은 것은?

> 가. 야채류　　　　　나. 곡류
> 다. 어패류　　　　　라. 건어물

① 가, 나, 다　　　　　② 가, 다
③ 나, 라　　　　　　④ 라
⑤ 가, 나, 다, 라

202 다음 중 중간상인에 해당되지 않는 것은?

① 가공업자　　　　　② 소매상
③ 거간　　　　　　　④ 객주
⑤ 도매상

203 급식인원이 1,200명인 단체급식소에서 꽁치구이를 하려고 한다. 꽁치의 1인분 급식 분량은 100g, 꽁치의 폐기율이 40%일 때 발주량은?

① 150kg　　　　　　② 200kg
③ 250kg　　　　　　④ 300kg
⑤ 350kg

204 발주량을 산출하는 데 필요한 방법으로 옳지 않은 것은?

① 표준 레시피에 기록된 1인분의 양을 결정
② 급식될 식단의 수요인원 예측
③ 조리과정 중의 식품 폐기율을 고려
④ 영구재고조사 방법에서 기록된 재고량을 계산
⑤ 필요한 식품의 순사용량을 계산

205 다음 중 수의계약의 장점으로 맞지 않는 것은?

① 신용이 확실한 자를 선정할 수 있다.
② 경비가 절약된다.
③ 간편하여 인원을 줄일 수 있다.
④ 절차가 복잡하다.
⑤ 상대방의 사정을 잘 알 수 있으므로 안전하다.

206 중앙구매의 장점으로 옳지 않은 것은?

① 구매가격 인하
② 비용의 절감
③ 일관된 구매방침 확립
④ 공급력 개선
⑤ 구매절차 간단

207 다음 중 식품감별법으로 옳은 것은?

① 좋은 달걀은 햇빛에 비추었을 때 어두운 것이 좋다.
② 호박은 껍질과 육질이 연한 것이 좋다.
③ 감자는 싹이 나지 않고 조직이 단단한 것이 좋다.
④ 생선 동결어 구입 시 모양이 틀어져서 얼려진 것도 괜찮다.
⑤ 당근은 가늘고 잘랐을 때 심이 있는 것이 좋은 것이다.

208 일정한 한도 내에서 일시 구입을 원칙으로 하는 식품은 무엇인가?

① 두류　　　　　　　② 난류
③ 곡류 및 가공품　　④ 어육류
⑤ 야채류

209 다음 중 구입한 식재료를 보관하는 창고의 원칙으로 맞지 않는 것은?

① 안정성 및 보안을 유지해야 한다.
② 적정 보관기한 내에 소비해야 한다.
③ 재고회전율을 감소시켜야 한다.
④ 먼저 입고된 물품부터 출고시켜야 한다.
⑤ 적정 재고량을 유지시켜야 한다.

210 다음 중 선도가 좋은 갈치를 감별하는 방법으로 가장 옳은 것은?

① 아가미색이 선홍색이고 생선의 외형이 확실하다.
② 껍질이 벗겨지고 생선 특유의 냄새가 없다.
③ 비늘이 밀착되어 있지 않다.
④ 손으로 눌러 탄력이 적고 내장이 나와 있다.
⑤ 표면에 광택이 있고 붉은색을 띠고 있다.

211 다음 중 식품감별법으로 가장 많이 이용되는 검사로 맞는 것은?

① 관능적 검사   ② 이화학적 검사
③ 생화학적 검사   ④ 과학적 검사
⑤ 물리적 검사

212 다음 중 소고기 구입 시 유의 사항으로 맞는 것은?

① 맛과 부위에 특별히 유의하여야 한다.
② 냄새와 부위에 특별히 유의하여야 한다.
③ 색과 중량에 특별히 유의하여야 한다.
④ 중량과 부위에 특별히 유의하여야 한다.
⑤ 색과 맛에 특별히 유의하여야 한다.

213 다음 중 좋은 난류의 설명으로 옳지 않은 것은?

① 표면이 꺼칠꺼칠하고 광택이 없는 것
② 햇볕에 비추거나 검란기에 비추었을 때 환한 것
③ 흔들어 보아 소리가 나지 않는 것
④ 깨어 보았을 때 난황계수가 높은 것
⑤ 난각의 색깔이 노랗고 반질반질한 것

214 단체급식소에서 식품구매 시 고려해야 할 사항 중 반드시 반영해야 할 사항은?

> 가. 구매시기 – 계절식품의 이용, 창고의 저장조건
> 나. 구매가격 – 가격변동, 식품의 단가
> 다. 구매장소 – 유통구조의 파악, 신선도 유지
> 라. 구매량 – 표준식단, 급식인원

① 가, 나, 다   ② 가, 다
③ 나, 라   ④ 라
⑤ 가, 나, 다, 라

215 다음 중 어육류 가공품을 구입할 때 특히 주의할 사항으로 맞는 것은?

① 맛과 향기를 본다.
② 제조 연월일을 본다.
③ 양과 질을 본다.
④ 가공 제조과정을 본다.
⑤ 색소를 조사한다.

216 검수한 식재료를 창고에 보관 시 포장이나 용기에 기록하지 않아도 되는 내용은?

① 물품품목 및 간단한 명세서
② 입고일자
③ 출고일자
④ 포장 내 무게, 수량
⑤ 납품업자명

217 재고자산 평가방법으로 가장 오래된 식품의 단가가 마감 재고액에 반영되는 방법은?

① 실제구매가법   ② 총평균법
③ 선입선출법   ④ 후입선출법
⑤ 최종구매가법

218 다음 중 식품구입의 가격결정에 영향을 주는 요인으로 맞지 않는 것은?

① 마케팅 전략   ② 제품의 성질
③ 시장의 특성   ④ 원가
⑤ 소매상인의 성격과 마진

219 식품구입 시 유의사항으로 틀린 것은?

① 매일 구입을 원칙으로 한다.
② 용도에 적합하도록 구입한다.
③ 계절식품을 구입하도록 한다.
④ 경제적인 식품을 구입한다.
⑤ 창고의 저장요건을 고려하여 구입한다.

220 다음 중 식품구매량을 결정하는 요인으로 옳은 것은?

> 가. 1인 분량
> 나. 급식인원
> 다. 재고량
> 라. 가식부율

① 가, 나, 다   ② 가, 다
③ 나, 라   ④ 라
⑤ 가, 나, 다, 라

221 단체급식에서 재료구입에 대한 설명으로 맞지 않는 것은?

① 저렴한 가격으로 영양가가 높은 것을 구매한다.
② 신선도가 높은 식품을 구입한다.
③ 신선도가 높고 가식부가 많은 식품을 구입한다.
④ 구매자 기호에 맞는 식품을 구입한다.
⑤ 계절에 다량 출하되는 식품을 구입한다.

정답 210 ① 211 ① 212 ④ 213 ⑤ 214 ⑤ 215 ② 216 ③ 217 ④ 218 ⑤ 219 ① 220 ⑤ 221 ④   ➡ 해설 p. 174

222 정기 발주방식에 대한 설명으로 옳은 것은?

> 가. 가격이 비싼 품목
> 나. 정기적으로 발주
> 다. 조달기간이 긴 품목
> 라. 정해진 일정량 발주

① 가, 나, 다
② 가, 다
③ 나, 라
④ 라
⑤ 가, 나, 다, 라

223 다음 중 식품의 가식부에 대한 설명으로 맞는 것은?

① 전 식품에서 부드러운 부분
② 전 식품에서 토사부분을 세척하고 난 부분
③ 전 식품에서 상한 부분을 제거한 것
④ 전 식품에서 가식부만 취한 것
⑤ 전 식품에서 폐기분을 제외한 부분

224 원가계산의 목적으로 옳지 않은 것은?

① 제품 판매가격을 결정하기 위해서
② 재무제표 작성을 위하여
③ 예산 편성의 기초자료로 활용하기 위하여
④ 원가 절감 방안을 모색하기 위하여
⑤ 경영상의 손실을 제품가격에서 보전하기 위하여

225 다음 중 시장조사의 기본적인 역할에 대한 설명으로 맞지 않는 것은?

① 급식 구매계획 수립
② 음식의 판매정책 결정
③ 물가상승 및 동향파악
④ 계절식품의 출하파악
⑤ 새로운 식품정보의 수립

226 다음 중 정통적 또는 관례적 마케팅 경로로 맞는 것은?

① 생산자 – 도매상 – 대리점 – 소비자
② 생산자 – 도매상 – 소매상 – 소비자
③ 생산자 – 대리점 – 소비자
④ 생산자 – 소매상 – 소비자
⑤ 생산자 – 도매상 – 소비자

227 다음 중 식품 유통 상의 문제점에 해당되지 않는 것은?

① 생산 공급의 불안정
② 계절 간 가격변동의 심화
③ 상품성 유지의 어려움
④ 규격과 유지의 어려움
⑤ 농산물 직거래의 불신 증대

228 단체급식소에서 장부의 기능으로 맞지 않는 것은?

① 대상의 변화를 기록하는 기능
② 현재의 관리 상태를 나타내는 기능
③ 표준과 비교하여 관리하는 대상을 통제하는 기능
④ 경영의사를 각 담당자에게 전달해 주는 기능
⑤ 언제 어떠한 일이 일어났었는지를 알 수 있게 해 주는 기능

229 매출액의 증감과 관계없이 발생하는 고정비용에 해당하는 것은 무엇인가?

① 식재료비
② 정기급료
③ 보너스
④ 감가상각비
⑤ 복리후생비

230 단체급식소의 식품구매 담당자가 고려해야 할 사항으로 맞지 않는 것은?

① 구매장소
② 구매가격
③ 주방시설
④ 식품의 품질
⑤ 구매량

231 재고회전율이 표준보다 낮을 때 나타나는 현상으로 옳은 것은?

> 가. 식품이 부정 유출될 가능성이 있다.
> 나. 자본이 동결되므로 이익이 감소한다.
> 다. 심리적으로 식품의 낭비가 많아진다.
> 라. 고가로 물품을 긴급히 구매할 경우가 생긴다.

① 가, 나, 다
② 가, 다
③ 나, 라
④ 라
⑤ 가, 나, 다, 라

232 계속적으로 사용되는 물품이나 재고량이 일정한 양에 도달했을 때 자동적으로 구입하는 구매방법은?

① 집중구매
② 장기계약구매
③ 정기구매
④ 시장구매
⑤ 당용구매

233 급식업체 A는 인접지역에 소재한 10개교의 학교급식을 위탁받았다. 식재료 및 물품의 적합한 구매형태는?

① 독립구매
② 공동구매
③ 창고클럽구매
④ 중앙구매
⑤ 단독구매

정답

222 ① 223 ⑤ 224 ⑤ 225 ② 226 ② 227 ⑤ 228 ④ 229 ④ 230 ③ 231 ① 232 ③ 233 ④   ➜ 해설 p. 174 ~ p. 175

234 식품구매 명세서에 포함되지 않는 내용은?

① 품질등급
② 발주량
③ 일반적으로 통용되는 상품명
④ 포장 단위 및 용량
⑤ 품종이나 산지

235 아래와 같은 특성을 가진 물품 발주방식으로 적합한 것은?

> • 고가의 물품이어서 재고부담이 크다.
> • 조달에 시간이 오래 걸린다.

① 선입선출방식
② 정기 발주방식
③ 정량 발주방식
④ 경제적 발주방식
⑤ 계속실사 발주방식

236 급식소의 경비에 해당되는 것은?

> 가. 식재료비, 급식재료 운반비
> 나. 수도광열비, 관리비
> 다. 급료, 보험료
> 라. 감가상각비, 소모품비

① 가, 나, 다
② 가, 다
③ 나, 라
④ 라
⑤ 가, 나, 다, 라

237 공동구매에 대한 설명으로 옳은 것은?

> 가. 경영주나 소유주가 서로 다른 조직체들과 같이 구매
> 나. 공신력 있는 업체 선정
> 다. 구매량이 많아 원가절감이 가능
> 라. 구매절차가 간단하고 능률적임

① 가, 나, 다
② 가, 다
③ 나, 라
④ 라
⑤ 가, 나, 다, 라

2과목 식품위생학

1. 식품의 위생검사법

01 다음 중 식품위생검사와 관계가 없는 것은?

① 관능검사
② 물리적검사
③ 화학적검사
④ 생물학적검사
⑤ 혈청학적검사

02 식품에 대한 미생물학적 검사를 하기 위하여 검체를 채취하여 검사기관에 운반할 때 유지해야 할 기준온도는?

① -3℃ 이하
② 0℃ 이하
③ 5℃ 이하
④ 12℃ 이하
⑤ 15℃ 이하

03 동물성 식품의 부패 검사는?

① 요오드가 측정
② 산도 측정
③ 유리지방산 측정
④ 히스타민 측정
⑤ 과산화물가 측정

04 식품위생검사 시 일반 생균수를 측정하는 데 이용하는 배지는?

① EMB 배지
② BGLB 배지
③ LB 배지(Lactose bouillon media)
④ 표준한천평판 배지
⑤ Endo 배지

05 SS한천 배지에 미생물을 배양했을 때 살모넬라의 집락은 어떤 색깔을 띠는가?

① 불투명하게 혼탁하다.
② 청색이며 투명하다.
③ 중심부는 녹색이며 주변부는 불투명하다.
④ 중심부는 녹색이며 주변부는 투명하다.
⑤ 중심부는 흑색이며 주변부는 투명하다.

06 일반세균수를 검사하는데 주로 사용되는 방법은?

① 최확수법
② Rezazurin
③ Breed법
④ 표준한천평판배양법
⑤ 첨자배양법

07 대장균 검사에 사용되지 않는 배지는?

① LB 배지
② BGLB 배지
③ EMB 배지
④ Endo 배지
⑤ desoxycholate 배지

08 최확수(MPN)법의 검사와 가장 관계가 깊은 것은?

① 독성검사
② 부패검사
③ 식중독검사
④ 타액검사
⑤ 대장균검사

정답 234 ② 235 ② 236 ③ 237 ① / 01 ⑤ 02 ③ 03 ④ 04 ④ 05 ⑤ 06 ③ 07 ④ 08 ⑤   ➡ 해설 p. 175

09 다음 중 독성 결정요인에 해당되는 것은?

> 가. 반수 치사량(LD_{50} : Lethal Dose)
> 나. 1일 섭취량(ADI : Aceptable daily intake)
> 다. 최대수 치사량(MXD : Maximum Lethal Dose)
> 라. 최소수 치사량(MLD : Minimum Lethal Dose)

① 가, 나, 다　　　　　② 나, 다
③ 나, 다, 라　　　　　④ 가, 다
⑤ 가, 나, 라

10 다음과 같은 목적으로 하는 독성 시험은?

> – LD_{50} 값을 측정하여 독성비교를 하기 위하여
> – 급성독성의 임상적 표현을 확인하기 위하여

① 아급성독성시험　　　② 급성독성시험
③ 만성독성시험　　　　④ 유전독성시험
⑤ 간독성시험

11 LD_{50}이란?

① 실험동물의 50%가 사망할 때의 투여량
② 실험동물의 50마리가 사망할 때의 투여량
③ 실험동물의 50%가 중독될 때의 투여량
④ 실험동물의 50마리가 중독될 때의 투여량
⑤ 실험동물의 5%가 중독될 때의 투여량

12 우유의 가열살균이 잘 되었는지를 판단하는 검사방법은?

① lactose test　　　　② galactose test
③ peroxidase test　　④ catalase test
⑤ phosphatase test

2. 식품의 변질

13 식품의 초기 부패 현상의 식별법이 아닌 것은?

① 히스타민(histamine)의 함량 측정
② 생균수 측정
③ 휘발성 염기질소의 정량
④ 환원당 정량
⑤ 트리메틸아민(trimethylamine)의 정량

14 단백성 식품의 부패도를 측정하는 지표로 이용되지 않는 것은?

① 휘발성 염기성 질소(VBN)
② 휘발성 환원성 물질
③ trimethylamine
④ 과산화물가
⑤ histamine

15 육류의 부패가 진행되면 pH는 어떻게 변화하는가?

① 알칼리성　　　　　② 중성
③ 약산성　　　　　　④ 강산성
⑤ pH의 변화가 없다.

3. 소독과 살균

16 다음 중 소독효과가 거의 없는 것은?

① 양성비누　　　　　② 크레졸
③ 석탄산　　　　　　④ 중성세제
⑤ 승홍

17 감염병을 예방하고 식품위생을 철저히 지키기 위해 환경을 소독, 살균할 때 물리적인 방법과 관계없는 것은?

① 화염멸균　　　　　② 오존멸균
③ 건열멸균　　　　　④ 고압증기멸균
⑤ 자외선멸균

18 물의 염소 소독 시 물속의 유기물질과 소독제인 염소가 반응하여 생성되는 발암성이 있는 물질로 알려진 것은?

① THM(트리할로메탄)
② 염화나트륨
③ 아플라톡신
④ n-니트로소 화합물
⑤ 아질산나트륨

19 석탄산에 대한 설명 중 틀린 것은?

① 피부점막에 자극을 준다.
② 3% 수용액으로 사용한다.
③ 유기물에 살균력이 약화되지 않는다.
④ 고온일수록 소독 효과가 낮다.
⑤ 산성도가 높을수록 소독 효과가 크다.

20 조리 전 손 소독에 가장 적당한 소독제는?

① 역성비누
② 승홍
③ 석탄산
④ 크레졸 비누액
⑤ 염소

21 우물물의 염소소독 기준으로 유리 잔류염소 농도는 얼마인가?

① 0.2 ppm　　　　　② 0.5 ppm
③ 0.7 ppm　　　　　④ 0.9 ppm
⑤ 1.2 ppm

정답　09 ⑤　10 ②　11 ①　12 ⑤　13 ④　14 ④　15 ①　16 ④　17 ②　18 ①　19 ④　20 ①　21 ①　→ 해설 p. 175 ~ p. 176

22 고압습열멸균(autoclave)으로 옳은 것은?

① 60~65℃/30분   ② 100~120℃/20~30분
③ 100℃/30분   ④ 100~120℃/20~30분
⑤ 121℃/15~20분

23 자외선의 가장 효과적인 살균 대상은?

① 조리대와 조리도구   ② 물과 실내공기
③ 기기와 실험기구   ④ 식품내부
⑤ 도자기와 금속용기

4. 식중독

24 세균성 식중독의 특징에 속하는 것은?

① 주로 2차 감염이 일어난다.
② 예방접종에 의해 면역을 얻을 수 있다.
③ 잠복기는 경구 감염병보다 길다.
④ 종말감염이다.
⑤ 소량의 원인균으로 발병된다.

25 잠복기가 가장 짧은 식중독은?

① 보툴리누스 식중독
② 병원성 호염균 식중독
③ 포도상구균 식중독
④ 살모넬라 식중독
⑤ 웰치균 식중독

26 포도상구균(*Staphylococcus aureus*)이 생성하는 장내독소는?

① endotoxin   ② enterotoxin
③ amine   ④ ergotoxin
⑤ tetrodotoxin

27 포도상구균에 의한 식중독의 특징이 아닌 것은?

① 잠복기는 2~6시간으로 짧다.
② 사망률이 다른 식중독에 비해 비교적 낮다.
③ 장내독소(enterotoxin)에 의한 독소형 식중독이다.
④ 열이 39℃ 이상으로 지속된다.
⑤ 가벼운 복통증상이 있다.

28 손에 화농성 상처가 있는 사람이 만든 음식을 먹고 식중독이 일어났다면 어느 균에 의하여 발생되었을 가능성이 있는가?

① 장염 비브리오균   ② 보툴리누스균
③ 살모넬라균   ④ 포도상구균
⑤ 웰치균

29 *Salmonella* 식중독의 감염원이 아닌 것은?

① 우유   ② 버섯
③ 어육 연제품   ④ 육류와 그 가공품
⑤ 생과자류

30 *Salmonella*균의 일반 성상 중 틀린 것은?

① 그람양성구균으로 아포를 형성하지 않는다.
② 호기성 또는 통성혐기성균이다.
③ indole, acetylmethyl carbinol을 생성하지 않는다.
④ 보통 배지에서 잘 발육되며, 포도당, 맥아당, 만니트를 분해하여 산과 가스를 생산한다.
⑤ 증상은 오심, 구토, 설사, 복통, 발열(38~40℃) 등이다.

31 *Clostridium botulinum*의 특성이 아닌 것은?

① 아포를 형성하며 내열성이 강하다.
② 간균이고, 운동성이 없다.
③ 통조림, 진공포장식품 등에 잘 번식한다.
④ 혐기성의 그람양성균이다.
⑤ 치사율이 세균성 식중독 중 가장 높다.

32 다음 중 열에 가장 강한 식중독 원인균은?

① 살모넬라균   ② 보툴리누스균
③ 병원성 대장균   ④ 장염 비브리오균
⑤ 포도상구균

33 통조림오염 지표균은?

① *Clostridium typhimurium*
② *Staphylococcus aureus*
③ *Clostridium botulinus*
④ *Clostridium perfringens*
⑤ *Bacillus cereus*

34 *Clostridium perfringens*에 대한 다음 설명 중 잘못된 것은?

① 그람양성 간균으로 무포자균이다.
② 식육류가 식중독 주원인이 된다.
③ 동물의 장관 상주균이다.
④ 일반적으로 내열성 균주가 식중독을 일으킨다.
⑤ 육류, 어패류, 면류 등이 감염원이다.

35 장염 비브리오균의 성질은?

① 열에 강하다.
② 편모가 있다.
③ 아포를 형성한다.
④ 독소를 생산한다.
⑤ 그람양성 간균이다.

정답 22 ⑤ 23 ② 24 ④ 25 ③ 26 ② 27 ④ 28 ④ 29 ② 30 ① 31 ② 32 ② 33 ③ 34 ① 35 ②   → 해설 p. 176

36 조류에 의한 중독 때 듣는 가장 좋은 치료약은?
① Salmonella
② Staphylococcus
③ Clostridium
④ Vibrio
⑤ Welchii

37 대장균군의 특징으로 옳은 것은?
① 그람양성 간균으로 유당을 분해하여 산을 생기고, 통성 혐기성이다.
② 그람양성 간균으로 유당을 분해하여 산과 가스를 생기고, 통성 혐기성이다.
③ 그람음성 간균으로 유당을 분해하지 않고, 통성 혐기성이다.
④ 그람음성 간균으로 유당을 분해하여 산과 가스를 생기는 통성 혐기성이다.
⑤ 그람음성 간균으로 유당을 분해하고 산과 가스를 생성하는 편성호기성 통성 혐기성이다.

38 대장균군 검사는 무엇인가?
① 50㎖ 중 대장균 검출여부를 판정한다.
② 대장균을 검출하고 검사 정성시험을 판정한다.
③ 100㎖ 중 대장균군을 검출을 판정한다.
④ 대장균을 검출하고 검사 정성시험을 판정한다.
⑤ 대장균을 검출하여 최 검사 정량시험을 한다.

39 대장균이 공중보건상 중요하고 위생상 중요한 가장 중요한 이유는?
① 물에 의한 질병이 전파가 쉽다.
② 대장균은 병원성이 강하기 때문이다.
③ 대장균은 수인성 질병을 일으키기 때문이다.
④ 대장균 자체는 병원성이 없으나 분변오염의 지표이기 때문이다.
⑤ 대장균은 병원성과 독소생성능력이 강하기 때문이다.

40 Proteus morganii(모르가니)가 관여하는 식중독은?
① 알레르기 식중독
② 장염 비브리오 식중독
③ 살모넬라 식중독
④ 웰치균가 식중독
⑤ 장구균 식중독

41 다음 중 웰치균(Welchii)이 원인균으로 옳은 것은?
① 내열성 포자가 식중독을 일으킨다.
② 사람이나 동물의 장관에 상재하는 균이다.
③ 예방법은 그 가공품 식품이 원인 식품이다.
④ 그람양성 간균으로 아포를 생성하지 않는다.
⑤ 특히, 쥐, 우유 등에 존재한다.

42 다음 중 감염형 식중독이 아닌 것은?
① E. coli균 식중독
② 독소성 대장균 식중독
③ 살모넬라균 식중독
④ 장염 비브리오균 식중독
⑤ 리스테리아 식중독

43 다음 중 자연 독에 의한 식중독이 아닌 것은?
① solanine
② trimethylamine
③ saxitoxin
④ tetrodotoxin
⑤ venerupin

44 다음 중 테트로도톡신 중독 성분은?
① saxitoxin
② ciguatoxin
③ temuline
④ venerupin
⑤ aflatoxin

45 독이 중독의 예방 및 치료방법으로 옳지 않은 것은?
① 뱀에, 내장의 사용금지
② 자동 자정화 능력 사용
③ 산란기 이후 사용금지
④ 가공 후 섭취법
⑤ 사용할 조리 기구 완전히 세척

46 복어 독성이 가장 강한 부위는?
① 간
② 피부
③ 난소
④ 생식선
⑤ 장

47 사용상 독소와 관계없는 것은?
① solanine
② amygdaline
③ ergotoxin
④ venerupin
⑤ ciguatoxin

48 버섯의 독성분이 아닌 것은?
① muscarine
② amanitatoxin
③ sepsin
④ muscaridine
⑤ neurine

49 씨에 독이 많고 사람이 식용하였다가 발생식중독의 원인 독성분은?
① muscarine
② venerupin
③ cicutoxin
④ solanine
⑤ ricin

50 참깨와 비슷하므로 참깨로 잘못 알고 섭취하여 중독을 일으키는 가시독말풀의 중독성분은?

① scopolamine　　　　② cicutoxine
③ muscarine　　　　　④ solanine
⑤ ricin

51 곰팡이 대사산물로 사람이나 온혈동물에게 해를 주는 물질을 총칭하여 무엇이라 하는가?

① andromedotoxin　　② mycotoxin
③ antibiotics　　　　　④ mycotoxicosis
⑤ neurotoxin

52 아플라톡신에 관한 설명 중 틀린 것은?

① 상대습도 80~85% 이상이 증식에 최적이다.
② 증식 최적온도는 35~40℃이다.
③ 식품위생상 가장 문제되는 것은 B_1, M_1이다.
④ 270~280℃ 이상에서 독성물질이 파괴된다.
⑤ 독소생산 온도범위는 25~35℃이다.

53 *Aspergillus flavus*가 aflatoxin을 생성하는 데 필요한 조건과 거리가 먼 것은?

① 최적온도 25~30℃
② 최적습도 60~70%
③ 기질수분 16% 이상
④ 주요 기질은 탄수화물
⑤ 옥수수, 밀은 수분 13% 이하에서 막을 수 있음

54 Mycotoxin을 생성하는 균주는?

① *Sacch. cerevisiae*
② *Aspergillus flavus*
③ *Clostridium botulium*
④ *Lactobacillus bulgaricus*
⑤ *Bacillus cereus*

55 황변미 독소 중 신경독 성분은?

① citreoviridin　　　　② citrinin
③ Aflatoxin　　　　　④ ergotism
⑤ islanditoxin

56 다음 중 황변미의 원인균이 아닌 것은?

① *Penicillium toxicarium*
② *Penicillium citrinum*
③ *Penicillium chrysogenum*
④ *Penicillium islandicum*
⑤ *Penicillium notatum*

57 다음 중 보리에 맥각을 일으키는 곰팡이는?

① *Aspergillus flavus*　　② *Penicillium citrinum*
③ *Claviceps purpurea*　④ *Rhizopus delemar*
⑤ *Penicillium notatum*

58 다음 식물의 주된 독성분이 알칼로이드(alkaloid)인 것은?

① 맥각　　　　　② 청매
③ 수수　　　　　④ 강낭콩
⑤ 쌀

59 다음 중 화학적 식중독의 원인이 아닌 것은?

① 유독성 첨가물의 첨가에 의한 오염
② 대사과정 중 생성되는 독성물질
③ 방사능물질에 의한 오염
④ 식품제조 중에 혼입되는 유해물질
⑤ 포장기구 등의 용출물에 의한 오염

60 1952년 일본에서 발생한 미나마타병은 수은에 의한 중독 사고였는데 그 발생 원인은?

① 식품첨가물중의 협잡물로 존재하는 수은에 의한 것이다.
② 농약중의 수은에 의한 것이다.
③ 식품의 용기 및 포장에서 용출된 수은에 의한 것이다.
④ 공장폐수에서 배출된 수은이 어패류에 축적되었기 때문이다.
⑤ 수은에 오염된 식수에 의한 것이다.

61 이타이이타이병과 관계가 있는 금속은?

① 카드뮴(Cd)　　　② 납(Pb)
③ 수은(Hg)　　　　④ 주석(Sn)
⑤ 요오드(I)

62 우리나라 식품 위생법에서 정한 액체 식품 중의 비소(아비산으로서) 허용 한도량은?

① 0.3 ppm　　　② 0.5 ppm
③ 1.3 ppm　　　④ 1.5 ppm
⑤ 3.0 ppm

63 중금속에 대한 설명으로 옳은 것은?

> 가. 중금속은 비중 4.0 이상의 금속을 말한다.
> 나. 중금속은 모두 인체에 중독을 일으키는 유해한 물질이다.
> 다. 대부분 만성 중독현상을 많이 나타낸다.
> 라. 중금속의 독성은 매우 크지만, 배설은 잘 되는 편이다.

① 가, 나　　　　② 나, 다
③ 가, 다　　　　④ 다, 라
⑤ 나, 라

정답　50 ①　51 ②　52 ②　53 ②　54 ②　55 ①　56 ③　57 ③　58 ①　59 ②　60 ④　61 ①　62 ①　63 ③　➔ 해설 p. 177

64 choline esterase의 작용을 억제하여 혈액과 조직 중에 생기는 유해한 acety lcholine을 축적시켜 중독증상을 나타내는 농약은?

① 유기인제　　　　　　② 유기염소제
③ 유기불소제　　　　　④ 유기 수은제
⑤ 유기비소제

65 메틸알콜(메탄놀)의 중독증상이 아닌 것은?

① 두통　　　　　　　　② 실명
③ 환각　　　　　　　　④ 구토
⑤ 복통

5. 식품과 감염병, 기생충 및 위생동물

66 경구 감염병의 예방 대책으로 가장 중요한 것은?

① 가축 사이의 질병을 예방한다.
② 보균자의 식품취급을 막는다.
③ 식품을 냉장 보관한다.
④ 식품취급 장소의 공기 정화를 철저히 한다.
⑤ 환자의 배설물을 소각처리한다.

67 바이러스(virus)에 의한 경구 감염병인 것은?

> 가. 천열　　　　　　　　나. 파라티푸스
> 다. 소아마비　　　　　　라. 콜레라
> 마. 장티푸스

① 가, 나　　　　　　　② 가, 다
③ 나, 다　　　　　　　④ 나, 라
⑤ 다, 마

68 음식물을 매체로 전파되는 감염병이 아닌 것은?

① 파라티푸스　　　　　② 적리
③ 콜레라　　　　　　　④ 탄저
⑤ 장티푸스

69 다음 감염성 질환 중 순환 변화가 가장 긴 것은?

① 홍역　　　　　　　　② 장티프스
③ 백일해　　　　　　　④ 디프테리아
⑤ 파라티푸스

70 세균성 설사증을 일으키는 이질에 대한 설명 중 틀린 것은?

① 법정 감염병이다.
② 예방으로는 손의 소독을 철저히 하는 것이 좋다.
③ 이질균은 분변으로 배출된다.
④ 예방에는 항생물질을 내복하는 것이 좋다.
⑤ 잠복기간은 2~7일이다.

71 다음 중 인축 공통 감염병이 아닌 것은?

① 돈단독, 파상열　　　② 성홍열, 이질
③ Q열, 야토병　　　　④ 결핵, 탄저
⑤ 랩토스피라증

72 다음 감염병 중에서 곤충이 매개가 되는 것은?

> 가. 장티프스　　　　　　나. 콜레라
> 다. 파상중　　　　　　　라. 디프테리아
> 마. 이질

① 가, 나　　　　　　　② 나, 다
③ 다, 라　　　　　　　④ 가, 마
⑤ 나, 마

73 *Coxiella burnetii*와 관계있는 인축공통 감염병은?

① 돈단독　　　　　　　② Q열
③ 파상열　　　　　　　④ 탄저균
⑤ 결핵

74 다음 중 채소로 감염될 수 있는 기생충은?

> 가. 민촌충(무구조충)　　나. 갈고리촌충(유구조충)
> 다. 동양모양선충　　　　라. 편충
> 마. 십이지장충　　　　　바. 폐디스토마

① 가, 나, 다　　　　　② 나, 다, 라
③ 다, 라, 마　　　　　④ 가, 다, 라
⑤ 라, 마, 바

75 다음 중 회충의 특성이 아닌 것은?

① 체내 순환을 한다.
② 충란은 건조 및 저온에 약하다.
③ 경구적으로 감염된다.
④ 충란은 약제에 저항력이 강하다.
⑤ 충란은 일광에 약하다.

76 다음 중 피부를 통하여 침입하는 기생충은?

① 편충　　　　　　　　② 십이지장충
③ 요충　　　　　　　　④ 조충
⑤ 회충

정답　64 ①　65 ③　66 ②　67 ②　68 ④　69 ②　70 ④　71 ②　72 ④　73 ②　74 ③　75 ②　76 ②　　➡ 해설 p. 177 ~ p. 178

77 간디스토마의 제1 중간숙주는?

① 다슬기　　　　　　② 잉어
③ 가재　　　　　　　④ 왜우렁이
⑤ 민물게

78 폐디스토마의 제1 중간숙주는?

① 물벼룩　　　　　　② 민물게
③ 다슬기　　　　　　④ 왜우렁이
⑤ 돼지

79 게, 가재를 덜 익혀 먹었을 때 감염될 수 있는 기생충은?

① 폐흡충　　　　　　② 민촌충
③ 선모충　　　　　　④ 편충
⑤ 간흡충

80 광절열두조충의 감염경로를 바르게 표시한 것은?

① 게 → 담수어 → 사람의 간
② 다슬기 → 참게 → 사람의 폐
③ 물벼룩 → 연어 → 사람의 장
④ 가재 → 숭어 → 사람의 소장점막
⑤ 물벼룩 → 게 → 사람의 간

81 소고기 생식 시 감염될 수 있는 기생충은?

① 간디스토마(간흡충)　② 십이지장충(구충)
③ 무구조충(민촌충)　　④ 광절열두조충(긴촌충)
⑤ 폐디스토마(폐흡충)

82 아니사키스(Anisakis)유충의 제1 중간숙주는?

① 담수류　　　　　　② 육류
③ 갑각류　　　　　　④ 해산어류
⑤ 왜우렁이

83 다음 중 바르게 연결된 것은?

① 간디스토마 – 왜우렁이 – 잉어
② 아니사키스자충 – 게 – 붕어
③ 유구조충 – 소고기 – 낭미충
④ 광절열두조충 – 물벼룩 – 게
⑤ 폐디스토마 – 왜우렁이 – 잉어

84 기생충과 숙주와의 관계가 틀린 것은?

① 무구조충 – 소　　　② 유구조충 – 돼지
③ 간디스토마 – 잉어　④ 광절열두조충 – 다슬기
⑤ 폐디스토마 – 민물게

85 파리에 의하여 전파되는 질병과 관계없는 것은?

① 파라티푸스　　　　② 장티푸스
③ 이질　　　　　　　④ 유행성출혈열
⑤ 살모넬라

86 많은 감염병을 매개하는 쥐의 전파로 볼 수 없는 질병은?

① 페스트　　　　　　② 발진열
③ 유행성 출혈열　　　④ 파상열(Brucellosis)
⑤ 쯔쯔가무시병

6. 식품 중의 환경오염물질

87 공장이나 도시의 폐수에 의하여 바닷물에 질소, 인 등의 함량이 증가되어 플랑크톤이 다량 번식하고 용존산소량이 감소되면서 어패류가 폐사하고 유독화 현상이 일어나는 것은 무엇이라 하는가?

① 스모그 현상　　　　② 시너지 현상
③ 부영양화 현상　　　④ 밀스링케 현상
⑤ 혼탁현상

88 하천수 중에 DO가 적다는 것은 무엇을 의미하는가?

① 물이 비교적 깨끗하다.　② 부유물량이 적다
③ 오염도가 높다.　　　　④ 유해물질이 적다.
⑤ 화학물질이 적다.

89 BOD를 바르게 설명한 것은?

① 화학적 산소 요구량　② 생물학적 산소 요구량
③ 생물학적 환경오염도　④ 용존산소량
⑤ 부유물질량

90 폐수의 오염도 검사항목이 아닌 것은?

① BOD(생물화학적 산소요구량)
② COD(화학적 산소요구량)
③ Aw(수분활성도)
④ SS(부유물질량)
⑤ DO(용존산소량)

91 먹는 물의 대장균 수는?

① 1ml당 음성이어야 한다.
② 50ml당 음성이어야 한다.
③ 50ml당 10 이하이어야 한다.
④ 100ml당 음성이어야 한다.
⑤ 100ml당 10 이하이어야 한다.

정답　77 ④　78 ③　79 ①　80 ③　81 ③　82 ③　83 ①　84 ④　85 ④　86 ④　87 ③　88 ③　89 ②　90 ③　91 ④　해설 p. 178

92 3, 4-benzopyrene에 관한 설명 중 맞지 않은 것은?

① 발암성 물질이다.
② 다핵 방향족 탄화수소이다.
③ 대기 중에는 존재하지 않는다.
④ 구운 소고기, 커피, 채종유 등에 미량 존재한다.
⑤ 공장지대의 대맥에 함량이 많다.

93 식품오염에 문제되는 방사능이 아닌 것은?

① Ru-106　　　　② Cs-137
③ I-131　　　　④ C-12
⑤ Sr-90

7. 식품의 용기, 포장에 관한 위생

94 식품 용기에서 카드뮴(Cd) 도금한 것은 다음 중 어느 식품에 사용이 가능한가?

① 산성 및 알칼리성 식품
② 중성 및 알칼리성 식품
③ 중성 및 산성 식품
④ 산성, 중성 및 알칼리성 식품
⑤ 약산성 및 중성 식품

95 도자기나 옹기류에 사용되는 유약에서 문제가 가장 크게 될 수 있는 중금속은?

① 납　　　　② 카드뮴
③ 아연　　　　④ 비소
⑤ 구리

96 식품 용기 재료 중 포르말린(formalin)용출이 심하여 위생상 문제가 되는 합성수지는?

① 석탄산수지　　　　② 폴리프로필렌수지
③ 요소수지　　　　④ 염화비닐수지
⑤ 폴리에틸렌수지

97 다음 식품용기 재료 중 포름알데히드(formaldehyde)가 용출될 염려가 없는 합성수지는?

① 석탄산수지
② 요소수지
③ 멜라민수지
④ 염화비닐수지
⑤ 폴리에틸렌수지

98 알루미늄박에 대한 다음 설명 중 잘못된 것은?

① 고온 살균이 가능하다.
② 지방질 식품의 포장에 적합하다.
③ 광선차단 효과가 크다.
④ 방습성이 떨어진다.
⑤ 변질될 수 있는 식품에 적합하다.

8. 식품첨가물

99 다음 중 보존료로서의 구비조건이 아닌 것은?

① 독성이 없고 값이 저렴할 것
② 무색, 무취, 무미일 것
③ 색깔이 양호할 것
④ 미량으로 효과가 있을 것
⑤ 식품에 나쁜 영향을 주지 않을 것

100 다음 중 허용되지 않는 보존료는?

① 데히드로초산(dehydroacetic acid)
② 소브르산칼륨(potassium sorbate)
③ 프로피온산(propionic acid)
④ 프로피온산나트륨(sodium propionate)
⑤ 니트로프라존(nitrofurazone)

101 안식향산(benzoic acid)의 사용 목적은?

① 식품의 산미를 내기 위하여
② 식품의 부패를 방지하기 위하여
③ 식품의 영양가치를 높이기 위하여
④ 유지의 산화를 방지하기 위하여
⑤ 식품의 변색을 방지하기 위하여

102 다음 중 젖산균 음료에 주로 사용되는 보존료는?

① 소르브산칼륨(potassium sorbate)
② 프로피온산나트륨(sodium propionate)
③ 데히드로초산(dehydroacetic acid)
④ 파라옥시안식향산에틸(ethylp-hydroxybenzoate)
⑤ 안식향산(benzoic acid)

103 다음 중 간장에 사용할 수 있는 보존제는?

① L-아스코르빈산(L-ascorbic acid)
② 프로피온산 칼슘(calcium propionate)
③ 안식향산(benzoic acid))
④ 데히드로초산(dehydroacetic acid)
⑤ 프로피온나트륨(sodium propionate)

104 다음 중 유해성 보존료가 아닌 것은?

① 붕산(H_3BO_3)　　　　② formaldehyde
③ D-sorbitol　　　　④ 불소화합물
⑤ β-naphthol

정답 92 ③　93 ④　94 ②　95 ①　96 ③　97 ④　98 ④　99 ③　100 ⑤　101 ②　102 ①　103 ③　104 ③　➡ 해설 p. 178 ~ p. 179

105 탄산 음료수에 이용되는 보존료는?

① benzoic aicd
② sorbic acid
③ penicillin
④ β−naphthol
⑤ dehydroacetic acid

106 다음에서 살균제(소독제)가 아닌 것은?

① 오존수(Ozone Water)
② 차아염소산 나트륨(sodium hypochlorite)
③ 차아염소산 나트륨(sodium hypochlorite)
④ 안식향산(benzoic acid)
⑤ 이산화염소(수)(chlorine dioxide)

107 산화방지제의 특성은?

① 지방산의 생성 억제
② 카보닐화합물 생성 억제
③ 유기산의 생성 억제
④ 아미노산 생성 억제
⑤ 암모니아 생성 억제

108 식용 착색제로의 구비조건이 아닌 것은?

① 독성이 없을 것
② 체내에 축적되지 않을 것
③ 미량으로 착색효과가 클 것
④ 영양소를 함유하지 않은 것
⑤ 물리, 화학적 변화에 안정할 것

109 식용색소 알루미늄 레이크(Al-lake)의 성상에 관한 설명 중 틀린 것은?

① 산, 알칼리에 용해된다.
② 내열성, 내광성이 좋지 않다.
③ 5미크론 정도의 미세분말이다.
④ 물, 유기용매, 유지 등에 거의 녹지 않는다.
⑤ 가비중은 0.1~0.14이다.

110 식품 중 tar색소가 액체 상태에서 침전되는 이유가 아닌 것은?

① 용매 부족 시
② 화학반응 시
③ 고온 가열 시
④ 용해도 증가 시
⑤ 저온, 특히 농후한 색소액인 경우

111 다음 중 유해 합성착색제는 어느 것인가?

① methylene blue
② amaranth
③ tartrazine
④ indigo carmine
⑤ erythrosine

112 다음 식품첨가물 중 착색효과와 영양강화 효과를 동시에 나타내는 것은?

① ascorbic acid
② β−carotene
③ vitamin E
④ erythrosine
⑤ amaranth

113 마가린, 치즈 등에 사용이 가능한 착색료는?

① 적색 50호
② 적색 2호
③ β−카로틴
④ 황색 4호
⑤ 녹색 3호

114 다음 중 식육가공품의 발색제로 사용될 수 있는 것은?

① 파프리카(paprika)
② 소명반(burnt alum)
③ 황산 제1철(ferrous sulfate)
④ 아질산나트륨(sodium nitrate)
⑤ 소르브산칼륨(potassium sorbate)

115 식빵, 이유식, 물엿, 벌꿀 등에는 감미료의 사용이 제한되어 있다. 그러나 이 경우 사용이 가능한 감미료는?

① 아스파탐
② 둘신
③ 소르비톨
④ 스테비오사이드
⑤ 싸이클라메이트

116 과자나 빵류 등에 부피를 증가시킬 목적으로 사용되는 식품첨가물은?

① 유화제
② 팽창제
③ 안정제
④ 품질개량제
⑤ 밀가루개량제

117 다음 중 안정제가 아닌 것은?

① 구아검
② 시클로덱스트린
③ 알긴산나트륨
④ 사카린나트륨
⑤ 결정셀룰로오스

118 야채, 과일류의 호흡제한, 수분증발 방지로 보존성을 높이는 식품첨가물은?

① 이형제
② 피막제
③ 점착제
④ 알칼리제
⑤ 용제

정답 105 ① 106 ④ 107 ② 108 ④ 109 ② 110 ③ 111 ① 112 ② 113 ③ 114 ④ 115 ③ 116 ② 117 ④ 118 ② 해설 p. 179

119 다음 중 식품에 허용된 유화제가 아닌 것은?

① 레시틴
② 글리세린지방산 에스테르
③ 소르비탄지방산 에스테르
④ 에리소르빈산나트륨
⑤ 폴리소르베이트

120 다음 중 산미료로 사용할 수 없는 것은?

① 구연산(citric acid)
② 젖산(Lactic acid)
③ 질산(nitric acid)
④ 호박산(succinic acid)
⑤ 초산(acetic acid)

121 다음 중 환원성 표백제가 아닌 것은?

① 아황산나트륨(sodium sulfite)
② 메타중 아황산칼륨(patassium metabisulfite)
③ 차아황산나트륨(sodium hyposulfite)
④ 과산화수소(hydrogen peroxide)
⑤ 무수아황산(sulfur dioxide)

122 식품의 제조 가공 시 pH의 조정, 금속제거, 완충 등의 목적으로 사용하는 첨가물은?

① 이산화규소
② 수산화나트륨
③ 피친산
④ 인산염
⑤ 과산화수소

2과목 식품위생관계법규

01 식품위생법상 식품의 정의에 대한 설명으로 옳은 것은?

① 의약으로 섭취하는 것을 제외한 모든 음식물
② 첨가물을 제외한 모든 음식물
③ 화학적 합성품을 제외한 모든 음식물
④ 영양 강화식품을 제외한 모든 음식물
⑤ 모든 음식물

02 다음은 식품위생법의 내용이다. 옳은 것은?

> 가. 영양표시라 함은 식품의 일정량에 함유된 영양소의 함량 등 영양에 관한 정보를 표시하는 것을 말한다.
> 나. 영업이라 함은 농업의 채취업도 포함된다.
> 다. 화학적 합성품이라 함은 화학적 수단에 의하여 원소 또는 화합물에 분해반응 외의 화학반응을 일으켜 얻은 물질을 말한다.
> 라. 집단급식소라 함은 영리를 목적으로 특정 다수인에게 음식물을 공급하는 기숙사·학교·병원 등의 급식시설을 말한다.

① 가, 나, 다
② 가, 다
③ 나, 라
④ 라
⑤ 가, 나, 다, 라

03 다음 중 식품위생법상 화학적 합성품으로 볼 수 없는 것은?

① 산화반응에 의하여 제조한 것
② 축합반응에 의하여 제조한 것
③ 분해반응에 의하여 제조한 것
④ 중화반응에 의하여 제조한 것
⑤ 조염반응에 의하여 제조한 것

04 식품, 식품첨가물 등의 공전은 누가 작성하여 보급하여야 하는가?

① 도지사
② 보건복지부장관
③ 국립보건원장
④ 식품의약품안전처장
⑤ 보건소장

05 다음 중 집단급식소가 아닌 것은?

① 병원급식소 ② 대중음식점
③ 소년원급식소 ④ 학교기숙사
⑤ 공장급식소

06 식품, 식품첨가물, 기구 또는 용기·포장 표시사항과 표시방법 등에 관한 기준으로 옳은 것은?

① 식품 공전
② 식품위해요소 중점관리기준
③ 식품위생지침서
④ 식품 등의 표시기준
⑤ 제품의 포장방법 및 포장재의 재질 등의 기준에 관한 규칙

07 다음 중 식품위생법상 식품위생의 대상으로 옳은 것은?

가. 포장	나. 용기
다. 식품	라. 기구

① 가, 나, 다
② 가, 다
③ 나, 라
④ 라
⑤ 가, 나, 다, 라

08 다음은 식품위생 심의위원회에서 조사·심의하는 사항이다. 옳은 것은?

> 가. 식중독 방지에 관한 사항
> 나. 농약·중금속 등 유독물질의 잔류허용기준에 관한 사항
> 다. 식품 등의 기준과 규격에 관한 사항
> 라. 식품위생감시원의 자격 및 임명에 관한 사항

① 가, 나, 다   ② 가, 다
③ 나, 라   ④ 라
⑤ 가, 나, 다, 라

09 식중독에 관한 보고를 받은 시장·군수·구청장은 누구에게 보고하여야 하나?

> 가. 보건소장   나. 시·도지사
> 다. 보건복지부장관   라. 식품의약품안전처장

① 가, 나, 다   ② 가, 다
③ 나, 라   ④ 라
⑤ 가, 나, 다, 라

10 다음 중 신고만 하고 영업을 할 수 있는 영업은?

> 가. 식품냉장업   나. 제과점영업
> 다. 식품소분업   라. 식품운반업

① 가, 나, 다   ② 가, 다
③ 나, 라   ④ 라
⑤ 가, 나, 다, 라

11 영업자의 지위를 승계할 수 있는 경우로 옳은 것은?

> 가. 종전의 영업자로부터 적법한 절차를 거쳐 영업을 양도받을 때
> 나. 영업자의 사망으로 영업을 상속받을 때
> 다. 합병 후 존속하는 법인
> 라. 합병에 의하여 설립된 법인

① 가, 나, 다   ② 가, 다
③ 나, 라   ④ 라
⑤ 가, 나, 다, 라

12 신고대상 영업이 신고를 해야 하는 변경사항은?

> 가. 영업자의 성명   나. 영업장의 면적
> 다. 영업소의 소재지   라. 영업소의 상호

① 가, 나, 다   ② 가, 다
③ 나, 라   ④ 라
⑤ 가, 나, 다, 라

13 총리령으로 정하는 식품위생 검사기관과 관계없는 것은?

① 국립보건원   ② 도보건환경연구원
③ 시보건환경연구원   ④ 식품의약품안전평가원
⑤ 지방식품의약품안전처

14 다음은 식품위생 검사기관이다. 옳은 것은?

> 가. 식품의약품안전평가원
> 나. 지방식품의약품안전처
> 다. 시·도 보건환경연구원
> 라. 국립검역소

① 가, 나, 다   ② 가, 다
③ 나, 라   ④ 라
⑤ 가, 나, 다, 라

15 식품의약품안전처장의 영업허가를 받아야 하는 업종은?

① 식품제조·가공업 중 축산물제조가공업
② 식품운반업
③ 식품보존업 중 식품조사처리업
④ 식품접객업 중 유흥주점영업
⑤ 용기·포장류제조업 중 옹기류 제조업

16 다음 중 특별자치도지사 또는 시장·군수·구청장이 영업허가를 행할 수 있는 영업은?

① 유흥주점 영업
② 즉석판매제조·가공업
③ 첨가물제조업
④ 식품조사처리업
⑤ 식품운반업

17 영업신고를 받은 관청은 신고증 교부 후 얼마 이내에 확인하여야 하나?

① 15일 이내   ② 1개월 이내
③ 2개월 이내   ④ 3개월 이내
⑤ 6개월 이내

18 식품 또는 식품첨가물의 제조·가공 조리에 직접 종사하는 종사자의 건강진단항목은?

> 가. 결핵   나. 전염성 피부질환
> 다. 장티푸스   라. 안질

① 가, 나, 다   ② 가, 다
③ 나, 라   ④ 라
⑤ 가, 나, 다, 라

정답   08 ①   09 ③   10 ⑤   11 ⑤   12 ⑤   13 ①   14 ①   15 ③   16 ①   17 ①   18 ①   ➡ 해설 p. 180

19 다음은 식품위생법에 명시된 영양사의 업무이다. 옳은 것은?

> 가. 시장조사 및 식품구매
> 나. 구매 식품의 검수 및 관리
> 다. 조리 종사원의 선발 및 교육
> 라. 식단 작성, 검식 및 배식관리

① 가, 나, 다 　　　　② 가, 다
③ 나, 라 　　　　　　④ 라
⑤ 가, 나, 다, 라

20 영양사 시험과목에서 40퍼센트 이상 취득해야 하는 과목은?

> 가. 식사요법　　　　　나. 식품위생학
> 다. 단체급식관리　　　라. 생리학

① 가, 나, 다 　　　　② 가, 다
③ 나, 라 　　　　　　④ 라
⑤ 가, 나, 다, 라

21 영양사를 두지 않아도 되는 집단급식소는?

> 가. 집단급식소 운영자 자신이 영양사로서 직접 영양 지도
> 　를 하는 경우
> 나. 1회 급식인원 100명 미만의 산업체인 경우
> 다. 조리사가 영양사의 면허를 받은 경우
> 라. 1회 급식인원 100인 이상의 병원인 경우

① 가, 나, 다 　　　　② 가, 다
③ 나, 라 　　　　　　④ 라
⑤ 가, 나, 다, 라

22 영양사 면허증을 반납해야 하는 경우 누구에게 하는가?

① 식품의약품안전처장 　　② 시장·군수·구청장
③ 시·도지사 　　　　　　④ 국가시험원장
⑤ 보건복지부장관

23 국민영양관리기본계획에 대한 설명으로 옳지 않은 것은?

① 국민영양관리기본계획을 2년마다 수립
② 기본계획의 중장기적 목표와 추진방향
③ 연도별 주요 추진과제와 그 추진 방법
④ 필요한 재원의 규모와 조달 및 관리방안
⑤ 영양관리 정책수립에 필요한 사항

24 판매를 목적으로 운반, 진열 등 일체의 취급이 중지된 식품으로 옳은 것은?

> 가. 설익은 것으로 인체의 건강을 해칠 우려가 있는 것
> 나. 기준과 규격이 고시되지 아니한 화학적 합성품을 사용한 것
> 다. 영업허가나 신고를 하지 아니하고 제조된 것
> 라. 수입신고를 하여야 하나 신고하지 아니하고 수입된 것

① 나, 라 　　　　　　② 가, 다
③ 라 　　　　　　　　④ 가, 나, 다
⑤ 가, 나, 다, 라

25 집단급식소가 되기 위한 조건은?

> 가. 영리를 목적으로 하지 않는다.
> 나. 계속적으로 급식한다.
> 다. 병원, 기숙사, 학교 후생기관 등의 급식시설을 말한다.
> 라. 불특정 다수를 대상으로 한다.

① 나, 라 　　　　　　② 가, 다
③ 라 　　　　　　　　④ 가, 나, 다
⑤ 가, 나, 다, 라

26 집단급식소는 상시 1회 몇 인에게 식사를 제공하는 급식소인가?

① 50인 　　　　　　② 80인
③ 100인 　　　　　　④ 200인
⑤ 400인

27 식품접객업에서 모범업소의 지정기준으로 옳은 것은?

> 가. 주방은 공개되어야 한다.
> 나. 종업원은 친절하고 예의바른 태도를 가져야 한다.
> 다. 1회용 물컵, 1회용 숟가락 등을 사용하지 아니하여야 한다.
> 라. 주방은 입식조리대가 설치되어 있어야 한다.

① 가, 나, 다 　　　　② 가, 다
③ 나, 라 　　　　　　④ 라
⑤ 가, 나, 다, 라

28 청소년을 유흥접객으로 고용해 유흥행위를 하여 허가가 취소된 장소에서 같은 종류의 영업허가를 받으려면 얼마가 경과하여야 하나?

① 6개월 　　　　　　② 1년
③ 2년 　　　　　　　④ 3년
⑤ 4년

29 수거식품 검사 결과 기준과 규격에 맞지 않는 경우 식품위생 검사기관이 검체 일부를 보관하여야 하는 기간은?

① 10일 　　　　　　② 15일
③ 30일 　　　　　　④ 60일
⑤ 90일

30 식품위생법 시행령은 어느 령에 해당하는가?

① 보건복지부령 　　　② 시·도지사령
③ 대통령령 　　　　　④ 법무부령
⑤ 내무부령

정답　19 ③　20 ⑤　21 ①　22 ⑤　23 ①　24 ⑤　25 ④　26 ①　27 ⑤　28 ③　29 ④　30 ③　　➜ 해설 p. 180 ~ p. 181

31 수입식품 등의 검사에 관한 설명으로 옳은 것은?

> 가. 서류검사·관능검사의 대상 식품이라도 유해의 우려가
>   있으면 정밀검사를 행할 수 있다.
> 나. 정밀검사란 물리적·화학적·세균학적 방법에 따라 실
>   시하는 검사이다.
> 다. 정밀검사는 기준 및 규격의 적합여부를 확인하는 검사
>   로 서류검사와 관능검사를 포함한다.
> 라. 농·임·수산물은 관능검사 대상이다.

① 가, 나, 다 　　　　　② 가, 다
③ 나, 라 　　　　　　　④ 라
⑤ 가, 나, 다, 라

32 다음 중 허위 표시의 범위에 속하지 않는 것은?

① 제조방법이 식품학·영양학 분야에서 공인된 사항의 내용
② 실제 제조일 및 유통기간이 사실과 다른 내용
③ 질병의 치료 및 효능 등 의약품으로 오인할 우려가 있는 내용
④ 실제 제품의 함유 내용과 다른 내용
⑤ 허가 및 신고 사항과 다른 내용

33 식품제조가공업의 시설 기준에 관한 설명 중 틀린 것은?

① 작업장은 환기시설을 갖추어야 한다.
② 원료 처리실, 제조 가공실, 포장실은 구획되어야 한다.
③ 급수는 수돗물 또는 수질검사기관에서 마시기에 적합한 것
   으로 인정한 것이어야 한다.
④ 지하수를 사용하는 경우 화장실, 오물장, 동물 사육장 등으
   로부터 최소한 10m 이상 떨어진 곳이어야 한다.
⑤ 상·하수도가 설치된 지역에서는 정화조를 갖춘 수세식 화
   장실을 설치해야 한다.

34 식품위생감시원의 직무로 옳은 것은?

> 가. 행정 처분 이행 여부를 확인한다.
> 나. 출입 및 검사에 필요한 식품의 수거
> 다. 식품 등의 압류·폐기
> 라. 시설 기준 적합 여부의 확인·검사를 한다.

① 가, 나, 다 　　　　　② 가, 다
③ 나, 라 　　　　　　　④ 라
⑤ 가, 나, 다, 라

35 식품의 소분업 신고대상으로 옳은 것은?

① 어육제품 　　　　　　② 장류
③ 식초 　　　　　　　　④ 전분
⑤ 엿류

36 식품의 규격은 무엇을 의미하는지 가장 옳은 것은?

① 식품의 성분 　　　　　② 식품의 크기
③ 식품의 무게 　　　　　④ 식품의 제조방법
⑤ 식품의 보존 방법

37 식품위생법에서 정의하는 기구가 아닌 것은?

① 도마 　　　　　　　　② 칼
③ 음식기 　　　　　　　④ 탈곡기
⑤ 진열장

38 한시적 기준 및 규격은 누가 정하는가?

① 식품의약품안전처장 　　② 보건복지부장관
③ 국립보건원장 　　　　　④ 대통령
⑤ 국무총리

39 자가품질검사를 하여야 하는 영업자는?

> 가. 식품제조가공업자　　　나. 식품보존업자
> 다. 즉석판매제조·가공업자　라. 식품판매업자

① 가, 나, 다 　　　　　② 가, 다
③ 나, 라 　　　　　　　④ 라
⑤ 가, 나, 다, 라

40 위생교육 내용으로 옳은 것은?

> 가. 식품위생　　　　　　나. 개인위생
> 다. 식품위생시책　　　　라. 식품의 품질관리

① 가, 나, 다 　　　　　② 가, 다
③ 나, 라 　　　　　　　④ 라
⑤ 가, 나, 다, 라

41 식품운반업자가 받아야 하는 식품위생교육 시간은?

① 3시간 　　　　　　　② 6시간
③ 8시간 　　　　　　　④ 10시간
⑤ 12시간

42 식품위해요소 중점관리 기준은 누가 고시하는가?

① 보건복지부장관 　　　　② 식품의약품안전처장
③ 국립보건원장 　　　　　④ 국립검역소장
⑤ 지방식품안전청장

43 된장, 고추장, 춘장에 공통으로 사용하는 보존료는?

① 데히드로초산 　　　　　② 소르빈산
③ 안식향산 　　　　　　　④ 안식향산나트륨
⑤ 파라옥시안식향산프로필

정답 　31 ⑤　32 ①　33 ④　34 ⑤　35 ⑤　36 ①　37 ④　38 ①　39 ②　40 ⑤　41 ①　42 ②　43 ②　⊙ 해설 p. 181 ~ p. 182

44 다음 중 영양 표시 대상 식품이 아닌 것은?

① 즉석 면류
② 잼류
③ 특수용도식품
④ 식용 유지류
⑤ 음료류

45 식품의 기준과 규격 중 참기름의 산가는?

① 0.5 이하
② 0.6 이하
③ 0.3 이하
④ 0.2 이하
⑤ 4.0 이하

46 "제조연월"만을 표시할 수 있는 제품은?

① 유산균음료
② 발효유
③ 우유
④ 빙과
⑤ 김밥

47 미생물학적 검사용 검체의 운반으로 가장 알맞은 방법은?

① 상온, 20시간 이내
② 냉장온도, 24시간 이내
③ 냉장온도, 20시간 이내
④ 냉동온도, 40시간 이내
⑤ 냉동온도, 20시간 이내

48 식품 등의 기준 및 규격에서 표준 온도란?

① 10℃
② 15℃
③ 20℃
④ 25℃
⑤ 30℃

49 다음 중 식품위생법을 위반하여 행정 처분을 할 경우 출입·검사·수거의 실시 횟수는?

① 처분일로부터 6월 이내에 3회 이상 실시
② 처분일로부터 6월 이내에 2회 이상 실시
③ 처분일로부터 6월 이내에 1회 이상 실시
④ 처분일로부터 1년에 1회 실시
⑤ 처분일로부터 1년에 2회 실시

50 통조림식품에 대한 설명으로 옳은 것은?

① 납의 기준량은 0.5ppm 이하이다.
② 세균발육이 양성이어야 한다.
③ 산성통조림식품이란 pH 4.6 미만이며, 가열 등의 방법으로 살균처리할 수 있다.
④ 저산성통조림식품이란 pH 4.6 이하이다.
⑤ 멸균은 제품의 중심 온도를 100℃ 이상에서 4분 열처리하여야 한다.

51 버터의 유지방분과 산가로 옳은 것은?

① 유지방분 50% 이상, 산가 2.4 이하
② 유지방분 60% 이상, 산가 2.6 이하
③ 유지방분 70% 이상, 산가 2.7 이하
④ 유지방분 80% 이상, 산가 2.8 이하
⑤ 유지방분 90% 이상, 산가 2.9 이하

52 식용 얼음류의 세균수와 대장균수로 옳은 것은?

① 세균 n=5, c=2, m=100, M=1,000, 대장균 n=5, c=2, m=0, M=10/50mℓ
② 세균 n=5, c=2, m=100, M=100, 대장균 n=5, c=2, m=0, M=10/100mℓ
③ 세균 n=5, c=2, m=10, M=1,000, 대장균 n=5, c=2, m=0, M=10/100mℓ
④ 세균 n=5, c=2, m=10, M=1,00, 대장균 n=5, c=2, m=0, M=10/50mℓ
⑤ 세균 1mℓ 당 200 이하, 대장균 50mℓ 중 음성

53 두부의 대장균군의 규격으로 옳은 것은?

① n=5, c=2, m=0, M=10
② n=5, c=2, m=0, M=100
③ n=5, c=1, m=0, M=10
④ n=5, c=1, m=0, M=100
⑤ 1g당 음성

54 식육가공품 및 포장육에서 햄류의 아질산 이온의 규제량은?

① 0.03g/kg 이하
② 0.05g/kg 이하
③ 0.07g/kg 이하
④ 0.09g/kg 이하
⑤ 0.11g/kg 이하

55 식품 등의 기준 및 규격에서 온탕의 범위로 옳은 것은?

① 50~60℃
② 60~70℃
③ 70~80℃
④ 80~90℃
⑤ 90~100℃

56 다음 중 식품위생법에서 식품조사용으로 허용된 방사선은?

① $^{60}Co-\alpha$
② $^{60}Co-\beta$
③ $^{137}Cs-\beta$
④ $^{137}Cs-\gamma$
⑤ $^{60}Co-\gamma$

57 제조가공업에서 유독유해물질이 들어 있어서 인체의 건강을 해칠 우려가 있는 것을 판매하였을 때의 1차 위반 시의 행정 처분은?

① 영업정지 1월
② 영업정지 1월과 제품폐기
③ 영업허가 취소 또는 영업소폐쇄와 제품폐기
④ 영업정지 15일
⑤ 영업정지 15일과 제품폐기

정답 44 ① 45 ⑤ 46 ④ 47 ② 48 ③ 49 ③ 50 ③ 51 ④ 52 ① 53 ③ 54 ③ 55 ② 56 ⑤ 57 ③ ➡ 해설 p. 182 ~ p. 183

58 영양사가 업무정지 기간 중에 영양사의 업무를 수행했을 때 행정 처분 기준으로 옳은 것은?

① 시정명령
② 업무정지 1월 가산
③ 업무정지 2월 가산
④ 업무정지 3월 가산
⑤ 면허 취소

59 조리사 면허를 타인에게 대여하여 사용하게 한 경우 1차 위반 시 행정 처분은?

① 시정명령
② 업무정지 15일
③ 업무정지 20일
④ 업무정지 30일
⑤ 업무정지 2개월

60 다음 중 300만원의 과태료에 처하는 경우가 아닌 것은?

① 식중독을 발생하게 한 집단급식소의 설치 운영자
② 식품안전관리 인증 기준 적용 업소가 아닌 업소에 대하여 식품안전관리 인증 기준 적용 업소라는 명칭을 사용한 영업자
③ 이물 발견 신고를 보고하지 아니한 자
④ 식품이력추적관리정보를 목적 외에 사용한자
⑤ 생산 실적 보고를 하지 아니하거나 허위의 보고를 한자

61 급식소에 영양사 또는 조리사를 두지 않은 경우의 벌칙은?

① 300만원 이하의 과태료
② 1년 이하의 징역 또는 500만원 이하의 벌금
③ 3년 이하의 징역 또는 3,000만원 이하의 벌금
④ 5년 이하의 징역 또는 5,000만원 이하의 벌금
⑤ 7년 이하의 징역 또는 1억원 이하의 벌금

62 다음 중 3년 이하의 징역 또는 3천만원 이하의 벌금에 해당하는 경우로 옳은 것은?

가. 조리사를 두지 않은 식품접객영업자와 집단급식소 운영자(제51조)
나. 식품 등을 제조하는 영업자가 자가품질검사를 하지 않았을 때(제31조 1항)
다. 품목의 제조정지 명령을 위반한 자(제76조 1항)
라. 영업정지 명령을 위반하여 영업을 계속한 자(제75조 1항)

① 가, 나, 다
② 가, 다
③ 나, 라
④ 라
⑤ 가, 나, 다, 라

63 10년 이하의 징역 1억원 이하의 벌금형에 해당하는 것은?

① 판매를 목적으로 하거나 영업에 사용할 목적으로 식품 등을 신고하지 않고 수입하는 행위
② 품목의 제조정지 명령을 위반한 자
③ 안전성 평가 결과 식용으로 부적합하다고 인정된 농산물로 제조했을 경우
④ 집단급식소에 영양사를 두지 않은 경우
⑤ 식품 등을 압류 또는 폐기 조치 명령을 위반했을 때

64 영양지도원의 임무가 아닌 것은?

① 영양계몽
② 집단급식 영양관리
③ 영유아, 임산부, 수유부 및 성인의 영양관리
④ 영양결핍증에 대한 치료
⑤ 식생활 개선

65 국민영양조사를 실시하는 사람은?

① 시·도지사
② 식품의약품안전처장
③ 질병관리청장
④ 국무총리
⑤ 대통령

66 국민영양조사항목으로 옳은 것은?

가. 영양조사
나. 건강상태조사
다. 식품섭취조사
라. 식생활조사

① 가, 나, 다
② 가, 다
③ 나, 라
④ 라
⑤ 가, 나, 다, 라

67 시·군·구의 영양지도원의 업무로 옳은 것은?

가. 건강 상태에 관한 조사 사항의 기획·평가
나. 지역주민에 대한 영양상담·영양교육
다. 집단급식시설에 대한 현황 파악
라. 지역주민의 영양 평가 실시

① 가, 나, 다
② 가, 다
③ 나, 라
④ 라
⑤ 가, 나, 다, 라

68 국민건강증진법에서 보건교육의 내용으로 옳지 않은 것은?

① 금연·절주 등 건강생활의 실천에 관한 사항
② 만성퇴행성질환 등 질병의 예방에 관한 사항
③ 구강건강에 관한 사항
④ 정신건강에 관한 사항
⑤ 건강증진을 위한 체육활동에 관한 사항

69 보건교육의 내용으로 옳은 것은?

가. 구강 건강에 관한 사항
나. 공중 위생에 관한 사항
다. 만성퇴행성질환 등 질병 예방에 관한 사항
라. 감염병 관리에 관한 사항

① 가, 나, 다
② 가, 다
③ 나, 라
④ 라
⑤ 가, 나, 다, 라

정답 58 ⑤ 59 ⑤ 60 ⑤ 61 ③ 62 ① 63 ③ 64 ④ 65 ③ 66 ⑤ 67 ③ 68 ④ 69 ① ➔ 해설 p. 183

70 다음 중 학교급식의 시설·설비 기준에 대한 설명으로 옳은 것은?

> 가. 식품보관실은 환기·방습이 용이하여야 한다.
> 나. 식품보관실은 방충·방서 시설을 갖추어야 한다.
> 다. 조리장은 교실과 떨어지거나 차단된 곳이어야 한다.
> 라. 편의시설은 조리장과 인접한 곳에 두고 공동의 옷장과 샤워시설을 설치해야 한다.

① 가, 나, 다   ② 가, 다
③ 나, 라   ④ 라
⑤ 가, 나, 다, 라

71 학교급식의 대상으로 옳은 것은?

> 가. 초등학교   나. 중학교
> 다. 특수학교   라. 고등학교

① 가, 나, 다   ② 가, 다
③ 나, 라   ④ 라
⑤ 가, 나, 다, 라

72 학교급식법에서 그 밖에 학교급식의 품질 및 안전을 위하여 필요한 사항은?

> 가. 식품비 사용 비율의 공개
> 나. 식재료 검수일지
> 다. 거래명세표
> 라. 위생교육 일지

① 가, 나, 다   ② 가, 다
③ 나, 라   ④ 라
⑤ 가, 나, 다, 라

73 학교급식 공급업자는 식중독 원인 조사를 위하여 위탁급식을 제공한 식품의 종류별로 그 일부를 얼마 이상 냉장 보관하여야 하는가?

① 12시간   ② 24시간
③ 36시간   ④ 72시간
⑤ 144시간

74 학교급식 영양교사의 직무로 옳은 것은?

> 가. 식품 재료의 선정 및 검수
> 나. 위생, 작업관리 및 검식
> 다. 조리실 종사자의 지도 및 감독
> 라. 급식 공급자의 선정

① 가, 나, 다   ② 가, 다
③ 나, 라   ④ 라
⑤ 가, 나, 다, 라

75 학교급식 공급업자는 식품위생법상의 어느 영업 신고를 한 자인가?

> 가. 식품제조·가공업   나. 즉석식품제조·가공업
> 다. 위탁급식영업   라. 식품운반업

① 가, 나, 다   ② 가, 다
③ 나, 라   ④ 라
⑤ 가, 나, 다, 라

76 학교급식법에 의하면 학교의 장으로부터 학교급식을 위탁받아 운영하거나 조리·가공한 식품을 운반하여 실시하는 위탁급식을 행하는 자를 무엇이라 하는가?

① 학교급식 제공자   ② 학교급식 공급업자
③ 학교급식 사업자   ④ 학교급식 수탁업자
⑤ 학교급식 위탁업자

77 조리실의 시설·설비의 기준에 대한 설명으로 옳은 것은?

> 가. 바닥은 내구성, 내수성이 있는 재질로 하되 미끄럽지 않아야 한다.
> 나. 조리장 출입구에는 신발 소독 설비를 갖추어야 한다.
> 다. 위생상 지장이 없도록 적절한 환기 시설과 채광 시설을 한다.
> 라. 조명은 100Lux 이상이 되도록 한다.

① 가, 나, 다   ② 가, 다
③ 나, 라   ④ 라
⑤ 가, 나, 다, 라

78 학교급식에서 1회 급식 인원이 몇 명 이상일 때 전담 직원으로 영양사를 두게 되어 있는가?

① 30인   ② 50인
③ 80인   ④ 100인
⑤ 150인

79 학교급식 식품 보관실에 갖추어야 할 시설에 해당되는 것으로 옳은 것은?

> 가. 환기시설   나. 조명시설
> 다. 선반 및 깔개   라. 오락시설

① 가, 나, 다   ② 가, 다
③ 나, 라   ④ 라
⑤ 가, 나, 다, 라

80 수도물이 아닌 물을 음료수로 사용하는 청량음료 제조업에서의 음용적부시험을 행하는 기간은?

① 1개월마다   ② 2개월마다
③ 4개월마다   ④ 6개월마다
⑤ 1년마다

정답 70 ①   71 ⑤   72 ①   73 ⑤   74 ①   75 ②   76 ②   77 ①   78 ②   79 ①   80 ④   ➡ 해설 p. 183 ~ p. 184

1과목 식품학 및 조리원리

〈 식품학 〉

 1. 수 분

01 식품 중 물의 역할
- 식품의 조직감과 풍미에 직접 관여
- 식품의 저장성에 절대적 영향(수분 함량이 높으면 저장성 낮아짐)
- 식품의 맛을 들게 하는 조미료의 운반 역할
- 건조된 것을 원상태로 회복시키는 역할
- colloid의 분산매로써 삼투압 조절
- 가열 조건 일정하게 유지
- 전분의 α화(호화)와 같은 물리적 변화에 도움
- 열의 전달 수단

02 결합수의 특징
- 용질에 대하여 용매로 작용하지 않는다.
- 100℃ 이상으로 가열하여도 제거되지 않는다.
- 0℃보다 낮은 온도에서도 얼지 않는다(-40℃ 이하에서도 얼지 않는다).
- 수증기압이 낮다(따라서 끓은 점이 100℃ 이상이다).
- 보통의 물보다 밀도가 크다.
- 미생물 번식과 발아에 이용되지 못한다.
- 식품 조직을 압착하여도 제거되지 않는다.

03 수분활성도(water activity)
- 어떤 임의의 온도에서 식품이 나타내는 수증기압(Ps)에 대한 그 온도에 있어서 순수한 물의 최대수증기압(Po)의 비율로 정의한다.
- 일정 온도에서 식품의 수증기압보다 순수한 물의 수증기압이 더 크기 때문에 보통 식품에서 수분활성도의 값은 1 미만이다.
- Aw의 값이 클수록 미생물이 이용하기 쉽다.
  - 수분이 많은 어패류 : Aw 0.98~0.99
  - 수분이 적은 건조식품인 곡물 : Aw 0.60~0.64 정도
  - 완전 건조식품 : Aw = 0

04 식품의 수분 활성도를 낮추는 방법
- 식염이나 설탕 등의 용질을 첨가하여 용질의 농도를 높이거나 건조 또는 냉동시키는 방법이 있다.
- 수분활성도를 낮추는 것은 식품을 장기 보존하는 방법이다.

05 미생물의 성장에 대한 최저한의 수분활성(Aw)

미생물의 종류	수분활성(Aw)
보통 세균(normal bacteria)	0.91
보통 효모(normal yeasts)	0.88
보통 곰팡이(normal molds)	0.80
내건성 곰팡이(xerophilic molds)	0.65
내삼투압성 효모(osmophilic yeasts)	0.60

06 수분활성도(Aw)

$$Aw = \frac{Ps}{Po} = \frac{Nw}{Nw+Ns}$$

Ps : 식품속의 수증기압
Po : 동일온도에 순수한 물의 수증기압
Aw : 수분활성도, Nw : 물의 몰수
Ns : 용질의 몰수

$$= \frac{30/18}{30/18+20/342} = \frac{1.667}{1.667+0.058} = 0.97$$

07 등온흡습곡선
- 비효소적 갈변반응은 단분자층 형성 수분 함량보다 적은 수분활성도에서는 일어나기 어려우며, 수분활성도가 0.6~0.7의 중간 수분식품의 범위(다분자층 영역)에서 반응 속도가 최대에 도달하고 이 범위를 벗어나 수분활성도가 0.8~1.0(모세관응축 영역)에서는 반응 속도가 다시 떨어진다.
- 수분활성도가 0.25~0.8의 수분 식품의 범위는 다분자층 영역이다.

2. 탄수화물

08 과당(fructose)은 ketone기(-C=O-)를 가지는 ketose로서 천연산의 것은 D형이며 좌선성이다.

09 에피머(epimer)
- 두 물질 사이에 1개의 부제탄소 상 구조만이 다를 때 이들 두 물질을 서로 epimer라 한다.
- 예를 들면, D-glucose와 D-mannose 및 D-glucose와 D-galactose는 각각 epimer 관계에 있으나 D-mannose와 D-galactose는 2개의 부제탄소 상 구조가 다르므로 epimer가 아니다.

10 DNA는 구성당으로 2번 탄소의 -OH기가 환원되어 -H로 된 deoxyribose를 가지고 있다.

11 젖당(lactose)
- 발효에 의해 젖산과 방향성 물질 생성
- cerebroside(당지질)의 구성당인 galactose의 공급원
- 장내에서 젖산균의 발육에 이용되어 장내를 산성으로 유지함으로써 유해균의 증식을 억제하여 정장 작용
- 칼슘의 흡수를 촉진

12 전화당(invert sugar)
- 자당은 우선성인데 묽은 산, 알칼리 또는 효소(invertase)에 의해 가수분해되면, glucose와 fructose의 등량혼합물이 되고 좌선성으로 변한다. 이것은 fructose의 좌선성이 glucose의 우선성([α] D는 -92°)보다 크기 때문이며, 이와 같이 선광성이 변하는 것을 전화라 하고, 생성된 당을 전화당이라 한다.
- 전화당의 용해도와 감미도는 증가한다.

13 당알코올
- xylitol : D-xylitol이 환원된 것으로 감미료로 이용된다.
- inositol : 환상 구조 당알코올로 9개 입체이성질체가 존재하며, 동물·식물·미생물계에 광범위하게 분포하며 비타민 B 복합체의 하나로 근육과 내장에 유리 상태로 존재하기 때문에 근육당이라고도 한다.
- ribitol : ribose가 환원된 것으로 비타민 B_2 구성 성분으로 중요하다.
- mannitol : mannose가 환원된 것으로 버섯, 균류, 해조류 등에 많이 함유되어 있다.
- sorbitol : 포도당의 환원체로 과실 중에 존재하고 비타민 C 합성 원료로 공업적으로 이용된다.

14 아미노당(amino-sugar)
- 당분자 내 amino기를 갖는 것으로 단당류의 C_2의 수산기(-OH)가 amino기(-NH₂)으로 치환된 것으로 자연계에는 glucosamine과 galactosamine 등 두 종류가 주로 발견되고 이들은 거의가 N-acetyl 유도체로 존재한다.
 * Chitin은 glucosamine의 amino기의 H 1개가 acetyl기로 치환된 N-acetyl (CH_3CO^-) glucosamine의 중합체이다.

15 이눌린(inulin)
- 20~30개의 D-fructose가 1, 2결합으로 이루어진 다당류이다.
- 돼지감자의 주 탄수화물이다.

16 아밀로오스(amylose)
- 결합 상태는 420~980개의 glucose가 α-1, 4 결합(maltose 결합양식)이고, 분자량은 7만~16만 정도이다.
- 요오드와 포접 화합물을 형성하며 요오드의 정색 반응에 의해서 짙은 청색을 나타낸다.
- 직선형의 분자 구조로 포도당이 6개 단위로 된 나선형을 이룬다.
- 대부분의 전분은 10~20%의 amylose가 존재한다.

17 glycogen의 특징
- 간, 근육, 조직 등에 저장되는 동물성 다당류로 glucose가 필요할 때는 다시 분해되어 이용된다.
- α-glucose가 α-1, 4 결합과 α-1, 6 결합에 의하여 결합된 중합체이다.
- 백색, 무정형의 분말로 무미, 무취이고 냉수에 녹아서 콜로이드용액을 이룬다.
- 호화를 일으키지 않으므로 노화 현상도 없으며 요오드 반응은 적갈색을 나타낸다.

18 glycogen
- α-glucose가 α-1, 4 결합과 α-1, 6 결합에 의하여 결합된 동물성 저장 다당류로 glucose가 필요할 때는 다시 분해되어 이용된다.
- 간(6%), 근육(0.7%), 조개류(5~10%)에 많고 균류 및 효모 등에도 들어 있다.

19 펙틴(pectin)
- 펙틴질(pectin substance)이라 불리우는 넓은 범위에 속하는 물질 중에 하나이다.
- 분자 내의 여러 carboxyl기의 일부가 methyl ester, 또는 염의 형태로 되어 있는 친수성의 polygalacturonic acid로서 교질성을 갖고 있다.
- 적당한 양의 당과 산이 존재할 때 gel을 형성할 수 있는 물질들에 대한 일반명이라 정의되고 있다.
- 미숙한 식물 조직에는 비수용성인 protopectin 함량이 많다가 성숙함에 따라 효소 protopectinase에 의하여 가수분해되면 수용성 pectin으로 변하면서 조직이 연해진다.

20 해조류
- carrageenan : 일부 홍조류에 들어 있는 세포막 성분
- laminarin : 다시마 등 갈조류에 함유되어 있는 성분
- alginic acid : 미역, 다시마 등 갈조류의 세포벽 성분
- agaric acid : 한천의 주성분
- * glucomannan : 곤약(konjak)의 구성 성분

21 식이성 섬유소의 분류와 급원식품

기원	분류	급원식품
세포벽 구성물질 (불용성)	cellulose	곡류(현미, 라이맥, 통밀), 채소류
	hemicellulose	밀배아, 채소류
	protopectin	감귤류, 사과 등 과일, 줄기
	lignin	당근, 우엉, 산채류
	chitin	게, 새우, 가재
비구조 물질 (수용성)	pectin	감귤류, 사과
	식물검	구아검
	점질물질	미역, 다시마
	해조 다당류	미역, 다시마, 알긴산, 가라기난
	화학적 합성다당류	CMC, 폴리데스트로스

22 호화전분
- 생전분(β전분)에 대해 α전분으로 불린다.
- amylase 등 소화효소의 작용을 받기 쉽다.
- 이는 전분입자가 팽윤되고 파열되어 결정성 구조가 붕괴되면 전분사슬이 효소와 접촉하기 용이해지기 때문이다.
- 호화된 전분은 점도, 투명도, 색소 흡수능력, 용해현상 등이 증가한다.
- 방향부동성과 복굴절 현상이 소실되고 부피가 팽창하며 효소의 작용을 받기 쉬워진다.

23
- 수분 함량이 30~60%일 때 노화하기 쉽고, 10% 이하에서는 거의 노화가 일어나지 않는다.
- 수분이 많으면 전분 분자의 회합이 어렵고, 건조 상태에서는 분자가 고정화 상태가 되어 잘 일어나지 않는다.

24 전분에 물을 가하지 아니하고 150~190℃ 정도의 비교적 높은 온도로 가열하면 전분분자의 부분적인 가수분해 또는 열분해가 일어나 가용성전분(soluble starch)을 거쳐 호정(dextrin)으로 변하는 화학적인 변화를 호정화(dextrinization)라 한다.

3. 지 질

25 중성 지방은 고급지방산과 glycerol의 ester이며 실온에서 고체인 것을 지방(fat)이라 하며, 액체인 것을 기름(oil)이라 한다.

26 인지질(phospholipid)
- 지방산과 alcohol 이외에 인산과 질산을 함유하고 있는 복합지질의 일종이다.
- sphingomyelin, cephalin, lecithin 등이 있다.
- * cerebroside는 당지질에 속한다.

27 스테롤(sterol)
- 동식물 조직 중에 존재하는 steroid 핵을 갖는 환상 알코올의 한 무리를 sterol이라 한다.
- Sterol은 그 소재에 의하여 동물성(zoosterol), 식물성(phytosterol)과 균성(mycosterol)으로 분류한다.
  - 동물성 sterol : cholesterol, coprosterol, 7-dehydrosterol, lanosterol
  - 식물성 sterol : stigmasterol, sitosterol, dihydrositosterol
  - 균성 sterol : ergosterol

28 불포화지방산
- 분자 내에 1개 이상의 2중 결합을 갖고 있으며 상온에서 액체이며 공기 중에 산소에 의하여 쉽게 산화되고 2중 결합수가 증가할수록 산화속도는 빨라진다.
- 불포화지방산은 포화지방산보다 일반적으로 융점이 낮으며, 2중 결합수가 많을수록 융점이 낮아진다.

29 필수지방산
- 인체에 꼭 필요하지만 체내에서 합성되지 않아 반드시 외부로부터 공급받아야 하는 지방산이다.
- linolenic acid, linoleic acid, arachidonic acid가 있다.
- linolenic acid와 linoleic acid은 일반 동·식물성 유지에 함유되어 있고, arachidonic acid는 간유, 동물내장 지방 등 동물성 유지에 많이 함유되어 있다.

30 Stearic acid(C_{18})은 포화지방산이고, oleic acid($C_{18:1}$), linoleic acid($C_{18:2}$), linolenic acid($C_{18:3}$), arachidonic acid($C_{20:4}$) 등은 불포화지방산이다.

31 검화가
- 유지 1g을 검화하는 데 필요한 KOH의 mg수를 검화가라고 한다.
- 검화가는 유지의 구성 지방산의 평균분자량에 반비례하므로, 저급 지방산이 많은 지방일수록 커지고, 반대로 고급 지방산이 많은 지방일수록 적다.
- 보통 유지 검화가는 180~200 정도이다.

32 31번 해설 참조

33 유지 가열 시 일어나는 이화학적 변화
- 물리적 변화 : 착색이 되고 점도, 비중, 굴절율이 증가하며 발연점이 저하
- 화학적 변화 : 산가(유리지방산량), 검화가, 과산화물가가 증가하고 요오드가가 저하

34 유지의 경화란
- 액체 유지에 환원 니켈(Ni) 등을 촉매로 하여 수소를 첨가하는 반응을 말하며, 이러한 수소의 첨가는 유지 중의 불포화지방산을 포화지방산으로 만들게 되므로 액체 지방이 고체 지방이 된다.

35 산가(acid value)
- 유지 1g 중에 함유되어 있는 유리지방산을 중화하는 데 소요되는 KOH의 mg수를 산가 또는 중화가라 한다.
- 유지의 신선도 판정에 이용된다.

36 튀김 시 유지의 성질변화
- 물리적 변화 : 점도, 비중, 굴절율, 포립 등이 증가하고 발연점이나 색조의 저하
- 화학적 변화 : 산가, 검화가, 과산화물가, carbonyl가 등은 증가하고 요오드가는 저하

37 지방산패 촉진인자
- 온도, 금속, 광선, 산소분압, 수분, heme 화합물, chlorophyll 등의 감광물질 등
- * 지방산패 억제 항산화제 : sesamol, gossypol, lecithin, tocopherol(Vit. E) 등

38 유지의 자동산화로 생기는 성분
- 유지는 자동산화 과정을 거치면서 aldehyde, ketone, organic acid, hydroperoxide, polymer 등의 함량이 계속 증가하게 되어 휘발성이 큰 물질이 증가한다.
- 비정상적인 냄새와 맛이 난다.

39 항산화제
- 천연항산화제 : tocopherol, ascorbic acid, sesamol, gessypol, quercetin, rutin, gallic acid, lecithin 등
- 합성항산화제 : BHA(butylated hydroxyanisole), BHT(butylated hydro-xytoluene), PG(propyl gallate), EP, NDGA

40 유화식품
- 유중 수적형(W/O, 기름 중에 물이 분산된) 식품 : butter, margarin 등
- 수중 유적형(O/W, 물 중에 기름 입자가 분산된) 식품 : milk, ice cream, mayonnaise 등

41 유지를 가열할 때 생기는 자극적인 냄새
- 유지에는 비점이 없고 일정 온도가 되면 연기를 내며 분해가 시작되어 악취를 낸다.
- 이것은 고온에 의해 휘발성이 저분자 지방산이 연기로서 나오는 것이며(2% 이상 시 불쾌한 냄새), glycerin을 고온으로 가열하면 분해되어 악취를 가진 acrolein을 생성하기 때문이다.

42 유지의 발연점
- 유지를 강하게 가열할 때 유지 표면에서 엷은 푸른 연기가 발생할 때의 온도를 말한다.
- 유리지방산 함량이 낮을수록, 노출된 유지표면적이 클수록, 유지의 사용 횟수가 많을수록, 혼합 이물질이 많을수록 내려간다.

4. 단백질

43 아미노산의 일반적 성질

- 동일 분자 내에 −COOH기와 −NH₂기를 함께 가지고 있는 양성전해질이다.
- 물 특히 염류 용액에 잘 녹고 알코올이나 에테르에는 녹지 않는다.
- 각각 특유한 맛을 가지고 있어 식품의 맛과 관계가 있다.
- 천연으로 있는 아미노산은 모두 α-L-amino acid이다.
- glycine을 제외한 아미노산은 광학이성체가 존재한다.
- Maillard 반응에 관여하는 아미노산 중 glycine이 가장 반응성이 크다
- 천연단백질을 구성하고 있는 아미노산은 약 20여 종이 있다.

44 아미노산의 종류
- 중성 아미노산 : glycine, alanine, valine, leucine, isoleucine, serine, threonine
- 산성 아미노산 : asparic acid, glutamic acid
- 염기성 아미노산 : lysine, arginine, histidine
- 함유황 아미노산 : cysteine, cystine, methionine
- 방향족 아미노산 : phenylalanine, tyrosine
- 복소환 아미노산 : tryptophan, proline, histidine, hydroproline,

45 함유황 아미노산
- cysteine, cystine, methionine 등이 있다.
- 이들 중 methionine은 황을 함유한 필수아미노산이다.

46 아미노산의 정미성
- 감미성 아미노산 : alanine, glycine, proline, lysine · HCl, threonine, hydroproline, citrulline
- 고미성 아미노산 : arginine, methionine, valine, leucine, isoleucine, phenylalanine, tryptophan, histidine, ornithine
- 산미성 아미노산 : histidine · HCl, asparic acid, glutamic acid, asparagine
- 지미성 아미노산 : glutamic acid-Na, asparic acid-Na

47 유도단백질
- 천연단백질(단순단백질, 복합단백질)은 물리, 화학적으로 변화된 단백질이다. 그 변성 정도에 따라 제1차, 제2차 유도단백질로 분류된다.
- 제1차 유도단백 : paracasein, gelatin, fibrin, protean, metaprotein, coagulated protein 등
- 제2차 유도단백질 : proteose, peptone, peptide

48 핵단백질
- 단순단백질과 핵산으로 이루어진 것이다.
- 단백질 부분은 염기성인 histone 또는 protamine이다.

49 색소단백질
- cytochrome : 미토콘드리아(황색)에 존재
- catalase : 효소로서 색소단백질
- hemoglobin : 색소단백질로 적혈구에 존재
- astaxanthin : 새우, 게 등의 붉은색 색소
- *collagen : 결합조직

50 두부의 제조 원리
- 두부는 콩 단백질인 글리시닌(glycinin)을 70℃ 이상으로 가열하고 MgCl₂, CaCl₂, CaSO₄ 등의 응고제를 첨가하면 glycinin(음이온)은 Mg⁺⁺, Ca⁺⁺ 등의 금속이온에 의해 변성(열, 염류) 응고하여 침전된다.

51 식품에 함유되어 있는 단백질
- 밀, 호밀 : gliadin
- 쌀 : oryzenin
- 대두 : glycinin
- 우유 : casein
- 옥수수 : zein
- 보리 : hordenin
- 감자 : tuberin

52 단백질의 2차 구조
- α-helix 등의 나선구조인데 이것은 나선에 따라 규칙적으로 결합되는 peptide의 carbonyl기(=CO기)와 aimino기(NH-기) 사이에서 이루어지는 수소결합에 의해 α-helix 구조를 형성하여 안정된다.
- α-helix 구조가 변성되면 β-구조(pleated sheet 구조)가 된다.

53 나선구조(α-helix)
- polypeptide 사슬에서 거리가 있는 아미노산 사이에서 carbonyl기(=CO기)와 aimino기(NH-기) 사이에 이루어지는 수소결합에 의해 α-helix 구조를 형성하여 안정하게 유지된다.

54 단백질의 정색반응
- Biuret 반응, Ninhydrin 반응, Millon 반응, Hopkins-Cole 반응, 유황(S) 반응 등이 있다.
- *베네딕트 반응은 탄수화물의 정색반응이다.

55 단백질의 변성요인
- 물리적 변성요인 : 가열, 가압 및 건조, 동결, 계면장력, 광선
- 화학적 변성요인 : 산·알칼리, 염류, 효소, 유기용매(알코올, 아세톤)

56 콩의 영양을 저해하는 인자
- 트립신 저해제(trypsin inhibitor), 적혈구응고제(hemagglutinin), 리폭시게나제(lipoxygenase), Phytate(inositol hexaphosphate), 라피노스(raffinose), 스타키오스(stachyose)등이다.

57 bromelin, rennin, papain 등은 단백질 분해효소이고 catalase는 과산화수소에 작용하여 물과 산소로 분해시키는 산화환원 효소이다.

5. 비타민

58 Vit B₂(riboflavin)
- 산성 또는 중성에서는 열에 대하여 안정 하지만 광선에 대해서는 매우 불안정하여 분해하기 쉽다.
- 중성 또는 산성에서는 lumichrome이 되고 알칼리성에서는 lumiflavin으로 변한다.

59 provitamine A
- carotenoid계 색소 중에서 provitamin이 되는 것은 구조상 β-ionone핵을 가지는 α-carotene, β-carotene, γ-carotene과 xanthophyll류의 cryptoxanthin이다.
- 이 중 특히 provitamin A의 효력이 가장 큰 것은 β-carotene이다.

60 Vit-B₁(thiamine)
- 탄수화물의 대사를 촉진하며, 식욕 및 소화기능을 자극하고, 신경 기능을 조절한다.
- 결핍되면 피로, 권태, 식욕부진, 각기, 신경염, 신경통이 나타난다.

61 비타민의 화학명
- Vit. B₅ : 판토텐산(pantothenic acid)
- Vit. B₁₂ : 코발라민(cobalamine)
- Vit. H : 비오틴(biotin)
- Vit. M : 엽산(folic acid)

62 Vit E(tocopherol)
- tocol의 유도체로서 chroman핵에 결합하는 methyl기의 수와 위치에 따라 α-, β-, γ-, δ-tocopherol로 구분한다.
- 비타민 E 효력은 $\alpha > \beta > \gamma > \delta$의 순으로 감소한다.

6. 무기질

63 알칼리성 식품
- Ca, Fe, Mg, Na, K, Cu, Co, Mn, Zn 등의 원소를 많이 함유한다.
- 그 산화물을 물에 녹이면 알칼리성을 생성하는 Ca(OH)₂, Fe(OH)₂, NaOH 등의 수산화물을 형성한다.
- 알칼리성 식품으로는 과실류, 채소류, 해조류, 감자류 등이 있다.

64 산성식품
- P, Cl, S, Br, I 등 원소를 많이 함유한다.
- 이들은 PO₄³⁻, SO₄²⁻, Cl⁻, Br⁻, I⁻을 만들어 음이온이 되므로 산 생성 원소이다.
- 산성식품은 곡류, 어패류, 육류, 달걀, 두류, 흰빵 등이 있다.

65 63번 해설 참조

66 빈혈과 관계있는 영양성분
- 적혈구를 만드는데 필요한 영양소인 단백질, 철분, 구리, 엽산, 비타민 B₁₂, 비타민 C 등의 영양소이다.
- 이들 중 한 가지 이상이 결핍될 경우 빈혈이 나타날 수 있다.

67 - Vit A₁은 포유동물과 해산동물의 간유, 안구에 많이 들어 있다.
- Vit A₂는 담수어(민물고기)의 간유에 주로 많이 들어 있다.

68 피틱산(phytic acid)
- 모든 곡식에는 phytic acid이 들어 있다.
- 아연, 칼슘, 마그네슘, 구리, 철분 등과 결합하여 불용성 염을 만들어 장내 흡수를 방해하기 때문에 심각한 미네랄 결핍증과 골다공증을 초래할 수 있다.

7. 효소

69 효소
- 생물체에 의해 생산되어 극미량으로 화학반응의 속도를 촉진시키는 일종의 유기촉매이다.
- 화학적 본체는 단백질이며, 특정한 물질에 작용하여 일정한 반응을 일으킨다.

70 β-amylase는 amylose와 amylopectin 내부의 α-1, 4-glucan 결합을 비환원성 말단부터 maltose 단위로 규칙적으로 가수분해시키는 효소이다.

71 invertase는 sucrose를 가수분해하여 α-D-glucose와 β-D-fructose를 생성한다.

72 rennin은 우유를 응고시키는 응류효소이다.

73 papain은 papaya 열매에서 추출되는 식물성 단백질 분해효소로 육연화제로 사용되고 있다.

8. 색 소

74 식품의 색소 분류(동식물 재료에 의한 분류)
  ㉠ 식물성색소
   • 지용성 색소 : chlorophyll, carotenoid
   • 수용성 색소 : flavonoid, anthocyanin, tannin
  ㉡ 동물성색소
   • Heme계 색소 : hemoglobin, myoglobin
   • carotenoid계 색소 : 우유, 난환, 갑각류

75 chlorophyll을 약산 상태에서 가열처리할 경우 Mg이 H이온과 치환되어 갈색의 pheophytin을 형성한다.

76 클로로필을 산으로 처리하면 porphyrin환에 결합되어 있는 Mg이 수소이온과 치환되어 갈색의 pheophytin을 형성한다.

77 chlorophyll의 phytol ester가 먼저 가수분해되어 chlorophyllide가 형성된 다음 porphyrin고리 속의 Mg이 H^+과 치환되어 갈색의 pheophorbide가 형성될 수 있다.

78 카로티노이드계 색소의 구조
   • 자연계에 존재하는 대부분의 carotenoid는 8개의 isoprene($CH_2=CH-CH=CH_2$) 단위가 결합하여 형성된 tetraterpene의 기본구조를 가지고 있다.
   • 분자 내 색의 원인이 되는 7개 이상의 공액 이중결합을 가지고 있다.
   • 이 공액 이중결합의 수가 증가함에 따라 황색에서 등황색이나 적색으로 색깔이 진해진다.

79 카로티노이드(carotenoid)계 색소
   • 오렌지색, 황색, 적황색을 띤다.
    – α-carotene은 당근, 차, 수박 등에 존재
    – β-carotene은 고추, 고구마, 토마토, 오렌지 등에 존재
    – γ-carotene은 당근, 살구, 야자유 등에 존재
    – lycopene은 토마토, 감, 수박 등에 존재

80 anthoxanthins계 색소
   • 산에는 안정하지만 알칼리에는 불안정하다.
   • pH 11~12에서 $C_6-C_3-C_6$ 기본구조 중 C_3의 고리구조가 개열되어 해당되는 chalcone을 형성하므로 황색 혹은 갈색으로 변한다.

81 안토시아닌(anthocyanin)
   • 꽃, 과실, 채소류에 존재하는 적색, 자색 및 청색의 수용성 색소들로서 화청소라고도 한다.
   • 대표적인 식품에는 양딸기(적색), 검정콩(암적색), 자색양파(자색), 포도(적색), 가지(청색) 등이 있다.

82 antocyanin계 색소는 수용액의 pH가 산성이면 적색, 중성이면 자색, 알칼리성은 청색으로 변한다.

83 • antoxanthin계(flavonoid) 색소인 hesperidin이 pH 11~12에서 aglycone의 고리 구조가 배열되어 해당되는 chalcone이 된다.
   • 이 chalcone이 황색 또는 짙은 갈색을 띠는데 밀가루에 $NaHCO_3$를 섞어 만든 빵이 황색으로 변하는 것도 이 때문이다.

84 • catechin : 차의 대표적 탄닌 성분
   • phloroglucinol : 감의 떫은 맛
   • ellagic acid : 밤의 주요 탄닌 성분
   • chlorogenic acid : 커피의 탄닌 성분(떫은 맛)
   • leucocyanidin : 사과, 복숭아 등 여러 종류의 식물성 식품의 탄닌 성분

85 탄닌(tannin)
   • 각종 Fe 등의 금속이온과 반응하여 복합체를 형성하며 그 색깔은 보통 갈색, 흑청색, 청녹색, 회색 등을 띤다.
   • 예를 들면, 차나 커피를 경수(hard water)로 탔을 때 액체의 표면에 갈색이나 적갈색의 침전이 형성되는 것은 이 때문이다.

86 porphyrin계
   • porphyrin은 4분자의 pyrrole이 4개의 –CH=로 연결된 tetropyrrole 유도체이다.
   • porphyrin계 화합물은 chlorophyll, hemoglobin, myoglobin, cytochrome, catalase, peroxidase, vitamine B_{12} 등이 있다.
   • porphyrin은 4분자의 pyrrole환의 N과 측쇄의 –COOH기 때문에 양성전해질의 성질을 나타낸다.
   • pyrrole환의 N은 Fe, Mn, Cu, Ni, Co, Mg 등의 2가 금속과 착염을 형성한다.
   • 단백질과 복합체를 이루고 있기 때문에 고온에서는 불안정하다.

87 게나 새우를 삶았을 때 나타나는 적색

   • 새우, 게 등의 갑각류의 생체에는 carotenoid 색소인 아스타잔틴(astaxanthin)이 단백질과 약하게 결합되어 청록색을 띤다.
   • 가열에 의해 단백질은 변성하여 유리되고, astaxanthin은 산화되어 아스타신(astacin)이 되어 선명한 적색을 띤다.

88 귤이 갈변이 심하지 않은 이유
   • 감귤은 Vit C 함량이 높아 거의 갈변이 일어나지 않는다.
   • 과실 조직 내에 존재하는 ascorbic acid는 dehydroascorbic acid(DHA)로 전환될 때 가지는 갈변반응을 억제하는 작용을 한다.

89 polyphenoloxidase에 의한 갈변
   • 사과나 배를 절단하여 공기 중에 방치했을 때 갈색으로 변하는 것은 catechol 유도체인 chlorogenic acid와 pyrolcatechin 등이 polyphenol oxidase에 의하여 quinone 유도체로 산화되고 이것이 중합하여 갈색물질을 만들기 때문이다.

90 89번 해설 참조

91 89번 해설 참조

92 maillard 반응에 영향을 주는 인자
   • 온도, pH, 당의 종류, carbonyl 화합물, amino 화합물, 농도, 수분, 금속이온의 영향 등이다.

93 카라멜화(caramelization)
   • furfural 유도체, reductones류, lactones류, carbonyl 화합물 등은 매우 반응성이 큰 물질들이며 이들은 쉽게 산화, 중합, 축합에 의해 흑갈색의 humin 물질을 형성한다.
   • 이 humin 물질을 caramel이라 한다.

9. 식품의 맛

94 4가지 기본적인 맛
   • 단맛 : 혀끝 부분
   • 쓴맛 : 혀의 뒷부분
   • 신맛 : 혀의 중간부분과 그 좌우변
   • 짠맛 : 혀의 가장자리

95 미맹
   • 대부분의 사람들은 PTC(phenyl thiocarbamide) 또는 phenylthiourea 물질에 대해서 쓴맛을 느끼나, 일부 사람들은 그 맛을 인식하지 못하는 현상을 말한다.
   • 백인의 경우 약 30%, 황색인은 15%, 흑인은 2~3% 정도로 알려져 있다.

96 • theobromine : 코코아, 초콜릿의 쓴맛 성분
   • glycyrrhizin : 감초의 단맛 성분
   • curcumine : 울금의 매운맛 성분
   • perillartin : 소엽당의 감미 성분
   • cucurbitacin : 오이꼭지의 쓴맛 성분

97 같은 pH에서는 염산과 같은 무기산에 비하여 유기산이 더 강한 신맛을 가진다.

98 수용액 중에서 수소이온(H^+)의 맛을 내는 무기산, 유기산, 산성 염류는 신맛을 내는 물질이다.

99 • allicine : 마늘의 매운맛 성분
   • cynnamic aldehyde : 계피의 매운맛 성분
   • capsaicine : 고추의 매운맛 성분
   • menthol : 박하의 매운맛 성분
   • zingerone : 생강의 매운맛 성분

100 조개류, 새우, 게 등의 감칠 맛
   • 겨울철에는 glycine이며, 여름철에는 이 glycine이 methyl화한 형태인 betaine에 의하여 감칠맛이 나타난다.

101 핵산계 조미료의 맛의 세기
   • 5′- GMP > 5′- IMP > 5′- XMP 순이다.
   • 핵산계 조미료가 맛 성분을 가지기 위해서는 purine 염기의 6위치 OH기와 ribose의 C5 위치에 1분자의 인산이 결합되어 있어야 한다.

102 식물성 떫은맛
   • 폴리페놀성 화합물인 탄닌에 의하여 형성된다.
   • 여기에는 gallic acid, cathechin, chlorogenic acid, shibuol, ellagic acid, choline 등이 있다.
   * theobromine은 코코아, 초콜릿 중의 alkaloid 쓴맛 성분이다.

103 파나 양파를 삶을 때 매운맛 성분인 diallyl sulfide나 diallyl disulfide가 단맛이 나는 methyl mercaptan이나 propylmercaptan으로 변화되기 때문에 단맛이 증가한다.

10. 냄새

104 정유류의 주성분
- isoprene($CH_2=C(CH_3)-CH=CH_2$)의 중합체인 terpene 및 그 유도체이다.

105 Ester류
- 일반적으로 대부분의 냄새를 가지고 있으며 과일 향기의 주성분이다.
- 여기에는 amyl formate(사과, 복숭아), isoamyl formate(배), ethyl acetate(파인애플), methyl butyrate(사과), isoamyl isovalerate(바나나), methyl cinnamate(송이 버섯) 등이다.

106 allyl isothiocyanate는 겨자, methyl mercaptan은 무, acetaldehyde은 쌀밥, limonene은 레몬, furfuryl mercaptan은 커피의 향기 성분이다.

107 신선한 우유의 향기 성분
- 주로 butyric acid, caproic acid, propionic acid 등의 저급지방산과 acetone, acetaldehyde 등의 carbonyl류 및 함황화합물인 methyl sulfide 에 기인한다.

108 버터의 향기 성분
- 원래 우유가 가지고 있는 것과 발효 및 제조 중에 생성된 것이다.
- 중요한 향기 성분은 diacetyl과 acetoin이다.

109 piperidine은 어류의 비린내 성분이고, propylmercaptan은 양파의 향기 성분이다.

11. 유독성분

110
- gossypol : 목화씨의 독성분
- solanine : 감자의 독성분
- ergotoxin : 맥각의 독성분
- amygdaline : 청매의 독성분
- ricin : 피마자의 독성분

111
- tannin : 차 등의 떫은맛 성분
- neurine : 독버섯의 독성분
- sepsine : 부패감자의 독성분
- solanine : 감자의 독성분
- amygdalin : 청매 및 비파씨 등의 독성분

112 우루시올(urushiol)은 옻나무의 독성분이다.

113
- 모시조개 : venerupin
- 황변미 : citrinin, citreoviridin, luteoskyrin, islanditoxin, cyclochlorotin 등
- 독버섯 : muscarine, muscaridine, neurine, choline, phaline 등
- 맥각 : ergotoxine, ergotamine, ergometrine 등
- 복어 : tetrodotoxin

114
- 씨큐톡신(cicutoxin) : 독미나리 독성분
- 테트로도톡신(tetrodotoxin) : 복어의 독성분
- 뉴린(neurine) : 독버섯의 독성분
- 리신(ricin) : 피마자의 독성분
- 고시폴(gossypol) : 면실유의 독성분

115 청매의 독성분은 아미그달린(amygdalin)이다.

12. 식품의 물리성

116
- 소수 sol에 전해질을 넣으면 colloid 입자는 침전한다. 이 현상을 응석(coagulation)이라 한다.
- 친수 sol은 소수 sol보다 다량의 전해질을 넣어야 침전되며 이것을 염석(salting out)이라 한다.

117 진용액은 분자운동, 교질(colloid)용액은 브라운 운동, 현탁액은 중력에 의한 운동을 한다.

118 유화제
- 친수기와 소수기를 동시에 가지고 있으므로 지방과 물 사이에서 소수기는 지방, 친수기는 물과 결합하여 유탁액을 만든다.
- 유화제에는 단백질, lecithin, cholesterol, 담즙산염(bile salt) 등이 있다.

119 emulsion의 안정성에 도움을 주는 조건
- 입자의 표면에 적당한 전하를 띠게 한다.
- 계면장력을 저하시킨다.
- 분산매의 점도를 높게 한다.
- 분산상의 입자를 작게 한다.
- 분산매와 분산상의 비중을 비슷하게 한다.

120 소금물은 진용액이므로 콜로이드 식품이 아니다.

13. 미생물의 분류 및 개요

121 원핵세포(하등미생물)의 특징
- 핵막, 인, 미토콘드리아, 엽록체가 없다.
- 리보솜(ribosome)이 존재한다.
- 무사분열을 한다.
- 세균과 방선균이 여기에 속한다.

122 원생생물(protists)
- 고등미생물은 진핵세포로 되어 있다.
  - 균류, 일반조류, 원생동물 등
- 하등미생물은 원핵세포로 되어 있다.
  - 세균, 방선균, 남조류 등

123 121번 해설 참조

14. 곰팡이

124 조상균류와 순정균류의 분류
- 격벽(septa)의 유무에 따라 분류한다.
- 조상균류는 균사에 격벽이 없다.
  - 호상균류, 접합균류, 난균류
- 순정균류는 균사에 격벽이 있다.
  - 담자균류, 자낭균류, 불완전균류

125 조상균류의 유성적 생활사(접합포자형성 과정)
- 접합지 - 배우자낭 - 접합자(원형질융합 : n + n) - 접합포자(핵융합 : 2n) - 감수분열 - 포자낭 생성 순이다.

126 곰팡이 포자
- 유성포자는 2개의 세포핵이 융합한 후 감수분열하여 증식하는 포자로서 난포자, 접합포자, 담자포자, 자낭포자 등이 있다.
- 무성포자는 세포핵의 융합이 없이 단지, 분열 또는 출아증식 등 무성적으로 생긴 포자로서 포자낭포자(내생포자), 분생포자, 후막포자, 분열포자 등이 있다.

127 종속영양균이란
- 일명 타가 혹은 유기 영양균이라고도 하며 생육에 필요한 영양분인 유기물을 외부에서 얻어 살아가는 미생물을 말한다.

128 *Mucor* 속의 특징
- 대표적인 접합균류이고, 털곰팡이이다.
- 균사에서 포자낭병이 직립되어 포자낭을 형성한다.
- 포자낭병은 monomucor, racemomucor, cymomucor 3종류가 있다.
- 균사에 격막이 없다.
- 유성, 무성으로 내생포자를 형성한다.
- *Mucor rouxii*는 amylo법에 의한 알코올 제조에 처음 사용된 균으로 포자낭병은 cymomucor에 속한다.

129 *Rh. nigricans*
- 대표적인 거미줄곰팡이다.
- 연부(軟腐)의 원인균이고, 딸기 등의 과일, 곡류, 빵의 부패 원인균이다.

130 *Rhizopus* 속은 대부분 pectin 분해력과 전분질 분해력이 강하므로 당화효소 및 유기산 제조용으로 이용되는 균종이 많다.

131 *Aspergillus* 속과 *Penicillium* 속의 차이
- *Aspergillus* 속은 균사의 일부가 팽대한 병족 세포에서 분생자병이 수직으로 분지하고, 선단이 팽대하여 정낭(vesicle)을 형성하며, 그 위에 경자와 아포자를 착생한다.
- *Penicillium*은 병족 세포가 없고 취상체(Penicillus)를 형성한다.

15. 세 균

132 쌍구균 - Diplococcus, 8연구균 - Sarcina, 4연구균 - Pediococcus, 연쇄상구균 - Steptococcus, 포도상구균 - Staphylcoccus이다.

133 포자를 형성하는 세균
- *Bacillus* 속, *Clostridium* 속, *Sporolactobacillus* 속, *Desulfotomaculum* 속 및 *Sporosarcina* 속 등의 5속이 존재한다.

134 편모(flagella)
- 운동기관으로 위치에 따라 극모, 주모로 대별한다.
- 극모는 다시 단극모, 양극모, 주속모로 나눈다.
- 주로 간균과 나선균에 많고 편모가 제거되어도 생명에는 전혀 지장이 없으며 flagellin이란 단백질로 되어 있다.

135 *Staphylococcus* 속
- Gram 양성, 통성혐기성균이고, 초산 발효를 못한다.
- 대표적인 화농균으로 포도상구균으로 *Staphy. aureus*가 있다.

136 *Pediococcus halophilus*
- 내염성이 강하다.
- 김치, 장유, 양조에 중요한 젖산균이다.
- *Streptococcus lactis*는 우유에서 분리되어 starter로 사용하며, *Lacto-bacillus bulgaricus*는 Yoghurt 제조에 사용한다.

137 *Propionic acid bacteria*
- 당류나 젖산을 발효하여 propionic acid, acetic acid, CO_2, 호박산 등을 생성하는 혐기성균이다.
- Pantothenic acid와 biotin을 생육인자로 요구한다.
- *Propionibacterium shermanii*는 Swiss 치즈 숙성 시 CO_2를 생성하여 치즈에 구멍을 형성하는 세균이다.

138 *Bacillus subitilis*
- 고초균으로 gram 양성, 호기성, 통성 혐기성 간균이다.
- 내생포자를 형성, 내열성이 강하고 85~90℃의 고온 액화 효소로 protease와 α -amylase를 생산한다.
- *Subtilin*이라는 항생물질도 생산하지만 biotin은 필요로 하지 않는다.

139 *Leuconostoc mesenteroides*
- 쌍구 또는 연쇄의 헤테로형 젖산균이다.
- 설탕에서 대량의 점질물을 만들어 제당 공장에서 파이프를 막을 수 있는 유해균이다.
- 이 점질물은 dextran이고, 대용혈장으로 사용된다.

140 젖산균의 특징
- 당을 발효하여 다량의 젖산을 생성하는 세균을 젖산균이라고 한다.
- 젖산균은 그람 양성, 무포자, 간균 또는 구균이고, 통성 혐기성 또는 편성 혐기성균이다.
- 정상 발효 젖산균은 당류로부터 젖산만을 생성한다.
- 이상 발효 젖산균은 젖산 이외의 알코올, 초산 및 CO_2 가스 등 부산물을 생성한다.

141 *Lactobacillus* 속 세균은 정상 젖산 발효균과 이상 젖산 발효균 모두 존재한다.

142 homo형 젖산균은 glucose을 발효하여 젖산만을 생성하고 다른 부산물은 거의 생성하지 않는다.

143 *L. acidophilus*
- 유아 장내에서 분리된 젖산균으로 장내에서 증식이 양호하다.
- 다른 잡균을 억제하는 정장작용이 있으므로 정장제로서 이용된다.

16. 효 모

144 효모의 증식방법
- 대부분의 효모는 출아법(budding)으로 증식한다.
- 출아 방법 : 다극출아와 양극출아 방법이 있다.
- 종에 따라서는 분열, 포자 형성 등으로 생육하기도 한다.

145 효모가 무성적으로 포자를 형성하는 경우
- 단위생성, 위접합, 사출포자, 분절포자 및 후막포자 등이 있다.
  - 단위생식 : *Saccharomyces cerevisiae* 단일세포가 직접 포자를 형성한다.
  - 위접합 : *Schwanniomyces* 단위생식으로 포자를 형성한다.
  - 사출포자 : 영양세포 위에서 돌출한 콩팥 모양으로 떨어져 나간다. *Bullera* 속, *Sporobolomyces* 속, *Sporidiobolus* 속 등
  - 분절포자(후막포자) : 위 균사 말단에서 분절포자를 형성한다. *Endomycopsis, Hansenula, Nematospora, Candida, Trichosporon* 속 등

146 산막효모의 특징
- 다량의 산소를 요구한다.
- 액면의 표면에 발육한다.
- 피막을 형성한다.
- 산화력이 강하다.
- 산막효모에는 *Hansenula* 속, *Pichia* 속, *Debaryomyces* 속 등이 있다.

147 *Saccharomyces fragilis*
- Lactose를 발효할 수 있는 젖산발효성 효모이다.
- 마유주와 치즈로부터 분리된다.

148 유성생식은 동태접합, 이태접합으로 자낭포자를 생성한다.

149 *Candida* 속
- 대부분 다극출아를 한다.

- 세포는 구형, 난형, 원통형 등이고, 위균사를 만든다.
- 알코올 발효력이 있는 것도 있다.
- *Candida tropicalis*는 *Candida lipolytica*와 마찬가지로 식, 사료 효모이며, 또한 이들은 탄화수소 자화성이 강하여 균체 단백질 제조용 석유 효모로서 주목되고 있다.

150 *Rhodotorula* 속의 특징
- 원형, 타원형, 소시지형, 위균사를 만든다.
- carotenoid 색소를 생성하여 적황색 내지 홍색을 띤다.
- 점성, 당류발효성이 없으면서 산화성 자화를 한다.
- 육류, 침채류에 적색 반점을 형성하고, 식품 착색의 원인균이다.

151 *Sacch. rouxii*
- 18%의 식염, 잼같은 고농도에서 발육하는 내삼투압성 효모(osmophilic yeast)이다.
- 세포는 구형, 난형, 알코올 발효력은 약하다.
- Glucose, matlose.는 발효하고, sucrose., galactose., fructose.는 발효하지 못한다.

17. 기타 균류

152 버섯의 3차 균사
- 2차 균사가 발육하여 조직분화를 일으켜 버섯으로서의 형태를 갖추게 되는 시기이다.
- 이때부터 버섯으로 취급된다.
- 식용버섯의 경우 버섯을 채취하는 시기는 핵융합이 이루어지기 전(3차 균사)이라야 한다.

153 식용버섯
- 목이, 느타리, 표고, 양송이, 송이, 싸리, 알, 흰목이, 뽕나무버섯 등이다.
- *광대, 웃음, 마귀곰보, 땀, 화경버섯 등은 독버섯이다.

154 *Chlorella*의 특징
- 고등미생물에 속하고 구형 또는 난형의 단세포 녹조류이다.
- 양질의 단백질을 대량 함유하고 있으므로 식사료화를 시도하고 있다.
- 소화율이 다른 균보다 떨어진다.

155 바이러스(virus)
- 동식물의 세포나 세균에 감염하여 기생적으로 증식한다.
- 그 중에서 세균에 기생하는 바이러스를 박테리오파아지라 한다.

156 phage 오염 예방대책
- 공장과 그 주변 환경을 청결히 한다.
- 장치나 기구의 가열살균 또는 약제로 철저히 살균한다.
- phage 숙주 특이성을 이용하여 2균 이상을 매번 바꾸어 starter rotation system을 행한다.
- chloramphenicol, streptomycin 등 항생물질의 낮은 농도에 견디고 정상발효를 행하는 내성 균주를 사용하기도 한다.

18. 미생물의 생리, 대사 및 기타

157 미생물 생육곡선
- 유도기 : 효소단백질이 합성되는 시기, 세포의 크기가 커지는 시기, 균체가 새로운 환경에 적응하는 시기, RNA는 증가하나 DNA는 일정하다.
- 대수기 : 균이 대수적으로 증가하고, 세대시간이 가장 짧고, 세포의 크기가 일정하며, 세포질의 합성속도와 세포수의 증가가 비례하고, 세포의 생리적 활성이 가장 강한 시기이며, 물리화학적 처리에 대한 감수성이 높은 시기이다.
- 정상기 : 균수가 최대로 많고 영양분이 고갈되기 시작하며 노폐물 또는 대사산물이 축적되며, 생성되고 사멸되는 균수가 같으며 포자를 만드는 시기이다.
- 사멸기 : 영양분이 고갈되어 죽어가는 균의 수가 생겨나는 균수보다 많으며 효소작용에 의한 자기소화가 일어나는 시기이다.

158 정상젖산발효
- 1몰의 포도당이 정상 젖산 발효를 하면 2몰의 젖산이 생성된다.
- $C_6H_{12}O_6 \rightarrow 2CH_3CHOHCOOH$(정상 젖산 발효)

159 총 균수 계산
- $b = a \times 2^n$(b : 균수, a : 최초의 균수, n : 분열 횟수)
- $b = 12 \times 2^6 = 768$

160 미생물의 최저 수분활성도(Aw)
- 보통 세균 : 0.91
- 내건성 곰팡이 : 0.65
- *E. coli* : 0.94
- 보통 효모, 곰팡이 : 0.80
- 내삼투압성 효모 : 0.60

161 수분활성(Aw)
- 미생물이 이용하는 수분은 주로 자유수(free water)이며, 이를 특히 활성수분(active water)이라 한다.
- 활성수분이 부족하면 미생물의 생육은 억제된다.
- Aw 한계를 보면 세균은 0.86, 효모는 0.78, 곰팡이는 0.65 정도이다.

162 중온세균의 온도범위
- 최저 온도는 0~7℃이고, 최적 온도는 25~37℃이며, 최고 온도는 35~45℃이다.
- 대부분의 세포, 효모, 곰팡이가 중온균에 속한다.

163 곰팡이, 효모는 최적 pH가 4~6이고, 세균과 방사선균은 최적 pH가 7~7.8부근이다.

164 미생물의 질소원
- 미생물의 구성성분 또는 각종 효소의 성분으로 단백질과 purine, pyrimidine의 핵산염기를 함유하고 있으므로 질소화합물이 공급되지 않으면 증식되기 어렵다.
  - 무기질소원 : 암모니아염(대장균, 고초균), 질산염(곰팡이와 일부의 효모 및 젖산균).
  - 유기질소원 : 아미노산, peptide, 단백질 등이 있다. 실제로 발효공업에서는 요소, 콩깨묵, casein, corn-steep liquor(CSL), 효모추출물 등이 있다.

165 세균 포자는 수분함량이 대단히 적고, dipicolinic acid를 5~12% 함유하고 있어 내열성이 가장 강하다.

166 산소 요구성에 따른 미생물의 분류
- 통성 혐기성균 : 산소가 있으나 없으나 생육하는 미생물
- 편성 호기성균 : 산소가 절대로 필요한 경우의 미생물
- 편성 혐기성균 : 산소가 절대로 존재하지 않을 때 증식이 잘되는 미생물
- 미 호기성균 : 대기 중의 산소분압 보다 낮은 분압일 때 더욱 잘 생육되는 미생물

167 NaCl 2%를 기준으로 하여 호염성인지 아닌지를 구분하며 내염성균은 10~20%에서 생육할 수 있는 균을 말한다.

168 대장균
- 분변 오염의 지표가 되기 때문에 음료수의 지정세균 검사를 제외하고는 대장균을 검사하여 음료수 판정의 지표로 삼는다.
- 그 이유는 음료수가 직접, 간접으로 동물의 배설물과 접촉하고 있기 때문에 위생상 중요한 지표로 삼는다.

169 일반 미생물은 압력에 내성이 강해 생육을 억제하는 방법으로는 적당하지 못하다. 그러나 가압에 의해 생육속도에 영향을 줄 수는 있다.

170 저온저장은 생육억제에 의한 미생물 조절법이다.

19. 미생물 실험법

171 계산 : $10\mu \times 3/20 = 1.5\mu m$

172 • water bath : 미생물 배양 시 배지온도 유지에 사용
- Test tube : 배지제조에 많이 사용되고, 균의 보존 및 운반에 사용
- Dry oven : 보통 유리기구의 멸균·건조에 사용된다. 면전된 시험관, petridish 등
- Incubator : 미생물 배양기

173 건열멸균
- 약 160℃에서 30~60분 가열하는 방법이다.
- petri 접시, 피펫 등 고열에 의하여 파괴되지 않는 초자 기구를 살균하는 데 쓰이는 방법이다.

174 사면배양이 일반적인 호기성균 배양, 분리, 보존 등에 이용된다.

175 간헐멸균(tyndallization)
- 100℃ 이상에서 파괴되는 미생물을 멸균해야 하는데 고압증기 멸균법으로는 할 수 없는 대상물질, 즉 의약품, 영양물질, 미생물배양기를 멸균할 때, 또는 고압증기 멸균기가 없을 때 대체할 수 있는 방법이며 상압수증기를 이용한 방법이다.
- 100℃에서 40~50분간, 24시간 간격으로 연속 3회 멸균한다.
- 100℃에서도 생존하였던 포자를 완전히 멸균시킬 수 있다.

176 자외선 중에서 살균력이 가장 강한 파장은 2537Å(2,500~2,800Å)으로 이것은 생명을 지배하는 가장 중요한 핵산(DNA)의 최대흡수파장인 2,600~2,650Å과 일치한다.
- 살균 효율은 조사거리, 온도, 풍속 등의 영향을 받으며, 투과력은 약하여, 표면 소독에 유효하다.
- 살균으로 효과가 있는 미생물은 세균이다.

177 그람 염색(gram stain)
- 세균의 분류학상 아주 중요한 지표가 된다.
- 이 염색 결과에서 양성균과 음성균을 구별해 세균을 분류한다.

178 대장균군의 추정시험에 사용되는 배지
- 액체배지로 LB, BGLB와 고체배지로 EMB, Endo 배지 및 deoxycholate 등이 있다.
- SS medium는 Salmonella균의 선택배지, TCBS medium는 장염비브리오균의 선택배지이다.

179 평판 배양법은 미생물의 순수분리뿐만 아니라 식품 중의 오염 미생물 등을 조사할 때도 사용된다.

180 효모의 당류 발효성 실험
- Einhorn관 법, Durham관 법, Meissel씨 정량법, Linder의 소적발효 시험법이 있다.
- ＊당류 자화성 실험법은 Auxanography, 액체배지가 있다.

20. 발효 미생물

181 발효버터밀크(Cultured butter milk), Cottage cheese, Cheddar cheese는 *Streptococcus lactis*와 *S. cremoris*를 이용한 젖산발효제품이고 Swiss cheese는 *Streptococcus thermopilus*, *Streptoc occus bulgaricus* 및 *Propionibacterium shermanii*를 이용한 발효식품이다.

182 *Aspergillus sojae*
- 국균의 대표종으로 *Aspergillus oryzae*와 유사하다.
- 단백질 분해력이 강해 간장 제조에 사용된다.

183 간장 후숙에 관여하는 무포자 효모
- 간장의 숙성 후기에는 *Torula* 속이 주로 존재한다.
- *Torula* 속은 일반적으로 소형의 구형 또는 난형이며 대표적인 무포자효모이다.
- 내당성 또는 내염성 효모로 *Torula versatilis*와 *Torula etchellsil*은 간장의 맛과 향기를 내는데 관여한다.

184 청국장 제조에 사용되는 균
- *Bacillus subtilis*와 *Bacillus natto*이다.
  - *Bacillus subtilis*는 α-amylase, protease 생성하고, 생육인자로 biotin은 필요하지 않다.
  - *Bacillus natto*는 α-amylase, protease 생성하고, biotin이 필요하다.

185 침채류의 주 젖산균
- *Lactobacillus plantarum*으로 우유, 치즈, 버터, 곡물, 토마토 등에서 분리되는 젖산균이다.
- 우리나라 김치 발효에 중요한 역할을 한다.

186 유산균은 yoghurt, butter, cheese, 유산균 음료, 김치류, silage, dextrin의 제조, 아미노산이나 비타민의 정량에도 사용되는 중요한 균이다.

〈 조리원리 〉

1. 조리의 기초

187 채소의 표면적을 크게 하여 씻으면 영양소 손실이 많아진다.

188 조리에서 물의 기능
- 화학반응에 관여한다.
- 식품에 조미료를 운반한다(분산매).
- 열을 일정하게 전도한다(열 전도체).
- 호화를 촉진한다.
- 건조된 식품을 원상태로 회복시킨다.
- 미생물의 성장을 촉진한다.

189 소금과 설탕을 조미료로 사용할 때 설탕을 먼저 넣는 이유
- 설탕과 소금을 동시에 가하면 분자량이 작은 소금이 분자량이 큰 설탕보다 빨리 식품 속으로 침투되어 식품의 조직을 경화해서 설탕의 침입을 막기 때문에 설탕을 먼저 사용해야 한다.

190 특히 pyrex 유리는 복사 에너지의 좋은 전도체이므로 pyrex를 오븐용기로 사용할 때는 요리법이 제시한 온도보다 약 14℃ 정도 낮게 조절하여야 한다.

191 튀김은 고온에서 단시간 조리하기 때문에 영양소 손실이 적다.

192 boiling은 물이나 stock에 식재료를 넣고 끓이는 방법으로 습열조리이다.

193 aneurinase(thiaminase)
- 비타민 B_1의 pyrimidine 핵과 thiazole 핵의 결합을 분해하여 비타민 B_1을 파괴하는 효소이다.
- 많이 들어 있는 식품은 아래와 같다.

- 민물고기(내장에 많다) : 붕어, 잉어, 메기, 미꾸라지, 뱀장어
- 갑각류(내장에 많다) : 꽃게, 새우
- 패류 : 대합, 모시조개, 바지락, 우렁이, 굴, 소라
- 양치류 : 고사리, 고비, 쇠뜨기

194 식품의 갈변
- 효소적 갈변 : pholyphenoloxidase에 의한 갈변, tyrosinase에 의한 갈변
- 비효소적 갈변 : maillard 반응, ascorbic acid의 산화반응, caramelization

195 찌는 도중에는 조미하기 어렵기 때문에 미리하거나 찐 다음에 한다.

196 닭튀김을 하였을 때 살코기색이 연한 핑크색을 보이는 것은 근육성분의 화학적 반응에 의한 것이므로 먹어도 된다.

197 • 비타민 B 그룹이나 비타민 C 등의 수용성 비타민은 알칼리성에 불안정하다.
- 비타민 A, D, E, K 등 지용성 비타민은 산, 열, 알칼리에 비교적 안정하다.

198 비타민 B₁(thiamine)
- 광선에 대해서 안정하지만 장시간 가열하면 많이 파괴된다.
- 가열온도보다는 가열 시간에 의한 영향이 크다.

199 복사는 태양열에 의한 것과 같이 열원으로부터 중간매체 없이 직접 식품으로 열이 전달되어 가열되는 것이다. 전자레인지는 초단파에 의한 조리방법이다.

200 당류 중 용해도가 가장 큰 것은 과당(fructose)이다.

2. 곡류조리

201 쌀의 도정도가 높아짐에 따라 탄수화물의 양은 증가하고 무기질, 비타민의 양은 감소한다.

202 쌀의 수침목적
- 쌀의 중심부까지 균일하게 호화되도록 충분한 물을 흡수시키기 위이다.
- 침수 시킨 후 가열하면 호화가 더 잘된다.
- *쌀의 입자는 온도상승에 따라 60~70℃에서 호화가 시작된다.

203 메밀
- 비타민 B₁과 B₂가 비교적 많이 함유되어 있다.
- 혈압 강하작용이 있는 rutin(비타민 P)을 함유하고 있어 고혈압 환자에게 적합하다.

204 밀가루의 용도별 분류
- 밀가루의 품질을 결정하는데 가장 중요한 것은 글루텐(gluten) 함량이다.
- 글루텐 함량에 따라 밀가루 종류와 품질이 달라진다.
- 강력분은 13% 이상, 중력분은 10~13%, 박력분은 10% 이하이다.

205 엿기름의 amylase
- amylose을 α -1,4 glucan 결합을 불규칙적으로 가수분해시키는 효소이다.
- 50~70℃에서 가장 활성적이다.

206 전분의 호정화
- 전분을 수분 첨가 없이 150~190℃ 정도로 가열하면서 전분 분자 자체의 수분에 의해서 가용성 덱스트린을 형성하는 것이다.
- 호정화 상태의 식품 : 토스트, 팝콘, 비스켓, 뻥튀기, 미숫가루, 누룽지 등이 있다.

207 전분을 물에 풀면 전분 입자가 녹지 못하고 부유상태를 유지하나 호화되면 전분 입자의 크기가 줄어들면서 교질용액을 형성한다.

208 밀가루 반죽에 설탕을 넣으면 연해지고, 글루텐의 형성이 크게 약화된다.

209 밀가루의 색소
- flavonoid계 색소인 안토크산틴(anthoxanthin) 색소이다.
- *anthoxanthin 색소는 산에 안정하나 알칼리에는 불안정하여 황색 혹은 갈색으로 변한다.
- 밀가루에 중조(NaHCO₃)를 넣고 찌면 빵이 황색으로 변한다.

210 제빵 시 설탕의 역할
- 감미를 준다.
- 효모의 영양원으로 성장을 촉진시킨다.
- 표면을 보기 좋은 갈색으로 만든다.
- 산화방지, 노화방지 효과가 있다.
- 글루텐의 형성을 저해한다.
- 전분의 호화온도를 높인다.

211 밀가루 반죽에서 소금의 역할
- 글루텐 형성을 촉진한다.
- 적당량은 맛이 향상된다.
- 이스트를 사용한 제품에서는 발효작용을 조절해 준다.
- 반죽의 탄력성을 적당하게 해 준다.

212 제과, 제빵 시 물의 역할
- 각 성분의 용매로서 작용한다.

- 글루텐 형성, 전분의 호화에 필요한 물을 공급한다.
- 가열 시 증기에 의한 팽창효과가 있다.
- 효모세포 등 성분을 분산한다.
- 베이킹파우더의 활성화 한다.

213 계란단백질은 가열에 의해 응고됨으로써 구조를 형성하는 gluten을 돕는 역할을 하지만 너무 많이 넣으면 조직이 단단해진다.

214 계란의 양이 너무 많은 경우 cake가 질기다.

3. 두류

215 두류 단백질은 양적으로도 우수하지만 이소루신, 루신, 페닐알라닌, 트레오닌, 그리고 발린이 풍부하며 특히 곡류에서 부족한 아미노산 리신의 함량이 높아서 두류를 혼합한 식사를 하면 단백가를 보완하는 데 효과적이다.

216 콩나물 조리 시 비타민 C의 파괴를 방지하기 위하여 약간의 소금을 넣는 것이 좋다.

217 Chlorophyll은 Cu, Fe, Zn 등의 이온 또는 염과 함께 가열하면
- chlorophyll 분자 중의 Mg^{2+}이 이들의 금속이온과 치환되어 선명한 녹색의 Cu-chlorophyll, 선명한 갈색의 Fe-chlorophyll, Zn-chlorophyll 등을 형성한다.
- 이들의 색깔은 매우 안정하여 가열 시에도 그 색깔이 그대로 유지된다.

218 두부
- 두유에 녹아 있는 단백질인 글리시닌을 무기염류에 의해 침전시킨 대두 가공품이다.
- 응고제는 두유 온도가 80℃ 정도일 때 첨가한다. 응고제가 충분해야 맑은 노란 윗물이 생긴다.
- 황산칼슘(CaSO₄)은 보수력이 비교적 높아 두부 수율이 염화칼슘보다 높으며 탄력이 있고 부드러운 것이 장점이다.

219 말린 콩류를 부드럽게 하기 위해서는 압력용기를 이용하고, 연수를 사용하며, 적당량의 baking soda를 조리 수에 첨가하고, 뜨거운 물에 담갔다가 조리하면 조리시간이 단축된다.

4. 서류

220 얄라핀(jalapin)
- 생고구마 절단면에서 나오는 백색 유액의 주성분이다.
- 주로 미숙한 것에 많다.
- jalap에서 얻어진 방향족 탄화수소의 배당체($C_{35}H_{56}O_{16}$)이다.
- 강한 점성의 원인물질이다.

221 고구마에 있는 β-아밀라아제는 열에 비교적 강해 가열 시에도 활성이 남아 있게 되어 맥아당을 형성하므로 특히 군고구마의 단맛이 증가한다.

222 점질 감자
- 전분의 함량이 낮은 감자로 가열하면 투명해 보이고 촉촉하며 끈기가 있다.
- 이 감자는 조리 시 부서지지 않으므로 볶음요리에 적당하다.

5. 채소류

223 엽채류를 삶을 때
- 뚜껑을 덮지 말고 끓는 물에 재빨리 삶은 다음 곧 냉수에 헹군다.
- 삶는 물의 양은 재료가 충분히 잠길 정도가 좋다.
- 다량의 물은 채소가 끓을 때 용출되는 유기산의 농도를 희석시키므로 푸른색을 유지시킬 수 있다.

224 • 채소는 수용성 비타민과 미네랄의 좋은 공급원이므로 조리에 의한 손실을 최대한 막아야 한다.
- 끓는 물을 이용하여 조리시간을 단축, 노출 단면적을 줄이고, 조리 수의 양을 최소로 하며, 삶고 난 물은 soups, sauces, gravies 등에 이용하도록 한다.
- 껍질이 있는 채소는 껍질을 깨끗이 씻어 그대로 삶은 후 껍질을 벗기는 것이 영양분의 손실을 줄일 수 있다.

225 탈수된 식물에 물을 뿌리면 조직이 물을 흡수하여 아삭하고 팽팽하게 되는 것을 팽압이라고 한다. 팽압이 높으면 세포는 단단하고 아삭아삭하다.

226 chlorophyll는 산성에서는 불안정하여 갈색으로 변하지만 알칼리성에서는 안정하여 선명한 녹색을 유지한다.

227 조리 시 중조(NaHCO₃)는 채소의 조직을 연화시키나 알칼리에 불안정한 비타민 B₁, C 등의 영양소 등을 파괴시킨다.

228 • 겨자, 무, 양배추, 고추냉이 등의 식물체 내에 존재하는 배당체인 무미의 sinigrin에 효소 myrosinase가 작용하여 매운 성분인 allyl isothiocynate를 생성한다.

• 활성 적온은 40~45℃이다.

229 젤리점(jelly point)을 형성하는 3요소
• 설탕(60~65%), 펙틴(1.0~1.5%), 유기산(0.3%, pH 3.0~3.3) 등이다.
• 일반적으로 젤리는 methyl ester함량이 많은 펙틴질로 만든 것으로 ester의 정도가 높을수록 강한 젤리가 된다.

230 과일에 함유되어 있는 유기산
• 수산(oxalic acid) : 유자껍질
• 능금산(malic acid) : 사과, 복숭아
• 구연산(citric acid) : 감귤류
• 주석산(tartaric acid) : 포도

231 과일의 숙성 시 변화
• 크기의 증가, 과일 특유의 색으로 전환, 유기산의 함량 감소, 전분의 분해로 인한 당 함량의 증가, 수용성 탄닌의 감소 등이 일어난다.
• 불용성 프로토펙틴에서 가용성 펙틴으로의 전환 등이 일어난다.

6. 육류

232 육류의 단백질
• 근원섬유단백질 : actin(수축단백질), myosin(수축단백질), trpomyosin(조절단백질), troponin(조절단백질)
• 근장단백질 : hemoglobin(색소단백질 : 산소를 운반), myoglobin(색소단백질 : 산소저장)
• 결합조직 단백질 : collagen, elastin, reticullin
* hordein은 보리단백질

233 숙성한 고기의 맛 성분으로는 핵단백질 분해물질, 프로테오스, 펩톤, inosinic acid, 유리아미노산, ATP 등이 있다.

234 사후강직과정 중 ATP는 ADP-AMP로 되며 AMP는 숙성단계에서 아미노기가 탈락되면서 이노신산을 생성하여 맛을 증진시킨다.

235 육류조리
• 습열조리에 의해 가수분해되어 연해지는 결체조직은 collagen이다.
• 건열조리법이 습열조리법에 비해 전체 손실량이 작다.
• 습열조리와 건열조리를 다 이용하는 조리법은 braising이다.
• 육류를 높은 온도에서 조리하면 근육이 수축되고 육즙이 많이 유출된다.
• 근원 섬유단백질은 저온에서 단시간 조리해야 부드러워진다.

236 미오글로빈(myoglobin)
• 근육의 적색색소이다.
• 말고기, 쇠고기 등 적색이 짙은 고기에 많으며, 돼지고기, 송아지고기, 닭고기에는 비교적 적다.

237 닭의 냉동 시
• 내장을 제거하여야 하며, 식용 가능한 내장은 따로 포장해서 냉동하여야 한다.
• 함께 냉동하면 내장 속에 들어 있는 효소가 냉동과정과 해동 시에 작용하여 닭의 맛을 저하시킨다.

238 육포는 대접살, 우둔육이 적당하다.

239 육류 조리법
• 육 온도계는 살코기 중심부에 찔러서 온도를 측정한다.
• stew 조리 시 토마토나 sour milk를 사용하는 것은 산에 의해 collagen의 gelatin화가 신속해짐으로써 연화가 효과적이기 때문이다.
• 생강의 방취작용은 단백질 가열응고한 후에 효력이 생긴다.

240 젤라틴(gelatin)은 고온에서는 액체지만 상온에서는 젤을 형성하는 성질이 있고 편육과 족편은 젤라틴의 이런 성질을 이용하여 만든 것이다.

241 닭의 근육성분에서 일어나는 화학반응으로 닭의 크기가 작을수록, 닭고기의 피하지방이 적을수록 심하게 나타난다.

242 고기의 풍미와 맛을 좋게 한다.

243 육류 습열조리 시 일어나는 변화는 콜라겐의 gelatin화이다.

244 • 탕은 편육과 반대로 냉수에서 소금을 약간 넣고 끓인다.
• 편육은 냉수에서 끓기 시작하면 단백질이 응고하기 전에 물에 많은 수용성 단백질과 추출물이 용해되므로 색과 맛이 좋지 못하다.
• 브로일링, 그릴링 등은 건열조리 방법이다.
• 안심, 등심, 염통, 콩팥 등은 건열조리에 사용한다.

245 roast beef에서 조리 정도
• 고기의 내부온도로 파악할 수 있다.
• rare단계는 약 60℃, medium 단계는 71℃, well done 단계는 77℃이다.

246 질산염은 고기 속에 들어 있는 질산 환원균의 작용을 받아 아질산염으로 환원되어 고기의 육색을 고정시켜 고기 색을 그대로 유지한다.

7. 달 걀

247 계란의 탄수화물
• 난황에는 glucose, mannose, galactose 등이 유리 형태로 존재한다.
• 난백에는 미량 존재하며 주로 당단백질인 ovomucin, ovomucoid 등에 다당류가 결합되어 있다

248 유화액
• 수중유적형(O/W) 유화액 : 우유, 아이스크림, 마요네즈
• 유중수적형(W/O) 유화액 : 버터, 마아가린

249 lysozyme
• ovoglobulin의 일종이다.
• 산성용액에서 매우 안정된 단백질로서 pH4.5의 100℃에서 1~2분간 가열하여도 활성을 잃지 않지만 알칼리에서는 급속히 활성을 잃는다.
• 특정한 세균을 용해시키는 성질을 가지고 있다.

250 • 생난백은 그 섬유구조가 소화효소와의 혼합을 방해하기 때문에 익힌 난백보다 소화율이 낮다.
• 익히면 난백 중 ovomucoid의 항 trypsin 작용이 가열에 의해 저해됨으로써 소화가 잘된다.

251 • 노화된 난일수록 알칼리성이 되기 때문에 난황 표면의 변색이 일어나기 쉽다.
• 신선란은 농후난백이 수양난백보다 많다.
• 산란 직후의 것은 산도의 분비물이 표면에 말라붙어서 cuticle층을 형성하여 표면이 거칠거칠하다.
• 신선란은 난황이 퍼져 있지 않다.

252 마요네즈(mayonnaise)
• 난황의 유화력을 이용하여 난황과 식용유를 주원료로 하여 식초, 후추가루, 소금, 설탕 등을 혼합하여 유화시켜 만든 제품이다.
• 식용유 65~75%(난황 1개에 3/4~1컵 정도), 난황 3~15%, 식초 4~20%, 식염 0.5~2% 등을 유화시켜 제조한다.

253 달걀의 열응고성을 이용한 조리
• 달걀찜, 커스터드(custard), 푸딩(pudding), 크로켓(crockett), 만두속, 소스(sauce), 오믈렛(omelet) 등이 있다.

8. 우유류

254 우유 가열 시 나는 익은 냄새
• β-lactoglobulin이나 지방구의 피막단백질의 열변성에 의해 활성화된 SH기에서 생겨난다.
• 특히 휘발성 황화물이나 황화수소로 이루어져 있다.

255 우유를 가열할 때 일어나는 갈변의 주된 원인
• Maillard 반응(아미노카르보닐 반응)이다.
• Maillard 반응은 비효소적 갈변반응으로 가열에 의해 단백질 또는 아미노산이 환원당 또는 카르보닐 화합물과 반응하여 갈색의 멜라노닌을 형성하는 반응이다.

256 rennin에 의한 우유의 응고
• casein은 응유효소인 rennin에 의하여 paracasein이 되며 Ca^{2+}의 존재하에 응고되어 치즈 제조에 이용된다.
• κ-casein $\xrightarrow{\text{rennin}}$ para-κ-casein + glycomacropeptide
• para-κ-casein $\xrightarrow{\text{Ca}^{++}}$ dicalcium para-κ-casein(치즈커드)
  pH 6.4~6.0

257 레닌(rennin)
• 포유동물 위에서 분비되며 casein을 응고시키는 효소이다.
• 작용범위는 비교적 광범위하여 10~65℃까지 작용하고, 최적 온도는 40~42℃이며 최적 pH는 5.35이다.

258 lactose는 흡습성이 있으므로 습한 곳에 분유를 두면 덩어리지기 쉽다.

259 우유를 끓일 때 형성되는 피막
• 지방구와 단백질(albumin이나 globulin)이 변질하여 떠올라 응고를 일으킨 것이다.
• 뚜껑을 덮지 않고 우유를 가열하면 표면에 피막이 생긴다.
• 피막 형성을 방지하기 위해서는 저으면서 데워야 하고 높은 온도에서 장시간 가열을 피해야 한다.

260 • 치즈는 우유 중의 casein을 rennin이나 산을 가해 응고시켜 만든다.
• 우유를 균질처리하면 크림층의 분리를 막는다.
• 우유를 균질처리하면 크기가 작아지고 소화효소 작용을 받는 면적이 커짐으로써 소화가 잘되게 한다.
• casein은 응유효소인 rennin와 Ca^{2+}의 존재하에 응고되어 치즈 제조에 이용된다.
• lactalbumin은 열에 의해 응고된다.

261 whipping cream
- 지방함량이 30~50%의 것으로 30~36%인 라이트 휘핑크림(light whipping cream)과 36% 이상인 헤비휘핑크림(heavy whipping cream)을 말한다.
- 우유의 크림층을 저어주면 whipping cream을 만들 수 있는데 온도는 7℃ 정도의 찬 온도일 때, 지방의 함량이 많을수록 잘 만들어진다.

262 우유의 가열에 의한 변화
- 단백질 변성(피막 형성), 가열취 생성(단백질 글로불린의 분해에 의한 H_2S), 변색(캐러멜화, Maillard 반응)등이 있다.

9. 어패류

263 전은 일반적으로 흰살 생선을 사용하며 뜨거운 팬에 기름을 두르고 중불로 지져내는데 이 과정에서 어취가 증발된다.

264 어패류의 맛 성분
- 유리아미노산(glutamic acid 등), nucleotide계 물질(ATP, 5'-GMP, 5'-IMP, 5'-XMP 등), betaine, TMAO, 유기산(succinic acid 등) 등이다.
  * pipperidin은 담수어의 부패취이다.

265 조개류를 넣어 끓인 국물의 맛에서 나는 주성분은 호박산(succinic acid)이며 근육의 주단백질은 myosin이다.

266 • 어묵은 생선의 섬유상 단백질(myosin)에 소량의 식염(생선살의 3%)을 넣고 갈아서, 되직한 고기풀을 만든 후 가열하여 gel화한 제품이다.
- 복어의 tetrodotoxin은 가열에 의해 분해되지 않는다.
- 탄력성 있는 생선은 신선하다.
- 산란기 전에는 산란 준비로 먹이를 많이 먹기 때문에 살이 쪄서 지방이 많아지고 맛이 좋다.

267 trimethylamine oxide(TMAO)는 생선이 죽으면 세균의 작용을 받아 trimethylamine(TMA)으로 변하며 비린내의 주성분이다.

268 식초는 생선의 비린내 성분인 트리메틸아민을 중화시켜 비린내를 감소시키며, pH를 낮추어 생선살을 단단하게 만든다.

269 어류는 수육류에 비해 결체조직의 함량이 적으므로 습열법으로 오래 끓일 필요가 없다.

270 생선을 물에 씻으면 냄새의 주성분인 trimethylamine 등은 물에 녹기 쉬우므로 깨끗이 씻으면 냄새를 제거할 수 있다.

10. 해조류

271 해조류
- 녹조류 : 파래, 청각, 모자반
- 갈조류 : 미역, 다시마, 톳
- 홍조류 : 김, 우뭇가사리, 청각

272 MSG는 다시마에 풍부하다. 해조류에는 필수아미노산인 트립토판, 트레오닌, 페닐알라닌이 풍부하나 메티오닌, 이소루신, 리신 등이 부족하다.

273 다시마, 미역 등에 많이 들어 있는 끈적끈적한 물질은 알긴산이다. 한천, 라미나린, 카라키난, 푸코산 등은 해조류에 함유된 복합다당류이다.

274 한천 겔의 이장량
- 한천 농도와 설탕 농도가 낮을수록, 방치시간이 길수록 많아진다.
- 한천에 설탕을 첨가하면 겔의 강도, 점성, 탄력성, 투명도가 증가한다.
- 한천에 3~5%의 소금을 사용하면 이장량이 감소한다.

11. 유지류

275 약과 반죽 시 과량의 기름사용은 튀길 때 풀어진다.

276 유지의 발연점
- 튀김그릇의 표면적이 좁을수록 발연온도를 높일 수 있다.
- 유리지방산 및 이물질이 많으면 발연온도가 낮아진다.
- 여러 번 반복 사용할 경우에 발연온도가 낮아진다.
- 유화제 첨가 고체유를 사용할 때도 발연온도는 낮아진다.

277 • 융점이 낮은 것이 상온에서 액체 상태이다.
- 유리지방산 함량이 많은 것은 지방이 분해된 것이므로 좋지 않다.

278 유지의 자동산화로 인한 최종 산화 생성체는 hydroperoxide(ROOH), alcohol, aldehyde, ketone, 산, polymer 등이다.

279 참기름의 방향성분은 항산화제로서 노화방지 효과가 있는 sesamol이다.

280 튀김용 기름의 조건
- 불순물이 없고 튀김 시 거품이 일지 않으며 열에 대하여 안정할 것
- 튀김 시 연기나 자극취가 없을 것
- 점도 변화가 적을 것
- 산가, 과산화물가가 낮은 것이 좋다.

- 발연점이 높을 것, 즉 튀김온도(160~180℃)보다 높은 210~240℃가 좋다.

281 크리밍성(creaming)
- 버터, 마가린, 쇼트닝을 교반해 주면 공기가 내포되면서 부드러운 크림 상태로 되는 것을 크리밍성이라 한다.

282 Winterization(탈납처리, 동유처리)
- salad oil 제조 시에만 하는 것으로 기름이 냉각 시 고체지방으로 생성되는 것을 방지하기 위하여 탈취하기 전에 고체 지방을 제거하는 작업이다.
- 주로 면실유에 사용되며, 면실유는 낮은 온도에 두면 고체지방이 생겨 사용할 때 외관상 좋지 않으므로 이 작업을 꼭 거친다.

12. 젤라틴과 당류

283 소금의 비율이 높을수록 빨리 얼지만 결정의 크기는 커지고 질감도 거칠어지며, 소금의 비율이 낮으면 시간이 오래 걸리나 얼음의 결정이 작아져서 질감이 부드럽다.

284 한천에 설탕을 가하면 점성, 탄력, 투명감 등이 증가하고 설탕 농도가 높을수록 gel의 강도가 증가한다.

285 젤라틴은 농도에 따라 응고온도가 다르며, 일반적으로 3~15℃에서 응고한다.

286 설탕을 단맛의 표준물질로 삼는 이유
- 설탕은 유리된 carbonyl기가 없기 때문에 α형과 β형의 이성체가 존재하지 않으며 따라서 이성화되지도 않는다.
- 그러므로 온도의 변화에 의한 감미의 변화가 없이 일정하므로 감미도의 표준물질로 사용된다.

287 • 결정이 생기기 않게 하기 위해 고온처리하며, 끈적이는 것, 질깃한 것, 견고한 것 등 다양한 질감의 캔디가 있다.
- 당용액의 점성이 높으면 결정 형성이 어렵고 브리틀은 고온으로 인한 갈색화와 소다 첨가로 인한 특이한 방향을 가지며 부석부석한 질감을 갖는다.

288 케이크나 쿠키를 만들 때
- 설탕 대신 꿀을 넣고 만들면 흡습성이 강해 오랫동안 수분을 보유하고 마르지 않게 보관할 수 있어서 좋다.
- 이때는 설탕을 사용할 때보다 액체 사용량을 줄이고 낮은 온도에서 굽도록 한다.

289 폰단(Fondant) 제조
- 폰단에 사용되는 결정형성 방해물질은 레몬즙, 타르타르 크림, 시럽 등이다.
- 농축한 설탕용액을 식힐 때는 흔들지 않아야 큰 결정의 형성을 막을 수 있다.

290 조청
- 곡류의 전분을 맥아로 당화시켜 오랫동안 가열하여 수분을 증발시켜 농축한 것이다.
- 주된 당은 맥아당, 포도당 등이다.

2과목 단체급식관리

1. 급식 및 영양관리

01 식품위생법 제 2조 제 12항
'집단급식소'란 영리를 목적으로 하지 아니하면서 특정 다수인에게 계속하여 음식물을 공급하는 기숙사, 학교, 병원, 그 밖의 후생기관 등의 급식시설이다.

02 학교급식의 목적
- 아동의 건전한 심신발달을 도모하고, 국민의 식생활에 기여하고, 편식교정 및 올바른 식사태도와 식습관 형성, 예의범절이나 생활태도 학습, 사교성과 협동심 함양, 정부의 식량정책에 기여함에 있다.

03 학교급식
- 완전급식과 부분급식이 있다.
- 완전급식은 영양을 균형 있게 공급하기 위해 주식, 부식, 음료(우유)의 3가지를 공급하는 것을 말한다.
- 부분급식은 그 중 빵과 음료(우유)를 급식한다.

04 학교급식법의 제정 공포
- 1981년 1월 29일에 우리나라 학교급식법이 제정, 공포되어 급식제도가 확립되는 단계로 들어서게 되었고 영양보충급식에서 완전영양급식 형태로 추진되었다.

- 1990년대에 들어 학교급식 실시비율은 현저한 증가추세를 보였고, 1997년까지 전국 초등학교 급식 100% 실시 확대에 따라 공동조리방식(1992년 실시)과 위탁급식(1996년 실시) 운영으로 학교급식의 확대 실시가 가능하게 되었다.

05 병동배선
- 병동으로 조리된 음식을 운송하여 병동에서 상차림을 하게 되어 있다.
- 환자에게 세심한 서비스나 적온급식에서 유리한 면이 있지만 노동력 통제가 어렵고 위생관리 면이 문제시될 수 있어 최근에는 점차 중앙배선으로 이동하는 추세이다.

06 병원급식에서는 식수와 식사의 종류는 환자의 질환 상태에 따라 결정되며 입퇴원 등으로 인한 잦은 식수 변동으로 정확한 식수 파악이 어렵다.

07 병원영양사는 약물치료와 함께 특히 식이요법을 원하는 환자의 기호조사, 영양교육이 필요하므로 병실순회를 해야 한다.

08 식품 중 살균과정이 없거나, 조리 후 생재료가 첨가되거나, 더운 것과 찬 것을 섞는 음식 등 위해도가 높은 메뉴는 식단 작성 시 배제하도록 한다.

09 식단은 급식관리 계획서이자 조리작업의 지시서가 되며, 급식기록서이며 보고서이다.

10 식단 작성 시 참고자료
- 지금까지 사용해온 식단철
- 시장 물가조사표
- 원가계산을 기입한 식단 카드
- 각 식품별, 조리별로 좋아하는 음식목록
- 기호조사표
- 표준 레시피(recipe)
- 계절 식품표
- 식단에 관련된 정보
* 식단 작성 시 식품구성의 예로 작성하게 되므로 식품분석표는 꼭 필요치 않다.

11 식단 작성 시 가장 중요한 사항은 영양면, 경제면, 조리면, 시설 작업면 등이다.

12 엥겔계수
- 총 지출에서 식비가 차지하는 비율이다.
- 영양량과는 무관하며, 엥겔계수가 높은 것은 생활의 질이 낮다는 것을 의미한다.

13 지질은 생활 습관병의 원인이 되며, 소화가 어려워 노인식단에서는 지나치지 않도록 주의해야 한다.

14 단체급식의 운영 방법은 직접 운영하는 직영 방법, 정해진 계약을 통해 급식운영을 맡기는 위탁 방법의 두 가지가 있다.

15 예비식 급식체계는 중앙공급식 급식체계보다 규모가 작다.

16 아침, 점심, 저녁의 영양소 배분비율
- 1 : 1 : 1 또는 1 : 1.5 :1.5 등으로 하는 것이 보통이다.
- 특히 일의 능률이나 학습효과를 위해서는 아침에 권장량의 1/3 이상을 섭취하도록 한다.

17 성인남자(19~64세)의 바람직한 1일 식사의 식품군별 제공횟수
- 곡류류 – 4회
- 고기, 생선, 달걀, 콩류 – 5회
- 채소류 – 8회
- 과일류 – 3회
- 우유 및 유제품 – 1회

18 중앙집중식 배식방법은 병원급식의 경우 각 병동이나 층마다 주방을 두지 않고 한곳에서 음식을 준비하여 개인용 그릇에 담아 운반차에 안전하게 실어 복도나 승강기를 거쳐 운반하는 방법이다.

19 급여할 영양권장량을 충족시킬 수 있도록 식품군별로 식품의 양이 표시되어 식품배합을 충실히 할 수 있는 것은 식품구성표이다.

20 성인이 하루 섭취해야 할 단백질의 총량은 70g이고 이중 동물성 단백질의 섭취량은 총량의 1/3이다.

21 한국인 영양권장량(중등노동에 종사하는 성인남자 20~29세) 1일 1인 분량을 기준으로 한다.

22 급식예산의 결정은 경영진에 의해 최종 결정된다.

23 • 단체급식은 단시간 내 대량의 음식을 생산해야 하는 체계로 가정식과는 달리 일률적인 식사가 제공되고 있어 급식 대상자들이 가정식에 대한 향수를 쉽게 느끼게 된다.
- 또한 개별적인 영양공급이 어렵고, 음식의 안정성에 문제가 있을 시에는 집단식중독사고의 위험이 있다.

24 급여할 영양권장량을 충족시킬 수 있도록 식품구성이 이루어져야 하며, 식품구성표를 이용하면 식품의 배합이 충실하게 되어 균형잡힌 영양적 식단을 작성할 수 있다.

25 일반적으로 상업적 급식시설에서는 식품재료비가 식단가의 30~40%, 군대급식에서는 90~100%, 학교나 산업체급식에서는 60~70%가 적당하다.

26 밥을 지을 때 쌀은 보통 2.5배(쌀의 수분 흡수율은 20~25%) 늘어나는 것으로 계산한다.

27 한국인 영양섭취기준(2020년 개정)에서는 탄수화물, 단백질, 지방으로 부터의 열량 섭취 비율을 각 총열량의 55~65%, 7~20%, 15~30%로 권장하고 있다.

28 주기식단(cycle menu)을 사용하면
- 식단 작성자는 시간적 여유를 가질 수 있다.
- 조리사는 계획적이고 능률적인 작업을 할 수 있다.
- 재고통제가 용이하다.

29 순환식 식단
- 주기적으로 반복되므로 식단 작성자는 시간적 여유를 가지며 조리사는 계획적이고 능률적인 작업을 할 수 있다. 또한, 조리과정을 표준화하여 작업의 고른 분배가 가능하고 식품의 구매절차가 단순화 되어 재고 통제가 용이하다.
- 단점은 주기가 짧을수록 피급식자의 불만은 많아지며 식단이 단조로워진다.

30 cafeteria방식의 급식
- 급식의 강제성을 완화시켜 기호도를 충족시킬 수 있다.
- 그러나 피급식자가 지나치게 기호에 빠지기 쉽고 영양편중과 식비의 과중 부담을 초래하게 된다.

31 식품발주량 산출방법

$$\frac{(1인당\ 순사용량 \times 100)}{가식부율(100 - 폐기율)} \times 예정식\ 수$$

32 데워진 음식은 60℃ 이상으로 유지되어야 한다.

33 표준조리법에 포함되는 내용
- 식품명(메뉴명 및 식재료명), 레시피 분류번호, 생산총량 및 생산 인원 수, 재료의 양, 재료의 혼합절차 및 시간, 조리시간 및 온도, 정량방법 등이다.
- 표준조리 레시피는 몇 번의 반복 실험을 거쳐서 그 급식기관에 맞게 개발된 것이므로 급식소마다 나름대로 조리법의 표준이 정해져야 한다. 표준조리 레시피를 사용하면 1인분에 대한 원가 계산이 정확하므로 오히려 원가통제의 정점이 있다.

34 표준조리법에는 음식명, 식재료명, 재료의 분량(구입 시 중량, 가식부량), 조리방법, 소요시간, 영양가, 총생산량, 단가 등을 기록한다.

35 한식의 경우 주식 대 부식의 비율은 6 : 4이며, 양식의 경우는 5 : 5를 권장하고 있다.

36 채소 조리는 소량씩 시차를 두고 분산하여 조리함으로써 배식 시 영양적, 관능적으로 우수한 품질을 유지할 수 있다.

37 국은 65~80℃, 청량음료는 7~10℃이다.

38 식사배분
- 생활시간 조사를 통해 적절한 비율로 3식을 배분한다.
- 보통 활동, 중등 활동, 격심한 운동을 하는 운동선수 여부에 따라 열량의 배분이 다르기 때문이다.

39 완성된 식사의 검식은 영양사가 해야 한다. 사정에 따라서는 시설의 장 또는 책임 있는 충분한 지식이 있는 사람이 실시할 수 있다.

40 검식은 음식의 질감, 맛, 색깔, 모양, 온도, 농도, 위생상태 등의 식단의 됨됨이를 총괄적으로 판단하는 것이다.

41 단체급식소에서 기호식품을 위주로 급식하게 되면 균형 있는 식품섭취 및 영양소 필요량을 충분히 공급할 수 없다.

42 • 우리나라 식사유형에서 가장 부족하기 쉬운 무기질은 칼슘과 철분이다.
- 지방을 과다하게 섭취하는 것은 바람직하지 않으나 우리나라 음식은 탄수화물 위주의 식사이므로 지방의 열량 비율이 20~25% 정도가 되도록 하는 것이 바람직하다.
- 동물성 급원의 단백질은 전체 단백질의 1/3 정도만 섭취하는 것을 권장한다.
- 가급적이면 매 끼니별로 영양적으로 완전한 식사를 계획하는 것이 원칙이다.

43 표준 재고액 설정을 통한 원가계산은 음식의 질과는 직접적인 관계가 적다.

44 식품의 부적절한 온도 및 소요시간은 조리단계에서의 위해요소로 주의해야 할 사항이다.

45 재고관리를 정확하게 기록하는 것은 식품수불부로 비축식품과 재고품의 출납을 명확하게 기록하고 적정 재고량을 유지하기 위한 서류이다.

46 단체급식 시설에서 한 가지 식단만을 제공하여 선택의 여지가 없는 식단을 단일 식단이라고 한다.

47 기호를 고려하여 식품과 조리법을 선택할 수 있도록 한 식단을 복수 식단이라 한다.

48 단체급식에서 세균성 식중독의 예방을 위해서는 시설의 청결은 물론 급식 전 과정에서 온도와 시간조절도 중요 관리 사항이다.

49 식품구성안(2015년 개정)
• 다섯 가지 식품군별로 대표 식품의 섭취 횟수와 분량을 표시한 것이다.
• 다섯 가지 식품군
① 곡류(탄수화물 등)
② 고기·생선·달걀·콩류(질 좋은 단백질 등)
③ 채소류(비타민, 무기질 등)
④ 과일류(비타민, 무기질, 당분 등)
⑤ 우유·유제품류(칼슘 등)

50 미량영양소를 섭취하는 방법은 영양소를 강화시킨 식품을 사용하면 좋다.

51 영양급여량을 파악하기 위해서는 식단표에 표시된 순서용량을 기초로 영양의 급여실태를 파악한다.

52 학교, 병원, 산업체, 기숙사 등은 단체급식이기 때문에 영양사가 필요하다. 외식업체는 영리를 목적으로 하는 상업적 급식소이므로 영양사를 두지 않아도 된다.

53 우유의 칼슘은 흡수율이 높아 성장기 어린이의 칼슘섭취에 가장 효율적이다.

54 식단 작성에 의해 식품을 구입하고, 이에 따라 조리조작이 이루어지며 배선, 배식이 진행된다.

55 보존식
• 식중독 사고에 대비하여 원인 규명을 하기 위해 검체용으로 보존하는 것이다.
• 배식 직전에 소독된 보존식 전용 용기에 종류별로 각각 100g씩 담아 –18℃ 이하 냉동보관함에 144시간 냉동 보관한다.
• 완제품 제공 시에는 포장 원상태로 보관하며 보존식 용기는 소독이 용이하고 각 음식물이 독립적으로 보존되어야 한다.

56 병원급식은 질병에 따라 의사가 지시한 영양량을 공급함으로써 치료가 가능하므로 반드시 의사의 처방 지시서에 따른다.

57 식재료 검수 시 필요한 서식
• 발주서와 납품서, 식품구매명세서가 있다.
• 식재료 검수 시 발주서, 식품구매명세서에 적힌 대로 필요한 품목과 수량이 납품되었는지에 대해 검사하고 업체에서 제출하는 납품서와 대조하여야 한다.

58 tray service
• 음식이 쟁반 위에 조합되고 배식원이 각각의 피급식자에게 운반해 주는 배식방법을 말한다.
• 주로 식당시설의 사용이 불가능한 경우에 사용된다.

59 식품구성은 영양 소요량을 근거로 하므로 영양적으로 균형 잡힌 식단을 작성할 수 있다.

60 영양사는 피급식자의 건강향상을 목적으로 급식관리를 담당하므로 영양관리가 가장 중요한 업무이다.

61 식단평가의 기준은 음식의 영양적 가치, 맛, 사용된 식재료의 등급, 외양 등이다.

62 급식종업원에 대한 건강관리 및 개인위생관리, 업무에 관한 책임, 조리과정에서의 영양관리 등의 지도교육이 중요하다.

63 운동선수의 시합 전 식단은 가장 산화되기 쉬운 영양소인 당질위주의 식단 작성이 필요하다.

64 교차오염을 일으킬 수 있는 경우
• 불합리한 식품저장에 의한 오염
• 생식품과 조리된 식품 취급장소가 구분되지 않아 생기는 오염
• 생식품과 조리된 식품간의 칼, 도마 혼용에 의한 오염
• 생식품을 취급하던 손을 세척, 소독하지 않고 조리된 음식을 취급하여 생기는 오염

65 역성비누
• 살균력이 가장 강하고 투명하여 독성이 없으므로 손, 조리대, 식기 등의 소독에 약 200~400배 희석하여 5분간 소독하면 좋다.
• 손소독에는 3% 희석액을 사용하며, 조리대 소독은 200배 희석액을 사용한다.

66 생채소, 과일소독으로 가장 많이 사용하는 소독제는 차아염소산나트륨액(50~100ppm, 락스)이다.

67 전표는 경영의사의 전달 기능과 대상을 상징화하는 기능을 갖고 있다.

68 구매청구서는 이동성, 분리성을 갖고 있는 전표이다.

69 조리저장식 급식제도
• 식품을 조리한 직후 냉장 또는 냉동해서 얼마간 저장한 후 급식하는 제도이다.
• 장점
– 음식의 생산과 소비가 분리되므로 생산을 계획적으로 할 수 있다.

– 조리나 서비스 인력을 효율적으로 배치할 수 있으므로 노동력이 절감된다.
– 대량의 식재료 구입과 과잉생산에 의한 잔식을 줄일 수 있어 식재료비가 절감된다.
– 여러 종류의 음식을 미리 준비해 두었다가 필요할 때 공급하므로 메뉴를 더 다양하게 제공할 수도 있다.
• 단점
– 냉각설비, 냉장고, 냉동고, 개별포장기기, 재가열기기 등의 초기 투자 비용이 많이 든다.
– 조리 후 음식저장 비용이 증가(전기료 등)한다.
– 음식의 장시간 저장에 따른 철저한 미생물적 품질관리가 필요하다.
– 시스템에 적합한 특별한 레시피 개발이 필수적이다.

70 변환과정은 투입을 산출로 만드는 모든 과정 및 활동을 의미하며, 통제는 시스템의 길잡이 역할을 하는 것으로 운영평가 시 표준이 된다.

71 • 조리저장식 급식제도 : 식품을 조리한 직후 냉장 또는 냉동해서 얼마간 저장한 후 급식하는 제도이다.
• 전통적 급식제도 : 음식의 생산, 분배, 서비스가 모두 같은 장소에서 연속적으로 이루어지는 제도이다.
• 조합식 급식제도 : 전처리 과정이 거의 필요하지 않은 가공 및 편이 식품을 식품제조회사로부터 대량 구입하여 조리를 최소화하기 때문에 저장, 조립, 가열배식의 기능만이 필요하다.
• 중앙공급식 급식제도 : 지역적으로 인접한 몇 개의 급식소를 묶어서 공동조리장(central kitchen)을 두어 그곳에서 대량으로 음식을 생산한 후 인근의 급식소로 운송하여 이곳에서 음식의 배선과 배식이 이루어지는 제도이다. 식재료 구입과 생산이 준비된 식단에 따라 중앙 집중적으로 이루어지므로 대량구입으로 인한 식재료비의 절감, 음식의 질 또는 맛을 통일시킬 수 있다.

72 급식위탁 계약의 종류
• 식단가제와 관리비제의 계약이 있다.
• 식단가제는 식사의 단가를 기준으로 계약하는 방법으로 식단가에는 재료비, 인건비, 기타 경비와 위탁수수료가 포함되며 식수 변동이 적고 규모가 큰 산업체 급식에서 많이 채택된다.

73 효율화의 원칙은 전문화의 원칙, 단순화의 원칙, 표준화의 원칙, 기계화의 원칙, 자동화의 원칙이다.

74 급식 작업에 필요한 종업원 수를 결정할 때 고려해야 할 사항
• 시설의 피급식자수와 식단의 종류
• 급식의 횟수와 급식운영 형태
• 시설의 면적과 배식방법
• 조리기구와 조리방법의 난이도
• 종업원의 능력이나 종업원의 성별

75 작업 일정표(work schedule)
• 작업원별, 근무시간대별로 주요 담당업무내용이 포함되어야 한다.
• 신입사원의 훈련에 유용하고 관리자와 조리원간의 의사소통이 되며, 조리원의 작업을 효과적으로 수용하는 데 필요하다.

2. 시설관리

76 역성비누
• 살균력이 가장 강하고 투명하여 독성이 없으므로 조리대, 손, 식기 등의 소독에 사용한다.
• 손 소독에는 3% 희석액이 쓰이며 조리대 소독은 200배 희석액을 사용한다.

77 찌꺼기가 많은 오수의 경우는 수조형이 효과적이며, 특히 지방이 하수관 내로 들어가는 것을 방지하기 위해 그리스 트랩을 사용하는 것이 좋다.

78 식당 통로의 폭은 1.0~1.5m가 적당하며, 배식대 앞은 1.5~2.0m이 적합하다.

79 식당면적
• 피급식자 1인당 $1.0m^2$와 식기 회수 공간, 잔식 처리 등을 위한 공간으로 500명 이상은 최소공간에서 10%를 가산한다.
• $1.0m^2 \times 500$명 = $500m^2$
• $500m^2 \times 0.1 = 50m^2$

80 자외선 살균은 세균의 조도, 습도, 거리에 따라 효과가 현저하게 다르다.

81 급식실의 면적을 결정하기 위해서는 시설의 종류, 급식인원, 작업인원, 요리의 종류, 조리기기의 배열, 배선방법 등을 고려해야 한다.

82 식기세척은 세제나 비눗물에 세척 후 반드시 흐르는 물에 헹구고 건조를 한다.

83 손을 씻은 후에는 종이타월로 닦거나 에어타월로 건조시켜야 한다.

84 해동 방법으로는 냉장고에서 서서히 해동하는 완만해동이나 흐르는 물에서 해동하는 유수해동을 이용한다.

85 주방설비
- 배수구의 물이 잘 배출될 수 있도록 관의 크기와 물매(1/100)를 계산해야 하며, 찌꺼기가 많은 오수용 배수관은 수조형이 효과적이다.
- 그리스 트랩은 기름이 많이 발생하는 곳에 적합하다.
- 주조리실의 조도는 200lux 이상으로 밝아야 한다.

86 후드(hood)는 오염원으로부터 가까이 설치해야 효율적이다.

87 주방의 면적
- 식단의 종류, 배식 인원수, 조리기기의 종류, 조리 종사원의 수 등에 의해 결정된다.
- 급식실의 면적을 결정할 때는 급식인원, 요리종류, 작업조건, 배선방법 등을 고려해야 한다.

88
- slicer : 식품(육류, 야채, 햄)를 일정한 두께로 써는 것
- peeler : 감자의 껍질을 제거할 때(탈피기)
- chopper : 채소 등 식품을 다질 때
- blender : 수분을 공급하면서 가는 것
- griddle : 다량 조리에 이용되는 대형 부침 기기
- broiler : 복사열, 적외선을 이용하여 식품을 익힘(육류, 생선 등)
- glinder : 육류를 갈 때

89 냉장고는 항상 청결해야 하며, 어떤 음식이라도 뚜껑을 꼭 닫아야 한다. 냉장고는 공기의 순환을 좋게 하기 위해 가득 채우지 않는다(용량의 70% 이하).

90 조리실 내 작업장에서 급식 배선 구역, 조리 구역은 비오염 구역이다.

91 식당의 식탁 배치
- 통로의 폭 : 1.0~1.5m
- 식탁의 폭 : 0.65m 이상(마주 보고서 식사하는 경우)
- 식탁의 사이 : 1.2m 이상(등을 댄 좌석의 경우)
- 식탁의 높이 : 0.7m 내외(바닥에서부터)
- 의자의 간격 : 0.5~0.65m(의자의 중심거리로부터)
- 작업대 : 높이 0.8m, 너비 0.75m

92 조리기구는 간단하고 값이 저렴하며 이용상 기능성이 높고 견고하며 세척이 용이한 것이 좋다.

93 스테인리스 스틸로 만들어진 싱크대가 반영구적이고 청소가 용이하다.

94 단체급식에서는 단시간에 대량 조리를 해야 하므로 능률적인 작업을 실시하기 위하여 대량 조리기기 도입이 필요하다.

3. 급식경영

95 급식시스템의 변환과정에는 경영관리기능, 연결과정, 기능적 하부시스템(구매, 급식생산, 분배와 배식, 위생과 유지 등)이 있으며 이 세 부분은 상호 관련되어 시너지 효과를 발휘하게 된다.

96 비공식조직
- 자연발생적 조직으로 혈연, 지연, 학연, 취미 등의 관습과 감정을 기초로 한 현실상의 조직이다.
- 감정의 논리에 의해 움직이는 내면적인 조직으로 온정적이며, 인간관계 중심의 조직이다.

97 최고경영층의 주요기능
- 앞으로의 전망을 계획하고, 활동목표를 명확히 하게 하고, 조직에 관하여 건전한 계획을 세우며, 유효한 통제의 방법을 세우고, 조직의 유효한 수단을 결정하는 데 있다.

98 조직구조가 단순한 것은 line 조직의 장점이다.

99 상황적응 이론
- 리더십 행동이론을 확대한 것이다.
- 상황적 관점에서는 조직의 설계나 관리, 문제해결에 있어서 최선의 방법이나 어떤 보편적인 규칙이란 없고 상황적 변수나 결정요인에 따라 다른 관점을 적용하여야 한다는 것이다.
- 상황적 요소를 밝히고 이 상황적 요소가 어떻게 적절한 리더행동을 만들어 내는지 보여주는 것이다.
- 인간관계를 중요시할 때 효과적일 수 있지만 기업의 특성, 종업원의 특성에 따라 다르다.

100 일정한 표준에 맞는 물품을 만들어 내기 위하여 사용한다. 기구를 규격화하고 작업의 방법이나 절차를 일정하게 하는 것을 작업의 표준화라고 한다.

101 급식업소의 자산형태와 규모를 알 수 있는 것은 대차대조표이다.

102 카츠는 경영 관리자에게 필요한 기본적인 관리능력을 기술적 능력, 인력 관리 능력, 개념적 능력으로 표현한다.

103 staff가 가지는 권한은 서비스의 제공권, 조언 등 협조적 권한, 전문화된 영역에의 기능적 통제권 등이 있다.

104 통제기능은 계획과 성과를 비교 평가하는 것으로 급식 관리자들이 수행하는 급식 만족도 조사, 잔식 조사, 급식 원가계산 등은 통제 기능에 해당된다.

105 작업연구의 목적
- 작업을 용이하게 한다.
- 작업시간의 단축과 표준화를 기한다.
- 제품품질을 균일하게 하여 생산비를 절감한다.
- 작업의 위험도를 낮춘다.
- 생산 능률을 올린다.

106 인사관리는 전문 스태프(special staff)부문에 속한다.

107 급식시스템의 투입요소는 인적자원, 원료자원, 시설자원, 운영자원이다. 산출요소는 고객의 욕구를 충족시키는 음식과 고객만족 및 종업원 만족과 이윤창출이다.

108 시스템은 조직의 공동의 목표를 달성하기 위해 상호 관련된 하부 시스템의 집합으로써 상호의존성, 합목적성, 역동적인 안정성, 경계의 침투성, 위계질서 등의 특징을 가진다.

109 집권적 조직의 단점
- 최고경영층이 독재적으로 지배하려는 경향이 커서 하위관리자의 능력발휘가 어렵다.
- 관리계층의 단계가 증가되어 명령, 지시가 신속, 정확성을 잃게 되고 보고가 늦어지게 된다는 것이다.

110 작업자의 업무능력을 평가하는 인사고과는 작업관리라기보다는 인적자원관리 영역에 해당된다.

111 팀형(9.9형)은 인간과 과업에 대해 모두 관심을 가지며 가장 헌신성을 보이는 관리자이다.

112 조언의 기능은 staff의 기능이다.

113 조직도는 조직의 공식적인 구조, 작업의 분담 상황을 나타낸다.

114 경영관리 조직화의 원칙에는 전문화의 원칙, 권한 위임의 원칙, 권한과 책임의 원칙, 명령 일원화의 원칙, 감독 적정화의 원칙, 계층 단축화의 원칙 등이 있다.

115 직무분석의 가장 중요한 목적
- 분석 자료를 기초로 하여 직무기술서와 직무명세서를 작성하여 합리적인 채용관리 및 적재적소 배치를 위한 자료를 제공하고, 직무평가를 위한 기초자료로 사용하기 위함이다.

116 직무 충실화(job enrichment)
- 의의 : 허츠버그의 2요인 이론을 기반으로 성취감, 타인의 인정, 도전감 등 동기요인을 충족시키기 위한 직무 설계 방법이다.
- 목적 : 과학기술발전에 따라 단순 구조화되는 과업내용과 직무환경을 개선하여 개인의 동기유발 및 능력을 충분히 발휘하도록 인간위주의 과업 내용과 환경설계로 기업과 종업원의 동시만족을 목적으로 한다.
- 직무충실화의 장점 : 자유재량과 책임감 부여를 통한 창의력 개발 촉진과 작업자의 단조로움, 싫증, 피로감을 줄일 수 있고 작업자의 능력신장을 기대할 수 있다.

117 직무평가란 각각의 직무가 지니는 책임, 위험 등을 평가하여 타직무와 비교한 직무의 상대적 가치를 결정하는 체계적인 방법이다.

118 통제 4단계
- 기준 설정→실제 수행도 측정→설정한 기준과 성과의 비교→시정 조치
- 통제기준의 종류는 물리적 기준, 원가기준, 자본기준, 수익기준이 있다.

119 작업능률을 높이기 위한 작업개선의 원칙은 목적추구의 원칙, 배제의 원칙, 선택의 원칙, 호적화의 원칙이다.

120 하향식 의사소통은 조직의 권한 계층을 따라 상층부분에서 하층부분으로 전달되는 의사소통으로 회의, 공문발송, 서면, 전화, 편람, 지시 등이 해당된다.

121 일선 감독자는 하위관리자에 속하며 현장에서 작업 감독을 맡고 있다. 중간 관리자는 부서의 계획과 총괄책임을 진다.

122 라인 조직(직계조직)
- 조직의 규모가 커질수록 효율성이 감소한다.
- 또한 직공장의 양성이 어렵고, 관리자는 만능가가 되어야 하며, 부서간의 유기적인 조정이 어렵다.

123 최고경영체로서 이사회의 주요기능은 기업의 기본방침결정, 주요 자본지출, 조직변경, 연간 예산확정 등이다.

124 인적자원관리는 조직의 인적자원을 효율적으로 활용하고자 하는 관리기능으로 주요 기능은 인적자원의 확보, 개발, 보상, 유지관리의 기능이다.

125 경영관리의 순환적 3대 기능은 계획(planning), 실시(operating), 통제(controlling)이다.

126 교육훈련은 대상자 현재 및 잠재능력의 향상을 통해 개인과 조직의 발전에 기여할 수 있어야 한다.

127 상황이론은 경영자는 상황에 적합한 관리기술을 개발하고 환경 또는 상황 이론을 조건 변수로 하고 조직의 내부 특성 변수와 성과의 관계를 특성화 하는 이론이다.

128 조직 내에서 의사소통의 장애를 개선하기 위해서는 장애 요소들을 제거하고, 송신자는 대화의 목적을 미리 결정하고 전달할 내용을 구체화한 뒤 전달하고, 수신자는 적극적인 자세로 수용해야 한다.

129 표준은 계획수립 과정에서 세워지는 것이 원칙이다.

130 직무분석은 채용, 배치, 전환을 위한 자료를 제공하고 직무평가는 임금결정을 위한 자료를 제공한다.

131 권한위임의 원칙
 • 경영규모의 확대에 따라 관리조직의 최고경영자가 경영활동 전부를 직접 담당할 수 없으므로 그 권한과 책임의 일부를 부하에게 위임하여 경영활동이 원활하게 수행되도록 하는 원칙이다.

132 경영조직화의 원칙
 • 전문화의 원칙   • 권한 위양의 원칙
 • 권한과 책임의 원칙   • 기능화의 원칙
 • 명령 일원화의 원칙   • 감독한계의 원칙
 • 조정의 원칙

133 통제기준의 종류는 물리적 기준, 원가기준, 자본기준, 수익기준 이다.

134 대차대조표는 자산, 부채, 자본으로 구성된다.

135 목표관리법은 상위자와 하위자가 목표설정에 공동으로 관여하며, 목표 달성을 위해 공동으로 노력하고, 공동으로 과업을 평가하도록 함으로써 조직과 개인의 목표를 전체 시스템 관점에서 통합하는 관리체계이다.

136 직무평가는 다른 직무와 비교함으로써 직무의 상대적 가치를 결정하는 방법으로, 가장 큰 목적은 조직내 공정한 임금구조를 위한 기준을 설정하기 위함이다.

137 직무 배분표란 일에 대한 각 개인의 분담현황을 분명하고 알기 쉽게 표로 정리한 것이다.

138 스왓 분석(SWOT)
 • 조직이 처해 있는 환경을 분석하기 위한 기법이다.
 • 주로 전략계획 수립단계에서 기업의 장점과 기회를 규명하고, 반면 약점과 위협이 되는 요소는 축소하기 위한 방법이다.

139 • F. B. Gilbreth : 동작연구를 대상
 • H. Ford : 생산의 표준화
 • H. L. Gantt : 차별적 성과급 고안
 • F. W. Taylor : 시간연구 고안
 • H. Emerson : Line & staff 조직

140 개념적 능력
 • 조직을 전체로 보면서 동시에 여러 하부 부문들간의 관계와 변화를 인식하고 사고할 수 있는 능력으로 조직을 전체적인 관점에서 파악하는 능력을 의미한다.

141 공식 조직을 통해 직무를 수행할 수 있도록 하되 비공식 조직을 통해서도 원활한 의사소통이 이루어지도록 해야 한다.

142 전제형 리더
 • 생산성을 향상시키기 위해 인간적 요소를 배제하고 과업을 중시한다.
 • 빠른 의사결정을 요구할 때는 여러 사람들의 의견을 수렴하는 방법보다 경영자 혼자 결정이 이루어지는 전제적 리더십이 필요하다.

143 사업부제 조직의 단점으로 필요한 자원의 획득이나 목표달성을 위해 사업부 간에 지나친 경쟁을 할 수 있다.

144 인사고과의 목적
 • 임금관리의 기초자료   • 승진 등 인사이동의 자료
 • 종업원간의 능력비교   • 교육훈련을 위한 자료
 • 인사고과에 쓰이는 도구의 타당성 검토 등을 위한 자료
 • 적재적소 배치의 도구자료   • 종업원의 근로의욕 향상
 • 승진, 승급, 징계 등의 상벌 결정 • 조직 구성원의 동기 부여
 • 능력 개발

145 인사고과의 한계
 • 평가에 주관적 판단이 작용할 수 있다.
 • 평가자의 심리적 현상에서 오는 오류
    – 현혹효과(halo effect) : 종업원의 특정한 인상이 평가내용 전 항목에 영향을 주는 현상
    – 논리적 오차(logical error) : 두 평가요소 간에 어떤 논리적인 상관관계가 있는 경우, 이 두 요소 중 어느 하나의 요소가 특별히 우수하면 다른 요소도 우수한 것으로 판단하고 높게 평가하는 경향
 • 집단의 분포도에서 오는 오류
    – 관대화 경향 : 실제보다 피고과자를 지나치게 관대하게 평가하는 경향
    – 중심화 경향 : 평가자가 대부분의 부하를 중(中)으로 평가함으로써

평가결과 분포도가 중심에 집중되는 경향
    – 상동적 태도(stereotyping) : 타인에 대한 평가가 그가 속한 사회적 집단에 대한 선입관을 기초로 이루어지는 현상
    – 시간적 오류 : 평가자가 피평가자를 평가할 때 쉽게 기억할 수 있는 최근의 실적이나 능력중심으로 평가하려는 오류

146 적성검사 결과
 • 각 개인의 적성에 맞는 교육훈련 실시를 통해 훈련효과를 높이고 생산성을 올리기 위한 자료이다.
 • 진로를 선택할 수 있도록 지도, 조언하는 자료로 활용한다.

147 현혹효과는 피고과자의 전반적인 인상이나 특정한 고과요소가 평가내용의 다른 고과요소에 영향을 주는 현상이다.

148 직장 내 훈련(OJT ; on the job training)
 • 직장 내부에서 수행되는 교육으로 직무를 수행하는 과정에서 직무와 연관된 지식과 기술을 직속상관으로부터 직접적으로 습득하는 훈련 방법이다.
 • 장점
    – 훈련이 실질적으로 이루어질 수 있다.
    – 장소이동이 불필요하다.
    – 감독자와의 원활한 접촉이 가능하다.
    – 훈련과 생산이 직결되기 때문에 경제적이다.
 • 단점
    – 지도자나 환경이 반드시 교육에 적합할 수 없다.
    – 작업 수행에 지장을 준다.
    – 원재료의 낭비를 가져온다.
    – 다수의 종업원을 대상으로 대규모로 수행할 수 없다.

149 강화이론
 • 좋은 결과가 나온 행동은 반복하는 경향이 있다는 것을 이용한 것이다.
 • 장려하고 싶은 행위에 대해서는 상을 주고 바람직하지 않은 행동에 대해서는 벌을 주면 바람직한 행위를 유도할 수 있다는 이론이다.

150 허즈버그(Herzberg)의 2요인 이론
 • 불쾌한 것을 회피하려는 욕구(위생요인)와 계속적인 정신적 성장을 통해서 자기의 잠재능력을 끌어내려는 욕구(동기부여요인)
    – 동기부여요인(만족요인) : 모든 직무에 있어 내적인 측면과 관련 직무에 대한 성취감, 성취에 대한 인정, 책임감의 증대, 능력과 지식의 신장, 승진, 직무자체 등이 포함
    – 위생요인(환경요인) : 기업정책과 경영, 고용안정, 작업조건, 임금, 동료, 감독자 등이 포함

151 교육훈련 효과는 신지식의 습득뿐만 아니라 직장에서의 인간관계, 직장의 고유 업무에 대한 태도의 변화를 유발시키는 것도 포함하므로 현직에 대한 애착을 높이는 효과도 있다.

152 직무를 평가하는 방법에는 비계량적 평가방법으로 서열법과 분류법이 있고 계량적 평가방법으로 점수법과 요소비교법이 있다.

153 의사소통의 장애 요인
 • 의사소통 전달자가 일관성이 없을 때(신뢰가 떨어진다)
 • 메시지의 정확성, 명확성이 부족할 때 문제 발생
 • 어의 상의 문제점
 • feed back이 부족할 때
 • 문화, 신분, 서열, 경험의 차이에 따라 다르게 인식
 • 비언어적 요소
 • 주위환경이 산만할 때

154 종업원의 교육훈련은 종업원의 직무수행 능력을 향상시킴으로써 현재 또는 미래의 업적 및 성과가 개선되도록 하기 위한 노력이다.

155 내부모집의 장점은 모집비용의 절감, 조직 및 직무에 대한 친숙도가 높은 직원의 채용, 조직 구성원에 대한 승진 기회제공 등이다.

156 제안제도가 효과적으로 운영되려면 제안의 신속한 처리 및 심사, 제안에 대한 공정한 보상이 필요하다.

157 단체교섭에서 제기되는 중요 쟁점은 노동조합의 인정과 회사의 경영권에 대한 사항, 보상 및 복지, 직무관련 요인 등이다.

158 최선의 작업방법을 정하기 위해 작업방법, 작업시간, 동작절약 등을 연구 개선하여 작업에 대한 기준을 설정해야 한다.

159 제안제도는 자기 자신의 직무에 대하여 관심과 흥미가 있다.

160 McGregor의 X이론과 Y이론
 • 맥그리거는 인간에 대하여 가지고 있는 기본 가정을 X, Y 두 가지로 나누고 그 가설에 따라서 리더십 방향이 달라진다고 하였다.
 • X이론은 인간의 본성에 대해 부정적인 견해를 갖고 있는 전통적인 인간관에 입각한 것이고, Y이론은 긍정적인 견해를 갖는 현대적인 인간관에 입각한 것이다.

161 인간 관계론은 행정의 능률성제고를 위하여 관리상의 민주성을 중시한 이론이다.

162 • 교육훈련방법 중 미지의 사실을 교육할 때는 강의식 교육방법이 좋다.
　• 강의식 교육방법은 일시에 동일한 내용을 다수에게 전달시킬 수 있는 장점이 있으나 강사의 강의기법이나 능력에 따라 그 효과가 현저히 다를 수 있다.

163 채용예정 인원 = 전체 노동량 / 한 사람의 노동 수행량

164 직무분석의 목적
　• 직무기술서나 직무명세서를 작성하여 직무를 평가하는 데 있다.
　• 이 결과는 합리적인 채용관리, 적재적소 배치, 임금관리, 교육훈련, 인사고과 등 인적자원 관리에 기초자료로 활용된다.

165 임금 수준이란 기업이 종사원에게 지급하는 1인당 평균임금액으로 기업의 일반적 임금수준은 실제로 그 지역 산업체에서 일반적으로 지불하고 있는 임금수준에 크게 영향을 받는다.

166 직무수행에 필요한 인적인 능력은 직무명세서에 기재하는 내용이다.

167 인사고과는 주로 인사이동에 대한 자료를 제공하며 직무분석은 채용, 배치, 전환을 위한 자료를 제공하고 직무평가는 임금 결정을 위한 기초자료를 제공한다.

168 직무평가의 방법
　• 비계량적 평가의 방법 : 서열법, 분류법
　• 계량적 평가의 방법 : 점수법, 요소비교법

169 임금 결정에 영향을 주는 외부적 요소
　• 정부의 임금통제, 노동조합의 요구, 국가의 경제상황, 조직 간 경쟁 정도, 노동시장의 영향, 동일산업 내 임금 수준 등을 들 수 있다.
　＊ 기업의 지급능력, 직무의 상대적 가치, 경영자의 태도는 조직 내부적 요소다.

170 시간급
　• 종업원이 수행한 작업의 양과 질에 관계없이 단순히 근로시간을 기준으로 하여 임금을 산정하여 지불하는 방식이다.
　• 일급, 주급, 월급 등으로 임금을 정액으로 지급하기 때문에 고정급 또는 정액급이라고 한다.

171 명령
　• 구두명령과 문서명령이 있다.
　• 구두명령
　　– 긴급을 요할 때
　　– 지극히 간단한 지시나 조언
　　– 수령자가 그 내용을 알고 있을 때
　• 문서명령
　　– 명령의 내용이 어려울 때
　　– 명령의 내용에 정밀한 숫자가 있을 때
　　– 작업방법, 순서를 정확히 전달할 필요가 있을 때

172 직무급은 직무가 같으면 개인의 학력이나 근무 연한, 연령에 관계없이 임금이 지불된다.

173 boycott, strike, picketting, sabotage는 노동자 측의 행위이며 lock-out(직장폐쇄)는 경영자 측 쟁위 행위이다.

174 호손 실험에서 인간의 행동은 규칙에 의해서만 행동하는 것이 아니고 감정, 태도, 욕구에 의해서 행동한다는 사실이 밝혀졌다. 이 실험을 계기로 인간 관계론이 생성, 발전하였다.

175 사기조사(morale survey)
　• 산업사회에서의 모랄은 직장사기, 근로의욕이라고도 하며, 직장에서 개개인 및 구성원 전체로서의 심리적 태도를 의미한다.
　• 높은 모랄에서 근로의욕을 고취시키고, 능동적으로 규칙을 준수하며 협동적인 조직을 구성할 수 있다.
　• 사기조사의 방법
　ⓐ 통계적 방법
　　– 노동 이동률에 의한 측정 : 노동 이동율이 높은 경우 사기가 떨어져 있다는 증거이다.
　　– 1인당 생산량에 의한 측정 : 사기가 높을 때 작업능률이 오르기 때문에 1인당 생산량도 높다.
　　– 결근율 및 지각율에 의한 측정
　　– 사고율에 의한 측정
　　– 고충이나 불평의 빈도
　ⓑ 태도 조사 방법
　　– 면접법
　　– 질문지법

176 리더십의 유형
　• 리더의 다양한 행동 스타일이 종업원의 만족 및 업적에 영향을 미친다는 행동이론은 리더십 유형을 전제형, 자유방임형, 민주형으로 분리하였다.

　• 민주적 리더십
　　– 하위자들은 의사결정에 참여하고 조직의 목표달성을 위해서 다른 사람들을 지휘
　　– 권한 위임, 자기책임, 작업환경에서의 자기통제를 기초로 하고 있음
　　– 종업원을 존중한 인격체로 인정
　　– 하부로부터 상향식 관리를 하는 것이 특징
　• 자유방임적 리더십
　　– 지도자가 부하집단에 자체적으로 목표를 설정
　　– 지도자와 구성원간의 협동관계 결여
　　– 욕구불만, 실패율이 많고 안정성이 적음
　• 전제적 리더십
　　– 권위를 사용하여 다른 사람들을 지휘
　　– 하위자들은 의사결정에 거의 참여하지 않음
　　– 업적에 대하여는 이익을 얻으면서도 잘못된 일에 대해서는 타인에게 책임전가
　　– 직접 명령을 중요시함

177 직무평가 시 많이 사용되는 평가요소
　• 숙련도(Skill)　　　　　• 정신적 노력(Mental Effort)
　• 육체적 노력(Physical Effort)　• 책임(Responsibility)
　• 직무조건(Job Condition)

178 노동조합의 가입 방법
　• 클로즈 숍(closed shop)
　　– 특정 기업에 종사하고 있는 종업원은 전부가 조합에 가입해야 하는 제도
　　– 종업원의 채용, 해고 등은 노동조합의 통제에 의하고 기업은 반드시 노동조합원 중에서 채용
　• 오픈 숍(open shop)
　　– 조합의 가입은 종업원 자유
　　– 비조합원 중에서도 자유롭게 종업원을 고용할 수 있는 제도
　　– 우리 나라는 오픈 숍제도를 많이 도입
　• 유니온 숍(union shop)
　　– 클로즈 숍과 오픈 숍의 중간 형태
　　– 조합원 이외의 노동자 중에서도 자유롭게 고용할 수 있으나 일단 고용된 노동자는 일정 기간 내에 조합에 가입해야 하는 제도

179 제안제도가 효과적으로 운영되려면 제안의 신속한 처리 및 심사, 제안에 따른 공정한 보상이 필요하다.

180 인간관계론
　• 집단 내에서 진실한 휴머니즘에 기초를 두고 협동관계 확립
　• 협동, 사기향양을 통해 자발적으로 집단의 목표 지향적 협동관계 확립
　• 과학적 관리법 비판
　• 비공식적 집단의 중요성 강조

181 인사고과
　• 종업원의 업무수행 능력을 객관적으로 평가하는 제도이다.
　• 조직에서 구성원 개인의 잠재능력, 성격, 근무태도, 업적 등을 평가하여 공정한 인사관리, 임금관리의 기초자료, 인사이동의 자료, 종업원간의 능력 비교 등에 사용된다.

182 복리후생은 조직의 구성원과 가족의 생활수준을 향상시킬 목적으로 제공하는 임금 이외의 급여를 총칭한다.

183 인사고과의 평정방법은 능률평정, 근무성적평정, 적격평정, 집무태도평정, 업적평정 등이 있다.

184 교육훈련의 목적
　• 적절한 능력의 인재양성, 기술개발, 인력부족 해소, 사기양양, 동기유발, 잠재능력 개발, 업무변동에 따른 높은 수준의 지식, 기술, 태도의 신장을 하기 위함이다.

185 • 경영자는 실무교육보다 전문적 기술, 판단력 교육이 적합하다.
　• TWI는 감독자에게 공통으로 필요한 작업에 관한 지식, 직책에 관한 지식, 작업지시의 기능, 작업개선의 기능 등을 훈련시킨다.

186 강의식 교육방법은 일시에 동일한 내용을 다수에게 전달할 수 있는 장점이 있으나 한편으로 강사의 강의기법이나 능력에 따라 그 효과가 현저히 다를 수 있다.

187 직무급은 직무가 같으면 개인의 학력이나 근무 연한, 연령에 관계없이 임금이 지불된다.

188 법정 복리후생제도는 법에 의해 사회보장을 제공하는 것으로 의료보험, 연금보험, 산재보험, 고용보험이 있다.

189 노조에 가입하는 이유는 경제적 안정성 추구, 리더십 발휘 기회의 제공, 동료의 압박, 집단에의 소속감, 공정한 인간적 대우 등의 이유로 가입한다.

4. 식품구매

190 식품명세서(구매명세서, 물품 구매명세서)
- 구매 담당자에 의해 작성되어 발주서와 함께 거래처에 송부
- 구매하고자 하는 물품의 규격이나 품질, 특성, 검사에 관한 사항, 기타 필요한 모든 사항을 자세히 기록한 서식이다.
- 구체적이고 명확하게 작성한다.
- 식품명세서 작성 시 유의점
  - 구매부문, 납품업자, 검사부문의 3자가 사용하는 식품명세서의 내용은 동일해야 한다.
  - 현실적이어야 하며, 가능하면 견본을 첨부한다.
  - 간단하고 정확해야 한다.
  - 지정하는 물품은 시장에 나와 있는 상표의 것을 지정하는 것이 좋다.
  - 모든 납품업자에 대해서 공평하게 작성되어야 한다.
  - 많은 납품업자가 응할 수 있도록 작성한다.
  - 명료하고 융통성 있게 작성한다.

191 분산구매
- 각 사업소나 조직 내 부문별로 필요한 물품을 분산하여 독립적으로 구매하도록 하는 방법이다.
- 장점은 구매수속이 간단하여 비교적 단기간에 가능하며, 자주적 구매가 가능하다. 긴급 수요에 유리하며 거래 업자가 근거리에 있을 경우 운임 등 경비가 절감된다.

192 시장의 일반적인 기능
- 정보의 교환 장소 　　• 물품의 교환 장소
- 물품의 이동 장소 　　• 경영활동의 수행 장소
- 소유권의 교환 장소

193 구매기록은 구매자재, 재고, 발주내역, 납품업자, 계약 등의 기록이 필요하다.

194 대규모 위탁급식회사에서는 비용 절감의 목적으로 중앙구매 방법을 사용한다.

195 구매란 일반적으로 소비자가 상품을 구입하기 위해 계약을 체결하고 이에 따라 상품을 인도받고 대금을 지불하는 과정을 말한다.

196 발췌검사법이란
- 납품된 물품 중 일부의 시료를 뽑아 조사하여 그 결과를 판정기준과 대조하여 합격, 불합격을 판정하는 검사법이다.
- 검사항목이 많을 경우, 검사 비용 및 시간을 절약하고자 할 경우, 생산자에게 품질향상 의욕을 자극할 경우에 품질검사를 모두 검사하지 않고 일부분만 발췌하여 검사하는 것이 효과적이라고 할 수 있다.

197 폐기율은 식품구매 시 구매량 결정에 필요하다.

198 경쟁입찰
- 경쟁자의 제한 없이 모든 공급자에게 입찰 및 계약에 관한 모든 사항을 신문에 공고 또는 게시하여 응찰자를 선정하는 계약방법이다.
- 장점
  - 공정하고 경제적이다.
  - 새로운 업자를 발견할 수 있다.
  - 공개적으로 입찰하기 때문에 정실, 의혹을 방지할 수 있다.
- 단점
  - 자본, 신용, 경험이 불충분한 업자가 응찰하기 쉽다.
  - 단계가 복잡하므로 긴급을 요할 때 조달 시기를 놓치기 쉽다.
  - 업자의 담합으로 낙찰이 어려울 때가 있다.
  - 공고일로부터 낙찰까지의 수속이 복잡하고 시일이 오래 걸린다.

199 전수검사법은 납품된 품목을 모두 검사하는 방법이고, 발췌검사법은 일부 품목만 뽑아서 검사하는 방법이다.

200 식품재료의 검수
- 구매요청서에 의해서 주문되어 배달된 물품의 내용(품질, 규격, 성능, 수량 등)이 구매하려는 해당 식재료와 일치하는가를 검사하고 받아들이는 데 따른 관리활동이다.
- 검수절차 : 납품 물품과 주문한 내용(발주), 납품서의 대조 및 품질검사, 물품의 인수 또는 반품, 인수한 물품의 입고, 검수에 관한 기록 및 문서 정리이다.

201 비저장 품목은 수의계약(비공식적 구매방법)이 더 유리하다.

202 가공업자는 생산자에 해당된다.

203 [1인분당 중량÷(100−폐기율)]×100×예상식수
$$100g/60×100×1,200명=200kg$$

204 발주량의 산출방법
- 1인분당 중량의 결정(g 단위)
- 예상식수의 결정
- 표준 레시피(recipe)로부터 얻은 식품의 폐기율을 고려하여 재료의 발주량 계산
  - 폐기량이 있는 식품
  　발주량=1인분당 중량(가식부율)×100×예상식수
  - 폐기량이 없는 식품 : 순사용량×예상식수

205 수의계약
- 장점
  - 절차가 간편하여 경비 및 인원을 절감할 수 있다.
  - 신용이 확실한 업자를 선정할 수 있다.
  - 신속하고 안전한 구매가 가능하다.
- 단점
  - 구매자의 구매력이 제한된다.
  - 공정성을 잃고 정실에 흐르기 쉽다.
  - 의혹을 사기 쉽다.
  - 숨은 유능한 업자를 발견하기 어렵다.

206 중앙구매를 할 경우 구매가격 인하, 비용의 절감, 일관된 구매방침 확립, 공급력 개선 등의 효과가 있으나 구매 부서를 거치기 때문에 구매절차와 수속이 복잡하다.

207 식품감별법
- 달걀은 햇빛에 비추었을 때 밝고 반점이 없는 것이 좋다.
- 호박은 껍질이 연하고 치밀하며 단단한 것이 좋다.
- 당근은 둥글고 살찌며 심이 없고 전체가 같은 색을 띠는 것이 좋다.

208 일시 구입은 저장성에 근거를 두고 결정하면 매일 구입하는 번거로움을 피할 수 있다.

209 재고회전율이 너무 낮아지면 불필요한 재고를 과다 보유하게 되어 저장비용의 증가를 초래한다.

210 선도가 좋은 양질의 어류
- 아가미는 선홍색이고, 살은 탄력성이 있다.
- 껍질과 비늘이 밀착되어 있다.
- 눈알이 맑고 눈이 표면보다 싱싱하게 튀어나와 있다.
- 비늘에 광택이 있고 선명하여야 한다.

211 식품감별방법
- 관능검사, 이화학적인 검사, 미생물학적 검사 등이 있다.
- 외관적인 관찰이나 감각에 의해 검사하는 관능적 검사방법이 가장 많이 이용되고 있다.

212 식품구입 시 고려사항
- 식품구입 계획 시 특히 고려할 점 : 식품의 가격과 출회표
- 소고기구입 시 유의 사항 : 중량, 부위
- 과일구입 시 유의 사항 : 산지, 상자당 개수, 품종
- 곡류 및 건어물 등 부패성이 적은 식품 : 1개월분을 한꺼번에 구입하거나 가격이 저렴한 시기에 대량구입
- 채소, 어패류는 필요에 따라 수시 구입
- 특히 생선류는 신선도가 중요하므로 사용 직전에 구입

213 계란 껍질의 색은 품종이나 닭의 유전에 따라 다르고 영양가나 성분과 아무런 관련이 없다.

214 식품구매 시에는 구매시기, 구매가격, 구매장소, 구매량, 구입해야 하는 식품의 품질 등을 고려해야 한다.

215 가공식품을 구입할 때에는 먼저 제조 연월일을 확인해야 한다.

216 출고일자를 보관 시 미리 예측하여 기록할 필요는 없다.

217 후입 선출법(LIFO method : Last−In, First−Out)
- 선입선출법의 반대 개념으로 최근에 구입한 식품부터 사용한 것을 기록하며, 가장 오래된 물품이 재고로 남아 있게 된다.
- 마감 재고액은 가장 오래 전에 구입한 식품의 단가가 기입된다.
- 후입 선출법은 물가상승의 경우 소득세를 줄이기 위해 재무제표상의 이익을 최소화하고자 할 때 사용되는 방법이다.

218 식품구입의 가격 결정에 영향을 미치는 요인
- 상품의 원가 및 성질 　　• 시장의 특수성
- 시장 수요의 탄력성 　　• 경쟁업체의 가격
- 유통과정의 마진 　　　• 마케팅 전략
- 심리적 요인

219 식품은 모든 품목을 매일매일 구입하기보다는 저장품과 비저장품으로 나누어 저장품은 저장조건을 고려하여 일정 기간마다 구입하고 비저장품은 매일매일 구입하도록 한다.

220 식품구매량은 표준식단, 1인 분량, 급식인원, 재고량, 가식부율 등에 의해 결정한다.

221 단체급식 재료구입에서 구매자 기호에 맞는 식품을 구입하는 것은 바람직하지 않다.

222 • 정기발주 방식
  - 정기적으로 부정량을 발주
  - 가격이 고가이어서 재고부담이 큰 품목
  - 조달기간이 오래 걸리는 것이나 수요예측이 가능한 품목
- 정량발주 방식

- 저가품목이어서 재고부담이 적은 품목
- 항상 수요가 있기 때문에 일정한 재고를 보유하는 품목
- 수요예측하기가 어려운 품목

223 가식부
- 전체 식품에서 껍질, 상한부분 등 폐기부분을 제거하고 남은 것을 말한다.
- 식품의 가식부율은 신선도, 부위, 조리법, 전 처리된 상태에 따라 달라진다.

224 원가계산의 목적
- 재무제표 작성에 필요한 원가자료제공
- 가격결정에 필요한 원가자료제공
- 원가관리에 필요한 원가자료제공
- 예산편성 및 예산통제에 필요한 원가자료제공
- 기업의 장·단기 경영 계획수립에 필요한 원가자료제공

225 시장조사는 급식 구매계획 수립을 위해 물가상승 및 동향파악, 계절식품의 출하파악, 새로운 식품정보 수집 등의 목적으로 수행된다.

226 마케팅 경로
- 관례적으로 생산자→도매상→소매상→소비자 순이다.
- **유통경로의 형태**
  - 생산자 → 소비자 : 가장 단순한 유통경로
  - 생산자 → 소매상 → 소비자 : 소비용품의 경우
  - 생산자 → 산업 도매상 → 산업 사용자 : 생산재의 경우
  - 생산자 → 도매상 → 소매상 → 소비자 : 편의품의 경우
  - 생산자 → 대리상 → 도매상 → 소매상 → 소비자 : 농수산물의 경우

227 식품 유통상의 문제점
- 식품이 가지는 특징이 계절에 따라 생산 공급량이 변동되어 공급이 불안정하고 계절 간 가격변동이 심하기 때문이다.
- 또한 부패되기 쉬워 장기간 보존 시 상품성 유지가 어렵고 규격화도 어렵다.

228 단체급식소에서 장부의 기능
- 대상의 모든 사항을 기록하고, 관리하고 있는 대상물의 표시기능을 가지고 있으며, 대상물의 현상이 파악되면 표준과 비교통제하는 통제수단으로 이용된다.
- 고정성과 집합성이 있으며 현상의 표시와 대상의 통제기능을 한다.
- 식품수불부, 영양출납표, 건강관리부, 영양소요량 산출표, 검식부, 급식일지, 급식일보 등이 있다.
- * 경영의사를 전달하는 기능은 전표의 기능이다.

229 원가의 생산량과 비용의 관계에 따른 분류
- 고정비 : 판매량이 늘어나도 그 비용이 변하지 않은 비용. 임대료, 세금, 사무비, 감가상각비 등
- 변동비 : 판매량이 늘어나면서 같이 늘어나는 비용. 식재료비 등
- 반변동비 : 고정비용과 변동비용의 특성을 모두 가지고 있는 비용. 인건비 등

230 식품구매 시에는 구매시기, 구매가격, 구매장소, 구매량, 구입해야 하는 식품의 품질 등을 고려해야 한다.

231 재고회전율이 표준보다 낮다는 것은 재고가 많이 남아 있음을 의미하므로 자본이 동결되어 이익이 감소하고 식품의 부정유출, 낭비의 가능성이 많아진다.

232 정기구매
- 계속적으로 사용되는 물품구입 시에 이용되는 구매방법이다.
- 재고량이 일정한 양에 도달했을 때 자동적으로 구입하거나 생산계획에 입각하여 정기적으로 구입하는 방법이다.

233 중앙구매
- 동일 업체 내의 구매담당 부서에서 필요한 물품을 집중시켜 구매하는 방법이다.
- 일관된 구매방침을 확립할 수 있으며 구매비용이 절약되는 이점이 있으나 긴급 시 비능률적이라는 단점이 있다.

234 식품구매명세서에는 구매하고자 하는 품목에 대한 자세한 정보를 담는 것이므로 구매수량(발주량)은 기재하지 않는다.

235 정기 발주방식은 정기적으로 일정한 발주시기에 부정량을 발주하는 유형, 조달기간이 오래 걸리는 품목에 유리하다.

236 원가의 3요소
- 재료비, 인건비, 경비로 분류된다.
- 경비에는 수도광열비, 관리비, 소모품비, 감가상각비, 보험료 등이 있다.

237 구매의 유형
- 독립구매(분산구매)
  - 필요한 물품을 독립적으로 단독구매하는 형태
  - 단체급식소 급식관리자, 음식점 소유주가 구매담당자가 됨
  - 구매절차가 간단하여 긴급 시 유용 단가가 높음
- 중앙구매

- 규모 큰 위탁급식업체, 대규모 체인음식점에서 사용
- 별도의 독립된 구매부서가 구매기능을 담당
- 일관된 구매, 구매가격 저렴(비용절감). 비능률적, 절차 복잡
- 공동구매
  - 소유주가 다른 조직들이 협력하여 공동으로 구매하는 형태
  - 구매량이 많아 원가절감효과, 공신력있는 공급업체선정 가능

2과목 식품위생학

1. 식품의 위생검사법

01 식품위생검사에는 관능검사, 물리적검사, 화학적검사, 생물학적검사 및 독성검사 등이 있다.

02 미생물 검사용 검체의 운반[식품공전]
- 부패 변질 우려가 있는 검체
  미생물학적인 검사를 하는 검체는 멸균용기에 무균적으로 채취하여 저온(5℃±3)을 유지하면서 24시간 이내에 검사기관에 운반하여야 한다.

03 육류가 부패하면 amine류, 지방산류, ammonia, amino acid, indole, skatole, 황화수소, 메탄가스 등이 생성되므로 이들을 검사하여 육류 부패 여부를 판정할 수 있다.

04 식품의 일반 생균수 검사
- 시료를 표준한천평판 배지에 혼합 응고시켜서 일정한 온도와 시간에서 배양한 다음 집락(colony) 수를 계산하고 희석배율을 곱하여 전체 생균수를 측정한다.

05 SS한천배지에서 대장균의 집락은 불투명하고 혼탁하게 보이며, 살모넬라의 집락은 황화수소의 생산으로 중심부는 흑변하나 그 주변은 투명하다.

06 식품의 세균수 검사
- 일반세균수 검사 : 주로 Breed법에 의한다.
- 생균수 검사 : 표준한천평판 배양법에 의한다.

07 대장균 검사에 사용되는 배지는 젖당부이온 배지, LB 배지, BGLB 배지, EMB 배지, desoxycholate 배지 등이다.

08 대장균 검사에 이용하는 최확수(MPN)법은 시료 원액을 단계적으로 희석하여 일정량을 시험관에 배양, 본균양성 시험관수로부터 원액 중의 균수를 추정하는 것이다.

09 식품첨가물의 안전성 검토는 실험동물을 이용한 독성시험에 의하여 이루어지며 LD_{50}(반수치사량), ADI(1일 섭취허용량), MLD(최소치사량) 등으로 독성요인을 결정한다.

10 독성시험
- 아급성독성시험 : 생쥐나 쥐를 이용하여 치사량(LD_{50}) 이하의 여러 용량을 단시간 투여한 후 생체에 미치는 작용을 관찰한다. 시험기간은 1~3개월 정도이다.
- 급성독성시험 : 생쥐나 쥐 등을 이용하여 검체의 투여량을 저농도에서 일정한 간격으로 고농도까지 1회 투여 후 7~14일간 관찰하여 치사량(LD_{50})의 측정이나 급성 중독증상을 관찰한다.
- 만성독성시험 : 비교적 소량의 검체를 장기간 계속 투여한 후 그 영향을 관찰한다. 검체의 축적 독성이 문제가 되는 경우이나, 첨가물과 같이 식품으로써 매일 섭취 가능성이 있을 경우의 독성 평가를 위하여 실시하며, 시험기간은 1~2년 정도이다.

11 LD_{50}(50% Lethal Dose)
- 독성시험으로 실험동물의 반수를 1주일 내에 치사시키는 화학물질의 양을 말한다.
- LD_{50}값이 적을수록 독성이 강함을 의미한다.

12 phosphatase test
- phosphatase는 62.8℃에서 30분 또는 71~75℃에서 15~30초의 가열에 의하여 파괴되므로 이 성질을 이용하여 저온살균유의 완전살균 여부를 검사하는 데 이용한다.

2. 식품의 변질

13 식품의 초기 부패를 식별하기 위한 검사
- 관능검사, 일반세균수 검사, 휘발성 염기질소의 정량, 히스타민(histamine)의 정량, 트리메틸아민(trimethylamine)의 정량 등이 있다.
- * 환원당 측정은 당의 환원성 유무를 판정하는 방법으로 Bertrand법이 있다. 단당류, 이당류는 설탕을 제외하고는 모두 환원당이다.

14 단백질 식품의 부패도를 측정하는 지표
- 휘발성염기질소, trimethylanine, 휘발성 환원성물질, histamine, mu-cleotides의 분해생성물, hypoxanthine, tyrosine 등이 있다.
- *과산화물가(peroxide value)는 유지 중에 존재하는 과산화물의 함량을 측정한 값으로 유지의 산패를 검출하거나 유도기간의 길이를 측정하는 데 주로 이용된다.

15 신선한 육류는 pH 7.0~7.3이며 도살 후 해당작용에 의해 pH가 낮아져 최저 5.5~5.6까지 내려간다. 경직이 풀려 연화되어 부패가 진행되면 pH가 점차 알칼리성으로 변한다.

3. 소독과 살균

16
- 소독제에는 승홍($HgCl_2$), 요오드(iodine), 염소(Cl_2), 표백분, 과산화수소(H_2O_2), 페놀, 크레졸, 역성비누, 알코올, 포르말린 등이 있다.
- 중성세제는 세정력은 강하나 소독효과는 거의 없어 과일, 채소, 식기, 행주 등의 세척에 사용한다.

17 물리적 소독법
- 건열멸균, 화염멸균, 자비소독, 고압증기멸균, 간헐멸균, 저온살균, 초고온순간멸균, 자외선멸균, 초음파멸균, 방사선멸균법 등이 있다.
- *오존멸균법은 화학적 멸균방법이다.

18 트리할로메탄(THM)
- 식물의 유기물이 지표에 퇴적하여 생긴 유기고분자로서 알칼리에 불용인 humin 물질과 염소가 작용하여 생성한다.
- 발암성, 강한 간독성 등이 있는 것으로 알려져 있다.

19 석탄산
- 세균 단백질의 응고, 용해작용이 있으며, 3~5% 수용액(온수)으로 사용하며, 산성도가 높고 고온일수록 소독 효과가 크다.
- 살균력이 안정되고, 유기물질(배설물 등)에도 약화되지 않는다.
- 금속부식성이 있고, 냄새와 독성이 강하며 피부점막에 자극성이 있다.

20 역성비누(양성비누)
- 세척력은 약하지만 살균력이 강하고 가용성이다.
- 냄새가 없고, 자극성과 부식성이 없어 손이나 식기 등의 소독에 이용된다.

21 유리 잔류 염소로는 0.2 ppm, 결합 잔류염소일 때는 1.5ppm이 되도록 염소소독을 하는 것이 바람직하다.

22 고압습열(증기)멸균법(121℃/15~20분)은 주로 포자 형성균의 살균에 이용된다.

23 자외선 살균법
- 열을 사용하지 않으므로 사용이 간편하고 살균효과가 크며, 피조사물에 대한 변화가 거의 없고 균에 내성을 주지 않는다.
- 하지만, 살균효과가 표면에 한정되고, 지방류에 장시간 조사 시 산패취를 낸다.
- 물과 식품공장의 실내공기 등의 살균에 이용된다.

4. 식중독

24 세균성 식중독의 특징
- 균의 독력이 약하다. 따라서 많은 양의 균이나 독소를 섭취해야 발생한다.
- 원인균은 사람 이외의 동물의 병원균이다.
- 식품으로부터 사람에게 감염 또는 유행하지 않는다.
- 잠복기가 짧다.
- 면역이 생기지 않는다.

25 식중독 세균의 잠복기
- 병원성 호염균 식중독은 잠복기가 10~18시간
- 보툴리누스 식중독은 12~36시간
- 살모넬라 식중독은 12~24시간
- 웰치균 식중독은 8~22시간
- 포도상구균 식중독은 잠복기가 1~6시간(가장 짧다)

26 endotoxin은 균체 내 독소, ergotoxin은 맥각의 독소, tetrodotoxin은 복어의 독이며, 포도상구균이 생성하는 독소는 enterotoxin(장내 독소)이다.

27 포도상 구균에 의한 식중독
- 잠복기 : 1~6시간이며 보통 3시간 정도이다.
- 증상 : 가벼운 위장증상이며 사망하는 예는 거의 없다. 불쾌감, 구토, 복통, 설사 등이 증상이고, 발열은 거의 없고, 보통 24~48시간 이내에 회복된다.
- 포도상 구균의 독소 : 장독소(enterotoxin)이며, 120℃에서 20분 가열해도 완전히 파괴되지 않는다.

- 감염원 : 화농성 염증을 가진 조리사

28 27번 해설참조

29 *Salmonella* 균
- 그람음성, 무포자 간균, 편모가 있고 호기성 또는 통성 혐기성이다.
- 최적온도는 37℃, 최적 pH는 7~8이다.
- 열에 약하므로 60℃에서 20분 가열하면 사멸되며, 토양과 물속에서 비교적 오래 생존한다.
- *Salmonella* 균의 식중독
  - 감염원 : 육류와 그 가공품, 어패류와 그 가공품, 가금류의 알(건조란 포함), 우유 및 유제품, 생과자류, 납두, 샐러드 등이다.
  - 주요 증상 : 오심, 구토, 설사, 복통, 발열(38~40℃) 등이다.

30 29번 해설참조

31 *Cl. botulinum*의 특성
- 그람양성 간균으로 주모성 편모를 가지며 내열성 아포를 형성하고 편성 혐기성이다.
- 살균이 불충분한 통조림, 진공포장식품에서 잘 번식한다.
- 독소는 neurotoxin(신경독소)으로 열에 약하여 80℃에서 30분간이면 파괴된다.
- 원인식품은 강낭콩, 옥수수, 시금치, 육류 및 육제품, 앵두, 배, 오리, 칠면조, 어류훈제 등이다.

32 열에 가장 강한 식중독 원인균
- 포도상구균은 100℃에서 30분간이면 파괴된다.
- 장염 비브리오균은 60℃에서 2분간이면 파괴된다.
- 살모넬라균은 60℃에서 20분간이면 파괴된다.
- 병원성 대장균은 60℃에서 30분간이면 사멸된다.
- 보툴리누스균은 그람양성의 편성 혐기성 유포자균으로 열에 강해 120℃에서 4분 정도에서 살균되며 생성된 신경 독소(neurotoxin)는 80℃에서 30분이면 파괴된다.

33 *Clostridium botulinum*은 혐기성균의 대표적 균으로 치사율이 가장 높은 편이다.

34 *Clostridium perfringens*
- 그람양성 간균이고 아포를 형성한다.
- 혐기성이며 독소를 생성하고, 쥐, 가축의 분변을 통해 감염된다.
- 육류, 어패류, 면류 등이 감염원이다.

35 장염 비브리오균(*Vibrio parahemolyticus*)의 특성
- 그람음성 무포자 간균이다.
- 3% 전후의 식염농도배지에서 잘 발육한다.
- 극모성 편모를 갖는다.
- 열에 약하다(60℃에서 2분에 사멸).
- 민물에서 빨리 사멸한다.
- 최적 발육 온도는 37℃, pH는 7.5~8.0이다.
- 급성 장염을 일으킨다.

36 *Vibrio* 균
- 그람음성 무포자 간균이다.
- 소금이 전혀 들어 있지 않은 배지에서는 발육하지 않으며 0.5~12%의 식염농도범위에서 발육한다.

37 대장균군의 특성
- 그람음성 무포자간균이다.
- 주모성 편모를 갖는다.
- 분변세균의 오염지표가 된다.
- 호기성, 통성 혐기성이다.
- 유당을 분해하여 산과 가스를 생성한다.
- 협막도 만들지 않는다.
- 주 증상은 급성 위장염이다.
- 열에는 약하여 60℃에서 15~20분이면 사멸되지만, 저온에서는 강하다.

38 대장균 지수(Coli index)
- 대장균을 검출할 수 있는 최소 검수량의 역수이다.
- 10cc에서 양성이 나왔다면 대장균지수는 0.1cc이다.

39 대장균
- 분변 오염의 지표가 되기 때문에 대장균을 검사하여 음료수 판정의 지표로 삼는다.
- 그 이유는 음료수가 직접, 간접으로 동물의 배설물과 접촉하고 있다는 사실 때문이다.

40 *Proteus morganii*(*morganella* 균)
- 동물성식품의 부패균이다.
- 단백질을 분해하여 histamine을 생성하고 이것이 축적되어 알레지성 식중독을 유발시킨다.

41 웰치균(*Welchii*)
- 그람 양성 간균으로 아포를 형성한다.
- 토양, 물, 우유 외에 사람이나 동물의 장관에 존재한다.

42 세균성 식중독 유형

• 감염형 식중독 : 살모넬라균, 장염비브리오균, 병원성 대장균, *Arizona*균, *Citrobacter*균, 리스테리아균, 여시니아균, *Cereus*(설사형) 식중독 등
• 독소형 식중독 : 포도상구균(*Staphylococcus aureus*), 보툴리누스균 (*Clostridium botulinum*) 식중독 등
• 복합형 : *Welchii*균(*Clostridium perfringens*), *Cereus*균(*Bacillus cereus*, 구토형), 독소원성 대장균, 장구균(*Streptococcus faecalis*), *Aeromonas*균 식중독 등
• Allegy성(부패 amine) : *Proteus*균 식중독

43
• solanine : 감자의 독성분
• saxitoxin : 섭조개의 독성분, 대합조개
• tetrodotoxin : 복어의 독성분
• venerupin : 모시조개(바지락)독성분, 굴의 독성분
• trimethylamine(TMA) : 물고기의 비린내 성분

44
• ciguatoxin : ciguatera의 독성분
• temulin : 식물성 식중독인 독보리의 독성분
• aflatoxin : 곰팡이에 의한 독성분

45 복어중독의 예방 및 치료 방법
• 복어중독의 예방
  - 복어중독의 가장 좋은 예방은 먹지 않는 것이지만 먹을 경우에는 반드시 자격을 가지고 있는 전문 조리사가 조리한 것을 먹도록 한다.
  - 알 등 폐기물은 타인의 눈에 띄지 않도록 폐기 처분한다.
  - 사용한 조리 기구는 완전히 세척해야 한다.
• 복어중독의 치료방법
  - 우선 구토, 위 세척, 하제 등으로 위와 장내 독소를 빨리 제거하도록 한다.

46 독성분이 가장 강한 부위 순
• 생식선 → 간 → 피부 → 장 → 육질부
• 산란기직전(5~6월)이 가장 강함
• 독은 MU(mouse unit)로 표시

47 식물성 식중독
• solanine : 감자의 독성분,
• amygdaline : 청매의 독성분,
• ergotoxin : 맥각의 독성분이고,
• cicutoxin : 독미나리 독성분
* venerupin : 모시조개(바지락), 굴의 독성분

48 버섯의 독성분
• muscarine, muscaridine, neurine, choline, phaline, amanitatoxin, agaricic acid, pilztoxin 등이다.
* sepsin은 부패한 감자의 독성분이다.

49 solanine
• 보통 감자에 0.005~0.01% 정도 함유되어 있으나, 발아되어 녹색화되면 발아 부분이나 녹색 부분의 solanine함량이 0.2~0.4%로 증가하여 식중독을 유발한다.
* Muscarine은 독버섯, ricin은 피마자의 독성분이다.

50 가시독말풀의 독성분
• hyoscyamine, scopolamine, atropine 등이 있다.
• 종자 속에 0.4% 정도의 scopolamine이 함유되어 있는데 참깨로 오인하기 쉽다.

51 mycotoxin
• 곰팡이 독이라고 하며 진균류, 특히 곰팡이가 생산하는 유독대사산물이다.
• 사람이나 온혈동물에게 기능 및 기질적 장애를 유발하는 물질의 총칭이다.

52 아플라톡신(*aflatoxin*)
• *Asp. flavus*가 생성하는 대사산물로서 곰팡이 독소이다.
• mycotoxin 중 가장 강력한 간암 유발 독성분이다.
• 주요 기질은 탄수화물이 풍부한 곡류이다.
• *Asp. flavus*의 생육 적온은 33℃, 최적 Aw치는 0.78이다.
• B_1, M_1은 발암물질로 알려져 있고, 열에 강하여 270~280℃ 이상으로 가열하지 않으면 파괴되지 않는다.
• 독소생산 범위의 온도는 25~30℃이고, 관계습도는 75% 이상이다.
• 곡물의 수분을 옥수수, 밀은 13% 이하, 땅콩은 7% 이하로 유지하므로써 aflatoxin의 생성을 막을 수 있다.

53 52번 해설참조

54 *Aspergillus flavus*는 간장독을 유발하는 aflatoxin을 생성하는 곰팡이 균주이다.

55 황변미 독소 중 citrinin은 신장독, citreoviridin은 신경독, luteoskyrin, islanditoxin, cyclochlorotin은 간장독을 유발한다.

56 황변미의 원인균에는 *P. toxicarium*, *P. citrinum*, *P. islandicum*, *P. notatum*, *P. citreoviride* 등이 있다.

57 맥각(ergot)
• 맥각균(*Claviceps purpurea* 및 *Clavi ceps paspalis* 등)이 호밀, 보리, 라이맥에 기생하여 발생하는 곰팡이의 균핵(sclerotium)이다.
• 이것이 혼입된 곡물을 섭취하면 맥각중독(ergotism)을 일으킨다.
• 맥각의 성분은 ergotoxine, ergotamine, ergometrin 등의 alkaloid 물질이 대표적이다.
• 교감신경의 마비 등 중독증상을 나타낸다.

58 57번 해설 참조

59 화학적 식중독의 원인은 방사능 물질, 유독성 첨가물(착색제, 감미료 등), 포장기구 등의 용출물, 농약 등이다.

60 일본 미나마타에서 1952년에 발생한 중독사고로 하천 상류에 위치한 신일본 질소주식회사에서 방류하는 폐수에 수은이 함유되어 해수를 오염한 결과 메틸수은으로 오염된 어패류를 먹은 주민들에게 심한 수은 축적성 중독을 일으킨 예이다.

61 이타이이타이병
• 카드뮴이 장기간 체내에 흡수, 축적됨으로써 일어나는 만성 중독에 의한 것이다.
• Cd는 아연과 공존하여 용출되면 위험성이 크다.
• 카드뮴 중독은 기계나 용기, 특히 식기류에 도금된 성분이 용출되어 오염되면 만성중독을 일으킨다.

62 비소의 허용기준은 액체식품의 경우는 0.3ppm, 고체식품의 경우는 1.5ppm 이하여야 한다.

63 중금속
• 비중 4.0 이상의 금속을 말한다.
• 철, 동, 코발트, 아연 등은 필요한 금속이기는 하나 과잉 섭취하였을 때에 독성을 나타낼 수 있다.
• 반감기가 10~40년 정도로 매우 길기 때문에 이타이이타이, 미나마타 등 만성적 중독증을 일으킨다.

64 파라티온 같은 유기인제는 choline esterase와 결합하여 활성이 억제되어 신경조직 내에 acetylcholine이 축적되기 때문에 신경전달이 중절되고, 심하면 경련, 흥분, 호흡곤란 증상이 나타난다.

65 메틸알콜의 중독증상은 두통, 복통, 중추신경 억압, 시신경 마비에 의한 실명 등이다.

5. 식품과 감염병, 기생충 및 위생동물

66 경구감염병 예방대책으로 가장 중요한 것
• 보균자의 식품취급을 막는 것이며 주위환경의 청결, 소독, 환자의 배설물을 소각하도록 한다.

67 경구 감염병
• 병원체가 음식물, 손, 기구, 위생동물 등을 거쳐 경구적(입)으로 체내에 침입하여 일으키는 질병을 말한다.
• 경구 감염병의 분류
  - 세균에 의한 것 : 세균성 이질(적리), 콜레라, 장티푸스, 파라티푸스, 성홍열 등
  - 바이러스에 의한 것 : 유행성 간염, 소아마비(폴리오), 감염성 설사증, 천열(이즈미열) 등
  - 리켓치아성 질환 : Q열 등
  - 원생동물에 의한 것 : 아메바성 이질 등

68 장티푸스, 적리, 파라티푸스, 콜레라는 소화기계의 수인성 감염병으로 경구 감염되며, 탄저와 광견병은 동물 접촉에 의하여 나타나는 인축 공통 감염병이다.

69 감염병 중 순환변화
• 수년의 단기간을 주기로 유행을 순환 반복하는 주기적 변화를 말한다.
• 홍역 2년, 장티푸스 30~40년, 백일해 2~4년, 디프테리아 20년의 순환변화를 가진다.

70 이질
• 세균성 설사증으로 법정 감염에 속한다.
• 이질균은 분변으로 배출되며 잠복기간은 2~7일이다.
• 예방은 식품의 가열과 손 소독이며, 이질 증상이 발생하였을 때 약제를 잘못 쓰면 내성균을 만들게 되므로 치료가 어려워진다.

71 인축공통 감염병
• 돈단독, 파상열, Q열, 야토병, 결핵, 탄저, 랩토스피라증 등이 있다.
* 성홍열과 세균성 이질(적리)은 세균성 경구감염병이다.

72 파리에 의하여 전파되는 질병
• 파라티푸스, 장티푸스, 이질, 콜레라, 살모넬라 등은 파리가 환자, 보균자의 배설물에서 균체를 음식물에 옮겨 오염시키고, 그것을 섭취하므로써 감염된다.

73 Q열(fever)
- 병원체는 *Coxiella burnetii* 이고 구상, 간상으로 운동성이 없다.
- 난황에서 잘 증식한다.
- 건조에 저항력이 강하고 71.5℃에서 15분 가열하면 사멸된다.

74 기생충과 매개식품
- 채소를 매개로 감염되는 기생충 : 회충, 요충, 십이지장충, 동양모양선충, 편충 등
- 담수어류를 매개로 감염되는 기생충 : 간디스토마(간흡충), 폐디스토마(폐흡충), 요코가와흡충, 광절열두조충, 아니사키스 등
- 수육을 매개로 감염되는 기생충 : 무구조충(민촌충), 유구조충(갈고리촌충), 선모충 등

75 회충의 특성
- 채소를 통해 경구를 통하여 감염된다.
- 건조나 저온에 대한 저항성이 강하여 −10~−15℃에서도 생존한다.
- 충란은 일광에 약하다.

76 십이지장충(구충)감염 특징
- 사람의 노출된 피부를 통해 주로 감염되고 때로는 경구감염이 된다.
- 회충, 요충, 조충, 편충 등은 입을 통하여 감염된다.

77 간디스토마(간흡충)
- 제1 중간숙주는 왜우렁이이다.
- 제2 중간숙주는 참붕어, 잉어, 붕어, 큰납지리, 가시납지리, 피라미, 모래무지 등 48종의 민물고기가 보고되고 있다.

78 폐디스토마(폐흡충)
- 제1 중간숙주는 다슬기이다.
- 제2 중간숙주는 민물 게, 가재 등이다.

79 78번 해설참조

80 광절열두조충(긴촌충)의 감염경로
- 제1 중간숙주인 물벼룩에서 기생한다.
- 제2 중간숙주인 농어, 송어, 연어 등 담수어와 반담수어를 통하여 사람의 장에 기생한다.

81 무구조충(민촌충)
- 중간숙주는 소이다.
- 낭충을 가진 소고기를 불충분하게 가열하거나 생식하면 감염되어 소장에서 기생하며 발육한다.

82 아니사키스(*Anisakis*)
- 고래, 돌고래 등의 바다 포유류의 제1 위에 기생하는 회충이다.
- 제1 중간숙주는 갑각류이며, 제2 중간숙주는 오징어, 대구, 가다랭이 등의 해산어류이다.
- 주로 소화관에 궤양, 종양, 봉와직염(phlegmon)을 일으킨다. 위장벽의 점막에 콩알 크기의 호산구성 육아종이 생기는 것이 특징이다.
- 유충은 50℃에서 10분, 55℃에서 2분, −10℃에서 6시간 생존한다.

83 기생충과 숙주
- 간디스토마 : 제1 숙주는 왜우렁이, 제2 숙주는 잉어, 붕어
- 아니사키스 자충 : 제1 숙주는 갑각류, 제2 숙주는 오징어, 대구, 청어, 고등어 등
- 유구조충 : 제1 숙주는 돼지고기, 제2 숙주는 낭미충
- 광절열두조충 : 제1 숙주는 물벼룩, 제2 숙주는 연어, 송어(담수어, 반담수어) 등
- 폐디스토마 : 제1 숙주는 다슬기, 제2 숙주는 민물의 게, 가재 등

84 기생충과 숙주
- 회충, 십이지장충 : 채소
- 요충 : 충란이 항문 주위에서 발견
- 간디스토마(간흡충) : 담수어
- 폐디스토마(폐흡충) : 민물게나 가재
- 광절열두조충 : 제1 중간숙주는 물벼룩, 제2 중간숙주는 담수어 및 반담수어(연어, 민어, 송어 등)
- 무구조충 : 소고기촌충(민촌충)
- 유구조충 : 돼지고기촌충(갈고리촌충)

85 파라티푸스, 장티푸스, 이질, 콜레라, 살모넬라 등은 파리가 환자나 보균자의 배설물에서 균체를 음식물에 옮겨 오염시키고 그것을 섭취함으로써 감염된다. 유행성출혈열은 바이러스성 질환으로 쥐가 옮긴다.

86 쥐에 의한 전염병
- 세균성 질환 : 페스트, 바일병(렙토스피라증)
- 리켓치아성 질환 : 발진열, 쯔쯔가무시병
- 바이러스성 질환 : 유행성 출혈열 등
- *파상열은 *Brucella*에 감염된 소나 돼지을 접촉하거나 우유나 육류를 생식하므로 써 감염된다.

---

6. 식품 중의 환경오염물질

87 부영양화 현상
- 공장이나 도시 하수 중에는 식물영양분으로 인산염, 질소 등이 풍부하다. 따라서 하천이나 바다의 플랑크톤(plankton)이 대량 번식하여 용존산소를 대량으로 소모하므로 수중 산소가 급격히 떨어져 혐기상태로 되어 부패하면서 악취가 나고 유독화 현상이 나타나는데 이것을 부영양화 현상이라 한다.
- 플랑크톤이 대량 발생하면 적조 현상이 일어난다.

88 용존산소(DO)
- 물의 오염상태를 나타내는 지표항목 중의 하나로 물에 녹아 있는 산소의 농도를 mg/ℓ 또는 ppm으로 나타낸다.
- 하천수 중에 DO가 적다는 것은 부패성 유기물 함량이 많다는 뜻이므로 오염도가 높다는 것을 의미한다.

89 생물학적 산소 요구량(biological oxygen demand : BOD)
- 물속에 있는 산화, 환원성 물질, 즉 오염될 수 있는 물질이 생물학적인 산화를 받아 주로 무기성의 산화물과 가스가 되기 위해 소비되는 산소량을 ppm으로 표시한 것이다.

90 폐수오염지표의 검사 항목
- BOD(생물화학적산소요구량), COD(화학적산소요구량), pH(수소이온농도), DO(용존산소량), SS(부유물질량), 특정 유해물질, 대장균수, 색도, 온도 등이다.
- *Aw는 수분활성도를 표시한다.

91 먹는 물의 수질기준 및 검사 등에 관한 규칙
[별표1] 먹는 물의 수질기준(제2조 관련)
- 질산성 질소는 10mg/ℓ를 넘지 아니할 것
- 대장균은 100㎖에서 검출되지 아니할 것
- 염소이온은 250mg/ℓ를 넘지 아니할 것
- 일반세균은 1㎖ 중 100CFU를 넘지 아니할 것
- 암모니아성 질소는 0.5mg/ℓ를 넘지 아니할 것

92 3, 4−benzopyrene
- 발암성 방향족 탄화수소이다.
- 구운 소고기, 훈제어, 대맥, 커피, 채종유 등에 미량 함유되어 있는데 공장지대의 대맥에는 농촌지대의 대맥에서보다 약 10배나 함량이 많은 것으로 알려졌으며, 이는 대기오염의 영향 때문으로 판단된다.

93 식품오염에 문제가 되는 방사선 물질
- 생성률이 비교적 크고 반감기가 긴 Sr−90(18.8년), Cs−137(30.17년) 및 반감기가 짧은 I−131(8일), Ru−106(36.5일) 등이다.
- 방사능 핵종 중 Sr−90은 주로 뼈에 침착하여 17.5년이란 긴 유효반감기를 가지고 있기 때문에 한번 침착되면 조혈기관인 골수 장애를 일으킨다.
- 그러므로 Sr−90은 식품위생상 크게 문제가 된다.

---

7. 식품의 용기, 포장에 관한 위생

94 카드뮴은 식기에 도금하면 산에 약해서 용출되므로 산성식품의 용기로는 부적합하고 중성 및 알칼리성 식품의 용기로만 사용이 가능하다.

95 도자기 등에 사용되는 안료
- 납, 카드뮴, 아연 등 유해 금속화합물이 많으며 용출될 위험성이 많다.
- 유약에서는 납이 검출될 수 있으며, 용기류에는 납이 다량 함유된 연단의 사용을 금하고 있다.

96 요소수지
- 요소와 알데히드류의 축합에 의해 얻어진다.
- 색깔이 풍부하고 광택이 우수하여 가볍고 경도가 높지만 장기간 사용하면 표면이 거칠어져 유해한 포르말린이 용출되어 위생상 문제가 된다.

97 염화비닐수지
- 주성분이 polyvinylchloride로 포르말린의 용출이 없어 위생적으로 안전하다.
- 투명성이 좋고, 착색이 자유로우며 유리에 비해 가볍고 내수성, 내산성이 좋다.

98 알루미늄박의 특성
- 무미, 무취, 방습, 방기성이 좋고 식품보호 및 지방질 식품의 포장에 적합하고 광선차단성질 및 자외선 조사에 의해 변질될 수 있는 식품에 적합하다.

---

8. 식품첨가물

99 보존료의 구비조전
- 독성이 없을 것
- 미생물의 발육 억제 효과가 강할 것

- 기호에 맞을 것
- 미량으로 효과가 있을 것
- 식품에 나쁜 영향을 주지 않을 것
- 사용하기 쉬울 것
- 값이 저렴할 것

100 nitrofurazone, nitrofuryl acrylamide 및 formaldehyde는 보존제로 사용할 수 없다.

101 안식향산(benzoic acid)
- 물에는 난용이지만 유기용매에 잘 녹고 살균작용과 발육 저지작용을 가지고 있어 식품 보존료로 사용하고 있다.
- 주로 음료, 간장, 마아가린, 마요네즈 등에 허용하고 있다.

102 보존료
- 소르브산칼슘 : 젖산균음료(살균한 것 제외), 된장, 고추장, 과채주스, 잼류, 당류가공품절임, 과일주, 탁주, 약주 등의 보존료
- 프로피온산나트륨 : 빵, 케이크, 치즈류, 잼류 등에 쓰이는 보존료
- 파라옥시 안식향산에틸 : 간장, 식초, 잼류, 캡슐류 등의 보존료
- 데히드로초산 : 치즈, 버터, 마가린에 쓰이는 보존료
- 안식향산 : 탄산음료, 간장, 절임식품 등에 쓰이는 보존료

103 • L-아스코르빈산 : 산화방지제
- 프로피온산칼슘 : 빵 및 케이크류, 치즈, 잼류 등에 사용되는 보존료
- 안식향산 : 음료, 간장, 마아가린, 마요네즈 등에 사용되는 보존료
- 데히드로초산 : 치즈, 버터, 마가린 등에 사용되는 보존료
- 프로피온산나트륨 : 빵 및 케이크류, 치즈, 잼류 등에 사용되는 보존료

104 유해 보존료
- 붕산, formaldehyde, 불소화합물(HF, NaF), β-naphthol, 승홍(HgCl$_2$), urotropin 등은 유해 보존료이다.
- *D-sorbitol은 허용 감미료이다.

105 탄산음료
- 탄산가스를 함유하며 마시는 것을 목적으로 하는 탄산음료, 탄산수, 착향탄산음료를 말한다.
- 탄산음료에 이용되는 보존료는 안식향산(benzoic acid), 안식향산나트륨(sodium benzoate)이 있고 0.6g/kg(안식향산으로) 이하 사용한다.

106 살균제의 종류
- 차아염소산 나트륨(sodium hypochlorite), 차아염소산 칼슘(calcium hypochlorite), 오존수(Ozone Water), 차아염소산수(hypochlorous acid water), 이산화염소(수)(chlorine dioxide), 과산화수소(hydrogen peroxide) 등이 있다.
- *benzoic acid는 보존제(방부제)이다.

107 유지의 산패
- 유지의 불포화지방산이 산화되면 ketone이나 aldehyde 등의 carbonyl 화합물이 생성되어 산패, 이미, 이취, 변색 및 퇴색 등으로 나타난다.
- 유지는 효소, 수분, 금속염류, 열, 광선 등의 존재 하에서는 산화가 촉진된다.
- 산화방지제는 수용성과 지용성이 있으며, 수용성은 주로 색소의 산화방지에 사용된다.

108 식용 착색제의 구비조건
- 인체에 독성이 없고, 체내에 축적되지 않으며 미량으로 착색효과가 크고 식품위생법에 허용된 것이어야 한다.
- 물리, 화학적 변화에 안정하며, 영양소를 함유하면 더욱 좋다.

109 알루미늄레이크(Al-lake)
- 5미크론 정도의 미세분말이고 가비중은 0.1~0.14이다.
- 물, 유기용매, 유지 등에는 거의 녹지 않으나 물에서는 약간의 색소는 용출된다.
- 내열성, 내광성이 우수하며 산이나 알칼리에는 서서히 용해되어 원색소가 용출한다.

110 tar색소가 색소용액이나 착색된 액체 식품에서 침전되는 이유
- 용해도를 초과하여 사용할 때
- 용매부족
- 화학반응
- 저온, 특히 농후한 색소액인 경우

111 일반적인 유해 tar색소
- 허가되지 않은 유해 합성착색료는 염기성이거나 nitro기를 가지고 있는 것이 많다.
  - 황색계 : auramine, orange II, butter yellow, spirit yellow, p-nitroaniline
  - 청색계 : methylene blue
  - 녹색계 : malachite green
  - 자색계 : methyl violet, crystal violet
  - 적색계 : rhodamine B, sudan III

112 β-carotene은 carotenoid계의 대표적인 색소로 vitamin A의 전구물질이며 영양 강화 효과를 갖는 물질이다.

113 베타카로틴은 당근색소로 지용성이므로 마가린 등에 사용한다.

114 육색고정제(발색제)
- 발색제에는 아질산나트륨(NaNO$_2$), 질산나트륨(NaNO$_3$), 아질산칼륨(KNO$_2$) 질산칼륨(KNO$_3$) 등이 있다.
- 육색고정 보조제로는 ascorbic acid가 있다.
- 식육가공품(포장육, 식육 추출가공품, 식육우지, 돈지 제외) 및 정육제품 0.07g/kg 이하, 어육소시지, 어육햄류 및 치즈 0.05g/kg 이하로 허용되고 있다.

115 • 아스파탐 : 저칼로리 건강식품에 사용
- 둘신 : 1966년에 소화효소 불활성화 및 적혈구생산 억제로 사용금지
- 소르비톨 : 당알코올로 시원한 단맛이 있으며, 감미도는 0.6이다. 점성을 조절하여 과자류 등의 딱딱함을 방지하고 설탕 석출을 방지
- 스테비오사이드 : 설탕의 약 270~300배의 감미도를 가졌으며 절임류, 소주, 스넥 등에 사용
- 싸이클라메이트 : 유해 감미료

116 팽창제
- 빵류나 과자 등을 만들 때 잘 부풀게 할 목적으로 사용되는 첨가물이다.
- 넣으면 탄산가스 등이 발생되어 부풀게 한다.
- 일반적으로 사용되는 팽창제는 탄산수소나트륨, 탄산암모늄, 주석산수소칼슘, 제1 인산칼슘 등 39여 종이 있다.
- 천연물로는 효모(yeast)가 대표적인 팽창제이다.

117 안정제
- 알긴산 나트륨, 구아검, 시클로덱스트린, 결정셀룰로오스, 카복실메틸셀룰로오스나트륨, 에스테르검 등 61종이 허용되고 있다.
- *사카린 나트륨은 감미료 일종이다.

118 피막제
- 주로 과실이나 야채의 신선도를 유지하기 위해 표면에 피막을 만들어 호흡작용을 제한하고 수분증발을 막아 표피의 위축을 방지하기 위해 사용한다.
- 모르폴린 지방산염, 초산비닐수지, 폴리에틸렌글리콜 등 17종이 허용되고 있다.

119 식품에 사용할 수 있는 유화제
- 글리세린지방산 에스테르, 소리비탄지방산 에스테르, 대두인지질(대두 레시틴), 폴리소르베이트 등이 있다.
- *에리소르빈산나트륨은 산화방지제이다.

120 산미료
- acetic acid, citric acid, malic acid, succinic acid, lactic acid, tartaric acid, fumaric acid 등의 유기산이다.
- *HCl, HNO$_3$, H$_2$SO$_4$ 등의 무기산은 맹독성으로 산미료로 사용되지 않는다.

121 허용된 표백제
- 환원성 표백제로는 메타중 아황산칼륨, 무수아황산, 아황산나트륨, 산성 아황산 나트륨, 차아황산나트륨 등이 있다.
- *과산화수소는 산화형의 표백제이다.

122 유기산류와 인산염은 금속제거, pH완충, 착염형성 능력을 가지고 있어 품질 개량제 및 금속 제거제로 사용된다.

2과목 식품위생관계법규

01 식품위생법 제2조(정의)
- 식품이란 모든 음식물(의약으로 섭취하는 것은 제외한다)을 말한다.

02 식품위생법 제2조(정의)
- 영업이란 식품 또는 식품첨가물을 채취·제조·가공·조리·저장·소분·운반 또는 판매하거나 기구 또는 용기·포장을 제조·수입·운반·판매하는 업(농업과 수산업에 속하는 식품 채취업은 제외한다)을 말한다.
- 집단급식소란 영리를 목적으로 하지 아니 하면서 특정 다수인(상시 1회 50인 이상)에게 계속하여 음식물을 공급하는 다음 각 목의 어느 하나에 해당하는 곳의 급식시설로서 대통령령으로 정하는 시설을 말한다(가. 기숙사, 나. 학교, 유치원, 어린이집, 다. 병원, 라.「사회복지사업법」제2조제4호의 사회복지시설, 마. 산업체, 바. 국가, 지방자치단체 및「공공기관의 운영에 관한 법률」제4조제1항에 따른 공공기관, 사. 그 밖의 후생기관 등).

03 식품위생법 제2조(정의)
- 화학적 합성품이란 화학적 수단으로 원소 또는 화합물에 분해 반응 외의 화학 반응을 일으켜서 얻은 물질을 말한다.

04 식품위생법 제14조(식품 등의 공전)
식품의약품안전처장은 다음 각 호의 기준 등을 실은 식품 등의 공전을 작성·보급하여야 한다. [개정 2013.3.23]
- 제7조제1항에 따라 정하여진 식품 또는 식품첨가물의 기준과 규격
- 제9조제1항에 따라 정하여진 기구 및 용기·포장의 기준과 규격
- 삭제[2018.3.13] [시행일 2019.3.14]

05 02번 해설 참조

06 식품 등의 표시기준(목적)[2022.12.14. 개정]
- 이 고시는 식품, 축산물, 식품첨가물, 기구 또는 용기·포장의 표시기준에 관한 사항, 소비자 안전을 위한 주의 사항 및 영양성분 표시대상 식품의 영양표시에 관하여 필요한 사항을 규정함으로써 위생적인 취급을 도모하고 소비자에게 정확한 정보를 제공하며 공정한 거래의 확보를 목적으로 한다.

07 식품위생법 제2조(정의)
- 식품위생이란 식품, 식품첨가물, 기구 또는 용기·포장을 대상으로 하는 음식에 관한 위생을 말한다.

08 식품위생법 제57조(식품위생심의위원회의 설치 등) : 식품의약품안전처장의 자문에 응하여 다음 각 호의 사항을 조사·심의하기 위하여 식품의약품안전처에 식품위생심의위원회를 둔다.
- 식중독 방지에 관한 사항
- 농약, 중금속 등 유독·유해물질 잔류 허용 기준에 관한 사항
- 식품 등의 기준과 규격에 관한 사항
- 그 밖에 식품위생에 관한 중요 사항

09 식품위생법 제86조(식중독에 관한 조사 보고)
① 다음 각 호의 어느 하나에 해당하는 자는 지체 없이 관할 특별자치시장·시장(「제주특별자치도 설치 및 국제자유도시 조성을 위한 특별법」에 따른 행정시장 포함)·군수·구청장에게 보고하여야 한다. 이 경우 의사나 한의사는 대통령령으로 정하는 바에 따라 식중독 환자나 식중독이 의심되는 자의 혈액 또는 배설물을 보관하는 데에 필요한 조치를 하여야 한다.
- 식중독 환자나 식중독이 의심되는 자를 진단하였거나 그 사체를 검안한 의사 또는 한의사
- 집단급식소에서 제공한 식품등으로 인하여 식중독 환자나 식중독으로 의심되는 증세를 보이는 자를 발견한 집단급식소의 설치·운영자
② 시장·군수·구청장은 제1항에 따른 보고를 받은 때에는 지체 없이 그 사실을 식품의약품안전처장 및 시·도지사에게 보고하고, 대통령령으로 정하는 바에 따라 원인을 조사하여 그 결과를 보고하여야 한다.

10 식품위생법 시행령(허가 및 신고업종)

허가업종(영 제23조)	신고업종(영 제25조)
• 식품보존업 중 식품조사 처리업 • 식품접객업 중 단란주점 영업, 유흥주점영업	• 즉석판매제조·가공업 • 식품운반업 • 식품소분·판매업 • 식품보존업 중 식품냉동·냉장업 • 용기·포장류제조업 • 식품접객업 중 휴게음식점영업, 일반음식점영업, 위탁급식영업, 제과점영업

11 식품위생법 제39조(영업의 승계)
㉠ 영업자가 그 영업을 양도하거나 사망한 때 또는 법인이 합병한 경우에는 그 양수인·상속인 또는 합병 후 존속하는 법인이나 합병에 따라 설립되는 법인은 그 영업자의 지위를 승계한다.

㉡ 다음의 각 호의 어느 하나에 해당하는 절차에 따라 영업시설의 전부를 인수한 자는 그 영업자의 지위를 승계한다. 이 경우 종전의 영업자에 대한 영업허가 또는 그가 한 신고는 그 효력을 잃는다.
- 민사집행법에 의한 경매
- 「채무자 회생 및 파산에 관한 법률」에 의한 환가
- 국세징수법·관세법 또는 지방세법에 의한 압류재산의 매각

12 식품위생법 시행령 제26조(신고를 하여야 하는 변경사항)
- 영업자의 성명(법인의 경우 대표자의 성명)
- 영업소의 명칭 또는 상호
- 영업소의 소재지
- 영업장의 면적
- 즉석판매제조·가공업을 하는 자가 즉석판매제조·가공대상 식품 중 식품의 유형을 달리하여 새로운 식품을 제조·가공하려는 경우
- 식품운반업으로서 냉장·냉동차량을 증감하려는 경우
- 식품자동판매기영업을 하는 자가 같은 특별자치시·시(제주특별자치도 설치 및 국제자유도시 조성을 위한 특별법에 따른 행정시)·군·구(자치구)에서 식품자동판매기의 설치대수를 증감하려는 경우

13 식품위생법 시행규칙 제9조의2(위생검사 등 요청기관)
"총리령으로 정하는 식품위생검사기관"이란 다음 각호의 기관을 말한다.
- 식품의약품안전평가원
- 지방식품의약품안전처
- 「보건환경연구원법」제2조제1항에 따른 보건환경연구원 (2014.3.6 신설)

14 13번 해설 참조

15 ㉠ 식품위생법 시행령 제23조(허가를 받아야 하는 영업 및 허가관청)
- 식품보존업 중 식품조사처리업 ⇒ 식품의약품안전처장
- 식품접객업 중 단란주점영업, 유흥주점영업 ⇒ 특별자치시장·특별자치도지사 또는 시장·군수·구청장

㉡ **식품위생법 시행령 제25조(영업신고를 하여야 하는 업종 및 신고관청)**
- 즉석판매제조·가공업
- 식품운반업
- 식품소분·판매업
- 식품보존업 중 식품냉동·냉장업
- 용기·포장류제조업
- 식품접객업 중 휴게음식점영업, 일반음식점영업, 위탁급식영업, 제과점영업
  ⇒ 특별자치시장·특별자치도지사 또는 시장·군수·구청장

16 15번 해설 참조

17 식품위생법 시행규칙 제42조(영업의 신고 등) 10항
신고를 받은 신고관청은 해당 영업소의 시설에 대한 확인이 필요한 경우에는 신고증 교부 후 15일 이내에 신고 받은 사항을 확인하여야 한다.

18 식품위생 분야 종사자의 건강진단 규칙 제2조(건강진단 항목 등)
[별표] 정기 건강진단 항목 및 횟수

대상	건강진단 항목	횟수
식품 또는 식품첨가물(화학적 합성품 또는 기구 등의 살균·소독제는 제외한다)을 채취·제조·가공·조리·저장·운반 또는 판매하는데 직접 종사하는 사람. 다만, 영업자 또는 종업원 중 완전 포장된 식품 또는 식품첨가물을 운반하거나 판매하는 데 종사하는 사람은 제외한다.	1. 장티푸스(식품위생 관련영업 및 집단급식소 종사자만 해당한다) 2. 폐결핵 3. 감염성 피부질환(한센병 등 세균성 피부질환을 말한다)	1회/년

19 식품위생법 제52조(영양사의 직무)
- 집단급식소에서의 식단 작성, 검식 및 배식관리
- 구매 식품의 검수 및 관리
- 급식시설의 위생적 관리
- 집단급식소의 운영일지 작성
- 종업원에 대한 영양 지도 및 식품위생교육

20 국민영양관리법 시행규칙 제9조(영양사 국가시험 과목 등)
영양사 국가시험의 합격자는 전 과목 총점의 60퍼센트 이상 매 과목 만점의 40퍼센트 이상 득점하여야 한다.

21 식품위생법 제52조(영양사)
① 집단급식소 운영자는 영양사를 두어야 한다. 다만 다음 각 호의 어느 하나에 해당하는 경우에는 영양사를 두지 아니하여도 된다.
- 집단급식소 운영자 자신이 영양사로서 직접 영양 지도를 하는 경우
- 1회 급식인원 100명 미만의 산업체인 경우
- 조리사가 영양사의 면허를 받은 경우

22 국민영양관리법 시행규칙 제17조(면허증의 반환)
영양사가 영양사 면허증을 재교부 받은 후 분실하였던 영양사 면허증을 발견하였거나, 영양사 면허의 취소처분을 받았을 때에는 그 영양사 면허증을 지체 없이 보건복지부장관에게 반환하여야 한다.

23 국민영양관리법 제7조(국민영양관리기본계획)
㉠ 보건복지부장관은 관계 중앙행정기관의 장과 협의하고 국민건강증진정 책심의위원회의 심의를 거쳐 국민영양관리 기본계획을 5년마다 수립하여야 한다.
㉡ 기본계획에는 다음 각 호의 사항이 포함되어야 한다.
• 기본계획의 중장기적 목표와 추진방향
• 다음 각 목의 영양관리사업 추진계획
 – 영양·식생활 교육사업
 – 영양취약계층 등의 영양관리사업
 – 영양관리를 위한 영양 및 식생활 조사
 – 그밖에 대통령령으로 정하는 영양관리사업
• 연도별 주요 추진과제와 그 추진방법
• 필요한 재원의 규모와 조달 및 관리 방안
• 그밖에 영양관리 정책수립에 필요한 사항

24 식품위생법 제4조(위해식품 등의 판매 등 금지)
누구든지 다음 각 호의 어느 하나에 해당하는 식품 등을 판매하거나 판매할 목적으로 채취·제조·수입·가공·사용·조리·저장·소분·운반 또는 진열하여서는 아니된다.
1. 썩거나 상하거나 설익어서 인체의 건강을 해칠 우려가 있는 것
2. 유독·유해물질이 들어 있거나 묻어 있는 것 또는 그러할 염려가 있는 것. 다만, 식품의약품안전처장이 인체의 건강을 해칠 우려가 없다고 인정하는 것은 제외한다.
3. 병을 일으키는 미생물에 오염되었거나 그러할 염려가 있어 인체의 건강을 해칠 우려가 있는 것
4. 불결하거나 다른 물질이 섞이거나 첨가된 것 또는 그 밖의 사유로 인체의 건강을 해칠 우려가 있는 것
5. 안전성 심사 대상인 농·축·수산물 등 가운데 안전성 평가를 받지 아니하였거나 안전성 평가에서 식용으로 부적합하다고 인정된 것
6. 수입이 금지된 것 또는 「수입식품안전관리특별법」 제20조 제1항에 따른 수입신고를 하지 아니하고 수입한 것
7. 영업자가 아닌 자가 제조·가공·소분한 것

25 2번 해설 참조

26 식품위생법 시행령 제2조(집단급식소의 범위) : 집단급식소는 1회 50명 이상에게 식사를 제공하는 급식소를 말한다.

27 식품위생법 시행규칙 제61조(우수업소·모범업소의 지정기준) 제2항 [별표19]
나. 일반음식점
㉠ 건물의 구조 및 환경
• 청결을 유지할 수 있는 환경을 갖추고 내구력이 있는 건물이어야 한다.
• 마시기에 적합한 물이 공급되며, 배수가 잘 되어야 한다.
• 업소 안에는 방충시설, 쥐막이 시설 및 환기시설을 갖추고 있어야 한다.
㉡ 주방
• 주방은 공개되어야 한다.
• 입식조리대가 설치되어 있어야 한다.
• 냉장시설·냉동시설이 정상적으로 가동되어야 한다.
• 항상 청결을 유지하여야 하며, 식품의 원료 등을 보관할 수 있는 창고가 있어야 한다.
• 식기 등을 소독할 수 있는 설비가 있어야 한다.
㉢ 객실 및 객석
• 손님이 이용하기에 불편하지 아니한 구조 및 넓여야 한다.
• 항상 청결을 유지하여야 한다.
㉣ 화장실
• 정화조를 갖춘 수세식이어야 한다.
• 손 씻는 시설이 설치되어야 한다.
• 벽 및 바닥은 타일 등으로 내수 처리되어 있어야 한다.
• 1회용 위생종이 또는 에어타월이 비치되어 있어야 한다.
㉤ 종업원
• 청결한 위생복을 입고 있어야 한다.
• 개인위생을 지키고 있어야 한다.
• 친절하고 예의바른 태도를 가져야 한다.
㉥ 그 밖의 사항
• 1회용 물컵, 1회용 숟가락, 1회용 젓가락 등을 사용하지 아니하여야 한다.
• 그 밖에 모범업소의 지정기준 등과 관련한 세부사항은 식품의약품안전처장이 정하는 바에 의한다.

28 식품위생법 제38조(영업허가 등의 제한)
청소년을 유흥접객원으로 고용하여 유흥행위를 하게 하는 행위를 위반하여 영업의 허가가 취소되거나 성매매알선 등 행위의 처벌에 관한 법률에 따라 영업의 허가가 취소되고 2년이 지나기 전에 같은 장소에서 식품접객업을 하려는 경우

29 식품·의약품분야 시험·검사 등에 관한 법률 시행규칙 제12조(시험·검사의 절차)
시험·검사기관은 의뢰된 시료에 대한 시험·검사 결과 제11조에 따른 기준에 부적합한 경우에는 그 시험·검사가 끝난 날부터 60일간 식품의약품안전처장이 정하는 바에 따라 해당 시료의 전부 또는 일부를 보관하여야 한다. 다만, 보관하기 곤란하거나 부패하기 쉬운 시료의 경우에는 그러하지 아니한다.

30 식품위생법 시행령은 대통령령에 의하며 가장 최근(2023. 4. 25) 대통령령 제33434호 일부 개정되었다.

31 수입식품 안전관리 특별법 시행규칙 제30조(수입식품등의 검사 등) [별표9] 수입식품 등의 검사방법
㉠ 서류검사 및 그 대상
서류검사라 함은 신고서류 등을 검토하여 그 적합여부를 판단하는 검사를 말하며, 다음의 식품 등을 대상으로 한다(이하 생략).
㉡ 현장검사 및 대상
현장검사란 제품의 성질·상태·맛·냄새·색깔·표시·포장상태 및 정밀검사이력 등을 종합하여 식품의약품안전처장이 별도로 정하는 기준과 방법에 따라 실시하는 관능검사를 포함하여 다음의 식품 등을 대상으로 한다.
식용을 목적으로 하는 원료성의 농·임·수산물로서 식품 등의 기준 및 규격이 설정되지 아니 한 것(이하 생략)
㉢ 정밀검사 및 그 대상
정밀검사라 함은 물리적·화학적 또는 미생물학적 방법에 따라 실시하는 검사로서 서류검사 및 현장검사를 포함하며, 다음의 식품 등을 대상으로 한다(이하 생략).
㉣ 무작위표본검사 및 그 대상(이하 생략)

32 식품 등의 표시·광고에 관한 법률 시행령 제3조(부당한 표시 또는 광고의 내용) [별표1]
5. 소비자를 기만하는 다음 각 목의 표시 또는 광고
• 식품학·영양학·축산가공학·수의공중보건학 등의 분야에서 공인되지 않은 제조방법에 관한 연구나 발견한 사실을 인용하거나 명시하는 표시광고. 다만, 식품학 등 해당분야의 문헌을 인용하여 내용을 정확히 표시하고, 연구자의 성명, 문헌명, 발표 연월일을 명시하는 표시 광고는 제외한다.

33 식품위생법 시행규칙 제36조(업종별 시설기준)[별표14]
• 식품제조가공업의 시설기준
지하수 등을 사용하는 경우 취수원은 화장실, 폐기물처리시설, 동물사육장 그 밖에 지하수가 오염될 우려가 있는 장소로부터 영향을 받지 아니한 곳에 위치해야 한다.

34 식품위생법 시행령 제17조(식품위생감시원의 직무)
• 식품 등의 위생적인 취급에 관한 기준의 이행 지도
• 수입·판매 또는 사용 등이 금지된 식품 등의 취급 여부에 관한 단속
• 표시기준 또는 과대광고 금지의 위반 여부에 관한 단속
• 출입·검사 및 검사에 필요한 식품 등의 수거
• 시설기준의 적합 여부의 확인·검사
• 영업자 및 종업원의 건강진단 및 위생교육의 이행 여부의 확인·지도
• 조리사 및 영양사의 법령 준수사항 이행 여부의 확인·지도
• 행정처분의 이행 여부 확인
• 식품 등의 압류·폐기 등
• 영업소의 폐쇄를 위한 간판 제거 등의 조치
• 그 밖에 영업자의 법령 이행 여부에 관한 확인·지도

35 식품위생법 시행규칙 제38조(식품소분업의 신고대상)
식품 또는 식품첨가물(수입되는 식품 또는 식품첨가물을 포함한다)과 벌꿀[영업자가 자가 채취하여 직접 소분(소분)·포장하는 경우를 제외한다]을 말한다. 다만, 어육제품, 특수용도식품(체중 조절용 조제 식품은 제외), 통·병조림 제품, 레토르트식품, 전분, 장류 및 식초는 소분·판매하여서는 아니 된다.

36 식품위생법 제7조(식품 또는 식품첨가물에 관한 기준 및 규격)
• 제조·가공·사용·조리·보존 방법에 관한 기준
• 성분에 관한 규격

37 식품위생법 제2조(정의)
기구란 다음 각 목의 어느 하나에 해당하는 것으로서 식품 또는 식품첨가물에 직접 닿는 기계·기구나 그 밖의 물건(농업과 수산업에서 식품을 채취하는 데에 쓰는 기계·기구나 그 밖의 물건 및 「위생용품 관리법」 제2조 제1호에 따른 위생용품은 제외한다)을 말한다.
• 음식을 먹을 때 사용하거나 담는 것
• 식품 또는 식품첨가물을 채취, 제조, 가공, 조리, 저장, 소분, 운반, 진열할 때 사용하는 것

38 식품위생법 시행규칙 5조(식품등의 한시적 기준 및 규격의 인정등)
한시적으로 인정하는 식품 등의 제조·가공 등에 관한 기준과 성분의 규격에 관하여 필요한 세부 검토기준 등에 대해서는 식품의약품안정처장이 정하여 고시한다.

39 식품위생법 시행규칙 제31조(자가품질검사) [별표12]
자가품질검사 대상 영업 : 식품제조가공업, 즉석판매제조·가공업, 식품첨가물제조업, 기구 또는 용기·포장류제조업

40 식품위생법 시행규칙 제51조(식품위생교육기관 등)
① 식품 위생 교육 및 위생 관리 책임자에 대한 교육을 실시하는 기관은 식품의약품안전처장이 지정고시하는 식품위생교육전문기관, 동업자조합 또는 한국식품산업협회로 한다.
② 식품 위생 교육 및 위생 관리 책임자에 대한 교육의 내용은 식품위생, 개인위생, 식품위생시책, 식품의 품질관리 등으로 한다.
③ 식품위생교육전문기관의 운영과 식품 교육 내용 및 위생 관리 책임자에 대한 교육 내용에 관한 세부 사항은 식품의약품안전처장이 정한다.

41 식품위생법 시행규칙 제52조(교육시간)
① 영업자와 종업원이 받아야 하는 식품위생교육시간
- 식품제조·가공업, 즉석판매제조·가공업, 식품첨가물제조업, 식품운반업, 식품소분·판매업(식용얼음판매업자, 식품자동판매기업자는 제외), 식품보존업, 용기·포장류제조업, 식품접객업 : 3시간
- 유흥주점영업의 유흥종사자 : 2시간
- 집단급식소를 설치·운영하는 자 : 3시간
② 영업을 하려는 자가 받아야 하는 식품위생교육시간
- 식품제조·가공업, 즉석판매제조·가공업, 식품첨가물제조업, 공유주방운영업 : 8시간
- 식품운반업, 식품소분·판매업, 식품보존업, 용기·포장류제조업 : 4시간
- 식품접객업 : 6시간
- 집단급식소를 설치·운영하는 자 : 6시간

42 식품위생법 제48조(식품안전관리인증기준)
식품의약품안전처장은 식품의 원료관리 및 제조·가공·조리·유통의 모든 과정에서 위해한 물질이 식품에 섞이거나 식품이 오염되는 것을 방지하기 위하여 각 과정의 위해요소를 확인·평가하여 중점적으로 관리하는 기준(이하 "식품안전관리인증기준"이라 한다)을 식품별로 정하여 고시할 수 있다.

43 식품공전 제5. 품목별 규격 및 기준 : 장류의 보존료
소브산, 소브산칼륨, 소브산칼슘 1.0 이하(소브산으로서, 한식된장, 된장, 고추장, 춘장, 청국장(비건조 제품에 한함), 혼합장에 한한다)

44 식품 등의 표사광고에 관한 법률 시행규칙 제6조(영양표시 대상 식품등)
[별표4]
가. 레토르트식품(조리가공한 식품을 특수한 주머니에 넣어 밀봉한 후 고열로 가열 살균한 가공식품을 말하며, 축산물은 제외한다)
나. 과자류, 빵류 또는 떡류 : 과자, 캔디류, 빵류 및 떡류
다. 빙과류 : 아이스크림류 및 빙과
라. 코코아 가공품류 또는 초콜릿류
마. 당류 : 당류가공품
바. 잼류
사. 두부류 또는 묵류
아. 식용유지류 : 식물성유지류 및 식용유지가공품(모조치즈 및 기타 식용유지가공품은 제외한다)
자. 면류
차. 음료류 : 다류(침출차고형차는 제외한다), 커피(볶은커파·인스턴트커피는 제외한다), 과일채소류음료, 탄산음료류, 두유류, 발효음료류, 인삼홍삼음료 및 기타 음료
카. 특수영양식품
타. 특수의료용도식품
파. 장류 : 개량메주, 한식간장(한식메주를 이용한 한식간장은 제외한다), 양조간장, 산분해간장, 효소분해간장, 혼합간장, 된장, 고추장, 춘장, 혼합장 및 기타 장류
하. 조미식품 : 식초(발효식초만 해당한다), 소스류, 카레(카레만 해당한다) 및 향신료가공품(향신료조제품만 해당한다)
거. 절임류 또는 조림류 : 김치류(김치는 배추김치만 해당한다), 절임류(절임식품 중 절임배추는 제외한다) 및 조림류
너. 농산가공식품류 : 전분류, 밀가루류, 땅콩 또는 견과류가공품류, 시리얼류 및 기타 농산가공품류
더. 식육가공품 : 햄류, 소시지류, 베이컨류, 건조저장육류, 양념육류(양념육분쇄가공제품만 해당한다), 식육추출가공품 및 식육함유가공품
러. 알가공품류(알 내용물 100 퍼센트 제품은 제외한다)
머. 유가공품류 : 우유류, 가공유류, 산양유, 발효유류, 치즈류 및 분유류
버. 수산가공식품류(수산물 100 퍼센트 제품은 제외한다) : 어육가공품류, 젓갈류, 건포류, 조미김 및 기타 수산물가공품
서. 즉석식품류 : 즉석섭취편의식품류(즉석섭취식품즉석조리식품만 해당한다) 및 만두류
어. 건강기능식품
저. 가목부터 어목까지의 규정에 해당하지 않는 식품 및 축산물로서 영업자가 스스로 영양표시를 하는 식품 및 축산물

45 식품공전 제5. 식품별 기준 및 규격 7. 식용유지류
콩기름, 옥수수기름, 채종유, 미강유 등의 산가는 0.6 이하이고 참기름의 산가는 4.0 이하, 들기름의 산가는 5.0 이하이다.

46 식품등의 표시기준(소비기한, 제조연월일)
- 제조연월일을 추가로 표시하고자 하는 음료류(다류, 커피, 유산균음료 및 살균유산균음료는 제외한다) : 병마개에 제조연월일을 표시하는 경우, 제조 "연월"만을 표시할 수 있다
- 유산균음료 : 소비기한 또는 제조연월일을 표시할 수 있다.
- 우유, 발효유 : 소비기한을 표시한다.
- 빙과류 : 소비기한(아이스크림류, 빙과, 식용얼음은 제조연월일, 단, 아이스크림류, 빙과는 제조 "제조연월"만을 표시할 수 있다.)
- 즉석식품류 : 소비기한(즉석섭취식품 중 도시락·김밥·햄버거·샌드위치·초밥은 제조연월일 및 소비기한을 표시한다.)

47 식품공전 제8. 검체의 채취 및 취급요령 4(미생물 검사용 검체의 운반)
- 부패·변질 우려가 있는 검체
미생물학적인 검사를 하는 검체는 멸균용기에 무균적으로 채취하여 저온(5℃±3 이하)을 유지시키면서 24시간 이내에 검사기관에 운반하여야 한다. 부득이한 사정으로 이 규정에 따라 검체를 운반하지 못한 경우에는 재수거하거나 채취일시 및 그 상태를 기록하여 식품위생검사기관에 검사 의뢰한다.

48 식품공전 제1. 총칙 1 (일반원칙)
- 표준온도는 20℃, 상온은 15~25℃, 실온은 1~35℃, 미온은 30~40℃로 한다.

49 식품위생법 시행규칙 제19조(출입·검사·수거 등)
제89조에 따라 행정처분을 받은 업소에 대한 출입·검사 등은 그 처분일부터 6월 이내에 1회 이상 실시하여야 한다. 다만, 행정처분을 받은 영업자가 그 처분의 이행결과를 보고하는 경우에는 그러하지 아니 하다.

50 식품공전 제4 장기보존식품의 기준 및 규격(통병조림식품)
- 주석(mg/kg) : 150 이하(알루미늄 캔을 제외한 캔 제품에 한하며, 산성 통조림은 200 이하)이다.
- 세균 : 세균발육이 음성이어야 한다.
- 멸균은 제품의 중심 온도가 120℃ 이상에서 4분 이상 열처리하거나 또는 이와 동등 이상의 효력이 있는 방법으로 열처리하여야 한다.
- pH가 4.6 이하인 산성식품은 가열 등의 방법으로 살균처리할 수 있다.
- pH 4.6을 초과하는 저산성식품(low acid food)은 제품의 내용물, 가공장소, 제조일자를 확인할 수 있는 기호를 표시하고 멸균공정 작업에 대한 기록을 보관하여야 한다.

51 식품공전 제5 : 버터의 성분규격
- 수분 18% 이하, 조지방 80% 이상, 산가 2.8 이하
- 대장균군 n=5, c=2, m=0, M=10
- 살모넬라, 리스테리아모노사이토제네스, 황색포도상구균 n=5, c=2, m=0/25g

52 식품공전 제5. 식품별 기준 및 규격 2-4. 얼음류

항목	구분	식용얼음	어업용 얼음
염소이온(mg/L)		250 이하	—
질산성질소(mg/L)		10.0 이하	—
암모니아성질소(mg/L)		0.5 이하	—
과망간산칼륨소비량(mg/L)		10.0 이하	—
세균수(1mL)		n=5, c=2, m=100, M=1,000	
대장균군(50mL)		n=5, c=2, m=0, M=10/50ml	

53 식품공전 제5. 식품별 기준 및 규격 6. 두부류 또는 묵류
- 대장균군 : n=5, c=1, m=0, M=10(충전, 밀봉한 제품에 한한다.)
- 타르색소 : 검출되어서는 아니된다.

54 식품공전 제5. 식품별 기준 및 규격 17(식육가공품 및 포장육) : 햄류
- 아질산 이온(g/kg) : 0.07 이하
- 타르색소 : 검출되어서는 아니 된다.
- 세균수 : n=5, c=0, m=0(멸균제품에 한한다)
- 대장균 : n=5, c=2, m=10, M=100(생햄에 한한다)
- 대장균군 : n=5, c=2, m=10, M=100(살균제품에 한한다)
* 이하 생략

55 48번 해설 참조

56 식품공전 제2. 식품일반에 대한 공통기준 및 규격(식품조사처리 기준)
- 식품조사처리에 이용할 수 있는 선종은 감마선, 전자선 또는 엑스선으로 한다.
- 감마선을 방출하는 선원으로는 ^{60}Co을 사용할 수 있고, 전자선과 엑스선을 방출하는 선원으로는 전자선가속기를 이용할 수 있다.
- ^{60}Co에서 방출되는 감마선 에너지를 사용할 경우 식품조사처리가 허용된 품목별 흡수선량을 초과하지 않도록 하여야 한다.
- 전자선가속기를 이용하여 식품조사처리를 할 경우 전자선은 10MeV 이하에서, 엑스선은 5MeV(엑스선 전환 금속이 탄탈륨 또는 금일 경우 7.5MeV) 이하에서 조사처리 하여야 하며, 식품조사처리가 허용된 품목별 흡수선량을 초과하지 않도록 하여야 한다.
- 식품조사처리는 승인된 원료나 품목 등에 한하여 위생적으로 취급·보관된 경우에만 실시할 수 있으며, 발아 억제, 살균, 살충 또는 숙도 조절 이외의 목적으로는 식품조사처리 기술을 사용하여서는 아니 된다.

57 식품위생법 시행규칙 제89조(행정처분기준)[별표23]
- 식품제조·가공업에서 유독·유해물질이 들어 있거나 묻어 있는 것 또는 병원미생물에 의하여 오염되었거나 그 염려가 있어 인체의 건강을 해칠 우려가 있는 것(제5호에 해당하는 경우를 제외한다)을 판매하였을 때의 1차 위반 시의 행정처분은 영업허가 취소 또는 영업소폐쇄와 해당 제품 폐기이다.

58 국민영양관리법 제21조(면허취소)
- 면허취소가 되는 경우
  ㉠ 제16조 제1호부터 제3호까지의 어느 하나에 해당하는 경우
    - 정신질환자(다만, 전문의가 영양사로서 적합하다고 인정하는 사람은 그러하지 아니하다)
    - 감염병환자 중 보건복지부령으로 정하는 사람
    - 마약·대마 또는 향정신성의약품 중독자
    - 영양사 면허의 취소처분을 받고 그 취소된 날부터 1년이 지나지 아니한 사람
  ㉡ 면허정지처분 기간 중 영양사의 업무를 하는 경우
  ㉢ 3회 이상 면허정지처분을 받은 경우

59 식품위생법 시행규칙 제89조(행정처분의 기준) [별표23] 조리사 행정처분기준
- 면허를 타인에게 대여하여 사용하게 한 경우 1차 위반시 업무정지 2개월, 2차 위반시 업무정지 3개월, 3차 위반시 면허취소

60 식품위생법 제101조(과태료)
- 법 제42조 제2항(생산실적보고)을 위반하여 보고를 하지 아니하거나 허위의 보고를 한 자는 100만원 이하의 과태료를 부과한다.

61 식품위생법 제96조(벌칙)
영양사(식품위생법 제52조) 또는 조리사(식품위생법 제51조)를 두지 않은 집단 급식소 운영자에 대한 벌칙은 3년 이하의 징역 또는 3,000만원 이하의 벌금에 처하거나 병과할 수 있다.

62 식품위생법 제95조(벌칙)
영업정지 명령을 위반하여 영업을 계속한 자(식품위생법 제75조 1항)에 대한 벌칙은 5년 이하의 징역 또는 5천만원 이하의 벌금에 처하거나 이를 병과할 수 있다.

63
- 수입식품안전관리특별법 제42조(벌칙) : 판매를 목적으로 하거나 영업에 사용할 목적으로 식품 등을 신고하지 않고 수입하는 행위(수입식품안전관리특별법 20조 1항) → 5년 이하의 징역 또는 5천만원 이하의 벌금
- 식품위생법 제97조(벌칙) : 품목제조 정지 명령을 위반한 자(식품위생법 제76조 1항) → 3년 이하의 징역 또는 3천만원 이하의 벌금
- 식품위생법 제94조(벌칙) : 안전성 심사대상인 농·축·수산물 등 가운데 안전성 심사를 받지 아니하였거나 안전성 심사에서 식용으로 부적합하다고 인정된 것(식품위생법 4조)을 위반 → 10년 이하의 징역 또는 1억원 이하의 벌금
- 식품위생법 제96조(벌칙) : 집단급식소에 영양사를 두지 않은 경우(식품위생법 제52조) → 3년 이하의 징역 또는 3천만원 이하의 벌금
- 식품위생법 제95조(벌칙) : 식품위생상의 위해방지를 위하여 식품 등을 압류 또는 폐기 조치토록한 명령을 위반했을 때(식품위생법 제72조 3항) → 5년 이하의 징역 또는 5천만원 이하의 벌금

64 국민건강증진법 시행규칙 제17조(영양지도원의 업무)
  1. 영양지도의 기획·분석 및 평가
  2. 지역주민에 대한 영양상담 영양교육 및 영양평가
  3. 지역주민의 건강상태 및 식생활 개선을 위한 세부 방안 마련
  4. 집단급식시설에 대한 현황 파악 및 급식업무 지도
  5. 영양교육자료의 개발 보급 및 홍보
  6. 그 밖에 제1호부터 제5호까지의 규정에 준한 업무로서 지역주민의 영양관리 및 영양개선을 위하여 특히 필요한 업무
  ※ 영양지도원의 임무는 예방 교육에 치중하며 치료는 할 수 없다.

65 국민건강증진법 시행령 제20조(조사대상)
질병관리청장은 보건복지부장관과 협의하여 매년 구역과 기준을 정하여 선정한 가구 및 그 가구원에 대하여 영양조사를 실시한다.

66 국민건강증진법 시행령 제21조(조사항목)
  ㉠ 영양조사는 건강상태조사, 식품섭취조사 및 식생활조사로 구분하여 행한다.
  ㉡ 건강상태조사
    - 신체상태
    - 영양관계 증후
    - 기타 건강상태에 관한 사항
  ㉢ 식품섭취조사
    - 조사가구의 일반사항
    - 일정한 기간의 식사상황
    - 일정한 기간의 식품섭취상황
  ㉣ 식생활조사
    - 가구원의 식사 일반사항
    - 조사가구의 조리시설과 환경
    - 일정한 기간에 사용한 식품의 가격 및 조달방법
  ㉤ 제㉡항 내지 제㉣항의 조사사항의 세부내용은 보건복지부령으로 정한다.

67 64번 해설 참조

68 국민건강증진법 시행령 제17조(보건교육의 내용)
  ㉠ 금연·절주 등 건강생활의 실천에 관한 사항
  ㉡ 만성퇴행성질환 등 질병의 예방에 관한 사항
  ㉢ 영양 및 식생활에 관한 사항
  ㉣ 구강건강에 관한 사항
  ㉤ 공중위생에 관한 사항
  ㉥ 건강증진을 위한 체육활동에 관한 사항
  ㉦ 기타 건강증진사업에 관한 사항

69 68번 해설 참조

70 학교급식법 시행령 제7조(시설·설비의 종류와 기준)
  1. 조리장 : 교실과 떨어지거나 차단되어 학생의 학습에 지장을 주지 않는 시설로 하되, 식품의 운반과 배식이 편리한 곳에 두어야 하며, 능률적이고 안전한 조리기기, 냉장·냉동시설, 세척·소독시설 등을 갖추어야 한다.
  2. 식품보관실 : 환기·방습이 용이하며, 식품과 식재료를 위생적으로 보관하는데 적합한 위치에 두되, 방충 및 방서시설을 갖추어야 한다.
  3. 급식관리실 : 조리장과 인접한 위치에 두되, 컴퓨터 등 사무장비를 갖추어야 한다.
  4. 편의시설 : 조리장과 인접한 위치에 두되, 조리종사자 수에 따라 필요한 옷장, 샤워시설 등을 갖추어야 한다.

71 학교급식법 제4조(학교급식 대상)
  ㉠ 유치원(대통령령으로 정하는 규모 이하의 유치원은 제외)
  ㉡ 초등학교, 중학교·고등공민학교, 고등학교·고등기술학교, 특수학교, 각종학교
  ㉢ 「초·중등교육법」 제52조의 규정에 따른 근로청소년을 위한 특별학급 및 산업체부설 중·고등학교
  ㉣ 「초·중등교육법」 제60조의3에 따른 대안학교
  ㉤ 그 밖에 교육감이 필요하다고 인정하는 학교

72 학교급식법 시행규칙 제7조(품질 및 안전을 위한 준수사항)
  ※ 그 밖에 학교급식의 품질 및 안전을 위하여 필요한 사항
  1. 매 학기별 보호자부담 급식비 중 식품비 사용비율의 공개
  2. 학교급식관련 서류의 비치 및 보관(보존연한은 3년)
    가. 급식인원, 식단, 영양 공급량 등이 기재된 학교급식일지
    나. 식재료 검수일지 및 거래명세표

73 식품위생법 제88조(집단급식소)
- 식중독 환자가 발생하지 아니하도록 위생관리를 철저히 할 것
- 조리·제공한 식품의 매회 1인분 분량을 총리령으로 정하는 바에 따라 144시간 이상 보관할 것

74 학교급식법 시행령 제8조(영양교사의 직무)
영양교사는 학교의 장을 보좌하여 다음 직무를 수행한다.
  1. 식단 작성, 식재료의 선정 및 검수
  2. 위생·안전·작업관리 및 검식
  3. 식생활 지도, 정보 제공 및 영양상담
  4. 조리실 종사자의 지도·감독
  5. 그 밖에 학교급식에 관한 사항

75 학교급식법 시행령 제11조(업무위탁의 범위 등)
학교급식공급업자가 갖추어야 할 요건
  1. 학교급식 과정 중 조리, 운반, 배식 등 일부업무를 위탁하는 경우 : 위탁급식영업의 신고를 할 것

2. 학교급식 과정 전부를 위탁하는 경우
- 학교 밖에서 제조·가공한 식품을 운반하여 급식하는 경우 : 식품제조·가공업의 신고를 할 것
- 학교급식시설을 운영 위탁하는 경우 : 위탁급식영업의 신고를 할 것

76 학교 급식법 제2조(정의)
학교급식공급업자라 함은 제15조의 규정에 따라 학교의 장과 계약에 의하여 학교급식에 관한 업무를 위탁받아 행하는 자를 말한다.

77 학교급식법 시행규칙 제3조(급식시설의 세부기준)[별표1]
조리장의 조명은 220룩스(lux) 이상이 되도록 한다. 다만, 검수구역은 540룩스(lux) 이상이 되도록 한다.

78 2번 해설 참조

79 학교급식법 시행규칙 제3조(급식시설의 세부기준) [별표1] : 식품보관실 등
- 식품보관실과 소모품보관실을 별도로 설치하여야 한다.
- 바닥의 재질은 물청소가 쉽고 미끄럽지 않으며, 배수가 잘 되어야 한다.
- 환기시설과 충분한 보관선반 등이 설치되어야 하며, 보관선반은 청소 및 통풍이 쉬운 구조여야 한다.

80 식품위생법 제44조(영업자 등의 준수사항), 식품위생법 시행규칙 제95조 (집단급식소의 설치·운영자 준수사항)
수돗물이 아닌 지하수 등을 먹는 물 또는 식품의 제조·가공 등에 사용하는 때에는「먹는 물 관리법」제43조에 따른 먹는 물 수질검사기관에서 1년(음료류 등 마시는 용도의 식품인 경우에는 6월)마다「먹는 물 관리법」제5조에 따른 먹는 물의 수질기준에 따라 검사를 받아 마시기에 적합하다고 인정된 물을 사용하여야 한다.

Part 3

실전대비
모의고사

* 1교시
* 2교시
* 정답 및 해설

실전대비 모의고사

→ 정답 및 해설 p. 203

1과목 영양학 45문항

01 과잉으로 섭취된 당질은 체내에서 무엇으로 전환되어 저장되는가?

① 혈당
② 글리세롤
③ 중성지방
④ 단백질
⑤ 아미노산

02 다음 식품 중 충치유발 가능성이 가장 큰 것은?

① 고구마
② 과일주스
③ 빵
④ 우유
⑤ 캐러멜

03 다음 포도당의 대사과정 중 산소와 작용하여 ATP를 생성하는 과정이 옳은 것은?

가. 해당과정	나. HMP shunt
다. 오탄당인산경로	라. TCA회로

① 가, 나, 다
② 가, 다
③ 나, 라
④ 라
⑤ 가, 나, 다, 라

04 다음 조직 및 기관 중 포도당을 주요 에너지 급원으로 사용하는 것으로 옳은 것은?

가. 뇌	나. 근육조직
다. 적혈구	라. 심장

① 가, 나, 다
② 가, 다
③ 나, 라
④ 라
⑤ 가, 나, 다, 라

05 우유보다 모유에 더 많이 함유되었으며 영아기 두뇌발달에 필수적인 단당류는?

① 포도당
② 갈락토오스
③ 과당
④ 유당
⑤ 리보오스

06 모세혈관을 통해서 간의 문맥으로 운반되는 영양소는?

가. 포도당	나. 갈락토오스
다. 아미노산	라. 짧은 사슬 지방산

① 가, 나, 다
② 가, 다
③ 나, 라
④ 라
⑤ 가, 나, 다, 라

07 한국인의 영양섭취기준에서 19세 이상인 경우 탄수화물의 이상적인 비율은?

① 45~50%
② 60~65%
③ 55~60%
④ 55~65%
⑤ 70~80%

08 콜레스테롤이 분해되어 만들어지는 물질은?

가. 담즙산	나. 프로게스트론
다. 비타민 D_3	라. 글루코코르티코이드

① 가, 나, 다
② 가, 다
③ 나, 라
④ 라
⑤ 가, 나, 다, 라

09 케토시스(ketosis)와 관계없는 사항은?

① 당뇨병
② 장기간 굶은 상태
③ 저당질식이
④ 고당질식이
⑤ acetoacetic acid 생성

10 다음은 지방의 소화흡수에 대한 설명이다. 옳은 것은?

① 소화효소의 체내 활성은 pH와 무관하다.
② 담즙은 지질을 유화시킨 후 대변을 통해 배설된다.
③ 중성지방은 소장에서 분해되어 글리세롤, 지방산 또는 monoglycerides의 형태로 흡수된다.
④ 장 점막을 통해 흡수된 지방산은 모세혈관을 통해 각 조직으로 운반된다.
⑤ 위에서 지방소화는 전혀 일어나지 않는다.

11 프로스타글란딘(prostaglandins)의 전구체가 될 수 없는 것은?

① 아라키돈산
② 리놀레산
③ 리놀렌산
④ DHA
⑤ EPA

12 단백질의 기능을 설명한 것으로 옳지 않은 것은?

① 근육, 피부, 결체조직 등의 성분이 된다.
② 효소, 호르몬, 글루타티온 등을 합성한다.
③ g당 4kcal의 에너지를 발생시킨다.
④ 혈액의 pH를 알칼리로 유지시키는 중요한 성분이다.
⑤ 체내의 삼투압 유지에 관여한다.

13 완전단백질에 속하며 가장 질적으로 우수한 단백질은?

① 달걀의 오브알부민
② 결체조직의 젤라틴
③ 옥수수의 제인
④ 보리의 홀데인
⑤ 밀의 글리아딘

14 한국인 19~29세 여자의 단백질 권장 섭취량은?

① 70g   ② 45g
③ 50g   ④ 55g
⑤ 60g

15 동물성 단백질은 대부분 완전단백질인데 젤라틴은 불완전단백질이다. 젤라틴의 제1제한 아미노산은?

① 알라닌   ② 아스파라긴
③ 트립토판   ④ 트레오닌
⑤ 시스틴

16 체내에서 단백질이 분해되면 질소는 주로 무엇으로 배설되는가?

① 암모니아   ② 질산
③ 유리아미노산   ④ 요소
⑤ 크레아티닌

17 철분이 함유된 금속단백질에 대한 기능이 옳지 못한 것은?

가. hemoglobin – O_2 수송	나. transferrin – Fe 운반
다. ferritin – Fe 저장	라. myoglobin – 혈액성분

① 가, 나, 다   ② 가, 다
③ 나, 라   ④ 라
⑤ 가, 나, 다, 라

18 담낭 수축을 자극시키는 호르몬은?

① cholecystokinin   ② gastrin
③ thyroxine   ④ secretin
⑤ enterocrinin

19 다음 중 단백질의 흡수와 운반에 대한 설명으로 옳지 않은 것은?

① 아미노산은 촉진확산, 능동수송에 의해 흡수된다.
② 식품단백질 섭취에 대한 신체의 이상반응을 알레르기라 한다.
③ 소장에서 흡수된 펩타이드는 간에서 아미노산으로 분해되어 이용된다.
④ 아미노산은 서로 경쟁적으로 흡수된다.
⑤ 산성아미노산은 다른 아미노산과 다른 기전으로 흡수된다.

20 신체구성 물질 중 기초대사량과 관계 있는 것으로 가장 옳은 것은?

① 피하지방의 양
② 근육의 양
③ 혈액의 양
④ 골격의 양
⑤ 수분의 양

21 19세 이상인 경우 섭취열량 영양소(당질 : 지방 : 단백질)별 구성 비율이 우리나라에는 어느 것이 바람직한가?

① 75~80 : 5~10 : 5~10
② 75~80 : 10~15 : 5~10
③ 45~50 : 20~30 : 10~20
④ 65~70 : 10~15 : 10~15
⑤ 55~65 : 15~30 : 7~20

22 다음 중 신체 단위 표면적에 대한 기초대사량이 가장 높은 사람은?

① 여아   ② 남아
③ 성인 여자   ④ 성인 남자
⑤ 노인

23 Bomb calorimeter에 의한 단백질(N)의 불완전연소로 인한 실손실 열량(kcal/g)은 얼마인가?

① 1.25kcal   ② 4.1kcal
③ 4.3kcal   ④ 5.65kcal
⑤ 9.10kcal

24 나이아신이 10mg, 트립토판이 120mg이 있다. 나이아신의 총 함량은 얼마인가?

① 10mg   ② 11mg
③ 12mg   ④ 15mg
⑤ 18mg

25 비타민 E에 대한 설명이 옳게 조합된 것은?

가. 비교적 열에 강하다.
나. 산화되기 쉬운 영양소의 산화를 방지해 준다.
다. 흰쥐의 경우 발육은 정상이지만 생식기능 장애를 가져온다.
라. 토코페롤에는 $\alpha-$, $\beta-$, $\gamma-$, $\delta-$ 등의 동족체가 있으며 $\beta-$이 가장 활성이 크다.

① 가, 나, 다   ② 가, 다
③ 나, 라   ④ 라
⑤ 가, 나, 다, 라

26 비타민 C의 결핍증이 옳게 조합된 것은?

> 가. 잇몸의 부종 및 출혈
> 나. 상처치료의 회복 지연
> 다. 관절통 및 피하출혈
> 라. 신경쇠약 및 불안증

① 가, 나, 다　　　　② 가, 다
③ 나, 라　　　　　 ④ 라
⑤ 가, 나, 다, 라

27 우리나라 19세 이상 성인 남·녀의 하루 비타민 B₁ 권장 섭취량은 몇 mg인가?

① 1.4, 1.3　　　　② 1.4, 1.1
③ 1.5, 1.2　　　　④ 1.2, 1.1
⑤ 2.0, 1.5

28 칼슘의 흡수를 도와주는 당질은?

① 자당　　　　　 ② 과당
③ 유당　　　　　 ④ 포도당
⑤ 맥아당

29 칼슘의 기능으로 옳지 않은 것은?

① 혈액응고
② 골격, 치아 형성
③ 근육의 수축이완에 관여
④ 핵단백질의 성분
⑤ 화학적, 전기적 자극의 신경전달

30 Ceruloplasmin과 결합되어 작용하는 무기질로 옳은 것은?

① Fe　　　　　　 ② Zn
③ Mn　　　　　　④ Cu
⑤ Mo

31 임신 중 모체에 요오드가 크게 결핍되었을 때 태어난 유아에게 나타나기 쉬운 증세는?

① 다발성 신경염　　② 골다공증
③ 크레틴증　　　　④ 갑상선 기능항진
⑤ 악성빈혈

32 수분조절과 가장 관계가 깊은 호르몬은?

① TSH　　　　　 ② LH
③ ADH　　　　　 ④ ACTH
⑤ LTH

33 수분 균형의 이상에 대한 설명이 옳게 조합된 것은?

> 가. 물 중독은 신장의 기능저하로 생긴다.
> 나. 심한 운동이나 이뇨작용은 탈수를 초래한다.
> 다. 알부민 부족은 부종을 초래한다.
> 라. 심한 출혈, 화상, 구토 등을 초래한다.

① 가, 나, 다　　　　② 가, 다
③ 나, 라　　　　　 ④ 라
⑤ 가, 나, 다, 라

34 다음에서 임신 중 단백질 결핍으로 나타나는 증상으로 옳지 않은 것은?

① 임신중독증　　　 ② 빈혈
③ 영양성 부종　　　④ 심한 입덧
⑤ 병에 대한 저항력 감퇴

35 모유 내 성분 중에서 모체의 식이에 의해 가장 큰 영향을 받는 것은?

① 열량 수준　　　　② 지방산 조성
③ 단백질 농도　　　④ 칼슘 농도
⑤ 탄수화물 농도

36 연령이 증가하면서 체조성이 변화되는데 생후 1년이 될 때까지 비율면에서 늘지 않고 오히려 감소하는 것은?

① 무지방함량　　　 ② 체지방함량
③ 체수분함량　　　 ④ 체단백질함량
⑤ 무기질함량

37 이유의 시작이 매우 지연될 때 나타날 수 있는 문제점은?

> 가. 성장지연　　　　나. 정서적 발달지연
> 다. 빈혈　　　　　　라. 알레르기

① 가, 나, 다　　　　② 가, 다
③ 나, 라　　　　　 ④ 라
⑤ 가, 나, 다, 라

38 다음은 청소년기에 대한 설명이다. 옳지 않은 것은?

① 동일한 동작에 대해서도 성인에 비해 체중 1kg당 소비열량이 크다.
② 빈혈 증세가 없어도 충분한 철분을 섭취해야 한다.
③ 비타민 C는 결합조직을 튼튼하게 해 양호한 성장을 위해 필요하다.
④ 성적 성숙과 관련된 변화를 일으키는 기전에는 뇌의 시상하부가 중요한 조절기관으로 관여한다.
⑤ 2차 성징이 나타나는 순서는 정해져 있지 않고, 경우에 따라 순서가 바뀔 수 있다.

39 청소년 영양불량 원인이 옳게 조합된 것은?

> 가. 결식, 심각한 질환
> 나. 식습관의 불규칙, 편식
> 다. 신경성 소화불량, 결식
> 라. 호르몬 과다분비, 결식

① 가, 나, 다   ② 가, 다
③ 나, 라   ④ 라
⑤ 가, 나, 다, 라

40 50세 이후 여성의 1일 권장 섭취량이 19~49세보다 많은 영양소가 옳게 조합된 것은?

> 가. 철분   나. 칼슘
> 다. 단백질   라. 비타민 D

① 가, 나, 다   ② 가, 다
③ 나, 라   ④ 라
⑤ 가, 나, 다, 라

41 노인기의 당대사에 관한 설명 중에서 옳은 것은?

① 혈당치가 떨어진다.
② 포도당 내성이 증가한다.
③ 인슐린 저항성이 높아진다.
④ 인슐린 수용체가 증가한다.
⑤ 지방조직의 포도당 흡수가 증가한다.

42 노화에 수반되는 생리적 변화로 옳지 않은 것은?

① 심장 박동수 감소
② 내부 혹은 외부 환경의 변화에 대한 적응력 감소
③ 항상성 유지능력 감소
④ 폐활량 감소
⑤ 조직 중 지방함량과 결체 조직양의 감소

43 노년기 여성에게서 흔히 발생되는 골다공증을 예방하기 위한 방법으로 옳은 것은?

> 가. 비타민 D 섭취 증가
> 나. 육류섭취 증가
> 다. 운동량 적절히 증가
> 라. 체중 감량을 위해 에너지 섭취 감소

① 가, 나, 다   ② 가, 다
③ 나, 라   ④ 라
⑤ 가, 나, 다, 라

44 땀을 많이 흘리는 노동자의 물과 식염 섭취에 관한 설명으로 옳은 것은?

> 가. 물 섭취 시에 세포 외액의 삼투압이 낮아진다.
> 나. 알도스테론이 Na 재흡수를 촉진하므로 식염을 보충할 필요가 없다.
> 다. 식염 섭취량과 발한량에 따라 조절해야 한다.
> 라. 식염 과잉 섭취 시에 열중독을 일으킨다.

① 가, 나, 다   ② 가, 다
③ 나, 라   ④ 라
⑤ 가, 나, 다, 라

45 운동 시의 영양소 대사에 관한 설명이 옳지 않은 것은?

① 충분한 산소공급을 위해 철분 필요량이 증가한다.
② 단백질은 운동 시의 주요 에너지원이므로 필요량이 증가한다.
③ 운동량이 증가함에 따라 비타민 B군의 필요량이 증가한다.
④ 지방은 지구력을 요구하는 장시간의 운동에 좋은 에너지원이다.
⑤ 운동 강도가 높은 경우 젖산이 축적되어 근육피로를 초래한다.

1교시

1과목 생화학   15문항

46 다음 중 에피머(epimer) 쌍은?

① Glucose-mannose   ② Glucose-fructose
③ Mannose-galactose   ④ Fructose-ribulose
⑤ Ribose-xylulose

47 다음의 탄수화물 중 환원성이 없는 것은?

① glucose   ② lactose
③ maltose   ④ sucrose
⑤ fructose

48 심한 운동 시 근육 속에 증가되어 간에서 포도당으로 전환될 수 있는 것은?

① citric acid   ② acetic acid
③ lactic acid   ④ pyruvic acid
⑤ fatty acid

49 Insulin이 혈당을 감소시키는 기작과 관계없는 것은?

① 지방으로의 전환반응 촉진
② 단백질에서의 당 산생 저해
③ glucose의 산화 촉진
④ 당의 신형작용 촉진
⑤ ketone body의 과잉생성 저해

50 3종 나선구조를 가진 단백질은?

① albumin
② keratin
③ 콜라겐 조직단백질
④ collagen
⑤ Keratin

51 Cholesterol의 생합성과 관계없는 것은?

① 바누출
② 담즙호르몬
③ 담즙산의 전구체
④ 비타민 D의 작용
⑤ 동맥경화증상의 합성물

52 다음 중 불포화지방산이 아닌 것은?

가. linoleic acid	나. linolenic acid
다. arachidonic acid	라. oleic acid

① 가, 나, 다
② 가, 다
③ 나, 라
④ 라
⑤ 가, 나, 다, 라

53 탄수화물이 가장 분해가 잘된 것은 다음 것 중 어느 것인가?

① pyruvic acid
② lactic acid
③ glycerophosphoric acid
④ glycocholic acid
⑤ tataric acid

54 DNA의 2중 나선과 관계가 있는 수소결합은 어느 것인가?

① $C=T$, $A=G$
② $A=T$, $C=G$
③ $A=C$, $G=T$
④ $T=C$, $A=T$
⑤ $T=C$, $A=T$

55 Nucleotide를 구성하는 성분이 아닌 것은?

① H_3PO_4
② 아미노산
③ deoxyribose
④ 당기
⑤ ribose

56 RNA분해 가수분해효소는 것은?

① isomerase
② ribonucleotidyl transferase
③ deoxyribonuclease
④ ribonuclease
⑤ nuclease

---

57 다음 중 산성 amino산인 carboxyl기와 benzene핵으로 가진 amino기이 peptide결합에 작용하여 단백질 분해작용을 용이하게 하는 효소는?

① carboxylase
② pepsin
③ trypsin
④ chymotrypsin
⑤ lipase

58 다음 비타민 중 tryptophan으로부터 생합성될 수 있는 것은?

① niacin
② pantothenic acid
③ riboflavin
④ pyridoxal
⑤ thiamin

59 생체 내에서 전자전달과 산화환원에 의한 생화학적 에너지전환이 이루어지는 것은?

① ribosome
② mitochondria
③ nuclear
④ endoplasmic reticulum
⑤ mesosome

60 다음 중 전자전달계(electron transport system)에서 전자 수용체로 작용하지 않는 것은?

① FMN
② NAD
③ CoQ
④ CoA
⑤ FAD

1교시 2과목 영양교육 15공시

01 영양교육의 내용을 세 가지 요소들에 의한 원칙이 과정에 의하여 진행된다. 그 세 가지 요소를 무엇이라고 하는가?

① KDA
② RDA
③ KAP
④ RAP
⑤ EAP

02 제시된 주제에 대해 참가자 전원이 생각하고 있는 아이디어를 그 가운데서 가장 좋은 아이디어를 결정하는 방법은?

① 강연토론법
② 영화토의법
③ 두뇌충격법
④ 시범연구
⑤ 연구 강의

03 영양교육 매체를 선택할 때 고려해야 할 기준으로 옳은 것은?

> 가. 적절성, 신빙성, 흥미성
> 나. 종합성, 다량성, 경제성
> 다. 조직과 균형, 기술적인 질, 가격
> 라. 속보성, 직접성, 반복성

① 가, 나, 다　　　　② 가, 다
③ 나, 라　　　　④ 라
⑤ 가, 나, 다, 라

04 소집단에게 영양교육을 할 경우 그림과 글자를 사용하여 항상 변화시켜 교육효과를 낼 수 있는 것은?

① 괘도　　　　② 융판
③ 포스터　　　　④ 유인물
⑤ 모형

05 영양상태 평가방법 중 객관적이고 정확한 영양상태의 결과를 얻을 수 있는 방법은?

① 식품섭취 조사　　　　② 임상증후 조사
③ 식습관 조사　　　　④ 생화학적 조사
⑤ 신체계측 조사

06 학교급식의 효과에 대한 설명 중 잘못된 것은?

① 조리실습을 통한 기술 향상
② 급식을 통한 영양지식의 보급
③ 가정에서의 일상식사에서 결핍된 영양소 공급
④ 지역사회에서의 식생활 개선에 기여
⑤ 올바른 식습관 형성

07 영양교육을 실시한 후, 그 효과 평가를 측정할 때 비교적 단시일 내에 측정할 수 있는 방법으로 옳은 것은?

> 가. 신체발육상의 변화
> 나. 식품섭취상의 변화
> 다. 건강상태의 변화
> 라. 영양교육의 참가 횟수 변화

① 가, 나, 다　　　　② 가, 다
③ 나, 라　　　　④ 라
⑤ 가, 나, 다, 라

08 데일의 경험의 원추이론에 대한 설명으로 옳지 않은 것은?

① 교육경험을 행동적 경험, 영상적 경험, 상징적 경험으로 분류하여 원추모양으로 나열하였다.
② 직접적 경험, 구성된 경험 등은 행동적 경험에 속하고 시범, 견학, 전시, 텔레비전은 영상적 경험, 말이나 글은 상징적 경험에 속한다.

③ 행동적 경험은 구체성이 크고 상징적 경험은 추상성이 크며 영상적 경험은 그 중간으로 대부분의 시청각 매체들이 이에 속한다.
④ 직접경험에 대한 교육은 전달내용이 많고 교육효과는 감소되며 말로 이루어지는 상징적 경험은 전달내용은 적고 효과는 크다.
⑤ 구체적인 교육방법과 추상적인 교육방법을 적절히 통합할 때 즉, 행동적, 영상적, 상징적 경험이 골고루 혼합될 때 교육의 효과가 크다.

09 식품섭취 조사방법 중 하루 전날 먹은 것을 기록하여 식품섭취량과 섭취영양량을 산출하는 방법은?

① 동일식품 수거방법
② 회상법
③ 칭량법
⑤ 식습관 조사법
④ 섭취빈도 조사방법

10 국민영양조사원이 될 수 있는 사람은?

> 가. 의사　　　　　　나. 간호사
> 다. 영양사　　　　　라. 위생사

① 가, 나, 다　　　　② 가, 다
③ 나, 라　　　　④ 라
⑤ 가, 나, 다, 라

11 비만을 예방하기 위한 영양지도의 내용 중 옳은 것은?

> 가. 섭취열량과 소비열량의 균형을 유지한다.
> 나. 식사 횟수를 줄여서 하루의 섭취량을 줄인다.
> 다. 섬유소가 많고 열량이 적은 음식을 섭취한다.
> 라. 육류 위주의 식사를 하고 탄수화물 섭취를 제한한다.

① 가, 나, 다　　　　② 가, 다
③ 나, 라　　　　④ 라
⑤ 가, 나, 다, 라

12 다음 비만 판정에 관한 설명으로 틀린 것은?

① 브로카지수는 신장이 큰 비만자를 정상인으로 판정하는 경향이 있다.
② 카우프지수는 체중(g)/신장$(cm)^2 \times 10$으로 구해지고 소아에게 적합한 영양지수로 사용된다.
③ 비만판정은 표준체중, 체격지수, 체지방량 및 체지방비로 측정하되, 체격, 체형 등 개인의 특성을 고려한다.
④ BMI(body mass index)는 체격지수로서 국제적으로 널리 이용되고 체중(kg)/신장$(cm)^2$으로 구한다.
⑤ 피하지방두께는 견갑골하부와 상완배부를 합계한 값으로 나타낸다.

13 영양지도시 우선적으로 고려해야 할 사항은?

> 가. 산업체 – 식습관과 생활습관 개선을 통한 건강증진
> 나. 보건소 – 지역주민의 질병 이환율
> 다. 학교 – 학생의 체위 및 성장발달
> 라. 병원 – 환자의 기호 존중

① 가, 나, 다　　　　　② 가, 다
③ 나, 라　　　　　　④ 라
⑤ 가, 나, 다, 라

14 고혈압 환자에게 교육을 할 때 권할 수 있는 좋은 식품으로 옳은 것은?

> 가. 명란젓
> 나. 치즈
> 다. 마요네즈로 버무린 샐러드
> 라. 두부

① 가, 나, 다　　　　　② 가, 다
③ 나, 라　　　　　　④ 라
⑤ 가, 나, 다, 라

15 만성신부전 환자를 위한 영양 상담내용 중 옳은 것은?

> 가. 부종과 고혈압증상을 완화시키기 위해 수분과 나트륨섭취를 적절하게 제한한다.
> 나. 환자와 보호자에게 구체적인 식이요법의 필요성을 인지시킨 후 시행방법을 교육한다.
> 다. 단백질의 제한으로 인한 체중 감소를 영양결핍이 생기지 않도록 주의한다.
> 라. 고칼슘혈증의 위험성이 있으므로 칼슘의 섭취량을 제한시킨다.

① 가, 나, 다　　　　　② 가, 다
③ 나, 라　　　　　　④ 라
⑤ 가, 나, 다, 라

1교시

2과목 식사요법　　30문항

16 다음 치료식에 사용될 수 있는 식품이 바르게 연결된 것은?

① 연식 – 튀김
② 전유동식 – 달걀 후라이
③ 저콜레스테롤식 – 간
④ 저나트륨식 – 글루타민산 나트륨(MSG)
⑤ 저칼륨식 – 쌀

17 저잔사식(low residue diet)에 대한 설명이 옳게 조합된 것은?

> 가. 육류, 생선, 두부, 계란 등을 제한한다.
> 나. 저섬유소식의 다른 표현이다.
> 다. 식이섬유질을 하루에 10~15g으로 제한시킨다.
> 라. 전곡, 견과류, 채소, 과일과 함께 우유, 고기힘줄 부분도 제한시킨다.

① 가, 나, 다　　　　　② 가, 다
③ 나, 라　　　　　　④ 라
⑤ 가, 나, 다, 라

18 관급식(tube feeding)에 사용되는 음식물의 조건이 아닌 것은?

① 흡수되기 쉬운 형태여야 한다.
② 투여하기 쉬운 유동체여야 한다.
③ 위장합병증 유발이 적어야 한다.
④ 충분한 수분을 공급할 수 있어야 한다.
⑤ 실온과 동일한 온도이어야 한다.

19 식품교환군에 대하여 옳지 않은 것은?

① 식품교환법에 의한 영양가 계산은 어느 정도의 조사치이다.
② 일반 환자식을 계획할 때에도 사용되어지고 있다.
③ 같은 영양가를 가진 식품과 교환할 수 있는 방법이다.
④ 식품분석표를 이용하지 않고도 간단히 환자에게 요구되는 열량과 5대 영양소를 계산할 수 있다.
⑤ 원래 미국 당뇨병 협회가 처음 고안한 방법이다.

20 만성설사 치료를 위한 식사요법 원칙이 옳게 조합된 것은?

> 가. 고단백식　　　　　나. 저섬유식
> 다. 수분공급　　　　　라. 저열량식

① 가, 나, 다　　　　　② 가, 다
③ 나, 라　　　　　　④ 라
⑤ 가, 나, 다, 라

21 궤양성 대장염에 대한 설명으로 옳지 않은 것은?

① 장내에서 발효하는 식품과 찌꺼기가 많은 식품의 선택을 억제한다.
② 우유나 유당이 많이 함유되어 있는 식품의 섭취를 금한다.
③ 대장의 부담을 줄이기 위해 고열량, 저단백식이를 한다.
④ 주 증상은 설사이며 복통, 발열, 혈변 등을 수반한다.
⑤ 완치를 위하여 장기간 치료를 요하므로 영양소의 균형을 잡는다.

22 이완성 변비의 식사로 옳지 않은 것은?

① 김, 미역 등의 해조류는 장운동을 촉진시킨다.
② 현미나 보리밥은 유효하다.
③ 콩류나 감자류 등은 유효하다.
④ 알코올 음료는 배변에 도움을 준다.
⑤ 과일은 삶은 것이 좋으나 생것은 좋지 않다.

23 위궤양 환자 식사용법 중 옳은 것은?

① 위산 분비를 억제하기 위해 찰떡을 준다.
② 부드럽게 조리한 감자나 어죽 등은 위 운동을 감소시키므로 좋은 음식이다.
③ 급성 위궤양은 급식을 자주하면 위산 분비가 많아지므로 하루 3회만 급식한다.
④ 우유는 설사하기 쉬우므로 가급적 피하도록 한다.
⑤ 식욕이 없으므로 겨자나 와사비 등의 향신료를 사용하여 식욕을 돋군다.

24 장에서 가스(gas)를 생성하는 식품으로 모두 옳게 조합된 것은?

가. 시금치	나. 콩
다. 호박	라. 고구마

① 가, 나, 다   ② 가, 다
③ 나, 라   ④ 라
⑤ 가, 나, 다, 라

25 담낭염 환자의 식사로 옳지 못한 것은?

① 가스를 발생하는 음식 등은 피한다.
② 회복될 때까지 지방섭취를 제한하여야 한다.
③ 자극성이 없고 소화되기 쉬운 음식을 준다.
④ 양념을 많이 넣은 음식이거나 짜고 매운 자극성 식품은 피한다.
⑤ 지방이 많은 식품을 주어 열량을 높여야 한다.

26 회복기 간염환자의 식사요법 원칙으로 가장 옳은 것은?

① 고열량, 저단백, 중등지방
② 고열량, 고단백, 고지방
③ 저열량, 고단백, 저지방
④ 고열량, 고단백, 중등지방
⑤ 저열량, 고단백, 고지방

27 비만인을 위한 식사요법 중 단백질에 관하여 옳게 말한 것은?

① 저열량인 동시에 단백질을 극도로 감소시킨다.
② 질소 평형을 음(-)으로 하는 식사요법을 권장한다.
③ 질소 평형을 음(-)으로 하는 동시에 저열량을 권장한다.
④ 저열량인 동시에 질소 평형을 유지하는 식사요법을 권장한다.
⑤ 저열량인 동시에 단백질 식품군의 식품섭취를 완전히 금한다.

28 비만증 환자 식사처방으로 옳은 것은?

① 저열량, 저단백질 식이
② 저열량, 질소 평형유지 식이
③ 저당질, 무지방 식이
④ 저당질, 저단백질 식이
⑤ 고당질, 저단백질 식이

29 기아나 단식요법에 의한 비만치료 시 생기기 쉬운 합병증은?

① 고혈압   ② 뇌졸중
③ 신장병   ④ 당뇨병
⑤ 통풍성 관절염

30 고혈압의 원인으로 옳지 않은 것은?

① adrenalin 분비증가   ② aldesterone 분비감소
③ noradrenalin 분비증가   ④ aldosterone 분비증가
⑤ 갑상선 호르몬의 증가

31 Kempner식이에 대한 설명이 옳게 조합된 것은?

> 가. 쌀과 과일로 구성되면 소금을 약간 첨가한다.
> 나. 고혈압성 혈관질환과 신장질환 환자를 위해 사용한다.
> 다. 액체는 700~1,000ml로 제한하고 토마토주스와 채소주스는 허용한다.
> 라. 저나트륨, 저지방, 저단백질로 구성된 식사이다.

① 가, 나, 다   ② 가, 다
③ 나, 라   ④ 라
⑤ 가, 나, 다, 라

32 고지혈증 환자 중 MCT의 사용을 권장하는 이유는?

① 제1형(chylomicron의 증가)
② 제2형 a(LDL의 증가)
③ 제2형 b(LDL과 VLDL의 증가)
④ 제3형(LDL의 증가)
⑤ 제4형(VLDL의 증가)

33 울혈성 심장병 환자의 식사요법을 바르게 말한 것은?

① 수분을 엄격히 제한한다.
② 열량 제한을 하지 않는다.
③ 단백질을 엄격히 제한한다.
④ 나트륨을 제한한다.
⑤ 지방을 충분히 공급한다.

34 인슐린 비의존성 당뇨병 환자의 운동요법의 장점이 아닌 것은?

① 인슐린에 대한 감수성의 증가
② 심장의 부담 감소
③ 혈당치의 감소
④ 퇴행성 관절질환
⑤ 고혈압 개선

35 제1형 당뇨병의 원인으로 옳은 것은?

① 열량의 과다 섭취로 인한 비만
② 임신으로 인한 포도당 내성 저하
③ 근육활동의 부족
④ 정신적 스트레스
⑤ 내인성 인슐린 분비량 부족

36 다음 호르몬 중 혈당조절에 관여하는 역할이 다른 호르몬들과 다른 것은?

① 글루카곤
② 에피네프린
③ 성장 호르몬
④ 인슐린
⑤ 글루코코르티코이드

37 신부전 환자의 혈중 무기질 변화로 제한해야 할 것은?

① Ca　　　　　　　② S
③ K　　　　　　　④ Cl
⑤ P

38 저단백 식이를 필요로 하는 질환은?

① 심장병　　　　　② 요독증
③ 폐결핵　　　　　④ 위궤양
⑤ 담석증

39 네프론의 세뇨관이 하는 기능으로 옳은 것은?

가. 소변을 농축시킨다.
나. 포도당, 아미노산을 재흡수한다.
다. 약물 등의 노폐물을 배설시킨다.
라. 나트륨 재흡수 촉진을 위해 알도스테론을 분비한다.

① 가, 나, 다　　　　② 가, 다
③ 나, 라　　　　　　④ 라
⑤ 가, 나, 다, 라

40 임신부의 거대적아구성 빈혈에 효과가 있는 비타민은?

① 비타민 A　　　　　② pyridoxine
③ riboflavin　　　　　④ thiamin
⑤ folic acid(엽산)

41 페닐케톤요증에 대한 설명으로 옳지 않은 것은?

① 치료하지 않으면 전면적인 기능저하가 이루어진다.
② melanin 색소가 과잉생산 된다.
③ 선천적인 단백질 대사 질병이다.
④ 피부, 머리색, 안구의 빛깔이 퇴색된다.
⑤ phenylalanine hydroxylase 효소의 부족으로 일어난다.

42 퓨린 제한식이를 해야 하는 경우는?

① 동맥경화증
② 관절염
③ 당뇨병
④ 통풍, 요산에 의한 신석증
⑤ 간질병

43 다음 중 폐결핵 환자의 식이요법으로 옳지 않은 것은?

① 고비타민 식이를 한다.
② 항생제인 isoniazid를 사용할 경우 비타민 B_6를 증가시켜야 한다.
③ 고열인 경우 저열량을 한다.
④ 단백질은 정상치보다 약간 높게 공급한다.
⑤ 우유를 충분히 준다.

44 알레르기를 일으키는 식품에 대한 설명으로 옳지 않은 것은?

① 냉우유보다는 뜨거운 우유나 가당연유가 반응을 덜 일으킨다.
② 담수어에 비해 해수어는 항원이 되는 일이 적다.
③ 날 것으로 먹을 때보다 익히면 반응을 덜 일으킨다.
④ 알레르기는 식품과 관련성이 높다.
⑤ 붉은 살 생선은 항원이 되기 쉽다.

45 회백척수염 환자에게 보충해야 할 무기질은?

① P　　　　　　　② Cl
③ Mg　　　　　　④ K
⑤ Ca

1교시

2과목 생리학   15문항

46 세포의 일반적인 기능으로 옳은 것은?

> 가. 동화작용과 이화작용에 의하여 물질대사가 일어난다.
> 나. 생식세포(난자, 정자)로서 작용한다.
> 다. 분비작용과 흡수작용이 있다.
> 라. 세포 내 각 구조물은 구획되어 있으므로 서로 연관성이
>   없다.

① 가, 나, 다   ② 가, 나
③ 나, 라   ④ 라
⑤ 가, 나, 다, 라

47 생체 내에서 물질 이동과정에 에너지와 운반체가 필요한 이동은?

① 삼투(osmosis)
② 식작용(phagocytosis)
③ 확산(diffusion)
④ 여과(filtration)
⑤ 능동 수송(active transport)

48 항체의 주성분은 어느 것인가?

① globin   ② carotine
③ γ-globulin   ④ albumin
⑤ 핵산

49 기생충 감염 시 증가하는 백혈구는?

① 호염기성   ② 호중성
③ 호산성   ④ 임파구
⑤ 단핵구

50 심전도(ECG)를 통하여 알 수 있는 것은 무엇인가?

① 최고 혈압   ② 방실전도장애
③ 심근의 산소 소비량   ④ 심장 박출량
⑤ 순환시간

51 Starling의 심장 법칙과 관계 깊은 것은 어느 것인가?

① 혈액의 PO_2 ② 최고 혈압
③ 혈액의 PCO_2 ④ 심박출량
⑤ 정맥압

52 흡기시 산소(O_2)의 통과경로로 바르게 된 것은?

① 폐포 – 세기관지 – 기관지 – 기관 – 혈액
② 폐포 – 혈액 – 세기관지 – 기관지 – 기관
③ 혈액 – 폐포 – 세기관지 – 기관지 – 기관
④ 기관 – 기관지 – 세기관지 – 폐포 – 혈액
⑤ 기관 – 기관지 – 폐포 – 세기관지 – 혈액

53 성인의 공복 시 위액의 pH는 어느 정도인가?

① 1~2   ② 2~3
③ 3~4   ④ 4~5
⑤ 5~6

54 항이뇨호르몬인 알도스테론(aldosterone)이 분비되는 곳은?

① 심장   ② 방광
③ 뇌하수체   ④ 부신피질
⑤ 신장

55 리비도(libido)의 증진을 가져오는 호르몬이 분비되는 곳은?

① 부신피질   ② 뇌하수체
③ 갑상선   ④ 부신수질
⑤ 췌장

56 뇌하수체 전엽에서 분비되는 호르몬이 아닌 것은?

① 부신피질 자극 호르몬(ACTH)
② 항이뇨 호르몬(ADH)
③ 여포 자극 호르몬(FSH)
④ 황체 형성 호르몬(LH)
⑤ 갑상선 자극 호르몬(TSH)

57 체열의 방출과 거리가 먼 것은?

① 배뇨   ② 배변
③ 호흡   ④ 증발
⑤ 혈압

58 활동전압(action potential)에 대한 설명으로 맞는 것은?

① 재분극 시에 나타난다.
② 탈분극 시에 나타난다.
③ 안정상태에서 나타난다.
④ 실무율 이하의 자극에서 나타난다.
⑤ 신경 흥분의 마지막 단계이다.

59 교감 신경계가 흥분되면 나타나는 현상으로 옳은 것은?

① 기도가 수축된다.
② 혈압이 상승된다.
③ 소장의 수축이 촉진된다.
④ 맥박이 느려진다.
⑤ 장액분비가 촉진된다.

60 Bell – Magendie 법칙으로 맞는 것은?

① 척수의 전근은 운동성, 후근은 감각성이라는 것
② 척수에는 구심성 및 원심성 신경이 있다는 것
③ 척수의 전근은 구심성, 후근은 원심성이라는 것
④ 척수에는 반사활동을 하는 반사궁이 있다는 것
⑤ 척수의 백질은 표층에 있고, 회백질은 안쪽에 있다는 것

2교시

1과목 식품학 및 조리원리 40문항

01 식품 중 유리수에 대한 설명으로 옳은 것은?

가. 0℃ 이하에서 쉽게 동결된다.
나. 건조 시 100℃에서 쉽게 분리·제거된다.
다. 염류, 당류, 수용성 단백질을 용해하는 용매로 작용
라. 미생물 번식에 이용되지 못한다.

① 가, 나, 다 　　　　② 가, 다
③ 나, 라 　　　　④ 라
⑤ 가, 나, 다, 라

02 미생물이 생장하는 데 수분 활성이 영향을 준다. 높은 수분 활성을 필요로 하는 것부터 순서대로 표시한 것은?

① 세균 > 곰팡이 > 효모 　　② 세균 > 효모 > 곰팡이
③ 곰팡이 > 효모 > 세균 　　④ 효모 > 세균 > 곰팡이
⑤ 곰팡이 > 세균 > 효모

03 Cellulose가 이루고 있는 결합의 형태는?

① α-1, 4-글리코시드 결합
② α-1, 6-글리코시드 결합
③ β-1, 4-글리코시드 결합
④ β-1, 6-글리코시드 결합
⑤ α-1, 1-글리코시드 결합

04 갑각류 껍질 성분으로 N-acetylglucosamine으로 된 다당류는?

① alginic acid 　　② cellulose
③ mannan 　　④ chitin
⑤ inulin

05 전분의 노화 속도에 영향이 적은 요인은 다음 중 어느 것인가?

① 온도 　　② 조리시간
③ 수분함량 　　④ 전분분자의 종류
⑤ pH

06 유지의 산패도를 측정하는 방법으로 옳은 것은?

가. 과산화물가 　　　나. 총카르보닐가
다. TBA가 　　　라. 요오드가

① 가, 나, 다 　　　　② 가, 다
③ 나, 라 　　　　④ 라
⑤ 가, 나, 다, 라

07 난백단백질 중 생으로 먹었을 때 비오틴과 결합하여 비오틴 결핍증을 일으키는 것은?

① avidin 　　② lactalbumin
③ ovalbumin 　　④ ovomucoid
⑤ conalbumin

08 다음 중 Ca과 P의 비율을 조성해 주는 비타민은?

① 비타민 A 　　② 비타민 C
③ 비타민 D 　　④ 비타민 B
⑤ 비타민 E

09 과일이 익으면 조직이 연해진다. 이때 작용하는 효소는?

① amylase 　　② ascorbic acid oxidase
③ cellulase 　　④ polygalacturonase
⑤ ployphenol oxidase

10 오이김치의 녹색채소가 갈색으로 되는 이유는 무엇인가?

① chlorophyll의 Mg이 알칼리로 용해되었기 때문
② chlorophyll의 Mg이 H^+로 치환되었기 때문
③ chlorophyll의 Mg이 N로 치환되었기 때문
④ chlorophyll의 Mg이 Fe로 치환되었기 때문
⑤ chlorophyll의 Mg이 Cu로 치환되었기 때문

11 비효소적 갈변반응과 관계있는 것은?

가. aminocarbonyl reaction
나. caramelization
다. ascorbic acid oxidation
라. tyrosine oxidation

① 가, 나, 다 　　　　② 가, 다
③ 나, 라 　　　　④ 라
⑤ 가, 나, 다, 라

12 단 것을 먹은 후 사과를 먹을 때 신맛을 느끼게 하는 현상은 무엇인가?

① 맛의 상쇄 ② 맛의 억제
③ 맛의 변조 ④ 맛의 피로
⑤ 맛의 대비

13 묵은 쌀의 냄새 성분은?

① acetone ② acetaldehyde
③ phenol ④ n-carproaldehyde
⑤ ketone

14 간장, 된장, 청주 등 코오지 제조에 이용되는 코오지(koji) 곰팡이는?

① Rhizopus japonicus ② Saccharomyces sake
③ Mucor mucedo ④ Aspergillus oryzae
⑤ Penicillium. citrinum

15 쌀밥에 잘 번식하는 세균은?

① 부패균 ② 젖산균
③ 고초균 ④ 부티르산균
⑤ 낙산균

16 김치의 초기발효에 관여하는 젖산균으로 옳은 것은?

① Lactobacillus plantarum
② Lactobacillus brevis
③ Leuconostoc mesenteriodes
④ Pediococcus cerevisiae
⑤ Streptococcus lactis

17 식품공업과 발효공업에 주로 이용되는 효모는?

① Saccharomyces 속 ② Hansenula 속
③ Debaryomyces 속 ④ Pichia 속
⑤ Rhodotorula 속

18 미생물의 생육곡선은 어떤 변화를 나타낸 것인가?

① 균체의 수 ② 균체의 무게
③ 균체의 모양 ④ 균체의 성분
⑤ 포자생성의 모양

19 Cheese 숙성에 관여하는 균은?

① Penicillium notatum
② Penicillium citrinium
③ Penicillium camemberti
④ Penicillium chrysogenum
⑤ Penicillium citrinum

20 물에 대한 설명으로 옳지 않은 것은?

① 물의 온도가 내려가면서 4℃가 되면 물분자 간의 일정한 수소결합 패턴이 형성된다.
② 동량이 용해되었을 때 전해질은 비전해질보다 물의 비점을 높게 한다.
③ 물의 증기압이 대기압과 같아질 때 끓는 현상이 생긴다.
④ 소량의 탄산가스와 광물질을 포함하고 있는 물을 광천수라 한다.
⑤ 기체는 물의 온도가 높을수록 용해도가 증가한다.

21 맛에 대한 설명으로 맞지 않는 것은?

① 혀의 미각은 10~40℃의 범위에서 잘 느껴진다.
② 짠맛은 온도가 높아질수록 역가가 높다.
③ 쓴맛은 온도가 높아질수록 역가가 낮아진다.
④ 단맛은 37℃까지는 온도가 높아질수록 역가가 떨어진다.
⑤ 역가란 맛을 감지할 수 있는 최소농도를 의미한다.

22 다음 중 조리 시 첨가하는 소금의 역할로 옳은 것은?

가. 육류 조리 시 2~3%를 첨가하면 보수성이 증가한다.
나. 밀가루 반죽 시 글루텐 형성을 촉진한다.
다. 두부를 삶을 때 첨가하면 두부가 연해진다.
라. 채소를 삶을 때 엽록소의 변색을 촉진시킨다.

① 가, 나, 다 ② 가, 다
③ 나, 라 ④ 라
⑤ 가, 나, 다, 라

23 다음 중 밀가루에 가장 부족한 아미노산은 무엇인가?

① glutamic acid ② histidine
③ lysine ④ arginine
⑤ cystein

24 다음 중 밀가루 반죽에서 팽창제 역할을 할 수 있는 것은?

가. CO_2 나. 난백
다. 물 라. 설탕

① 가, 나, 다 ② 가, 다
③ 나, 라 ④ 라
⑤ 가, 나, 다, 라

25 콩 비린내와 관계된 산화효소는?

① 미로시나아제
② 리폭시게나아제
③ 펙티나아제
④ 프로타아제
⑤ 아밀라아제

26 시금치를 삶을 때 중조를 넣을 경우 파괴되는 영양소는?

① 탄수화물   ② 수용성 비타민
③ 무기질   ④ 단백질
⑤ 지방

27 육류의 사후강직에 대한 설명으로 옳은 것은?

> 가. pH가 낮아진다.
> 나. ATP가 감소된다.
> 다. 사후강직에 있는 고기는 가열조리를 하여도 연해지지
>   않는다.
> 라. 고기의 보수성이 증가하고 부드럽다.

① 가, 나, 다   ② 가, 다
③ 나, 라   ④ 라
⑤ 가, 나, 다, 라

28 육류를 연화시키는 방법으로 옳은 것은?

> 가. 고기를 갈거나 망치로 두들겨 사용한다.
> 나. 칼집을 내어 결합조직을 자른다.
> 다. bromelin, ficin 등을 첨가한다.
> 라. pH 5~6으로 하여 조리한다.

① 가, 나, 다   ② 가, 다
③ 나, 라   ④ 라
⑤ 가, 나, 다, 라

29 고기의 수용성 단백질, 지방, 무기질, 추출성분 등을 최대한으로
섭취할 수 있는 조리법은 무엇인가?

① 찜   ② 볶음
③ 구이   ④ 탕
⑤ 조림

30 달걀에 대한 설명으로 틀린 것은?

① lysozyme은 용균성을 갖는 단백질이다.
② 난백은 알칼리성, 난황은 산성이다.
③ 난황에는 레시틴이 존재하므로 유화제로 작용할 수 있다.
④ 난황을 알의 중심으로 유지시켜주는 것은 인지질이다.
⑤ 난백의 주요 단백질은 albumin이다.

31 달걀의 응고성에 관한 설명이다. 맞는 것은?

> 가. 달걀을 희석하면 응고온도가 낮아진다.
> 나. 달걀찜은 달걀의 응고성을 이용한 것이다.
> 다. 난백이 난황보다 높은 온도에서 응고가 시작된다.
> 라. 저온에서 가열하면 부드러운 응고물이 된다.

① 가, 나, 다   ② 가, 다
③ 나, 라   ④ 라
⑤ 가, 나, 다, 라

32 다음 중 우유의 유백색 색소를 나타내는 것은?

> 가. casein micelle
> 나. hemoglobin
> 다. 지방구 미립자
> 라. flavonoids

① 가, 나, 다   ② 가, 다
③ 나, 라   ④ 라
⑤ 가, 나, 다, 라

33 다음 중 어류의 변질 및 부패의 원인에 관한 설명이다. 옳은
것은?

> 가. 자기소화가 일어나 불쾌한 냄새 발생
> 나. 생선은 piperidine, 아민류 등이 세균 작용으로 분해
>   된다.
> 다. 붉은살 생선에 많은 histidine이 histamine으로 되었다.
> 라. 홍어에서 암모니아 냄새가 난다.

① 가, 나, 다   ② 가, 다
③ 나, 라   ④ 라
⑤ 가, 나, 다, 라

34 어묵의 제조 원리로 옳은 것은?

① 생선의 섬유상 단백질이 소금에 잘 녹는 성질을 이용하여
어육에다 소금을 넣어서 반죽하여 gel화한 것이다.
② 생선에 젤라틴을 첨가한다.
③ 생선의 단백질을 농축한 것이다.
④ 생선을 코온스타아치로 결합시킨다.
⑤ 생선을 전분과 밀가루로 결합시킨다.

35 다음 중 glutamic acid가 많이 함유되어 있는 해조류는 어느 것인
가?

① 다시마   ② 톳
③ 파래   ④ 우뭇가사리
⑤ 김

36 철제로 두껍게 만든 기구가 튀김 용기로 좋은 이유는 무엇인가?

① 기름의 풍미를 재료에 더하기 때문에
② 지방산의 유리되는 양을 줄이기 때문에
③ 재료의 향미 성분의 휘발을 막기 때문에
④ 기름의 온도 변화를 줄여주기 때문에
⑤ 재료의 수분 증발을 막기 위하여

37 지방을 가열했을 때 일어나는 변화의 설명으로 옳은 것은?

> 가. 유지의 열분해로 유리지방산이 많이 생긴다.
> 나. 산화 중합되기 때문에 점도가 증가한다.
> 다. glycerol의 탈수반응으로 acrolein가스가 발생한다.
> 라. 가열 시에도 지용성 비타민과 색소는 산화반응에 안정적이다.

① 가, 나, 다　　　　　　　② 가, 다
③ 나, 라　　　　　　　　　④ 라
⑤ 가, 나, 다, 라

38 튀김재료에 달걀을 첨가했을 때의 이점으로 옳은 것은?

> 가. 팽화율이 증가된다.
> 나. 탈수율이 좋다.
> 다. 적절한 경도를 형성한다.
> 라. 달걀 기포로 인해 조직이 부드러워진다.

① 가, 나, 다　　　　　　　② 가, 다
③ 나, 라　　　　　　　　　④ 라
⑤ 가, 나, 다, 라

39 캐러멜 제조 시 물엿의 역할은?

> 가. 캐러멜의 조밀도 증가
> 나. 굳기에 관여
> 다. 단맛과 윤기의 증가
> 라. 결정화 증가

① 가, 나, 다　　　　　　　② 가, 다
③ 나, 라　　　　　　　　　④ 라
⑤ 가, 나, 다, 라

40 설탕의 결정 형성을 방해하는 물질로 옳은 것은?

> 가. 버터
> 나. 난백
> 다. 달걀
> 라. 옥수수시럽

① 가, 나, 다　　　　　　　② 가, 다
③ 나, 라　　　　　　　　　④ 라
⑤ 가, 나, 다, 라

2교시

2과목 단체급식관리　33문항

01 병원의 중앙배선방식의 장점으로 옳은 것은?

> 가. 전문적인 중앙통제가 잘된다.
> 나. 식기의 소독이나 보관이 쉽다.
> 다. 병동배식방법보다 건설비를 경감할 수 있다.
> 라. 감독이 용이하다.

① 가, 나, 다　　　　　　　② 가, 다
③ 나, 라　　　　　　　　　④ 라
⑤ 가, 나, 다, 라

02 식단 작성 순서로 옳은 것은?

① 급여 영양량 결정 → 주식 결정 → 부식 결정 → 3식의 영양량 배분
② 주식 종류와 양의 결정 → 부식 종류와 양의 결정 → 3식의 영양량 배분 → 급여 영양량 산출
③ 3식의 영양량 결정 → 급여 영양량 결정 → 주식 결정 → 부식 결정
④ 급여 영양량 결정 → 3식의 영양량 배분 → 주식 종류와 양의 결정 → 부식 결정
⑤ 3식의 영양량 배분 → 주식 결정 → 부식 결정 → 급여 영양량 계산

03 단체급식 식단 작성 시 고려사항으로 옳은 것은?

> 가. 피급식자의 식습관과 기호
> 나. 급여 영양량의 결정
> 다. 균형 있는 식단구성
> 라. 급식의 관능적인 평가

① 가, 나, 다　　　　　　　② 가, 다
③ 나, 라　　　　　　　　　④ 라
⑤ 가, 나, 다, 라

04 식단표의 기능으로 옳은 것은?

> 가. 급식대상자의 정보
> 나. 급식기록서
> 다. 급식결과 판정표
> 라. 조리 작업지시서

① 가, 나, 다　　　　　　　② 가, 다
③ 나, 라　　　　　　　　　④ 라
⑤ 가, 나, 다, 라

05 식단 작성 시 영양량의 설정을 위해 고려할 항목으로 옳은 것은?

가. 노동량	나. 기호도
다. 나이와 성별	라. 기초식품군

① 가, 나, 다
② 가, 다
③ 나, 라
④ 라
⑤ 가, 나, 다, 라

06 검식부에 기록해야 할 항목들로 옳은 것은?

가. 식단 평가
나. 잔식량
다. 식단 명
라. 섭취영양량

① 가, 나, 다
② 가, 다
③ 나, 라
④ 라
⑤ 가, 나, 다, 라

07 단체급식에서 위생관리를 철저하게 하는 이유는?

① 올바른 식품 취급법을 위하여
② 깨끗한 주방 환경을 위하여
③ 식중독 발생을 방지하기 위하여
④ 올바른 식습관을 위하여
⑤ 조리사의 건강을 위하여

08 다음 중 커미셔리급식제도(commissary foodservice system)에 대한 설명으로 옳은 것은?

가. 분배·저장에 따른 시설이 요구된다.
나. 표준화된 방법으로 음식이 생산된다.
다. 대량구매와 생산이 이루어진다.
라. 여러 가지 가공 식품들이 필요하다.

① 가, 나, 다
② 가, 다
③ 나, 라
④ 라
⑤ 가, 나, 다, 라

09 급식소에서 주문제작방식으로 기기를 구입할 때 관련된 사항 중 옳은 것은?

가. 실수요자의 요청에 의해 기계의 디자인 용량을 결정할 수 있다.
나. 반드시 명세서(specification)를 제시하여 주문한다.
다. 기계에 대한 세부사항 외에도 일반적 조건을 제시하여 구매한다.
라. 제작 경비가 일반적으로 저렴하다.

① 가, 나, 다
② 가, 다
③ 나, 라
④ 라
⑤ 가, 나, 다, 라

10 조리냉장 시스템(cook chill system)에 대한 설명으로 옳지 않은 것은?

① 조리저장식 급식체계의 한 방법이다.
② 피크타임(peak time)을 해소할 수 있다.
③ 음식의 생산과 소비가 시간적으로 분리된다.
④ 국내에서는 주로 기내식에서 활용되고 있다.
⑤ 급식품 운반을 위한 보온 차량이 필요하다.

11 급식 조리시설의 내장 마감 재료에 관한 설명이다. 옳은 것은?

가. 바닥재는 내구성을 고려해서 단단할수록 좋다.
나. 청소가 용이하고 습기에 강한 바닥재가 적합하다.
다. 내구성이 높으면 다소 가격이 높아도 좋다.
라. 미끄럽지 않은 마감재가 바닥재로 적합하다.

① 가, 나, 다
② 가, 다
③ 나, 라
④ 라
⑤ 가, 나, 다, 라

12 급식시스템 요소 중 변환에 속하지 않는 것은?

① 구매
② 급식 생산
③ 분배와 배식
④ 급식시설
⑤ 위생과 유지

13 과학적 관리법의 기본정신과 목표를 달성하기 위한 원칙이 아닌 것은?

① 최고의 과업결정
② 표준화된 여러조건
③ 성공에 대한 우대
④ 생산의 표준화
⑤ 실패 시 노무자의 손실

14 민즈버그(Mintzberg)의 경영자 역할 중 대인간 역할에 대한 설명으로 옳은 것은?

① 대표자, 지도자, 감독자
② 대표자, 지도자, 연결자
③ 지도자, 정보전달자, 기업가
④ 대변인, 협상자, 연결자
⑤ 대표자, 대변인, 자원배분가

15 급식시스템 모델의 구성요소로 틀린 것은?

① 투입
② 통제
③ 전환과정
④ 산출
⑤ 인사배치

16 계획의 이점으로 틀린 것은?

① 통제의 기초 제공　② 권한의 위양 용이
③ 경영활동의 조정 용이　④ 비경제적 노력 배제
⑤ 정확한 예측 가능

17 관리 순환에서 중요한 기본요소(5M)로 맞지 않는 것은?

① Money(자본)　② Motivation(동기)
③ Man(경영자)　④ Market(시장)
⑤ Material(원재료)

18 사무개선의 목표로 맞지 않는 것은?

① 정확성　② 경제성
③ 신속성　④ 객관성
⑤ 용이성

19 권한위임 시의 장점은?

가. 신속한 의사결정이 가능하다.
나. 조직구성원에 대한 동기부여 효과가 있다.
다. 관리자의 부담이 경감된다.
라. 조직의 계층이 줄어들어 조직의 효율을 높이게 된다.

① 가, 나, 다　② 가, 다
③ 나, 라　④ 라
⑤ 가, 나, 다, 라

20 다음 중 기획력이 우수하면 독창력도 우수할 것이라고 판단하는 경우 인사고과의 오류로 맞는 것은?

① 중심화 경향　② 관대화 경향
③ 논리오차　④ 현혹효과
⑤ 비판된 경향

21 다음은 인사고과에 대한 설명이다. 옳은 것은?

가. 직무수행에 관계되지 않는 특성도 고과의 대상이다.
나. 사람과 직무와의 관계에서 사람, 직무를 모두 평가한다.
다. 어떤 사람의 현재, 과거의 능력, 실적을 평가한다.
라. 사람의 능력, 태도, 적성 및 업적 등 조직에 대한 유용성 관점에서 평가한다.

① 가, 나, 다　② 가, 다
③ 나, 라　④ 라
⑤ 가, 나, 다, 라

22 다음 중 직무평가의 주요 용도로 옳은 것은?

① 모집 및 선발
② 임금관리
③ 교육 및 훈련
④ 오리엔테이션
⑤ 인력 및 경력계획

23 인간관계 관리와 관계있는 것으로 옳은 것은?

가. 인사상담제도　나. 제안제도
다. 사기조사　라. 이윤분배제도

① 가, 나, 다　② 가, 다
③ 나, 라　④ 라
⑤ 가, 나, 다, 라

24 다음 중 직무평가에 해당되는 것으로 맞지 않는 것은?

① 성실성　② 건강상태
③ 숙련도　④ 노력
⑤ 책임감

25 직무의 상대적 가치를 결정하고 기초 임금률 상호간의 불균형을 합리적으로 해결하는 방법으로 맞는 것은?

① 직무기술서　② 직무배분표
③ 직무평가　④ 직무분석
⑤ 직무명세서

26 다음 중 Off. J. T의 장·단점으로 맞지 않는 것은?

① 보통 집단적으로 실시된다.
② 원재료비가 낭비된다.
③ 중소기업에서는 실시하기 곤란하다.
④ 비용이 많이 든다.
⑤ 교육효과가 높다.

27 다음 중 직무명세서에 특히 상세히 기술하는 것은 무엇인가?

① 물적요건　② 직무개요
③ 직무요건　④ 직무내용
⑤ 인적요건

28 목표관리법(MBO)에 대한 설명으로 옳은 것은?

① 목표는 상위자가 결정하고 하위자는 이에 따른다.
② 부하는 과업을 수행하고 상위자는 이를 지원한다.
③ 종업원 스스로 성과를 검토, 평가하므로 통제가 어렵다.
④ 강점과 약점을 분석하여 유리한 전략계획을 수립하는 기법이다.
⑤ 특정 분야의 우수한 상대를 기준으로 목표를 설정하는 기법이다.

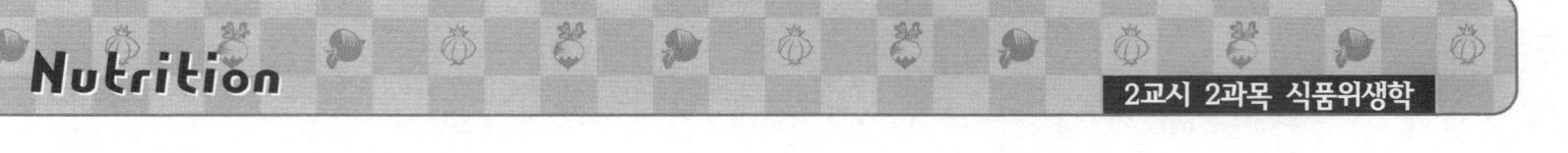
29 단체급식에서 식품재료 구입 시 고려해야 할 사항으로 옳은 것은?

> 가. 계절식품
> 나. 영양이 풍부한 식품
> 다. 용도에 적합한 식품
> 라. 가식부가 적은 식품

① 가, 나, 다　　　　② 가, 다
③ 나, 라　　　　　　④ 라
⑤ 가, 나, 다, 라

30 다음 중 식품발주량으로 맞는 것은?

① 총구입량×급식예정인원수
② 총사용량×가식부분이 없는 식품량
③ 순사용량×음식예정인원수
④ 구입량×총급식예정인원수
⑤ 사용량×급식예정인원수

31 재고 관리방법 중에서 물품의 입고와 출고량, 잔량을 계속적으로 장부에 기록하는 방법은?

① 영구재고 시스템
② 실사재고 시스템
③ 선입선출 시스템
④ 후입선출 시스템
⑤ 적정재고 시스템

32 식품구매명세서에 대한 설명으로 옳은 것은?

> 가. 제품명, 등급, 단위중량, 포장단위당 개수를 기록한다.
> 나. 구매부문, 납품업자, 검사부문에서 사용한다.
> 다. 제품의 품질에 대한 정보를 기록한다.
> 라. 가능한 한 자세하게 기록하고 새로운 상품명을 기록한다.

① 가, 나, 다　　　　② 가, 다
③ 나, 라　　　　　　④ 라
⑤ 가, 나, 다, 라

33 식품구매 시 공급자와 구매자 간의 원활한 의사소통을 위해 구매 관리자가 식품에 관한 자세한 내용을 적어 공급자 측에 송부하는 서식은?

① 구매요청서
② 발주서
③ 납품서
④ 식품구매요구서
⑤ 식품구매명세서

2교시 2과목 식품위생학　13문항

34 식품위생검사와 가장 관계가 깊은 세균은?

① 대장균　　　　　② 유산균
③ 프로피온산균　　④ 낙산균
⑤ 비브리오균

35 실험물질을 사육동물에 2년 정도 투여하는 독성실험 방법은?

① LD_{50}　　　　　② 급성독성실험
③ 아급성독성실험　④ 만성독성실험
⑤ 유전독성실험

36 살균제의 살균력을 평가하는 기준이 되는 약제는?

① 승홍　　　　　　② 크레졸
③ 표백분　　　　　④ 석탄산
⑤ 생석회(CaO)

37 세균성 식중독과 경구 감염병을 비교하여 잘못 설명한 것은?

① 세균성 식중독은 발병 후 면역이 생기지 않지만 경구 감염병은 생긴다.
② 경구 감염병은 소량의 원인균으로 발병되나 세균성 식중독은 다량의 균으로 발병된다.
③ 세균성 식중독은 2차 감염이 잘 일어나는 데 비하여 경구 감염병은 잘 일어나지 않는다.
④ 세균성 식중독은 경구 감염병에 비하여 잠복기가 짧다.
⑤ 세균성 식중독은 식품에서 증식하고 체내에서는 증식이 안 된다.

38 식중독균인 황색포도상구균(Staphylococcus aureus)과 이 구균이 생산하는 독소인 enterotoxin에 대한 다음 설명 중 옳은 것은?

① 이 균은 그람 음성, 무포자 구균이다.
② coagulase 양성이고 mannitol을 분해한다.
③ 포자를 형성하는 내열성 균이다.
④ 독소 중 A형만 중독증상을 일으킨다.
⑤ 일반적인 조리방법으로 독소가 쉽게 파괴된다.

39 통, 병조림, 진공포장식품과 같은 밀봉식품의 부패로 인하여 발생되기 쉬운 식중독은?

① 대장균 식중독
② 장염비브리오 식중독
③ *Botulinus*균 식중독
④ *Welchii*형균 식중독
⑤ 포도상구균 식중독

40 혈청형 O157 : H7 대장균의 주 증상은?

① 이질성 대장염
② 묽은 변의 배출이 현저한 대장염
③ 간염 유발 대장염
④ 장관 출혈성 대장염
⑤ 급성 위장염

41 다음 중 바지락의 독성분은?

① venerupin
② temulin
③ saxitoxin
④ tetrodotoxin
⑤ solanine

42 식중독 증상 중에서 cyanosis현상을 나타내는 어패류는?

① 독꼬치 고기
② 섭조개
③ 복어
④ 바지락
⑤ 굴

43 Mycotoxin류를 분비하는 곰팡이는 다음의 어느 식품에 번식이 비교적 쉬운가?

① 어육, 식물종자 등 불포화지방산이 많은 식품
② 치즈, 건조육 등의 단백질이 풍부한 식품
③ 수분이 다량 함유된 식품
④ 쌀, 보리 등 탄수화물에 많고 건조가 불충분한 식품
⑤ 수분 함량이 적은 비스켓류

44 미나마타병의 원인이 되는 금속류는?

① 요오드(I)
② 수은(Hg)
③ 납(Pb)
④ 카드뮴(Cd)
⑤ 구리(Cu)

45 아니사키스(Anisakis) 기생충에 대한 설명으로 틀린 것은?

① 제1 중간숙주는 갑각류이다.
② 유충은 내열성이 약하여 열처리로 예방할 수 있다.
③ 냉동 처리 및 보관으로는 예방이 불가능하다.
④ 주로 소화관에 궤양, 종양, 봉와직염을 일으킨다.
⑤ 제2 중간숙주는 오징어, 대구 등의 해산어류이다.

46 플라스틱제품의 가소제, 락카, 접착제 등에 사용되는 물질로 환경오염을 일으키는 물질은?

① 유기수은
② 프탈산 에스테르
③ 카드뮴
④ ABS
⑤ 납

47 식품위생법상 식중독 환자를 진단한 의사가 1차적으로 보고하여야 할 기관은?

① 관할 읍·면·동장
② 관할 보건소장
③ 관할 경찰서장
④ 관할 시장·군수·구청장
⑤ 관할 시·도지사

48 영양사의 결격사유가 되는 것을 모두 고른 것은?

가. 정신질환자
나. 약물 및 마약 중독자
다. 감염병 환자
라. 조리사 또는 영양사의 취소처분을 받고 그날로부터 2년이 지나지 않은 자

① 가, 나, 다
② 가, 다
③ 나, 라
④ 라
⑤ 가, 나, 다, 라

49 영양사의 면허를 취소할 수 있는 사항으로 옳은 것은?

① 식중독을 일으켰을 때
② 교육을 받지 않았을 때
③ 면허증을 타인에게 대여했을 때
④ 정기건강진단을 받지 않았을 때
⑤ 업무를 태만히 했을 때

50 판매가 금지되는 동물질병으로 옳은 것은?

가. 리스테리아병
나. 살모넬라병
다. 선모충증
라. 구간낭충

① 가, 나, 다
② 가, 다
③ 나, 라
④ 라
⑤ 가, 나, 다, 라

51 우수업소로 선정될 수 있는 영업은?

① 일반음식점영업
② 식품첨가물제조업
③ 유흥주점영업
④ 식품판매업
⑤ 식품소분업

52 다음 중 "식품 등의 표시기준"에 의한 표시대상 영양성분이 아닌 것은?

① 비타민　　　　　② 열량
③ 나트륨　　　　　④ 단백질
⑤ 탄수화물

53 해산 어류·연체류의 총 수은 잔류허용기준은?

① 0.1ppm 이하　　　② 0.5ppm 이하
③ 1.0ppm 이하　　　④ 1.5ppm 이하
⑤ 2.0ppm 이하

54 다음 중 500만원 이하의 과태료에 처하게 되는 경우가 아닌 것은?

① 식품 등의 위생적 취급기준을 지키지 않은 자(제3조 1항)
② 건강진단을 받아야 하는 영업자가 건강진단을 받지 않은 경우(제40조 1항)
③ 위생에 관한 교육을 받아야 하는 자가 교육을 받지 않았을 때(제41조 1항)
④ 검사기관 운영자의 지위를 승계하고 1개월 이내에 지위승계를 신고하지 아니한 경우(법 제9조제3항)
⑤ 신고하지 않고 집단급식소를 설치·운영한 자(제88조 1항)

55 다음 중 5년 이하의 징역 또는 5천만원 이하의 벌금에 해당하는 경우로 옳은 것은?

가. 정하여진 기준과 규격에 맞지 않는 식품 또는 첨가물의 판매·제조·사용·조리·저장 등의 행위(제7조 4항)
나. 정하여진 기준과 규격에 맞지 않는 기구·용기·포장의 판매·제조·사용·저장 등의 행위(제9조 4항)
다. 영업정지 명령을 위반하여 영업을 계속한 자(제75조 1항)
라. 영업자가 아닌 자가 제조, 가공, 소분하는 행위(제4조)

① 가, 나, 다　　　　② 가, 다
③ 나, 라　　　　　④ 라
⑤ 가, 나, 다, 라

56 국민영양조사원으로 임명 또는 위촉될 수 있는 사람은?

가. 의사　　　　　나. 간호사
다. 영양사　　　　라. 조리사

① 가, 나, 다　　　　② 가, 다
③ 나, 라　　　　　④ 라
⑤ 가, 나, 다, 라

57 국민건강증진법 시행령 중 영양지도원이 될 수 있는 사람은?

가. 조리사　　　　　나. 간호사
다. 임상병리사　　　라. 영양사

① 가, 나, 다　　　　② 가, 다
③ 나, 라　　　　　④ 라
⑤ 가, 나, 다, 라

58 학교급식의 품질 및 안전을 위하여 사용해서는 안 되는 식재료는?

가. 지리적 특산품의 지리적 표시를 거짓으로 기재한 식재료
나. 유전자변형농산물의 표시를 거짓으로 기재한 식재료
다. 축산물의 등급을 거짓으로 기재한 식재료
라. 친환경표시가 기재되어 있지 않은 식재료

① 가, 나, 다　　　　② 가, 다
③ 나, 라　　　　　④ 라
⑤ 가, 나, 다, 라

59 학교급식 공급업자가 지켜야 할 사항은?

가. 위생·안전관리기준
나. 영양관리기준
다. 식재료의 품질관리기준
라. 시설관리기준

① 가, 나, 다　　　　② 가, 다
③ 나, 라　　　　　④ 라
⑤ 가, 나, 다, 라

60 보건범죄단속에 관한 특별조치법에 의한 현저한 유해 기준으로 옳은 것은?

가. 허용 외의 착색료를 함유한 다류
나. 허용 외의 방부제를 함유한 빵류
다. 포스파타아제가 검출된 시유
라. 비소가 2ppm 이상인 장류

① 가, 나, 다　　　　② 가, 다
③ 나, 라　　　　　④ 라
⑤ 가, 나, 다, 라

[1교시 1과목] 정답

01	02	03	04	05	06	07	08	09	10	11	12	13	14	15	16	17	18	19	20
③	⑤	④	②	②	⑤	④	⑤	④	③	④	④	①	④	③	④	④	①	③	②

21	22	23	24	25	26	27	28	29	30	31	32	33	34	35	36	37	38	39	40
⑤	②	①	③	①	①	④	③	④	④	③	③	③	②	③	③	①	⑤	①	③

41	42	43	44	45	46	47	48	49	50	51	52	53	54	55	56	57	58	59	60
③	⑤	②	②	②	①	④	③	④	④	①	④	④	②	②	④	②	①	②	④

01 체내에 과잉으로 섭취된 당질 등은 acetyl-CoA를 거쳐서 지방산으로 변환되어 중성지방의 형태로 지방조직에 저장된다.

02 치아부착성이 큰 식품이 충치유발도가 크다.

03 포도당의 대사과정 중 호기적 대사(TCA회로)에서는 해당으로 생성된 pyruvic acid가 H_2O와 CO_2로 완전히 산화된다. 1분자 pyruvic acid가 완전히 산화되어 12.5ATP가 생성된다.

04 뇌, 적혈구, 신장수질, 신경세포에 열량원으로 이용되는 것은 포도당이다. 특히 뇌는 에너지지원을 혈당에 의존하기 때문에 glucose가 80mg% 이하로 떨어지게 되면 뇌 손상을 초래할 수도 있다.

05 갈락토오스(galactose)
- 뇌의 구성 성분인 cereboside(유아 두뇌발육 촉진)의 구성당이다.
- galactose는 유당에 많이 함유되어 있다.
- 유당은 동물의 유즙에 존재하며 우유(4~5%)보다 모유(5~7%)에 더 많이 함유되어 있다.

06 소장의 모세혈관을 통해서 간의 문맥을 거쳐 간으로 운반되는 영양소
- 탄수화물 : 6탄당(glucose, fructose, mannose, galactose), 5탄당(ribose 등)
- 단백질 : 아미노산, peptide
- 지방 : 짧은 사슬 지방산(C10 이하), 글리세린

07 한국인 성인 남여(19~29세)의 영양섭취기준 중 탄수화물 : 단백질 : 지방의 비율은 55~65% : 7~20% : 15~30%이다(한국영양학회, 2015년).

08 콜레스테롤
- 동물 조직 중에 많이 함유되어 있으며 체내에서 각 조직 특히 뇌, 신경 등의 막 구성성분이다.
- 담즙산, 부신피질 호르몬(glucocorticoid 등), 성호르몬(progestrone), 비타민 D, 혈청 지단백질 등의 합성재료이다.

09 케토시스(ketosis)
- 심한 운동 후나 치료되지 않은 당뇨병, 심한 기아상태 등에 의해 탄수화물을 과도하게 소모하여 탄수화물이 부족할 때 케톤체가 혈중에 축적되면서 발생된다.

10 지방의 소화흡수
- 지방의 가수분해효소는 lipase의 최적 pH 5~6이므로 그 중 steapsin이 가장 강력하다.
- 장에서 흡수된 담즙산과 담즙산염은 혈류로 돌아갔다가 다시 간에서 흡수된다.
- 장 점막을 통해 흡수된 glycerol 및 저급지방산류는 모세혈관을 통해 문맥을 지나 간장으로 운반된다.
- 지방산은 림프관을 통해 흡수되며 위에서는 지방분해효소가 있어 약간 분해되기도 한다.

11 프로스타글란딘(prostaglandins)
- 필수지방산인 리놀레산으로부터 형성된 아라키돈산과 같은 20개의 탄소로 구성된 불포화지방산 cyclooxygenase 경로를 거쳐 생성되는 물질의 총칭이다. 이들은 주로 정소낭, 신장, 폐 및 동맥벽에서 합성되며 국소 호르몬과 비슷한 작용을 가진다.
- 여러 개의 프로스타글란딘이 알려져 있으나, PGE1, PGE2, PGF1, PGF2 이 네 개가 가장 보편적인 것들이다.
- 음식물을 통해 섭취된 리놀레산은 감마리놀렌산 → 디호모 감마리놀렌산 → 프로스타글란딘의 순서를 밟아 전환된다.
- EPA는 20개의 탄소로 구성된 불포화지방산(C20 : 5)으로 프로스타글란딘의 전구체이다.

12 단백질은 양성반응기를 갖고 있으므로 완충제의 하나로 작용하여 pH를 조절한다. 혈액의 pH는 7.35~7.45로 조절되어지며 이 한계를 넘으면 생명이 위험에 빠질 수 있다.

13 완전단백질
- 필수 아미노산이 골고루 충분히 들어 있는 단백질을 말한다.
- 동물의 성장과 체중을 증가시키며 생리적 기능을 돕는다.
- 우유의 casein, lactalbumin, 달걀의 ovalbumin, 대두의 glycinine 등이 완전단백질이다.

14 한국인 19~29세 남자의 단백질 권장 섭취량(체중 68.9kg)은 65g이고, 19~29세 여자의 단백질 권장 섭취량(체중 55.9kg)은 55g이다[2020년 한국인영양소섭취기준].

15 gelatin은 동물성이면서도 필수아미노산 중 tryptophan과 lysine 등의 함량이 낮아 불완전단백질이다. 그러므로 젤라틴의 제한 아미노산은 tryptophan과 lysine이다.

16 단백질은 질소화합물이기 때문에 당질이나 지질과는 달리 최종대사 산물은 요소를 비롯한 여러 가지 질소화합물(요소, 요산, creatinine 등)로 되어서 요속에 배설된다.

17 myoglobin은 철을 함유한 근육색소 단백질로 산소 분자를 저장하는 역할을 한다.

18 cholecystokinin(pancreozymin이라고도 함)
- 위의 음식물이 소장의 첫 부분인 십이지장에 도달할 때 세크레틴과 함께 분비되는 소화호르몬이다.
- 췌장(pancreas)의 효소 분비를 유발하여 판크레오지민, 담낭(cholecyst)을 수축시켜 담즙을 십이지장으로 배출시킨다.

19
- 소화에 의해서 생성된 아미노산은 소장의 점막세포에 있는 융모벽을 통과하여 문맥을 거쳐 간장으로 운반된다.
- 간장에 운반된 아미노산은 분해되어 일부는 단백질 생성에 쓰이고 기타는 각 조직에 운반되어 조직단백질 생성에 쓰인다.

20 기초대사량
- 생물체가 생명을 유지하는 데 필요한 최소한의 에너지의 양이다.
- 주로 체온 유지, 심장 박동, 호흡 운동, 근육의 긴장 따위에 쓰는 에너지
- 우리나라 성인 남자의 경우 하루 1,400kcal 정도이다.

21 한국인(19~50세) 일일 영양 권장량(한국영양학회, 2020년)

	탄수화물	지방	단백질
권장 섭취량	55~65%	15~30%	7~20%
1g당 열량	4kcal	9kcal	4kcal

22 기초대사량
- 성별 : 체중이 같고, 키가 같은 경우 여자가 남자보다 5~10% 낮다.
- 연령 : 영아는 갑자기 상승하여 2세 때 제일 높아지고 그 후부터 감소된다. 20세 이후는 감소가 매우 적다.

23 영양소의 생리적 열량가

	탄수화물	지방	단백질
calorimeter에서의 열량가(kcal/g)	4.10	9.45	5.65
질소의 불연소로 인한 손실(kcal/g)	0	0	1.25
체내에서의 소화율(%)	98	95	92
생리적 열량가(kcal/g)	4	9	4

24
- 트립토판 60mg은 나이아신 1mg에 상당하므로 트립토판이 120mg이면 나이아신 2mg에 상당하다.
- 따라서 나이아신의 총 합량은 10 + 2 = 12mg이다.

25 비타민 E(토코페롤)에는 α, β, γ, δ의 4종류가 자연계에 존재하며 그 중 생물활성이 가장 강력한 것은 α-tocopherol이다.

26 비타민 C가 결핍되면
- 콜라겐 합성이 원활하지 못하며, 잇몸이 부풀며, 이가 흔들리고, 잇몸출혈이 심하게 되며, 피하출혈, 식욕감퇴, 체중감소, 빈혈 등 일명 괴혈병 증상이 나타나게 된다.

27 우리나라 성인 남·녀(19세 이상)의 1일 비타민 B_6 권장 섭취량은 남자는 1.2mg, 여자는 1.1mg, 임산부는 1.5mg, 수유부는 1.5mg이다(한국영양학회, 2020년).

28 칼슘(Ca)
- 산성에서 가용이고 알칼리성에서 불용이다.
- 유당은 젖산균에 의해 발효되어 젖산이 생성된다. 유당은 장내 pH를 산성으로 유지시켜 Ca 흡수를 촉진시킨다.

29 생체 내에서 칼슘의 기능
- 골격, 치아의 형성
- 근육의 수축이완, 혈액응고
- 화학적, 전기적 자극의 신경전달
- 생체막의 물질수송과 분비
- 세포 안에서 정보 전달인자
- 효소의 활성화

30
- 장관에서 흡수된 구리는 간에 저장되어 특수 단백질과 결합하여 Ceruloplasmin으로 이동되어 이용된다.
- Ceruloplasmin은 혈장의 구리를 함유하는 당단백질로서 한 분자에 7~8개의 구리원자를 가진다. 혈장의 구리 90%는 Ceruloplasmin이 운반한다.
- Ceruloplasmin은 혈청 중의 oxidase 활성에 관여하며 임신이나 전염병의 경우 증가한다.

31 요오드가 크게 결핍되어 일어날 수 있는 모체의 갑상선종은 유아의 크레틴병을 초래할 수 있다.

32 antidiuretic hormone(ADH)은 원위세뇨관에서 물의 재흡수 촉진작용을 통해 항이뇨작용을 하는 뇌하수체 후엽에서 분비되는 호르몬이다.

34 임신 중 단백질 결핍 시 나타나는 증상
- 임신부는 적당한 체중 증가, 태아의 기초발육, 자궁 유방의 증대, 태반 태아 부속물 및 유즙 준비를 위해 단백질의 필요량이 크게 증가한다.
- 결핍 시에는 빈혈, 영양성 부종이 나타나고, 쉽게 피로가 오며, 능률이 저하되고, 임신중독증(특히 히스티딘, 메티오닌, 트립토판 부족 시)의 위험이 있다.
- ※ 심한 입덧은 비타민 B_6의 결핍으로 인한 증상이다.

35 모유의 지질 함량과 조성
- 지질 섭취량이나 모체의 에너지 평형상태에 영향을 받는다.
- 모유 지방산의 상당 부분이 모체 식사에서 유도되기 때문이며, 음(negative)의 에너지 평형상태는 모체의 지방조직에서 유래하기 때문이다.
- 따라서 채식 수유부는 식물성 식품에 존재하는 지방산이 더 많은(리놀레산 등) 모유를 생산하고, 비채식 수유부는 동물성 지방산을 더 많이(팔미트산과 스테아르산 등) 함유한 모유를 생산한다.

36 체중당 체내 총 수분 함량(%)은 신생아일 때는 어른보다 높으나 1년 동안 점차로 감소하여 어른 수준과 비슷한 60%에 이르게 된다.

37 이유식을 늦게 시작했을 때의 문제점
- 체중증가 약화로 빈혈, 근력발달이 나빠진다.
- 젖 이외의 것을 싫어하고 영양실조의 원인이 된다.
- 병에 대한 저항력, 치유력이 약해진다.
- 정신적으로 의존하려는 경향이 강해지고 잘 운다.
- 성장발달이 지연된다.

38
- 비타민 C는 여러 대사 작용에 있어서 필수적인 물질이며 콜라겐을 합성, 혈관의 구조강도를 일정하게 유지하고, 특정 아미노산의 대사와 관련이 있으며, 부신 호르몬을 합성 및 유리시킨다.
- 2차성장이 일어나는 일반적인 순서는 남자는 음모 → 변성 → 다리의 털 → 첫 사정 → 겨드랑이 털 순이고, 여자는 유방 → 초경 → 음모 → 겨드랑이 털 순이지만 경우에 따라 순서가 바뀔 수 있다.

39 청소년 영양불량 원인
- 일반적으로 모든 영양소와 총 열량이 부족한 경우와 특정 영양소만 부족한 경우이다.
- 일반적인 영양불량은 식습관의 불규칙, 편식, 심각한 질환이나 수술 때문에 음식물을 제대로 섭취하지 못해서 생긴다.
- 또한 심한 다이어트나 심리적으로 음식을 거부하는 신경성 식욕부진 같은 의도적인 금식, 알코올중독 같은 정신적인 문제 때문에 생길 수도 있다.

40 성인의 영양소 권장량(2020년, 한국영양학회)

영양소	남자			여자		
	19~29세	30~49세	50~64세	19~29세	30~49세	50~64세
단백질(g)	65	65	60	55	50	50
철분(mg)	10	10	10	14	14	8
칼슘(mg)	800	800	750	700	700	800
비타민D(μg)	10	10	10	10	10	10

41 노인기의 당대사
- 췌장의 내분비기능은 노화에 따라 변화를 보이는데 인슐린에 대한 감수성이 떨어지게 되어(인슐린 저항성이 높아져) 비정상적인 포도당 내성이 감소한다.

- 포도당 내인성 장애의 발생빈도는 나이가 많아질수록 증가하며 40세가 넘으면서 공복 시 혈당농도가 10년마다 약 1~2mg/100ml씩 증가한다.

42 노화에 수반되는 생리적 변화
- 체성분의 변화 : 근육량과 수분의 감소
  - 골밀도 및 연조직의 감소 : 골다공증의 원인
  - 체지방의 증가 : 비만의 원인
- 기초대사량의 감소
- 감각 기능의 저하 : 미각, 후각, 시각, 청각 등의 감각 기능의 저하
- 소화기능의 저하 : 타액분비 감소
  - 치아의 부재
  - 소화효소 및 담즙의 분비 저하
- 심장 및 혈관계의 변화
  - 심장박동수, 심박출량 감소
  - 심장 기능 저하, 혈압 상승
- 신장 기능 저하
- 폐기능의 감소
- 혈액 성분의 변화 : 빈혈을 일으키기 쉬움
  - 콜레스테롤 수치가 증가 : 동맥경화나 고혈압 발생

43 노인기의 단백질(육류섭취) 과다 섭취는 뇨량을 증가시켜 칼슘을 손실시킨다.

44 땀을 많이 흘리는 노동자의 물과 식염섭취
- 혈장 중의 식염은 신장의 사구체에서 매일 1,000g 이상이 여과되며 세뇨관에서 그 대부분이 재흡수되는데 이때 부신 피질호르몬(aldosterone)이 관여한다.
- 수분을 너무 많이 섭취하면 체액의 삼투압이 저하되어 생리적기능이 저하된다. 특히 신경과 근육의 흥분성이 증가하고 자극을 받기 쉬우며 근육이 경련과 발작을 일으키는데 이것을 열중독(heat cramps)이라 한다.

45 운동할 때 가장 중요한 에너지 공급원은 탄수화물이며, 충분한 양의 탄수화물 섭취로 간과 근육에 글리코겐을 보충해야 한다.

46 에피머(epimer)
- 두 물질 사이에 1개의 부제탄소 상 구조만이 다를 때 이들 두 물질을 서로 epimer라 한다.
- 예를 들면, D-glucose와 D-mannose 및 D-glucose와 galactose는 각각 epimer 관계에 있으나 D-mannose와 D-galactose는 2개의 부제탄소 상 구조가 다르므로 epimer가 아니다.

47 Sucrose는 glucose의 α-위치의 hemiacetal성 히드록시기(C-1)와 fructose의 β-위치의 hemiketal성 히드록시기(C-2) 사이에서 glycoside결합을 하고 있기 때문에 비환원성 당이다.

48
- 심한 운동을 하여 피로해지면 호흡에 필요한 O_2가 부족할 때 포도당이 pyruvic acid로 되지 않고 젖산(lactic acid)으로 된다.
- 근육 속에 젖산이나 CO_2가 많이 남아 있거나 에너지 방출에 필요한 glycogen이 부족할 때 피로현상이 나타난다.

49 Insulin의 작용
- glucose의 지방으로써 전환 반응을 촉진
- glucose의 산화 촉진
- glycogen 생성 촉진 및 다른 호르몬에 의한 glycogenolysis 저해
- 단백질에서의 당신생 저해
- ketone body의 과잉생성 저해
- 세포 외액의 glucose를 세포막으로 통과시켜 세포 내에 들어가게 하는 sugar transfer mechanism에 관여

50 Collagen의 구조
- 3개 나선형 사슬이 밧줄처럼 꼬여져 있으며, 이 나선의 1회전은 3단위의 아미노산을 가진다.
- 피부, 건(tendon), 인대 그리고 세포로 이루어진 구조적 뼈대 등으로 이루어져 있다.

51 cholesterol
- 세포의 구성 성분이다.
- 불포화지방산의 운반체 역할을 한다.
- 담즙산의 전구체, steroid hormone의 전구체이다.
- 자외선 조사로 ergosterol은 소장으로부터 흡수되어 비타민 D의 작용을 한다.
- cholesterol은 불검화물이다.

52 필수지방산
- 동물의 세포는 linoleic acid, linolenic acid, arachidonic acid와 같이 -CH=CH-CH=CH-CH=CH- 와 같은 구조를 가진 지방산을 말한다.
- 체내에서 합성할 수 없기 때문에 음식물을 통해서 섭취해야 한다.

53 담즙산
- 유리상태로 배설되지 않고 glycine이나 taurine과 결합하여 glycocholic acid, taurocholic acid의 형태로 장관 내에서 분비된다.
- cholesterol의 최종 대사산물로 간장에서 합성되어 담즙으로 담낭에 저장된다.

54 DNA 이중나선
- 가장 중요한 국면은 염기들의 짝지음의 특이성이다.
- 염기들의 배열순서는 유전암호 단위이기 때문에 대단히 중요하다.
- 염기의 짝지음은 입체적인 요인과 수소결합 요인으로 제약을 받는데 퓨린과 피리딘 염기에 있는 수소원자들은 명확한 위치들을 가지고 있다.
- Thymine과 adenine은 2개의 수소결합을 형성(A＝T)하고, guanine과 cytosine은 3개의 수소결합을 형성(G≡C)한다. 이 수소결합들의 배열과 거리는 염기들 사이의 강한 상호작용을 이루는데 제일 적합한 것이다.

55
Nucleotide
- 인산(H_3PO_4)
- nucleoside
  - 당(pentose) — deoxyribose(DNA), ribose(RNA)
  - 염기(base) — purine(adenine, guanine), pyrimidine(cytosine, thymine, uracil)

56
- RNA만을 가수분해하는 효소는 ribonuclease이다.
- RNA, DNA를 가수분해하는 효소는 phosphodiesterase, nuclease이다.
- DNA만을 가수분해하는 효소는 deoxyribonuclease 등이다.

57 Pepsin의 특이성은 낮고, 아미노산 잔기 사이의 peptide결합 부분을 가수분해한다.

58 나이아신(Niacin)
- 사람, 개, 말, 토끼, 쥐와 어떤 미생물 등에서는 tryptophan으로부터 합성된다.
- Tryptophan 60mg은 niacin 1mg에 상당하는 양이 만들어지므로 나이아신 1mg 또는 tryptophan 60mg을 1나이아신 당량이라고 한다.

59 세포 내 호흡계 mitochondria의 cristae 전자전달계에서 호기적으로 인산화한다.

60 세포 내 전자전달계에서 보편적인 전자 운반체는 NAD^+, $NADP^+$, FMN, FAD, ubiquinone(UQ. Coenzyme Q), cytochrome, 수용성 플라빈, 뉴클레오티드 등이다.

[1교시 2과목] 정답

01	02	03	04	05	06	07	08	09	10	11	12	13	14	15	16	17	18	19	20
③	①	②	②	④	①	③	④	②	①	②	④	①	④	①	⑤	④	⑤	①	①
21	22	23	24	25	26	27	28	29	30	31	32	33	34	35	36	37	38	39	40
③	②	②	③	⑤	④	②	②	⑤	②	④	⑤	③	③	④	④	③	②	①	⑤
41	42	43	44	45	46	47	48	49	50	51	52	53	54	55	56	57	58	59	60
②	④	③	②	④	①	⑤	③	③	②	④	④	①	④	②	②	⑤	②	②	①

01 영양교육의 내용
- 다음 세 가지 요소에 의하여 진행된다.
  - K(knowledge) : 지식(올바른 식생활을 위한 지식과 기술)
  - A(attitude) : 태도(현재의 식생활 개선을 위한 흥미 유발과 개선 의욕)
  - P(practic) : 행동(식생활개선의 실천에 대한 지속, 습관화)

02 두뇌 충격법
- 제기된 주제에 대해 참가자 전원이 차례로 생각하고 있는 아이디어를 제시하고 그 가운데서 최선책을 결정하는 방법이다.
- 아이디어, 문제 해결 방법 찾기 위한 일종의 회의이다.

03 매체를 선택할 때 적절성, 신뢰성, 조직과 균형, 흥미유발, 기술적인 질, 가격 등을 고려해야 한다.

04 융통성 있게 자료를 제시하는 것은 탈부착이 가능한 융판자료이다.

05 영양상태 평가방법
- 식품섭취 조사를 이용한 영양평가, 신체계측 조사를 이용한 영양평가, 임상영양 조사를 이용한 영양평가, 생화학적 조사를 이용한 영양평가 등이 있다.
- 생화학적 조사를 이용한 영양평가
  - 주로 혈액이나 소변 속의 영양소를 조사하는 방법으로 생화학적인 조사의 결과는 유전적인 것, 성별, 나이 등이 모두 영향을 미치므로 이런 것을 고려하여 해석하여야 한다.
  - 임상적인 조사나 식품섭취조사에서 잘 나타나지 않는 영양부족을 알아내는데 쓰이며, 서로 상호보완적으로 영양문제를 나타내준다.

06 학교급식의 효과
- ㉠ 성장기의 청소년 발육에 필요한 영양소 공급
- ㉡ 편식의 교정, 올바른 식 습관화, 공동체 의식
- ㉢ 식품에 대한 지식의 보급
- ㉣ 식품의 생산과 소비에 필요한 올바른 이해
- ㉤ 결식 학생의 문제 해결과 학부모들의 도시락 준비부담 감소
- ㉥ 국가 식량 생산 및 소비의 합리화를 통해 국민경제에 기여
- ㉦ 지역사회에서의 식생활 개선에 기여

08 데일의 경험의 원추이론
- 이론의 개요
  - Dale은 진보주의 교육이론에 기초하여 현대적인 시청각교육을 체계화했다.
  - 시청각자료 : 의미를 전달하기 위해서는 주로 읽기에 의존하지 않는 자료
  - 시청각교육 : 세계를 교실 안으로 끌어들이는 방법
  - 경험의 원추모형 제시 : 시청각 자료의 역할과 성격을 규명
- 경험의 원추 모형도
  - 직접·목적적 경험 → 고안(구성)된 경험 → 극화된 경험 → 시범·연기 → 견학 → 전시(행동적 표상) → TV → 영화 → 라디오녹음·사진(영상적 표상) → 시각 기호 → 언어 기호(상징적 표상)
- 경험의 원추 해설
  - 경험의 원추는 가장 구체적이고 직접적인 경험을 밑면으로 해서 점차 간접경험으로 배열되어 있다.
  - 상위로 올라갈수록 추상성이 높아지도록 배열하였다.
  - 학습에 있어서는 직접적인 경험과 추상적인 경험이 모두 필요함을 의미한다.

09 회상법(Recall method)
- 조사대상자가 이미 섭취한 음식의 종류와 양을 기억하도록 하여 조사하는 방법으로 개인이나 집단의 식이 섭취를 조사하기 위해 가장 널리 사용되는 방법이다.
- 24시간 회상법은 지난 하루의 식이 섭취량을 조사하는 것이고, 3일 회상법은 지난 3일간의 섭취량을 회상하도록 하는 방법인데 이 중 24시간 회상법이 가장 많이 쓰인다.
- 이 방법은 조사대상자의 기억력에 의존하므로 조사대상자가 지나간 날에 섭취한 식품의 종류와 양을 얼마나 정확하게 기억할 수 있느냐 하는 것이 큰 문제점이다.

10 영양조사원 및 영양지도원(국민건강증진법 시행령 22조) : 영양조사를 담당하는 자(이하 "영양조사원"이라 한다)는 시·도지사가 임명 또는 위촉한다.
- 의사, 영양사 또는 간호사의 자격을 가진 자
- 전문대학이상의 학교에서 식품학 또는 영양학의 과정을 이수한 자

11
- 식사 횟수는 하루 3, 4회로 나누어 소량씩 먹는 것이 좋으며 끼니는 절대로 거르지 않도록 한다.
- 육류 위주의 식사를 줄이고 야채, 과일 등 섬유질식품을 늘려야 한다.

12 BMI(body mass index)
- 체격지수로서 국제적으로 널리 이용되고 BMI는 체중(kg)/신장(m^2)으로 구한다.
- 저체중은 18.5 이하, 정상체중은 18.5~24.9, 과체중은 25.0~29.9, 비만은 30~39.9, 과체중 40 이상이다.

13 병원급식은 환자에 따라 적당한 식사를 하게 하여 질병의 치유 또는 병상의 회복을 촉진한다.

14 고혈압 환자에게 권할 수 있는 좋은 식품
- 현미, 보리, 통밀, 콩, 옥수수, 율무, 조, 수수
- 돼지 살코기, 닭 가슴살
- 생선회, 꽁치, 고등어, 정어리, 전복

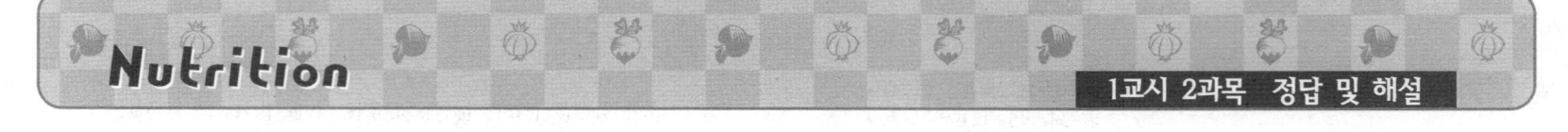
- 고구마, 감자, 무, 당근, 단호박
- 버섯, 양파, 미나리, 콩나물
- 미역, 다시마, 김
- 귤, 레몬
- 우유, 두유, 솔잎차, 수정과, 식혜
- 청국장, 두부, 식초, 마늘, 파, 죽염

15 칼륨(포타슘)을 한꺼번에 다량 섭취하면 체내에 축적되어 심장에 큰 부담을 줄 수 있으므로 칼륨의 섭취량을 제한해야 한다.

16 치료식
- 연식 – 옥수수죽, 흰살 생선, 익힌 채소, 젤라틴, 두부반숙, 수란, 으깬 감자, 맑은 고기국물 등이 있고, 튀김조리법은 제한한다.
- 전유동식 – 맑은 유동식에서 유동식으로 이행되는 중간식이며, 부드러운 커스터드, 푸딩, 미음, 우유, 아이스크림 등이 있고, 달걀 후라이는 좋지 않다.
- 저콜레스테롤식 – 고지혈증이나 관상동맥질환이 있는 환자, 당뇨병 등에 적용된다. 신선한 채소, 과일, 잡곡, 현미, 콩류, 해조류 등이 좋고, 간은 제한해야할 식품이다.
- 저나트륨식 – 고혈압, 심장병, 신장병, 그리고 부종 등에 적용된다. 글루타민산 나트륨(MSG), 베이킹파우더, 중조 등은 제한해야 한다.

17 저잔사식(low residue diet)
- 용도 및 목적
  - 궤양성 대장염(ulcerative colitis), 크론씨병(Crohn's disease)과 같은 염증성 장질환 및 부분적 장폐색 환자들의 급성 악화기, 장수술 전후에 적용된다.
  - 대변의 양과 빈도를 줄여 장에 대한 자극을 감소시키기 위하여 섬유소 함량이 중정도 혹은 그 이상인 식품과 섬유소의 함량은 적지만 대변의 용적을 늘리는 식품은 제한하는 식사이다.
- 식사 원칙
  - 보리, 현미, 콩 등의 잡곡 대신 쌀밥을 섭취한다.
  - 생야채, 해조류의 섭취를 제한한다.
  - 생과일 대신 과일통조림이나 과일주스를 마신다.
  - 육류와 가금류는 결체조직이 많은 부위를 피하고 연한 육류, 생선, 두부, 계란 등을 충분히 섭취한다.
  - 호두, 잣, 땅콩 등의 견과류와 참깨, 들깨 등의 종실류 섭취를 제한한다.
  - 우유 및 유제품은 하루 2컵 이하로 제한하고, 유당불내증이 있는 경우는 우유를 피한다.
  - 강한 향신료나 조미료의 사용을 제한한다.
  - 섬유소 함량은 1일 8~10g 이하로 한다.
  - 수분을 충분히 섭취한다.
  - 식욕이 저하된 경우에는 소량씩 자주 섭취한다.

18 관급식(튜브급식, tube feeding)
- 항상 체온과 동일한 온도를 유지하여 사용하여야 한다.
- 또한 충분한 영양을 공급할 수 있어야 하고, 소화흡수가 좋고 투여하기 쉬운 액체로써 수분을 충분히 공급할 수 있어야 하며, 구토나 설사를 유발하지 말아야 한다.

20 만성설사 치료를 위한 식사요법
- 더운 물을 주어야 한다.
- 저섬유식, 저산식을 주어야 한다.
- 고영양식을 하여야 한다.

21 궤양성 대장염
- 대장의 안쪽 점막에 궤양이 생기는 병이다.
- 증상 : 증상은 설사이며 점혈변, 복통, 발열 등이 나타난다.
- 식이요법
  - 계속되는 설사로 탈수 상태에 빠지기 쉬우므로 물을 충분히 먹고, 점차 야채, 과일즙을 섭취한다.
  - 증세가 심할 때에는 유동식이나 미음식으로 하다가 죽, 밥 등 고형식으로 먹는다.
  - 대장점막에 자극을 주지 않기 위해 부드럽고 소화가 잘되는 음식을 섭취하도록 한다.
  - 단백질, 비타민, 미네랄 등 중요한 영양소가 함유된 식품을 섭취한다.
  - 설사가 계속되어 영양분 손실이 크므로, 이를 보충할 필요가 있다.
  - 맵고 짠 자극적인 음식, 술, 기름진 음식 등을 자제한다.
  - 장내에 가스나 지방산을 발생시키는 음식들을 금한다.
  - 평소에 섬유질이 풍부한 음식을 먹으면 대장염 예방과 장기능 개선에 도움을 준다.

22 이완성 변비
- 운동부족 등에 의해 장벽의 근육운동이 느려서 대변물을 빨리 배설시키지 못하므로 기계적, 화학적 자극이 있는 식품을 준다.
- 하루에 두 번 이상 생채소와 생과일을 먹되 과일은 껍질째 그대로 먹으며 식전 공복 시에 물에 레몬즙을 섞어 마신다.

23 위궤양 환자 식사요법
- 규칙적으로 식사를 하며 과식하지 않는다.
- 통증이 심할 때에는 자극이 적고 부드러우며 소화되기 쉬운 음식을 소량씩 먹는다.
- 궤양의 상처 치유를 위해 단백질, 철분, 비타민 C 등을 충분히 섭취한다.
- 커피와 술은 위산의 분비를 자극하므로 제한한다.
- 자극성 있는 조미료는 궤양부위를 자극할 수 있으므로 제한한다.
- 지방은 위산분비와 위장운동을 억제하므로 적절히 섭취하는 것이 좋다.

24 장에서 가스(gas)를 생성하는 식품은 사과, 양배추, 멜론, 견과류, 양파, 옥수수, 콩, 건포도, 매실, 고구마 등이다.

25 식품 중의 지방과 지방산은 담낭을 자극하고 담관을 수축하는데 영향을 미치고, 가스를 발생시키는 음식은 심한 복통을 일으킨다.

26 회복기 감염환자의 식사요법
- 식욕이 증가하는 간염 회복기에는 고단백, 고칼로리, 고비타민식을 섭취한다.
- 단백질 손실을 막기 위해 표준체중 kg당 35~40kcal 정도로 충분한 칼로리를 섭취하고, 지방은 현저한 위장증상이나 식욕부진인 경우를 제외하고 특별히 제한할 필요가 없다.
- 매일 신선한 채소와 과일을 섭취하며 변비를 예방해야 한다.

27 열량제한 식에서도 질소 균형을 플러스(+)로 유지하기 위해서 양질의 단백질을 충분히 급여하도록 체중 kg당 1g 이하가 되지 않도록 한다.

29
- 단식의 초기 며칠간에는 2~8kg의 체중감소가 흔히 나타나는데 이것은 수분과 나트륨의 이뇨이다.
- 기아나 단식요법은 통풍성 관절염, 정색소성 또는 정상적 혈구성 빈혈, 직립성 혈압 강하증 같은 극심한 합병증을 유발시킬 수 있다.

30 알도스테론(aldesterone)
- 콜레스테롤에서 유도된 코르티코스테론으로부터 체내에서 합성된다.
- 부신피질의 구상대에서 생성되는 알도스테론(성인의 경우 하루에 약 20~200μg 생성)은 혈압과 혈류의 변화, 그리고 혈장 내의 나트륨과 칼륨의 농도에 반응하여 신장에서 분비되는 레닌안지오텐신에 의해 조절된다.
- 알도스테론 분비가 증가하면 고혈압 원인이 될 수 있다.

31 Kempner식이
- 고혈압에 관한 식이요법으로 단백질, 지방, 나트륨뿐만 아니라 물도 제한하며, 열량원은 쌀과 과즙, 채소 등 당질 식품이다.
- 그러나 정상인보다 당질을 많이 섭취할 수는 없다.

32 중쇄중성지방(MCT)
- 탄소수가 8~10개인 중쇄지방산이다.
- 소화나 흡수를 위해 담즙의 도움 없이 문맥을 거쳐 간으로 들어간다.
- 하지만 탄소수 12개 이상인 경우에는 소장벽 내에서 중성지방으로 다시 합성되어 카일로마이크론(chylomicron)이라는 지단백질을 형성하여 림프계를 통해 혈액으로 들어간다.

33 울혈성 심장병 환자의 식사요법
- 열량 제한을 한다.
- 양질의 단백질을 충분히 섭취해야 한다.
- 지방은 과잉 섭취하지 않도록 한다.
- 당질은 단순당보다 복합당질로 과잉되지 않게 섭취한다.
- 섬유소가 지나치게 많은 식품은 피한다.
- 나트륨은 제한하고, 칼륨을 보충해야 한다.
- 카페인이 많은 음료, 탄산음료, 알코올 등의 섭취를 금한다.

34 당뇨병 환자(제2형)의 운동요법
- 장점 : 인슐린에 대한 감수성의 증가, 심장의 부담 감소, 혈당치의 감소, 고혈압 개선, 내당능력 향상 등
- 단점(부작용) : 심혈관 합병증의 위험도 증가, 퇴행성 관절염 악화, 연조직 손상 등
- 당뇨환자는 달리기나, 자전거타기, 수영, 등산 등 전신의 근육을 사용하는 운동을 선택해야 한다.
- 그러나 심한 운동을 하면 혈당이 너무 떨어져 저혈당으로 혼수상태에 빠질 수 있다.

35 제1형 당뇨병
- 어린이나 청소년기에 흔히 발생되므로 소화형 당뇨병이라고도 한다.
- 유전적인 소인이 많고 갑자기 발병하면서 진행속도가 빠르다.
- 인슐린이 전혀 분비되지 않으므로 인슐린 요법과 함께 적당한 운동, 식사요법으로 좋은 치료효과를 거둘 수 있다.

36 혈당조절에 관여하는 호르몬
- 글루카곤은 췌장의 α-세포에서 분비되어 공복 시 낮아진 혈당치를 간의 글리코겐 분해로 혈당을 유지하는 역할을 한다.
- 에피네프린(epinephrine), 노르에피네프린(norepinephrine), 글루코코르티코이드(glucocorticoid), 성장호르몬(growth hormone), 갑상선호르몬(thyroxin) 등은 혈당이 저하되는 경우 분비가 촉진되어 혈당을 상승시킨다.

• 인슐린은 이와 반대작용으로 상호보완 작용에 의해 생리기능을 원활히 조절한다.

37 신부전증일 때 혈장 중의 칼륨(K)량이 상승한다. 그러나 이뇨가 시작되면 혈중 칼륨이 이뇨와 함께 저하되므로 보충해야 한다.

38 요독증
• 신장병이 있으면서 뇌의 부종이나 식염이 축적되어 일어나는 급성요독증과 신장의 기능부전으로 일어나는 만성요독증, 그 밖에 신장과는 관계없이 일어나는 가성요독증이 있다.
• 식사요법
  − 급성요독증 : 수분을 극도로 제한하고 식사도 건조식으로 하는 기갈요법 또는 절식요법도 필요하다.
  − 만성요독증 : 단백질과 식염의 섭취를 엄격하게 제한하고, 주로 탄수화물과 알칼리성 식품을 섭취하며 수분은 충분히 보급한다.

39 네프론의 세뇨관이 하는 일
• 소변을 만드는 작용을 한다.
• 약물 등의 노폐물을 배설시킨다.
• 아미노산, 당분, 비타민, 기타 전해질 등 우리 몸의 유익한 성분을 재흡수한다.
• 물과 무기염류는 필요한 양 만큼만 재흡수한다.
• 사구체에서 여과되지 못해 모세혈관에 남아 있는 요소 등은 세뇨관으로 분비한다.

40 거대적아구성 빈혈
• 비타민 B_{12} 결핍과 엽산결핍, 그리고 그외 다른 원인으로 세포 내에 DNA 합성장애가 발생하여 세포질은 정상적으로 합성되는 데 반하여 핵은 세포분열이 정지 또는 지연되어 세포의 거대화를 초래하는 빈혈질환이다.
• 임신부들은 임신 기간 동안 엽산 필요량이 늘어나기 때문에 엽산이 부족해지기 쉽다.

41 페닐케톤뇨증(phenylketonuria, PKU)
• 페닐알라닌을 타이로신으로 전환시키는 효소인 페닐알라닌 수산화효소 (phenylalanine hydroxylase)의 활성이 선천적으로 저하되어 있기 때문에 혈액 및 조직 중에 페닐알라닌과 그 대사산물이 축적되고, 요중에 다량의 페닐파이러빈산을 배설하는 질환이다.
• 만일 치료되지 않으면 대부분은 지능 장애와 담갈색 모발, 흰 피부색, 파란눈동자 등의 펠라닌 색소결핍증이 나타난다.

42 • 통풍환자의 혈액 중에는 퓨린의 최종산물인 요산이 높다.
• 식사에서 퓨린체의 과잉 섭취는 고뇨산혈증을 유발시키므로 퓨린체를 다량 가진 식품을 피해야 하며, 표준체중을 유지하도록 과다한 탄수화물, 지방을 피한다.

43 폐결핵(tuberculosis)
• 만성 감염성질환으로 저항력을 증진시키기 위하여 비타민 C의 공급을 증가시키고, 체단백의 손실이 있으므로 단백질의 공급을 100~150g 정도로 조절한다.
• 또한 열이 심할 경우 열량을 증가시키고, isoniazid는 비타민 B_6를 급속히 배설시키므로 비타민 B_6를 의사의 지시에 따라 보충해야 한다.

44 담수어에 비해 해수어가 항원성이 더 강하다.

45 회백척수염(poliomyelitis)은 세포의 파괴가 심하고, 또한 K의 손실이 커지므로 K을 많이 포함하고 있는 오렌지 등을 식사에 첨가시켜야 한다.

46 세포 내 각 구조물 사이에는 서로 연관성이 있어서 특수작용을 한다.

47 능동 수송(active transport)
• 생체 내에서만 일어나는데 세포막이 에너지를 소모하면서 물리·화학적인 에너지 경사와는 반대방향으로 물질을 이동시킨다.

• 능동 수송을 에너지 효소계(energy enzyme system)라고 한다.

48 동물의 체액에 있는 글로불린
• 효소, 항체, 섬유성 단백질, 수축성 단백질로 보통 혈장에 들어 있다.
• 지금까지 분리된 글로불린은 α, β, γ 3종류이다.
  − α-글로불린과 β-글로불린은 운반단백질로 다른 물질들의 기질로 작용하며 이밖에도 여러 기능을 수행한다.
  − γ-글로불린은 체내에서 면역기전에 관계되는 항체를 이루므로 면역글로블린이라 한다.

49 • 호염기성 : 항응고
• 호산성 : allergy 질환(기생충 감염 시)
• 호중성 : 식작용
• 단핵구 : 식작용
• 임파구 : γ-globulin 면역항체

50 심전도(EDG) : 심장의 수축과 확장 시 일어나는 전기적 변동을 기록한 것, 즉 심장의 활동전압을 신체표면에서 포착하여 기록한다.

51 Starling의 심장법칙
• 심근의 수축력은 심근 섬유의 길이에 비례한다.
• 즉 수축력이 크다는 것은 심박출량이 많다는 것과 같다.

52 흡기시 산소(O_2)의 통과경로
• 입(비강) → 인두 → 후두 → 기관 → 기관지 → 세기관지 → 폐포낭 → 폐포 → 혈액

53 위액에는 0.6%의 염산이 들어 있어 공복 시 pH는 1~1.8 정도로 강산성이다.

54 알도스테론(aldosterone)
• 부신피질의 구상대에서 생성된다(성인의 경우 하루에 약 20~200μg 생성).
• 혈압과 혈류의 변화, 그리고 혈장 내의 나트륨과 칼륨의 농도에 반응하여 신장에서 분비되는 레닌안지오텐신에 의해 조절된다.

55 뇌하수체 전엽에서 분비되는 생식선자극호르몬 때문에 정소의 라이디히 (Leydig) 세포 또는 난소의 난포가 자극되어 그 곳에서 분비되는 남성호르몬 또는 여성호르몬의 양이 급격히 많아지면 리비도(성적 욕망)가 증진된다.

56 항이뇨 호르몬(ADH)은 뇌하수체 후엽에서 분비되는 호르몬이다.

57 체열의 방출은 물리적 방법에 의하여 조절되며 이에는 복사, 전도, 증발, 호흡, 배뇨, 배변 등이 있다.

58 활동전압(action potential)은 세포가 안정상태에서 실무율 이상의 자극을 받아 안정상태 때의 분극현상이 뒤바뀌어져 탈분극될 때 나타난다.

59 교감 신경계가 흥분되면
• 심박동수는 증가하며 피부와 소화관의 소동맥은 수축하고 근육의 소동맥은 확장되고 혈압은 상승한다.
• 따라서 위장관, 피부, 생식 기관 등의 활동이 전반적으로 감소하게 된다.
• 기관지, 소화관, 방광의 평활근 수축을 억제하며 항문과 방광의 조임근을 수축시키고 땀이 분비된다.

60 벨−마잔디(Bell − Magendie) 법칙
• 척수로 들어가는 후근은 감각정보를 전달하고, 척수에서 빠져나가는 전근은 근육과 분비선으로 운동정보를 전달한다.
• 척수의 전각에서 나가는 원심성 신경섬유인 운동신경섬유가 전근(ventral root)을 이루고, 후각으로 들어가는 구심성 신경섬유인 감각신경이 후근(dorsal root)을 이루고 있다.

[2교시 1과목] 정답

01	02	03	04	05	06	07	08	09	10	11	12	13	14	15	16	17	18	19	20
①	②	③	④	②	①	①	③	④	②	①	③	④	④	③	③	①	①	③	⑤
21	22	23	24	25	26	27	28	29	30	31	32	33	34	35	36	37	38	39	40
③	①	③	①	②	②	①	①	④	④	③	②	①	①	①	④	①	①	①	⑤

01 유리수의 특징
• 융점과 비점이 높다.
• 비중이 4℃에서 최고이다.
• 점도와 표면장력이 크다.
• 식품을 건조시키면 쉽게 제거된다.
• 미생물 번식에 이용된다.
• 0℃ 이하에서 잘 얼게 되는 보통 형태의 물을 말한다.
• 식품 중에서 당류, 염류, 수용성 단백질 등을 용해하는 용매로서 작용한다.

02 • 미생물이 번식과 성장할 때에는 실제로 이용할 수 있는 일정량 이상의 수분이 필요하므로 수분활성은 미생물 활동에 큰 영향을 미친다.
• 일반적으로 세균이 증식할 수 있는 최저한의 수분활성은 0.91, 효모는 0.88, 곰팡이는 0.80, 내건성 곰팡이는 0.65, 내삼투압성 효모는 0.60 정도이다.

03 Cellulose
• β-D-glucose가 β-1, 4-글리코시드 결합을 한 것으로 직쇄상의 구조로서 β-glucose가 2,800~10,000개가 중합되어 있는 다당류이다.
• 식물세포막의 구성 성분이다.

04
- 알긴산(alginic acid) : D-mannuronic acid가 β-1, 4 결합한 것으로 미역, 다시마 등의 세포막 구성성분으로 존재하는 다당류이다.
- cellulose : β-D-glucose가 β-1.4 결합을 한 것으로 식물세포막의 구성성분이다.
- mannan : 곤약(konjak) 구성분으로 D-mannose를 구성단당류로 한다.
- chitin : N-acetylglucosamine의 중합체로 가재, 게, 새우 등 갑각류와 곤충류의 껍질의 구성 물질이다.
- inulin : 20~30개의 D-fructose가 β-1,2결합 이루어진 다당류로 돼지감자의 주탄수화물이다.

05 전분의 노화에 영향을 미치는 요인
- 전분의 종류, amylose와 amylopectin 함량, 온도, 수분, 전분의 농도, pH, 염류 또는 이온 등이다.

06 유지의 산패를 측정하는 방법
- 물리적 방법 : 산소 흡수속도 측정
- 화학적 방법 : 과산화물가, TBA가, 카르보닐가, AOM법, kreis test
- 관능검사에 의한 방법 : oven test

07 아비딘(avidin)은 난백 단백질 중의 함량은 0.05%로 미량이나 난황 중 biotin과 결합하여 비타민을 불활성화시킨다.

08 Vit-D
- Ca, P의 흡수를 돕고 혈액 중에 P량을 일정하게 유지시키고, 치아에 인산칼슘의 침착을 촉진한다.
- 간유, 버터, 난황, 청색어류, 표고버섯에 존재한다.

09 Polygalacturonase(pectinase)
- 김치의 조직을 연해지게 하는 연부현상과 토마토 등과 같은 과실을 완숙시켜서 연하고 무르게 하는 작용이 있는 효소이다.
- 또한 과즙에서 혼탁을 일으키는 팩틴을 가수분해하여 청정화하는 등의 가공에도 이용된다.

10 chlorohpyll은 산에 의해 Mg^{2+}이 H^+로 치환되어 pheophytinzation이 되어 갈색으로 변한다.

11 식품의 갈변
- 효소에 의한 갈변과 효소가 관여하지 않은 비효소적 갈변이 있다.
- 효소적 갈변 : polyphenol oxidase및 tyrosinase에 의한 갈변이 있다.
- 비효소적 갈변 : maillard reaction, caramelization, ascorbic acid oxidation 등이 있다.

12 맛의 변조
- 쓴 약을 먹은 후 곧 물을 마시면 단맛이 난다든가, 단 것을 먹은 후 곧 사과를 먹으면 신맛을 느끼는 등 한 가지 맛을 느낀 직후에 다른 종류의 맛을 보면 고유의 맛이 아닌 이미가 느껴지는 것을 말한다.

13 쌀밥의 특유한 향기 성분
- acetaldehyde, n-caproaldehyde, methyl ethyl ketone, n-valeraldehyde 등이다.
- 묵은 쌀로 밥을 지을 때나 밥이 쉴 때 나는 이취 성분은 n-caproaldehyde 존재에 기인한다고 한다.

14 Asp. oryzae(황국균)
- 누룩곰팡이로서 대표적인 국균이다.
- 청주, 된장, 간장, 감주, 절임류 등의 양조공업, 효소제 제조 등에 오래 전부터 사용해온 곰팡이다.
- 녹말 당화력, 단백질 분해력도 강하고 특수한 대사산물로서는 koji acid를 생성하는 것이 많다.
- *Rhizopus japonicus* : 일본산 코오지에서 분리되었다.
- *Sacch. sake* : 일본 청주 효모이다.

15 *Bacillus subtilis*의 특징
- 고초균으로 85~90℃의 고온 액화 효소인 α-amylase와 protease를 강력히 생산하는 균주이다.
- 취반 후에 공중 낙하균이나 식기 등에서 2차 오염으로 세균은 많아진다. 이 중에서도 *Bacillus* 속이 제일 많고 *Micrococcus* 속, 효모, gram 음성균 등도 오염된다.

16
- *Leuconostoc mesenteriodes*는 김치의 발효초기에 주로 발육하여 김치를 혐기상태로 만든다.
- *Lactobacillus plantarum*과 *Lactobacillus brevis*는 김치류의 숙성 중에 많이 나타난다.

17 *Saccharomyces* 속의 특징
- 구형, 난형 또는 타원형이다.
- 무성생식은 다극출아법에 의하여 증식하며, 유성적으로 증식하기도 한다.
- 발효공업과 제빵공업에 가장 많이 이용되는 효모이다.

18 미생물의 생육곡선(growth curve)
미생물을 배양할 때 배양시간과 생균수의 대수(log) 사이의 관계를 나타내는 곡선으로 S자를 그리며 유도기, 대수기, 정상기, 사멸기로 나뉜다.

19 *Penicillium roguefortii*와 *Pen. camemberi*는 cheese의 숙성과 향미에 관여하여 cheese에 독특한 풍미를 준다.

20 기체의 용해도는 고체물질의 용해도와 달리 대체적으로 온도가 낮을수록 커지므로 탄산음료는 차가울 때 탄산가스가 많이 용해되어 있다.

21 쓴맛은 온도가 높아질수록 역가가 높아진다.

22 소금의 역할
- 소량의 소금은 보수성을 증가시키나 과량 첨가되면 삼투압으로 인해 탈수되어 질겨진다.
- 채소를 삶을 때 소금은 엽록소의 변색을 억제시킨다.
- 또한 소금은 아스코르비나아제를 억제하여 비타민 C의 보유를 도와준다.

23 밀가루에 부족한 아미노산
- 밀가루에는 리신(lysine), 트립토판(tryptophan) 및 함황아미노산의 함유량이 적다.
- *glutamic acid를 다량 함유하기 때문에 화학조미료의 원료로서 이용되어 왔다.

24 난백 거품을 낼 때 공기가 개입되면 부풀리는 작용을 할 수 있고, 물이 증기로 변할 때 용적이 증가한다.

25
- 미로시나아제(myrosinase) : 겨자 향미 형성에 관여하는 효소
- 리폭시게나아제(lipoxygenase) : 산화효소로 콩 비린내 물질을 생성하는 데 관여
- 펙티나아제(pectinase) : 펙틴을 분해시키는 효소
- 프로타아제(protease) : 단백질의 펩티드 결합을 가수분해하는 효소
- 아밀라아제(amylase) : 탄수화물을 가수분해하는 효소

26 녹색채소를 가열할 때 조리수에 중조(NaHCO₃)와 같은 알칼리를 가하면 녹색을 안정화시킬 수 있으나 알칼리에 불안정한 비타민 B_1, C 등이 파괴되고 조직이 지나치게 연화되기 때문에 바람직하지 못하다.

27 육류의 사후강직 기간 중에는 보수성이 감소하여 육질이 부드럽지 못하고 질기다.

28 육 연화제
- 육의 유연성을 높이기 위하여 단백질 분해효소를 이용해서 거대한 분자 구조를 갖는 단백질의 쇄(chain)를 절단하는 방법이다.
- 브로멜린(bromelin), 파파인(papain), 피신(ficin), 엑티니딘(actinidin)
- *pH 5~6에서 고기가 가장 질기다.

29 탕을 끓이는 동안에 국물에 용출되어 맛을 내는 성분은 수용성 단백질, 지방, 무기질, 추출성분 등으로 충분히 용출시켜 국물의 맛을 내게 해야 한다.

30 알끈은 불투명한 섬유상의 모양으로 난황을 알에 중심에 유지시켜 주는 기능을 한다.

31 달걀의 응고성
- 달걀을 희석하면 응고온도가 높아진다.
- 난황이 난백보다 높은 온도에서 응고가 시작된다.

32 우유의 색소
- 우유의 유백색은 casein micelles과 지방구 미립자가 빛에 의해 난반사되어 형성된다.
- 또한 유백색 외에 carotenes와 비타민 B₂(riboflavin)의 함유로 황녹색을 띠기도 한다.

33 홍어, 상어 등은 요소를 많이 가지고 있어 urease에 의해 분해되어 암모니아 냄새를 내므로 신선하더라도 냄새는 난다.

34 어묵은 생선의 섬유상 단백질(myosin)에 소량의 식염을(생선살의 3%) 넣고 갈아서, 되직한 고기풀을 만든 후 가열하여 gel화한 제품이다.

35 다시마의 특유한 맛
- glutamic acid, aspartic acid 등의 유리아미노산, succinic acid와 같은 유기산 그리고 당알코올인 manitol 등이 주된 역할을 한다.
- 특히 glutamic acid의 함량은 엽체 100g당 4,000mg 정도로 많이 함유되어 있다.

36
- 기름은 비열이 낮기 때문에 쉽게 온도가 상승하고, 쉽게 저하된다.
- 그러므로 튀김을 할 때는 기름의 온도를 일정하게 유지시켜 변화를 줄이는 것이 중요하므로 두꺼운 금속으로 된 지름이 좁은 팬을 사용하는 것이 좋다.

37 글리세롤을 계속 가열하면
- 탈수되어 acrolein을 생성하며, 이것은 자극성 가스로서 식품의 불쾌한 냄새의 원인이다.
- 또한 산화중합반응으로 인하여 기름에 거품이 일어나고 점성이 증가된다.

38 튀김옷을 만들 때 밀가루에 달걀을 넣어 주면 달걀이 응고되어 튀김옷이 단단하고 아삭아삭해진다.

39 결정을 방지하려면 다량의 포도당, 물엿 등의 다른 물질을 가해야 한다.

40 설탕의 결정 형성을 방해하는 물질
• 설탕용액에 들어 있는 불순물(설탕 이외 물질)은 설탕 결정의 형성을 방해한다.

• 방해물질에는 포도당, 과당, 전화당과 같은 당, 꿀, 옥수수시럽, 버터, 우유, 크림, 달걀 등이 있다.

[2교시 2과목] 정답

01	02	03	04	05	06	07	08	09	10	11	12	13	14	15	16	17	18	19	20
⑤	④	①	③	②	②	③	①	①	⑤	③	④	④	②	⑤	⑤	②	④	①	③
21	22	23	24	25	26	27	28	29	30	31	32	33	34	35	36	37	38	39	40
④	②	①	②	③	②	⑤	②	①	③	①	①	⑤	①	④	④	③	②	③	④
41	42	43	44	45	46	47	48	49	50	51	52	53	54	55	56	57	58	59	60
①	③	④	②	③	②	④	①	③	①	②	①	②	④	①	①	③	①	①	①

01 중앙배선방식
배식과정 전반의 중앙통제가 가능하고 배식량의 조절이 쉬워 식품의 낭비를 줄이고 인건비도 절약할 수 있으나 적온급식이 어렵다는 점이 가장 큰 단점이다.

02 식단작성
• 연령, 성별, 노동강도에 따라 1인 1일당 평균 급여 영양량을 결정한 후 세끼의 영양량을 배분하고 주식의 종류와 양을 먼저 결정하고 부식을 결정한다.
• 식단작성 순서 : 급여 영양량 결정 → 세끼 영양배분 → 주식과 부식의 식품구성 결정 → 미량영양소 보급 → 조리방법의 배합 등이다.

03 식단 작성 시 고려사항
• 피급식자가 영양소요량에 만족하고 식재료의 균형있는 배합을 생각하여 작성한다.
• 피급식자의 식습관과 기호를 고려한 평균값의 식단을 작성하고 예산에 맞는 소비와 다양한 조리법을 이용한다.
• 식단 작성의 착안점은 영양적, 경제적, 기호적, 위생적, 능률과 시간적, 지역적 배려 등이다.

04 식단표의 역할
• 급식업무의 요점
• 급식관리의 계획서
• 조리작업의 기준
• 식품구매 계획 설정과 식품의 배식설계
• 급식의 기록서, 보고서
• 학부모의 식생활 개선의 지도로서의 역할

05 급여 영양량 결정
피급식자의 연령, 성별, 활동정도에 따라 영양소요량 결정, 성인의 경우 노동정도에 따라야 한다.

06 검식부에는 검식일자, 식단 명, 평가내용, 검식자의 날인, 영양사 날인 등을 기입하여야 한다.

07 단체급식은 다량 조리이므로 식중독 예방을 위해서 조리에서 식사완료까지 위생관리를 철저히 해야 한다.

08 여러 가지 가공식품이나 반가공 식품을 이용하여 급식을 하는 제도는 조합식 급식제도이다.

09 주문제작 기기의 특성
• 수요자의 요청에 의해 디자인이 결정되고, 반드시 명세서를 통하여 주문되고, 일반조건도 제시하여 구매한다.
• 제작경비가 일반적으로 비싸다.

10 조리냉장 시스템은 음식을 생산 후 냉각기를 이용하여 급속냉각 후 냉장상태로 저장해 두었다가 배식 직전에 오븐 등에서 재가열하여 제공된다.

11 급식시설의 내장 마감재료
• 감촉이 좋고 피로하지 않을 것
• 내구성과 탄성이 있을 것
• 습기, 오물이 스며들지 않을 것
• 색상이 변하지 않을 것
• 내구성이 있고, 유지비가 저렴한 것

12 급식시스템의 변환과정에는 경영관리기능, 연결과정, 기능적 하부시스템(구매, 급식생산, 분배와 배식, 위생과 유지 등)이 있으며 이 세 부분은 상호 관련되어 시너지 효과를 발휘하게 된다.

13 Taylorism와 Fordism의 차이점

일반적인 통칭	과업 관리(Taylorism)	동시 관리(Fordism)
기본정신	고임금, 저노무비	저가격, 고임금
기본원리 (이념)	① 최고의 과업결정 ② 표준화된 모든 조건 ③ 성공에 대한 우대 ④ 실패 시 노무자의 손실	① 이윤동기에 의한 영리주의 부인 ② 봉사주의 ③ 경영의 자주성 강조 ④ 경영을 공동체로 봄
수단 방법 (구체적 전제)	① 시간연구 ② 직능적 조직 ③ 차별적 성과급 제도 ④ 작업 지시표 제도	① 생산의 표준화 ② 이동 조리법 ③ 일급제 급여 ④ 대량 소비시장이 필요

14 민츠버그(Mintzberg)의 경영자 역할
• 대인간 역할 : 대표자, 지도자, 연결자
• 정보관련 역할 : 정보 탐색자, 정보제공자, 대변인
• 의사결정 역할 : 기업가, 문제해결사, 자원배분가, 협상자

15 급식시스템 모델의 구성요소는 투입, 전환과정, 산출, 통제이다.

16 경영계획은 경영활동에 대하여 경영자의 노력 절약, 조정의 용이성, 유일 최선의 방법, 일관성 있는 의사결정, 통제의 기준, 장기적인 전략계획 수립 등을 가능하게 한다.

17 경영의 기본요소인 5M은 Man(경영자), Material(원재료), Money(자본), Market(시장), Machines(기계)이다.

18 사무개선의 기본목표는 정확성, 용이성, 신속성, 경제성으로 집약된다.

19 조직의 효율을 높이기 위해 조직의 계층을 가능한 적게 해야 한다는 것은 조직화의 원칙 중 계층단축화의 원칙이다.

20 논리오차
• 고과과정에서 고과요소 간에 논리적 상관관계가 있는 경우, 양 요소 중 하나의 요소가 특별히 우수하면 다른 요소도 우수한 것으로 보고 높게 평가하는 현상이다.

21 인사고과는 직무수행과 관련하여 고과 기간에 피고과자가 지닌 태도, 능력, 적성, 업적, 업무실적 등을 평가하는 것이다.

22 직무평가는 다른 직무와 비교하여 직무의 상대적 가치를 결정하는 방법으로 가장 큰 목적은 조직 내 합리적인 임금체계를 수립하는 데 있다.

23 인간관계 관리제도
• 제안제도   • 인사상담제도   • 고충처리제도

24 직무평가는 직무 기술서를 기초로 직무의 중요성, 위험성, 책임성, 난이도, 복잡성 등을 평가하여 다른 직무와 비교한 직무의 상대적 가치를 정하는 체계적 방법이다.

25 직무평가는 직무의 상대적 가치를 결정하는 방법으로, 가장 큰 목적은 조직내 공정한 임금구조를 위한 기준을 마련하는 것이다.

26 직장 외 훈련(Off. J. T)
• 직장의 직무로부터 벗어나서 일정 기간 동안 직장 외의 교육에만 열중하게 하는 방법으로 집단적으로 실시된다.
• 장점
 – 다수의 종업원을 통일적, 조직적으로 교육시킬 수 있다.
 – 종업원은 직무로부터 해방되기 때문에 교육에만 전념할 수 있다.
 – 훌륭한 외부전문가의 지도를 받을 수 있다.
 – 참가자는 상호 경쟁의식을 갖게 되며, 상호지식과 경험을 교환할 수 있기 때문에 교육효과가 높다.
• 단점
 – 직무수행에 지장을 가져온다.
 – 작업시간이 감소하게 된다.
 – 비용이 많이 든다.
 – 중소기업에서는 사실상 실시하기 어렵다.

27 직무명세서는 직무를 수행하는 데 필요한 능력, 기술, 교육여건, 경험 및 숙련요건 등 직무에 요구되는 인적요건을 기술한 것이다.

28 목표관리법은 상위자와 하위자가 목표설정에 공동으로 관여하여, 목표달성을 위해 공동으로 노력하고, 공동으로 과업을 평가하도록 함으로써 조직과 개인의 목표를 전체 시스템 관점에서 통합될 수 있도록 관리하는 체계이다.

29 단체급식에서 식품재료 구입 시 고려해야 할 사항은 영양, 기호성, 계절식품, 용도에 적합한 식품, 가격 등이다.

30 폐기율이 없는 식품의 발주량은 순사용량×음식예정인원수로 산출한다.

31 영구재고 시스템
• 구매하여 입고되는 물품의 출고 및 입고 시에 물품의 수량을 계속해서 기록함으로써 남아 있는 물품의 목록과 수량을 알고 적정 재고량을 유지하는 방법이다.
• 대규모 급식소에서 주로 건조 및 냉동저장고에 보관되는 물품의 관리에 이용된다.

32 식품구매명세서에는 구매하고자 하는 품목에 대한 정보를 간단 명료하게 작성하며 새로운 상품명 보다는 일반적으로 통용되는 상품명을 기재한다.

33 식품구매명세서
• 식품의 내용 및 특징을 자세히 서술한 기록이다.
• 구매한 식품의 품질판정 및 구매하고자 하는 식품을 올바르게 구매할 수 있는 지표가 되는 것으로 공급자에게 구매요구서와 함께 제공된다.

34 식품위생검사와 가장 관계가 깊은 세균은 대장균과 장구균 등이다.

35 물질의 독성
• 급성독성과 만성독성이 있다.
• 급성독성실험은 동물에 미량 또는 다량을 투여하여 LD_{50}을 산출한다.
• 만성독성시험은 생쥐, 흰쥐 등을 2년간의 사육시험 결과로 사망률, 병리조직학적 변화, 발암성, 최기형성, 물질의 생체 내 대사 등을 관찰한다.

36 석탄산
• 3~5% 수용액(온수)으로 사용한다.
• 살균력이 안정되어 소독약의 살균력을 비교하는 기준(석탄산 계수)이 된다.
• 기구, 손, 발, 오물, 의류 등의 소독에 이용된다.

37 세균성 식중독과 경구 감염병의 차이점

세균성 식중독	경구 감염병
• 원인식품 중 균량이 많아야 한다.	• 원인식품 중 균량이 적어도 된다.
• 식품에서 증식하고 체내에서는 증식이 안 된다.	• 식품에서 증식이 잘되지 않고 체내에서 증식이 잘된다.
• 잠복기가 짧다.	• 잠복기가 길다.
• 1차 감염이 가능하다.	• 1, 2차 감염이 가능하다.
• 면역이 안 된다.	• 면역이 된다.

38 황색포도상구균
• 그람 양성, 무포자 구균이고 통성혐기성 세균이며 coagulase 양성, mannitol 분해성, ribitol 양성, protein A 양성이다.
• Enterotoxin은 면역학적으로 형을 분류하면 A, B, C(C₁, C₂), D, E 형으로 나뉘나 모두 독 작용을 나타낸다.

39 *Cl. botulinum*은 살균이 불충분한 통조림, 병조림, 진공포장식품 등의 혐기적 조건에서 잘 번식하고, 독소를 생성한다.

40 O157 : H7 대장균의 발병 주 증상은 출혈성 대장염을 일으키며, 용혈성 뇨독증 증후군을 병발시킨다.

41 • venerupin : 모시조개(바지락), 굴의 독성분
• saxitoxin : 섭조개, 대합의 독성분
• temulin : 식물성 식중독인 독보리(지네보리)의 독성분
• tetrodotoxin : 복어의 독성분
• solanine : 감자의 독성분

42 복어의 tetrodotoxin 독소에 의한 중독증상
• 지각이상, 호흡장해, cyanosis 현상, 운동장해, 혈행장해, 위장장해, 뇌증 등의 증상이 일어난다.

43 mycotoxin을 분비하는 곰팡이는 쌀, 땅콩, 보리, 옥수수 또는 목초 등의 탄수화물이 많고 건조가 불충분한 곡류나 두류 등에 번식하기 쉽다.

44 미나마타병
• 유기수은이 축적되어 발생되는 병이다.
• 이병은 말초신경의 마비, 보행곤란, 수지의 감각마비, 연하곤란, 시력 감퇴로 나타나고, 심하면 중추신경마비, 호흡마비로 사망할 수 있다.

45 아니사키스(*Anisakis*)
• 고래, 돌고래 등의 바다 포유류의 제1 위에 기생하는 회충이다.

• 제1 중간숙주는 갑각류이며, 제2 중간숙주는 오징어, 대구, 가다랭이 등의 해산어류이다.
• 주로 소화관에 궤양, 종양, 봉와직염(phlegmon)을 일으킨다. 위장벽의 점막에 콩알 크기의 호산구성 육아종이 생기는 것이 특징이다. 유충은 50℃에서 10분, 55℃에서 2분, -10℃에서 6시간 생존한다.

46 프탈산 에스테르
• 플라스틱 제품의 가소제, 락카, 접착제, 인쇄잉크, 염료, 살충제 등의 제조에 널리 사용된다.
• 최근 사람의 혈액이나 각종 생물체, 어류, 유제품을 비롯하여 토양, 수질 및 대기 등의 환경을 광범위하게 오염시키는 것으로 밝혀져 위생상 문제가 되고 있다.

47 식품위생법 제86조(식중독에 관한 조사 보고)
다음 각 호의 어느 하나에 해당하는 자는 지체 없이 관할 시장(「제주특별자치도 설치 및 국제자유도시 조성을 위한 특별법」에 따른 행정 시장을 포함한다)・군수・구청장에게 보고하여야 한다. 이 경우 의사나 한의사는 대통령령으로 정하는 바에 따라 식중독 환자나 식중독이 의심되는 자의 혈액 또는 배설물을 보관하는 데에 필요한 조치를 해야 한다.
1. 식중독 환자나 식중독이 의심되는 자를 진단하였거나 그 사체를 검안(檢案)한 의사 또는 한의사
2. 집단급식소에서 제공한 식품 등으로 인하여 식중독 환자나 식중독으로 의심되는 증세를 보이는 자를 발견한 집단급식소의 설치・운영자

48 국민영양관리법 제16조(결격사유)
다음 각 호의 어느 하나에 해당하는 사람은 영양사의 면허를 받을 수 없다.
• 정신질환자. 다만, 전문의가 영양사로서 적합하다고 인정하는 사람은 그러하지 아니하다.
• 감염병환자(B형간염환자 제외) 중 보건복지부령으로 정하는 사람
• 마약・대마 또는 향정신성의약품 중독자
• 영양사 면허의 취소처분을 받고 그 취소된 날부터 1년이 지나지 아니한 사람

49 국민영양관리법 제21조(면허취소 등)
• 정신질환자. 감염병환자(B형간염환자 제외), 마약・대마 또는 향정신성의약품 중독자 중 어느 하나에 해당하는 경우, 영양사 면허의 취소 처분을 받고 그 취소된 날 부터 1년이 지나지 아니한 사람
• 면허정지처분 기간 중에 영양사의 업무를 하는 경우
• 3회 이상 면허정지처분을 받은 경우

50 식품위생법 시행규칙 제4조(판매 등이 금지되는 병든 동물 고기 등)
1. 「축산물위생관리법 시행규칙」 별표 3 제1호다목에 따라 도축이 금지되는 가축전염병
2. 리스테리아병, 살모넬라병, 파스튜렐라병 및 선모충증

51 식품위생법 시행규칙 제61조(우수업소・모범업소의 지정 등)
식품제조・가공업 및 같은 조 제3호의 식품첨가물제조업은 우수업소와 일반업소로 구분하며, 집단급식소 및 일반음식점영업은 모범업소와 일반업소로 구분한다.

52 식품 등의 표시광고에 관한 법률 시행규칙 제6조(영양표시)
표시대상 영양성분
• 열량, 나트륨, 탄수화물, 당류[식품, 축산물에 존재하는 단당류와 이당류를 말한다. 다만 제환분말 형태의 건강기능식품은 제외한다], 지방, 트랜스지방(Fat), 포화지방(Saturated Fat), 콜레스테롤, 단백질, 영양표시나 영양강조표시를 하려는 경우에는 [별표 5] 1일 영양성분 기준치에 명시된 영양성분

53 식품공전 제2. 식품일반에 대한 공통기준 및 규격(중금속 기준) : 수산물
• 어류의 중금속 잔류허용기준(생물로 기준할 때)
 – 납 : 0.5mg/kg 이하
 – 카드뮴 : 0.1mg/kg 이하(민물 및 회유어류), 0.2mg/kg 이하(해양어류)
 – 수은 : 0.5mg/kg 이하(심해성 어류, 다랑어류 및 새치류는 제외한다)
 – 메틸수은 : 1.0mg/kg 이하(심해성 어류, 다랑어류 및 새치류에 한한다)
• 연체류의 중금속 잔류허용기준(생물로 기준할 때)
 – 납 : 2.0mg/kg 이하
 – 카드뮴 : 2.0mg/kg 이하
 – 수은 : 0.5mg/kg 이하

54 식품・의약품분야 시험・검사 등에 관한 법률 제30조(과태료)
법 제9조 3항을 위반하여 검사기관 운영자의 지위를 승계하고 1개월 이내에 지위승계를 신고하지 아니한 자 → 과태료 300만원을 부과한다.

55 식품위생법 제94조(벌칙)
영업자가 아닌 자가 제조・가공・소분하는 행위를 했을 때(식품위생법 제4조)의 벌칙은 10년 이하의 징역 또는 1억원 이하의 벌금에 처하거나 이를 병과 할 수 있다.

56 국민건강증진법 시행령 제22조(영양조사원 및 영양지도원)
영양조사원 및 영양지도원의 임명 또는 위촉
　㉠ 의사, 치과의사(구강상태 조사만 해당), 영양사 또는 간호사의 자격을
　　가진 자
　㉡ 전문대학이상의 학교에서 식품학 또는 영양학의 과정을 이수한 자

57 56번 해설 참조

58 학교급식법 제16조(품질 및 안전을 위한 준수사항)
학교의 장과 그 학교의 학교급식 관련 업무를 담당하는 관계 교직원 및 학
교급식공급업자는 학교급식의 품질 및 안전을 위하여 다음의 식재료를 사
용하여서는 아니된다.
　1.「농수산물의 원산지 표시에 관한 법률」제5조제1항에 따른 원산지 표시
　　를 거짓으로 적은 식재료
　2.「농수산물 품질관리법」제56조에 따른 유전자변형농수산물의 표시를
　　거짓으로 적은 식재료
　3.「축산법」제40조의 규정에 따른 축산물의 등급을 거짓으로 기재한 식재료
　4.「농수산물 품질관리법」제5조제2항에 따른 표준규격품의 표시, 같은 법
　　제14조제3항에 따른 품질인증의 표시 및 같은 법 제34조제3항에 따른
　　지리적표시를 거짓으로 적은 식재료

59 학교급식법 제16조(품질 및 안전을 위한 준수사항)
학교의 장과 그 소속 학교급식관계교직원 및 학교급식공급업자는 다음 사
항을 지켜야 한다.
　1. 식재료의 품질관리기준, 영양관리기준 및 위생·안전관리기준
　2. 그 밖에 학교급식의 품질 및 안전을 위하여 필요한 사항으로서 교육부령
　　이 정하는 사항

60 보건범죄단속에 관한 특별조치법 시행령 제4조(부정식품의 유해기준)
※ 인체에 현저한 유해의 기준
1. 다류 : 허용외의 착색료가 함유된 경우
2. 과자류 : 허용외의 착색료나 방부제가 함유되거나, 비소가 2ppm 이상
　또는 납이 3ppm 이상 함유된 경우
3. 빵류 : 허용외의 방부제가 함유된 경우
4. 엿류 : 허용외의 방부제가 함유된 경우
5. 시유 : 허용외의 방부제가 함유되거나, 포스파타제가 검출된 경우
6. 식육 및 어육제품 : 허용외의 방부제가 함유되거나, 납이 3ppm 이상
　함유된 경우
7. 청량음료수 : 허용외의 착색료나 방부제가 함유되거나, 비소가 0.3ppm
　이상 또는 납이 0.5ppm 이상 함유된 경우
8. 장류 : 허용외의 착색료나 방부제가 함유되거나, 비소가 5ppm 이상 함
　유된 경우
9. 주류 : 허용외의 착색료나 방부제가 함유되거나, 메틸알코올이 1ml당
　1mg 이상 함유된 경우
10. 분말 청량음료 : 허용외의 착색료나 방부제가 함유되거나, 수용상태에
　서 비소가 0.3ppm 이상 또는 납이 0.5ppm 이상 함유된 경우

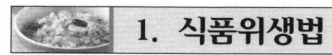

2024년 개정

1. 식품위생법

[시행 2022. 12. 11.] [법률 제18967호, 2022. 6. 10. 일부개정]

제1조(목적)
이 법은 식품으로 인하여 생기는 위생상의 위해(危害)를 방지하고 식품영양의 질적 향상을 도모하며 식품에 관한 올바른 정보를 제공함으로써 국민 건강의 보호·증진에 이바지함을 목적으로 한다.

제7조(식품 또는 식품첨가물에 관한 기준 및 규격)
① 식품의약품안전처장은 국민 건강을 보호·증진하기 위하여 필요하면 판매를 목적으로 하는 식품 또는 식품첨가물에 관한 다음 각 호의 사항을 정하여 고시한다.

제7조의2(권장규격)
① 식품의약품안전처장은 판매를 목적으로 하는 제7조 및 제9조에 따른 기준 및 규격이 설정되지 아니한 식품등이 국민 건강에 위해를 미칠 우려가 있어 예방조치가 필요하다고 인정하는 경우에는 그 기준 및 규격이 설정될 때까지 위해 우려가 있는 성분 등의 안전관리를 권장하기 위한 규격(이하 "권장규격"이라 한다)을 정할 수 있다.
② 식품의약품안전처장은 제1항에 따라 권장규격을 정할 때에는 국제식품규격위원회 및 외국의 규격 또는 다른 식품등에 이미 규격이 신설되어 있는 유사한 성분 등을 고려하여야 하고 심의위원회의 심의를 거쳐야 한다.

제7조의5(식품등의 기준 및 규격의 재평가 등)
② 식품의약품안전처장은 제1항에 따른 재평가 결과에 따라 식품등의 기준 및 규격을 개정하는 등 필요한 조치를 하여야 한다.
③ 제1항에 따른 재평가 대상, 방법 및 절차 등에 필요한 사항은 총리령으로 정한다.

제9조의2(기구 및 용기·포장에 사용하는 재생원료에 관한 인정)
① 식품의약품안전처장은 기구 및 용기·포장을 제조할 때 원재료로 사용하기에 적합한 재생원료(이미 사용한 기구 및 용기·포장을 다시 사용할 수 있도록 처리한 원료물질을 말한다. 이하 같다)의 기준을 정하여 고시한다.
② 기구 및 용기·포장의 원재료로 사용할 재생원료를 제조하려는 자는 해당 재생원료가 제1항에 따른 기준에 적합한지에 관하여 식품의약품안전처장의 인정을 받아야 한다. 다만, 가열·화학반응 등에 의해 분해·정제·중합하는 등 총리령으로 정하는 공정을 거친 재생원료의 경우에는 그러하지 아니하다.
③ 제2항에 따라 인정을 받으려는 자는 총리령으로 정하는 서류를 첨부하여 식품의약품안전처장에게 신청하여야 한다.
④ 제3항에 따라 신청을 받은 식품의약품안전처장은 인정을 신청한 자에게 재생원료의 안전성 확인 등 인정에 필요한 자료를 제출하게 할 수 있다.
⑤ 식품의약품안전처장은 제3항에 따라 인정을 신청한 재생원료가 제1항에 따른 기준에 적합하면 제2항에 따라 재생원료에 관한 인정을 하고, 총리령으로 정하는 바에 따라 인정서를 발급하여야 한다.
⑥ 제1항부터 제5항까지에서 규정한 사항 외에 재생원료의 인정 절차, 인정서 발급 절차 등에 필요한 세부사항은 총리령으로 정한다.

제9조의3(인정받지 않은 재생원료의 기구 및 용기·포장에의 사용 등 금지)
누구든지 제9조의2제2항에 따른 인정을 받지 아니한 재생원료를 사용한 기구 및 용기·포장을 판매하거나 판매할 목적으로 제조·수입·저장·운반·진열하거나 영업에 사용하여서는 아니 된다.

제31조(자가품질검사 의무)
③ 제1항에 따른 검사를 직접 행하는 영업자는 제1항에 따른 검사 결과 해당 식품등이 제4조부터 제6조까지, 제7조제4항, 제8조, 제9조제4항 또는 제9조의3을 위반하여 국민 건강에 위해가 발생하거나 발생할 우려가 있는 경우에는 지체 없이 식품의약품안전처장에게 보고하여야 한다.

제45조(위해식품등의 회수)
① 판매의 목적으로 식품등을 제조·가공·소분·수입 또는 판매한 영업자(「수입식품안전관리 특별법」 제15조에 따라 등록한 수입식품등 수입·판매업자를 포함한다. 이하 이 조에서 같다)는 해당 식품등이 제4조부터 제6조까지, 제7조제4항, 제8조, 제9조제4항, 제9조의3 또는 제12조의2제2항을 위반한 사실(식품등의 위해와 관련이 없는 위반사항을 제외한다)을 알게 된 경우에는 지체 없이 유통 중인 해당 식품등을 회수하거나 회수하는 데에 필요한 조치를 하여야 한다. 이 경우 영업자는 회수계획을 식품의약품안전처장, 시·도지사 또는 시장·군수·구청장에게 미리 보고하여야 하며, 회수결과를 보

고받은 시·도지사 또는 시장·군수·구청장은 이를 지체 없이 식품의약품안전처장에게 보고하여야 한다. 다만, 해당 식품등이 「수입식품안전관리 특별법」에 따라 수입한 식품등이고, 보고의무자가 해당 식품등을 수입한 자인 경우에는 식품의약품안전처장에게 보고하여야 한다.

제59조(설립)
① 영업자는 영업의 발전과 국민 건강의 보호·증진을 위하여 대통령령으로 정하는 영업 또는 식품의 종류별로 동업자조합(이하 "조합"이라 한다)을 설립할 수 있다.

제70조의7(건강 위해가능 영양성분 관리)
① 국가 및 지방자치단체는 식품의 나트륨, 당류, 트랜스지방 등 영양성분(이하 "건강 위해가능 영양성분"이라 한다)의 과잉섭취로 인하여 국민 건강에 발생할 수 있는 위해를 예방하기 위하여 노력하여야 한다.

제72조(폐기처분 등)
① 식품의약품안전처장, 시·도지사 또는 시장·군수·구청장은 영업자(「수입식품안전관리 특별법」 제15조에 따라 등록한 수입식품등 수입·판매업자를 포함한다. 이하 이 조에서 같다)가 제4조부터 제6조까지, 제7조제4항, 제8조, 제9조제4항, 제9조의3, 제12조의2제2항 또는 제44조제1항제3호를 위반한 경우에는 관계 공무원에게 그 식품등을 압류 또는 폐기하게 하거나 용도·처리방법 등을 정하여 영업자에게 위해를 없애는 조치를 하도록 명하여야 한다.

제73조(위해식품등의 공표)
① 식품의약품안전처장, 시·도지사 또는 시장·군수·구청장은 다음 각 호의 어느 하나에 해당되는 경우에는 해당 영업자에 대하여 그 사실의 공표를 명할 수 있다. 다만, 식품위생에 관한 위해가 발생한 경우에는 공표를 명하여야 한다.
 1. 제4조부터 제6조까지, 제7조제4항, 제8조, 제9조제4항 또는 제9조의3 등을 위반하여 식품위생에 관한 위해가 발생하였다고 인정되는 때

제75조(허가취소 등)
① 식품의약품안전처장 또는 특별자치시장·특별자치도지사·시장·군수·구청장은 영업자가 다음 각 호의 어느 하나에 해당하는 경우에는 대통령령으로 정하는 바에 따라 영업허가 또는 등록을 취소하거나 6개월 이내의 기간을 정하여 그 영업의 전부 또는 일부를 정지하거나 영업소 폐쇄(제37조제4항에 따라 신고한 영업만 해당한다. 이하 이 조에서 같다)를 명할 수 있다. 다만, 식품접객영업자가 제13호(제44조제2항에 관한 부분만 해당한다)를 위반한 경우로서 청소년의 신분증 위조·변조 또는 도용으로 식품접객영업자가 청소년인 사실을 알지 못하였거나 폭행 또는 협박으로 청소년임을 확인하지 못한 사정이 인정되는 경우에는 대통령령으로 정하는 바에 따라 해당 행정처분을 면제할 수 있다.
 1. 제4조부터 제6조까지, 제7조제4항, 제8조, 제9조제4항, 제9조의3 또는 제12조의2제2항을 위반한 경우

제86조(식중독에 관한 조사 보고)
③ 식품의약품안전처장은 제2항에 따른 보고의 내용이 국민 건강상 중대하다고 인정하는 경우에는 해당 시·도지사 또는 시장·군수·구청장과 합동으로 원인을 조사할 수 있다.

제95조(벌칙)
다음 각 호의 어느 하나에 해당하는 자는 5년 이하의 징역 또는 5천만원 이하의 벌금에 처하거나 이를 병과할 수 있다.
 1. 제7조제4항(제88조에서 준용하는 경우를 포함한다), 제9조제4항(제88조에서 준용하는 경우를 포함한다) 또는 제9조의3(제88조에서 준용하는 경우를 포함한다)을 위반한 자

[시행 2023. 1. 1.] [법률 제18445호, 2021. 8. 17. 타법개정]

제44조(영업자 등의 준수사항)
① 제36조제1항 각 호의 영업을 하는 자 중 대통령령으로 정하는 영업자와 그 종업원은 영업의 위생관리와 질서유지, 국민의 보건위생 증진을 위하여 영업의 종류에 따라 다음 각 호에 해당하는 사항을 지켜야 한다.
 3. 소비기한이 경과된 제품·식품 또는 그 원재료를 제조·가공·조리·판매의 목적으로 소분·운반·진열·보관하거나 이를 판매 또는 식품의 제조·가공·조리에 사용하지 말 것

제49조의2(식품이력추적관리정보의 기록·보관 등)
② 등록자는 제1항에 따른 식품이력추적관리정보의 기록을 해당 제품의 소비기한 등이 경과한 날부터 2년 이상 보관하여야 한다.

제49조의3(식품이력추적관리시스템의 구축 등)
③ 제2항에 따른 정보는 해당 제품의 소비기한 또는 품질유지기한이 경과한 날부터 1년 이상 확인할 수 있도록 하여야 한다.

제88조(집단급식소)

② 집단급식소를 설치·운영하는 자는 집단급식소 시설의 유지·관리 등 급식을 위생적으로 관리하기 위하여 다음 각 호의 사항을 지켜야 한다.

    7. 소비기한이 경과한 원재료 또는 완제품을 조리할 목적으로 보관하거나 이를 음식물의 조리에 사용하지 말 것

2. 식품위생법 시행령

[시행 2022. 7. 28.] [대통령령 제32814호, 2022. 7. 19, 일부개정]

제65조(권한의 위임)

식품의약품안전처장은 법 제91조에 따라 다음 각 호의 권한을 지방식품의약품안전청장에게 위임한다.

1. 법 제31조의3제1항 후단에 따른 확인검사 요청 사실 보고의 접수(제21조제1호의 식품제조·가공업 중 「주세법」에 따른 주류를 제조·가공하는 영업자의 보고에 관한 권한으로 한정한다)

[시행 2023. 1. 1.] [대통령령 제32686호, 2022. 6. 7, 타법개정]

제21조(영업의 종류)

법 제36조제2항에 따른 영업의 세부 종류와 그 범위는 다음 각 호와 같다.

5. 식품소분·판매업

    2) 식품자동판매기영업 : 식품을 자동판매기에 넣어 판매하는 영업. 다만, 소비기한이 1개월 이상인 완제품만을 자동판매기에 넣어 판매하는 경우는 제외한다.

제51조(위해식품등의 공표방법)

① 법 제73조제1항에 따라 위해식품등의 공표명령을 받은 영업자는 지체 없이 위해 발생사실 또는 다음 각 호의 사항이 포함된 위해식품등의 긴급회수문을 「신문 등의 진흥에 관한 법률」 제9조제1항에 따라 등록한 전국을 보급지역으로 하는 1개 이상의 일반일간신문[당일 인쇄·보급되는 해당 신문의 전체 판(版)을 말한다. 이하 같다]에 게재하고, 식품의약품안전처의 인터넷 홈페이지에 게재를 요청하여야 한다.

    3. 회수대상 식품등의 제조일·수입일 또는 소비기한·품질유지기한

[시행 2023. 4. 25.] [대통령령 제33434호, 2023. 4. 25, 타법개정]

과태료의 부과기준(제67조 관련)

1. 일반기준

    다. 식품의약품안전처장, 시·도지사 또는 시장·군수·구청장은 다음의 어느 하나에 해당하는 경우에는 제2호의 개별기준에 따른 과태료 금액의 2분의 1 범위에서 그 금액을 줄일 수 있다. 다만, 과태료를 체납하고 있는 위반행위자의 경우에는 그 금액을 줄일 수 없다.

        3) 고의 또는 중과실이 없는 위반행위자가 「소상공인기본법」 제2조에 따른 소상공인인 경우로서 위반행위자의 현실적인 부담능력, 경제위기 등으로 위반행위자가 속한 시장·산업 여건이 현저하게 변동되거나 지속적으로 악화된 상태인지 여부를 고려할 때 과태료를 감경할 필요가 있다고 인정되는 경우

3. 식품위생법 시행규칙

[시행 2022. 7. 28.] [총리령 제1821호, 2022. 7. 28, 타법개정]

제86조의3(건강 위해가능 영양성분 관리 및 지원)

〈내용 삭제〉

[시행 2022. 7. 28.] [총리령 제1822호, 2022. 7. 28, 일부개정]

제31조의3(확인검사 등의 보고 절차 등)

① 법 제31조의3제1항 전단에 따라 확인검사를 요청한 영업자는 별지 제17호의4서식의 확인검사 요청 사실 보고서에 다음 각 호의 서류를 첨부하여 관할 지방식품의약품안전청장, 시·도지사 또는 시장·군수·구청장에게 보고해야 한다.

    1. 법 제31조의3제1항에 따른 자가품질검사 검사성적서

    2. 확인검사 의뢰서

② 제1항에 따라 확인검사 요청 사실을 보고받은 관할 지방식품의약품안전청장, 시·도지사 또는 시장·군수·구청장은 식품의약품안전처장에게 그 사실을 통보해야 한다.

③ 법 제31조의3제2항 본문에 따라 확인검사를 실시한 「식품·의약품분야 시험·검사 등에 관한 법률」 제6조제2항제1호에 따른 식품 등 시험·검사기관은 별지 제17호의5서식의 확인검사 검사성적서를 발급해야 한다.

제31조의4(확인검사 제외대상 검사항목)

법 제31조의3제2항 단서에서 "시간이 경과함에 따라 검사 결과가 달라질 수 있는 검사항목 등 총리령으로 정하는 검사항목"이란 이물, 미생물, 곰팡이독소, 잔류농약 및 잔류동물용의약품을 말한다.

제31조의5(최종 확인검사 요청 절차 등)

① 법 제31조의3제3항에 따라 최종 확인검사를 요청하려는 영업자는 법 제31조의3제2항에 따른 확인검사 결과를 통보받은 날부터 60일 이내에 별지 제17호의6서식의 최종 확인검사 신청서에 다음 각 호의 서류를 첨부하여 관할 지방식품의약품안전청장에게 제출해야 한다.

    1. 법 제31조의3제1항에 따른 자가품질검사 검사성적서

    2. 법 제31조의3제2항에 따른 확인검사 검사성적서

    3. 자가품질검사를 실시한 제품과 확인검사를 실시한 제품이 같은 제품(같은 날에 같은 영업시설에서 같은 제조 공정을 통해 제조·생산된 제품을 말한다)임을 증명하는 자료

② 제1항에 따라 최종 확인검사를 요청받은 지방식품의약품안전청장은 요청받은 날부터 20일 이내에 최종 확인검사를 완료하고 별지 제17호의7서식의 최종 확인검사 검사성적서를 발급해야 한다.

제31조의6(식품위생감시원의 교육시간 등)

① 법 제32조제1항에 따른 식품위생감시원(이하 이 조에서 "식품위생감시원"이라 한다)은 영 제17조의2에 따라 매년 7시간 이상 식품위생감시원 직무교육을 받아야 한다. 다만, 식품위생감시원으로 임명된 최초의 해에는 21시간 이상을 받아야 한다.

② 영 제17조의2에 따른 식품위생감시원 직무교육에는 다음 각 호의 내용이 포함되어야 한다.

    1. 식품안전 법령에 관한 사항

    2. 식품 등의 기준 및 규격에 관한 사항

    3. 영 제17조에 따른 식품위생감시원의 직무에 관한 사항

    4. 그 밖에 제1호부터 제3호까지에 준하는 사항으로서 식품의약품안전처장, 시·도지사 또는 시장·군수·구청장이 식품위생감시원의 전문성 및 직무역량 강화를 위해 필요하다고 인정하는 사항

③ 제1항 및 제2항에서 규정한 사항 외에 식품위생감시원의 교육 운영 등에 필요한 세부 사항은 식품의약품안전처장이 정하여 고시한다.

제59조(위해식품등의 회수계획 및 절차 등)

① 법 제45조제1항에 따른 회수계획에 포함되어야 할 사항은 다음 각 호와 같다.

    1. 제품명, 제조연월일, 소비기한

③ 법 제45조제1항 후단에 따라 회수계획을 보고한 영업자는 해당 위해식품등을 회수하고, 그 회수결과를 지체 없이 허가관청, 신고관청 또는 등록관청에 보고하여야 한다. 이 경우 회수결과 보고서에는 다음 각 호의 사항이 포함되어야 한다.

제87조(회수명령 및 압류 등)

② 법 제72조제3항에 따라 식품 등의 회수명령을 받은 영업자는 지체 없이 회수대상 식품 등의 유통·판매를 중지하고, 회수계획을 작성하여 그 회수계획에 따라 회수해야 한다. 이 경우 회수계획, 회수절차 및 회수결과 보고 등에 관하여는 제59조제1항 및 제3항을 준용한다.

③ 제1항 및 제2항에서 규정한 사항 외에 회수계획, 회수절차 등에 관해 필요한 사항은 식품의약품안전처장이 정하여 고시한다.

④ 법 제72조제3항에 따라 식품 등의 회수를 명한 허가관청, 신고관청 또는 등록관청은 제59조제2항제1호 및 제2호의 조치를 해야 한다.

⑤ 법 제72조제4항에 따라 압류나 폐기를 하는 공무원의 권한을 표시하는 증표는 별지 제18호서식에 따른다.

[시행 2022. 12. 11.] [총리령 제1836호, 2022. 12. 9, 일부개정]

제6조(기구 및 용기·포장에 사용하는 재생원료에 관한 인정 절차 등)

① 법 제9조의2제2항 단서에서 "가열·화학반응 등에 의해 분해·정제·중합하는 등 총리령으로 정하는 공정"이란 합성수지를 가열·화학반응 등에 의해 원료물질로 분해한 후 증류, 결정화 등을 거쳐 순수하게 정제한 것을 다시 중합(重合)하는 공정을 말한다.

② 법 제9조의2제3항에 따라 기구 및 용기·포장의 원재료로 사용할 재생원료가 같은 조 제1항에 따른 기준에 적합한지에 관하여 인정을 받으려는 자는 별지 제1호의4서식의 기구 및 용기·포장의 재생원료 인정 신청서에 다음 각 호의 서류를 첨부하여 식품의약품안전처장에게 제출해야 한다.

    1. 재생공정에 투입하는 원료에 관한 서류

    2. 재생공정에 관한 서류

    3. 오염물질 제거방법에 관한 서류

4. 그 밖에 법 제9조의2제1항에 따른 기준에 적합한지 판단하기 위하여 필요하다고 식품의약품안전처장이 정하여 고시하는 서류
③ 식품의약품안전처장은 제2항에 따라 인정 신청한 재생원료가 법 제9조의2제1항에 따른 기준에 적합한 경우에는 신청인에게 별지 제1호의5서식의 기구 및 용기 · 포장의 재생원료 인정서를 발급해야 한다.

제9조(위생검사등 요청서)
「식품위생법 시행령」(이하 "영"이라 한다) 제6조제2항에 따라 출입 · 검사 · 수거 등(이하 "위생검사등"이라 한다)을 요청하려는 자는 별지 제1호의6서식의 소비자 위생검사등 요청서에 요청인의 신분을 확인할 수 있는 증명서를 첨부하여 식품의약품안전처장, 지방식품의약품안전청장, 특별시장 · 광역시장 · 특별자치시장 · 도지사 · 특별자치도지사(이하 "시 · 도지사"라 한다) 또는 시장 · 군수 · 구청장(자치구의 구청장을 말한다. 이하 같다)에게 제출해야 한다.

[시행 2023. 1. 1.] [총리령 제1813호, 2022. 6. 30, 타법개정]

제45조(품목제조의 보고 등)
① 법 제37조제6항에 따라 식품 또는 식품첨가물의 제조 · 가공에 관한 보고를 하려는 자는 별지 제43호서식의 품목제조보고서(전자문서로 된 보고서를 포함한다)에 다음 각 호의 서류(전자문서를 포함한다)를 첨부하여 제품생산 시작 전이나 제품생산 시작 후 7일 이내에 등록관청에 제출하여야 한다. 이 경우 식품제조 · 가공업자가 식품을 위탁 제조 · 가공하는 경우에는 위탁자가 보고를 하여야 한다.
　3. 식품의약품안전처장이 정하여 고시한 기준에 따라 설정한 소비기한의 설정사유서(「식품 등의 표시 · 광고에 관한 법률」 제4조제1항의 표시기준에 따른 소비기한 표시 대상 식품 외에 소비기한을 표시하려는 식품을 포함한다)

제46조(품목제조보고사항 등의 변경)
① 제45조에 따라 보고를 한 자가 해당 품목에 대하여 다음 각 호의 어느 하나에 해당하는 사항을 변경하려는 경우에는 별지 제45호서식의 품목제조보고사항 변경보고서(전자문서로 된 보고서를 포함한다)에 품목제조보고서 사본 및 소비기한 연장사유서(제3호의 사항을 변경하려는 경우만 해당한다)를 첨부하여 제품생산 시작 전이나 제품생산 시작일부터 7일 이내에 등록관청에 제출하여야 한다. 다만, 수출용 식품등을 제조하기 위하여 변경하는 경우는 그러하지 아니하다.
　3. 소비기한(제45조제1항에 따라 품목제조보고를 한 자가 해당 품목의 소비기한을 연장하려는 경우만 해당한다)

제59조(위해식품등의 회수계획 및 절차 등)
① 법 제45조제1항에 따른 회수계획에 포함되어야 할 사항은 다음 각 호와 같다.
　2. 회수계획량(위해식품등으로 판명 당시 해당 식품등의 소비량 및 소비기한 등을 고려하여 산출하여야 한다)

제70조(등록사항)
법 제49조제1항에 따른 식품이력추적관리의 등록사항은 다음 각 호와 같다.
1. 국내식품의 경우
　다. 소비기한 및 품질유지기한

제74조의4(식품이력추적관리시스템에 연계된 정보의 공개)
법 제49조의3제2항에서 "총리령으로 정하는 정보"란 다음 각 호의 구분에 따른 정보를 말한다.
1. 국내식품의 경우 : 다음 각 목의 정보
　라. 소비기한 또는 품질유지기한
2. 수입식품의 경우 : 다음 각 목의 정보
　아. 소비기한 또는 품질유지기한

제95조(집단급식소의 설치 · 운영자 준수사항)
① 법 제88조제2항제2호에 따라 조리 · 제공한 식품(법 제2조제12호에 따른 병원의 경우에는 일반식만 해당한다)을 보관할 때에는 매회 1인분 분량을 섭씨 영하 18도 이하로 보관하여야 한다. 이 경우 완제품 형태로 제공한 가공식품은 소비기한 내에서 해당 식품의 제조업자가 정한 보관방법에 따라 보관할 수 있다.

제98조(벌칙에서 제외되는 사항)
법 제97조제6호에서 "총리령으로 정하는 경미한 사항"이란 다음 각 호의 어느 하나에 해당하는 경우를 말한다.
1. 영 제21조제1호의 식품제조 · 가공업자가 식품광고 시 소비기한을 확인하여 제품을 구입하도록 권장하는 내용을 포함하지 아니한 경우

[시행 2023. 1. 30.] [총리령 제1860호, 2023. 1. 30, 일부개정]

제56조(생산실적 등의 보고)
① 법 제42조제2항에 따른 식품 및 식품첨가물의 생산실적 등에 관한 보고(전자문서를 포함한다)는 별지 제50호서식에 따라 하되, 다음 해 2월 말일까지 해야 한다.

제101조(과태료의 부과대상)
② 법 제101조제4항제3호에서 "총리령으로 정하는 경미한 사항"이란 다음 각 호의 어느 하나에 해당하는 경우를 말한다.

[시행 2023. 5. 19.] [총리령 제1879호, 2023. 5. 19, 일부개정]

제5조(식품등의 한시적 기준 및 규격의 인정 등)
① 법 제7조제2항 또는 법 제9조제2항에 따라 한시적으로 제조 · 가공 등에 관한 기준과 성분에 관한 규격을 인정받을 수 있는 식품등은 다음 각 호와 같다.
　1. 식품(원료로 사용되는 경우만 해당한다)
　　다. 세포 · 미생물 배양 등 새로운 기술을 이용하여 얻은 것으로서 식품으로 사용하려는 원료

제5조의2(농약 또는 동물용 의약품 잔류허용기준의 설정)
① 식품에 대하여 법 제7조제3항제1항에 따라 농약 또는 동물용 의약품 잔류허용기준(이하 "잔류허용기준"이라 한다)의 설정을 신청하려는 자는 별지 제1호서식의 국내식품 중 농약 · 동물용 의약품 잔류허용기준 설정 신청서(전자문서로 된 신청서를 포함한다)에 다음 각 호의 자료(전자문서를 포함한다)를 첨부하여 식품의약품안전처장에게 제출해야 한다.
　1. 농약 또는 동물용 의약품의 독성에 관한 자료와 그 요약서
　2. 농약 또는 동물용 의약품의 식품 잔류에 관한 자료와 그 요약서
　3. 농약 또는 동물용 의약품의 표준품
④ 제1항부터 제3항까지에서 규정한 사항 외에 잔류허용기준 설정의 신청 또는 요청 등에 필요한 사항은 식품의약품안전처장이 정하여 고시한다.

제52조(교육시간)
② 법 제41조제2항(법 제88조제3항에 따라 준용되는 경우를 포함한다)에 따라 영업을 하려는 자가 받아야 하는 식품위생교육 시간은 다음 각 호와 같다.
　1. 영 제21조제1호, 제3호 및 제9호의 영업을 하려는 자 : 8시간
　3. 영 제21조제2호 및 제8호의 영업을 하려는 자 : 6시간

제54조(도서 · 벽지 등의 영업자 등에 대한 식품위생교육)
② 법 제41조제2항에 따른 식품위생교육 대상자 중 영업준비상 사전교육을 받기가 곤란하다고 허가관청, 신고관청 또는 등록관청이 인정하는 자에 대해서는 영업허가를 받거나 영업신고 또는 영업등록을 한 후 6개월 이내에 허가관청, 신고관청 또는 등록관청이 정하는 바에 따라 식품위생교육을 받게 할 수 있다.

제61조의3(위생등급 유효기간의 연장 등)
① 법 제47조의2제5항 단서에 따라 위생등급 유효기간의 연장을 신청하려는 자는 위생등급의 유효기간이 끝나기 60일 전까지 별지 제51호의4서식의 위생등급 유효기간 연장신청서를 식품의약품안전처장, 시 · 도지사 또는 시장 · 군수 · 구청장에게 제출해야 한다.

제68조의2(인증유효기간의 연장신청 등)
② 법 제48조의2제2항에 따라 인증유효기간의 연장을 신청하려는 영업자는 인증유효기간이 끝나기 60일 전까지 별지 제52호서식의 식품안전관리인증기준 적용업소 인증연장신청서(전자문서로 된 신청서를 포함한다)에 법 제48조제1항에 따른 식품안전관리인증기준에 따라 작성한 적용대상 식품별 식품안전관리인증계획서(전자문서를 포함한다)를 첨부하여 인증기관의 장에게 제출해야 한다.
　1. 〈내용 삭제〉
　2. 〈내용 삭제〉

제95조(집단급식소의 설치 · 운영자 준수사항)
① 법 제88조제2항제2호에 따라 조리 · 제공한 식품(법 제2조제12호다목에 따른 병원의 경우에는 일반식만 해당한다)을 보관할 때에는 매회 1인분 분량을 섭씨 영하 18도 이하로 보관해야 한다. 〈후단 삭제〉
② 제1항에도 불구하고 완제품 형태로 제공한 가공식품은 소비기한 내에서 해당 식품의 제조업자가 정한 보관방법에 따라 보관할 수 있다. 다만, 완제품 형태로 제공하는 식품 중 식품의약품안전처장이 정하여 고시하는 가공식품을 완제품 형태로 제공한 경우에는 해당 제품의 제품명, 제조업소명, 제조일자 또는 소비기한 등 제품을 확인 · 추적할 수 있는 정보를 기록 · 보관함으로써 해당 가공식품의 보관을 갈음할 수 있다.
③ 법 제88조제2항제11호에서 "총리령으로 정하는 사항"이란 별표 24와 같다.

4. 학교급식법 시행령

[시행 2023. 4. 25.] [대통령령 제33434호, 2023. 4. 25., 타법개정]
과태료의 부과기준(제18조 관련)
1. 일반기준
　다. 부과권자는 고의 또는 중과실이 없는 위반행위자가「소상공인기본법」제
　　2조에 따른 소상공인에 해당하고, 과태료를 체납하고 있지 않은 경우에
　　는 다음의 사항을 고려하여 제2호의 개별기준에 따른 과태료의 100분의
　　70 범위에서 그 금액을 줄여 부과할 수 있다. 다만, 나목에 따른 감경과
　　중복하여 적용하지 않는다.
　　　1) 위반행위자의 현실적인 부담능력
　　　2) 경제위기 등으로 위반행위자가 속한 시장 산업 여건이 현저하게 변
　　　　동되거나 지속적으로 악화된 상태인지 여부

5. 국민건강증진법

[시행 2023. 6. 13.] [법률 제19446호, 2023. 6. 13., 일부개정]
법률 제6619호 국민건강증진법 일부개정법률 부칙 제2항 본문 중 "2022년 12월
31일"을 "2027년 12월 31일"로 한다.

[시행 2023. 9. 29.] [법률 제19293호, 2023. 3. 28., 일부개정]
제16조(국민건강영양조사 등)
① 질병관리청장은 보건복지부장관과 협의하여 국민의 건강상태ㆍ식품섭취ㆍ식
　생활조사등 국민의 건강과 영양에 관한 조사(이하 "국민건강영양조사"라 한
　다)를 정기적으로 실시한다.
② 특별시ㆍ광역시 및 도에는 국민건강영양조사와 영양에 관한 지도업무를 행
　하게 하기 위한 공무원을 두어야 한다.
③ 국민건강영양조사를 행하는 공무원은 그 권한을 나타내는 증표를 관계인에
　게 내보여야 한다.
④ 국민건강영양조사의 내용 및 방법, 그 밖에 국민건강영양조사와 영양에 관한
　지도에 관하여 필요한 사항은 대통령령으로 정한다.

제27조(지도ㆍ훈련)
① 보건복지부장관 또는 질병관리청장은 보건교육을 담당하거나 국민건강영양
　조사 및 영양에 관한 지도를 담당하는 공무원 또는 보건복지부령으로 정하는
　단체 및 공공기관에 종사하는 담당자의 자질향상을 위하여 필요한 지도와 훈
　련을 할 수 있다.
② 제1항에 따른 훈련에 관하여 필요한 사항은 보건복지부령으로 정한다.

제29조(권한의 위임ㆍ위탁)
① 이 법에 따른 보건복지부장관의 권한은 대통령령으로 정하는 바에 따라 그
　일부를 시ㆍ도지사에게 위임할 수 있다.
② 보건복지부장관은 이 법에 따른 업무의 일부를 대통령령으로 정하는 바에 따
　라 건강증진사업을 행하는 법인 또는 단체에 위탁할 수 있다.
③ 이 법에 따른 질병관리청장의 권한은 대통령령으로 정하는 바에 따라 그 일
　부를 소속기관의 장에게 위임할 수 있다.

[시행 2023. 12. 22.] [법률 제18606호, 2021. 12. 21., 일부개정]
제6조의5(건강도시의 조성 등)
① 국가와 지방자치단체는 지역사회 구성원들의 건강을 실현하도록 시민의 건강
　을 증진하고 도시의 물리적ㆍ사회적 환경을 지속적으로 조성ㆍ개선하는 도시
　(이하 "건강도시"라 한다)를 이루도록 노력하여야 한다.
② 보건복지부장관은 지방자치단체가 건강도시를 구현할 수 있도록 건강도시지
　표를 작성하여 보급하여야 한다.
③ 보건복지부장관은 건강도시 조성 활성화를 위하여 지방자치단체에 행정적ㆍ
　재정적 지원을 할 수 있다.
④ 그 밖에 건강도시지표의 작성 및 보급 등에 관하여 필요한 사항은 보건복지
　부령으로 정한다.

제9조(금연을 위한 조치)
④ 다음 각 호의 공중이 이용하는 시설의 소유자ㆍ점유자 또는 관리자는 해당
　시설의 전체를 금연구역으로 지정하고 금연구역을 알리는 표지를 설치하여
　야 한다. 이 경우 흡연자를 위한 흡연실을 설치할 수 있으며, 금연구역을 알
　리는 표지와 흡연실을 설치하는 기준ㆍ방법 등은 보건복지부령으로 정한다.
　14. 공항ㆍ여객부두ㆍ철도역ㆍ여객자동차터미널 등 교통 관련 시설의 대기
　　실ㆍ승강장, 지하보도 및 16인승 이상의 교통수단으로서 여객 또는 화물
　　을 유상으로 운송하는 것

제19조의2(시ㆍ도건강증진사업지원단 설치 및 운영 등)
① 시ㆍ도지사는 실행계획의 수립 및 제19조에 따른 건강증진사업의 효율적인
　업무 수행을 지원하기 위하여 시ㆍ도건강증진사업지원단(이하 "지원단"이라
　한다)을 설치ㆍ운영할 수 있다.
② 시ㆍ도지사는 제1항에 따른 지원단 운영을 건강증진사업에 관한 전문성이 있
　다고 인정하는 법인 또는 단체에 위탁할 수 있다. 이 경우 시ㆍ도지사는 그
　운영에 필요한 경비의 전부 또는 일부를 지원할 수 있다.
③ 제1항 및 제2항에서 규정한 사항 외에 지원단의 설치ㆍ운영 및 위탁 등에 관
　하여 필요한 사항은 보건복지부령으로 정한다.

6. 국민영양관리법 시행령

[시행 2022. 12. 20] [대통령령 제33112호, 2022. 12. 20, 타법개정]
제10조의2(민감정보 및 고유식별정보의 처리)
보건복지부장관(법 제15조제2항, 이 영 제4조의2제2항 및 제10조에 따라 보건복
지부장관의 권한을 위탁받은 자를 포함한다) 또는 질병관리청장은 다음 각 호의
사무를 수행하기 위하여 불가피한 경우「개인정보 보호법」제23조에 따른 건강
에 관한 정보, 같은 법 시행령 제19조제1호, 제2호 또는 제4호에 따른 주민등록
번호, 여권번호 또는 외국인등록번호가 포함된 자료를 처리할 수 있다. 다만, 제
8호의2의 사무의 경우에는 「개인정보 보호법」제23조에 따른 건강에 관한 정보
는 제외한다.

7. 국민영양관리법 시행규칙

[시행 2022. 12. 13.] [보건복지부령 제922호, 2022. 12. 13., 일부개정]
제14조(감염병환자)
법 제16조제2호에서 "감염병환자"란「감염병의 예방 및 관리에 관한 법률」제2
조제4호나목에 따른 B형간염 환자를 제외한 감염병환자를 말한다.

제16조(면허증의 재발급)
① 영양사는 다음 각 호의 어느 하나에 해당하는 경우에는 별지 제4호서식의 면
　허증(자격증) 재발급신청서에 사진(신청 전 6개월 이내에 모자 등을 쓰지 않
　고 촬영한 상반신 정면사진으로 가로 3.5센티미터, 세로 4.5센티미터의 사진
　을 말한다. 이하 같다) 2장과 면허증(제1호에 해당하는 경우는 제외한다)을
　첨부하여 보건복지부장관에게 제출해야 한다.
　1. 면허증을 잃어버린 경우
　2. 면허증이 헐어 못 쓰게 된 경우
　3. 성명 또는 주민등록번호가 변경된 경우
② 제1항에 따른 신청(제1항제3호에 해당하는 경우로 한정한다)을 받은 보건복
　지부장관은「전자정부법」제36조제1항에 따른 행정정보의 공동이용을 통하
　여 다음 각 호의 구분에 따라 해당 호의 서류를 확인해야 한다. 다만, 신청인
　이 확인에 동의하지 않는 경우에는 해당 서류를 첨부하도록 해야 한다.
　1. 성명이 변경된 경우 : 가족관계등록전산정보
　2. 주민등록번호가 변경된 경우 : 주민등록표 초본
③ 보건복지부장관은 제1항에 따라 영양사 면허증의 재발급 신청을 받은 경우에
　는 해당 영양사 면허대장에 그 사유를 적고 영양사 면허증을 재발급해야 한다.

제17조(면허증의 반환)
영양사가 제16조에 따라 영양사 면허증을 재발급받은 후 분실하였던 영양사 면
허증을 발견하였거나, 법 제21조에 따라 영양사 면허의 취소처분을 받았을 때에
는 그 영양사 면허증을 지체 없이 보건복지부장관에게 반환해야 한다.

제18조(보수교육의 시기ㆍ대상ㆍ비용ㆍ방법 등)
② 협회의 장은 다음 각 호의 사항에 관한 보수교육을 2년마다 6시간 이상 실시
　해야 한다.
　1. 직업윤리에 관한 사항
　2. 업무 전문성 향상 및 업무 개선에 관한 사항
　3. 국민영양 관계 법령의 준수에 관한 사항
　4. 선진 영양관리 동향 및 추세에 관한 사항
　5. 그 밖에 보건복지부장관이 영양사의 전문성 향상에 필요하다고 인정하는
　　사항

제32조(임상영양사 자격증 발급 등)
① 보건복지부장관은 제31조제3항에 따라 임상영양사 자격시험관리기관의 장으로부터 서류를 제출받은 경우에는 임상영양사 자격인정대장에 다음 각 호의 사항을 적고, 합격자에게 별지 제15호서식의 임상영양사 자격증을 <u>발급해야</u> 한다.
② 임상영양사의 자격증의 <u>재발급</u>에 관하여는 제16조를 준용한다. 이 경우 "영양사"는 "임상영양사"로, "면허증"은 "자격증"으로 본다.

제33조(수수료)
② 제16조(제32조제2항에서 준용하는 경우를 포함한다)에 따라 면허증 또는 자격증의 <u>재발급</u>을 신청하거나 면허 또는 자격사항에 관한 증명을 신청하는 사람은 다음 각 호의 구분에 따른 수수료를 수입인지로 내거나 정보통신망을 이용하여 전자화폐 · 전자결제 등의 방법으로 내야 한다.
　　1. 면허증 또는 자격증의 <u>재발급수수료</u> : 2천원

8. 농수산물의 원산지 표시 등에 관한 법률

[시행 2022. 9. 16] [대통령령 제32542호, 2022. 3. 15, 일부개정]
과태료의 부과기준(제10조 관련)
4. 제2호다목의 원산지의 표시방법을 위반한 경우의 세부 부과기준
　마. 식품접객업을 하는 영업소 및 집단급식소
　　과태료 금액 : 1차 위반, 2차 위반, 3차 이상 위반으로 구분

[시행 2023. 2. 28] [대통령령 제33261호, 2023. 2. 24, 일부개정]
제9조(권한의 위임)
① 법 제13조에 따라 농림축산식품부장관은 농산물과 그 가공품에 관한 다음 각 호의 권한을 국립농산물품질관리원장에게 위임하고, 해양수산부장관은 수산물과 그 가공품에 관한 다음 각 호의 권한(제2호의4 및 제7호의 권한은 제외한다)을 국립수산물품질관리원장에게 위임한다.
2의3. 〈내용 삭제〉
4의2. 〈내용 삭제〉

[시행 2023. 7. 1] [대통령령 제33189호, 2022. 12. 30, 일부개정]
제3조(원산지의 표시대상)
⑤ 법 <u>제5조제3항제1호</u>에서 "대통령령으로 정하는 농수산물이나 그 가공품을 조리하여 판매 · 제공하는 경우"란 다음 각 호의 것을 조리하여 판매 · 제공하는 경우를 말한다. 이 경우 조리에는 날 것의 상태로 조리하는 것을 포함하며, 판매 · 제공에는 배달을 통한 판매 · 제공을 포함한다.
　8. 넙치, 조피볼락, 참돔, 미꾸라지, 뱀장어, 낙지, 명태(황태, 북어 등 건조한 것은 제외한다. 이하 같다), 고등어, 갈치, 오징어, 꽃게, 참조기, 다랑어, <u>아귀, 주꾸미, 가리비, 우렁쉥이, 전복, 방어 및 부세</u>(해당 수산물가공품을 포함한다. 이하 같다)

9. 식품 등의 표시 · 광고에 관한 법률

[시행 2023. 1. 1] [법률 제18445호, 2021. 8. 17, 일부개정]
제2조(정의)
이 법에서 사용하는 용어의 뜻은 다음과 같다.
12. "소비기한"이란 식품등에 표시된 보관방법을 준수할 경우 섭취하여도 안전에 이상이 없는 기한을 말한다.

제4조(표시의 기준)
① 식품등에는 다음 각 호의 구분에 따른 사항을 표시하여야 한다. 다만, 총리령으로 정하는 경우에는 그 일부만을 표시할 수 있다.
　1. 식품, 식품첨가물 또는 축산물
　　라. 제조연월일, <u>소비기한</u> 또는 품질유지기한
　3. 건강기능식품
　　다. <u>소비기한</u> 및 보관방법

제8조(부당한 표시 또는 광고행위의 금지)
① 누구든지 식품등의 명칭 · 제조방법 · 성분 등 대통령령으로 정하는 사항에 관하여 다음 각 호의 어느 하나에 해당하는 표시 또는 광고를 하여서는 아니 된다.
　9. <u>총리령으로 정하는 식품등이 아닌 물품의 상호, 상표 또는 용기 · 포장 등과 동일하거나 유사한 것을 사용하여 해당 물품으로 오인 · 혼동할 수 있는 표시 또는 광고</u>
　10. 제10조제1항에 따라 심의를 받지 아니하거나 같은 조 제4항을 위반하여 심의 결과에 따르지 아니한 표시 또는 광고

제27조(벌칙)
다음 각 호의 어느 하나에 해당하는 자는 5년 이하의 징역 또는 5천만원 이하의 벌금에 처하거나 이를 병과할 수 있다.
2. 제8조제1항제4호부터 <u>제10호</u>까지의 규정을 위반하여 표시 또는 광고를 한 자

[시행 2023. 12. 14] [법률 제19472호, 2023. 6. 13, 일부개정]
제4조의2(시각 · 청각장애인을 위한 점자 및 음성 · 수어영상변환용 코드의 표시)
① 식품등을 제조 · 가공 · 소분하거나 수입하는 자는 식품등에 시각 · 청각장애인이 활용할 수 있는 점자 및 음성 · 수어영상변환용 코드의 표시를 할 수 있다.
② 식품의약품안전처장은 시각 · 청각장애인을 위한 점자 및 음성 · 수어영상변환용 코드의 표시 대상 · 기준 및 방법 등에 관하여 가이드라인을 마련하여야 한다.
③ 식품의약품안전처장은 제1항에 따른 표시에 필요한 경우 행정적 지원을 할 수 있다.

제10조(표시 또는 광고의 자율심의)
① 식품등에 관하여 표시 또는 광고하려는 자는 해당 표시 · 광고(<u>제4조, 제4조의2, 제5조 및 제6조</u>에 따른 표시사항만을 그대로 표시 · 광고하는 경우는 제외한다)에 대하여 제2항에 따라 등록한 기관 또는 단체(이하 "자율심의기구"라 한다)로부터 미리 심의를 받아야 한다. 다만, 자율심의기구가 구성되지 아니한 경우에는 대통령령으로 정하는 바에 따라 식품의약품안전처장으로부터 심의를 받아야 한다.
③ 자율심의기구는 <u>제4조, 제4조의2, 제5조부터 제8조까지</u>에 따라 공정하게 심의하여야 하며, 정당한 사유 없이 영업자의 표시 · 광고 또는 소비자에 대한 정보 제공을 제한해서는 아니 된다.

10. 식품 등의 표시 · 광고에 관한 법률 시행령

[시행 2023. 4. 25] [대통령령 제33434호, 2023. 4. 25, 타법개정]
과태료의 부과기준(제16조 관련)
1. 일반기준
　다. 식품의약품안전처장, 시 · 도지사 또는 시장 · 군수 · 구청장은 다음의 어느 하나에 해당하는 경우에는 제2호의 개별기준에 따른 과태료 금액의 2분의 1 범위에서 그 금액을 줄일 수 있다. 다만, 과태료를 체납하고 있는 위반행위자의 경우에는 그 금액을 줄일 수 없다.
　　3) 고의 또는 중과실이 없는 위반행위자가 「소상공인기본법」 제2조에 따른 소상공인인 경우로서 위반행위자의 현실적인 부담능력, 경제위기 등으로 위반행위자가 속한 시장 · 산업 여건이 현저하게 변동되거나 지속적으로 악화된 상태인지 여부를 고려할 때 과태료를 감경할 필요가 있다고 인정되는 경우
　　4) 그 밖에 위반행위의 정도, 동기 및 그 결과 등을 고려하여 과태료를 줄일 필요가 있다고 인정되는 경우

11. 식품 등의 표시 · 광고에 관한 법률 시행규칙

[시행 2022. 11. 28] [총리령 제1832호, 2022. 11. 28, 일부개정]
식품등의 표시방법(제5조제2항, <u>제6조제4항</u> 및 제7조제2항 관련)
〈제목 개정〉

1일 영양성분 기준치(제6조제2항 및 제3항 관련)

영양성분	기준치(단위)	영양성분	기준치(단위)	영양성분	기준치(단위)
탄수화물	324g	비타민E	11mgα-TE	인	700mg
당류	100g	비타민K	70μg	나트륨	2,000mg
식이섬유	25g	비타민C	100mg	칼륨	3,500mg
단백질	55g	비타민B1	1.2mg	마그네슘	315mg
지방	54g	비타민B2	1.4mg	철분	12mg
리놀레산	10g	나이아신	15mg NE	아연	8.5mg
알파-리놀렌산	1.3g	비타민B6	1.5mg	구리	0.8mg
EPA와 DHA의 합	330mg	엽산	400μg DFE	망간	3.0mg
포화지방	15g	비타민B12	2.4μg	요오드	150μg
콜레스테롤	300mg	판토텐산	5mg	셀레늄	55μg
비타민A	700μg RAE	바이오틴	30μg	몰리브덴	25μg
비타민D	10μg	칼슘	700mg	크롬	30μg

행정처분 기준(제16조 관련)
Ⅰ. 일반기준
  5. 위반행위의 횟수에 따른 행정처분의 기준은 최근 1년간 같은 위반행위(품목류 제조정지의 경우에는 같은 품목에 대한 같은 위반행위를 말한다. 이하 같다)를 한 경우에 적용한다. 이 경우 기간의 계산은 위반행위에 대하여 행정처분을 받은 날과 그 처분 후 다시 같은 위반행위를 하여 적발된 날을 기준으로 한다.

[시행 2023. 1. 1] [총리령 제1813호, 2022. 6. 30, 일부개정]

제3조(표시사항)
① 법 제4조제1항제1호마목에서 "총리령으로 정하는 사항"이란 다음 각 호의 사항을 말한다.
  7. 포장일자, 생산연월일 또는 산란일

제15조(회수ㆍ폐기처분 등의 기준)
법 제15조에 따른 회수, 압류ㆍ폐기처분 대상 식품등은 다음 각 호와 같다.
2. 제조연월일 또는 소비기한을 사실과 다르게 표시하거나 표시하지 않은 식품 등

최종 마무리
영양사 모의고사문제

발 행 일   2025년 1월   5일 개정12판 1쇄 인쇄
              2025년 1월 10일 개정12판 1쇄 발행

저   자   식품영양생리학회

발 행 처   크라운출판사
              http://www.crownbook.com

발 행 인   李尙原
신고번호   제 300-2007-143호
주   소   서울시 종로구 율곡로13길 21
대표전화   02) 745-0311~3
팩   스   02) 766-3000
홈페이지   www.crownbook.com
I S B N   978-89-406-4888-9 / 13590

특별판매정가   22,000원